高等院校园林专业系列教材

园林工程测量

主　编　张远智
副主编　刘东兰　周春发　李秀江
参　编　柳瑞武　张丽平
主　审　陈学平

中国建材工业出版社

图书在版编目(CIP)数据

园林工程测量/张远智主编. —北京:中国建材工
业出版社,2005.4(2019.1重印)
(高等院校园林专业系列教材)
ISBN 978-7-80159-818-9

Ⅰ.园… Ⅱ.张… Ⅲ.园林-工程测量-高等学
校-教材 Ⅳ.TU986.2

中国版本图书馆 CIP 数据核字(2005)第 015963 号

园林工程测量

主编 张远智

出版发行:中国建材工业出版社
地   址:北京市海淀区三里河路 1 号
邮   编:100044
经   销:全国各地新华书店
印   刷:北京雁林吉兆印刷有限公司
开   本:787mm×1092mm 1/16
印   张:21
插   页:4
字   数:523 千字
版   次:2005 年 5 月第 1 版
印   次:2019 年 1 月第 9 次
书   号:ISBN 978-7-80159-818-9
定   价:**49.60 元**

本社网址:**www.jccbs.com.cn**   微信公众号:**zgjcgycbs**
本书如出现印装质量问题,由我社发行部负责调换。联系电话:**(010)88386906**

前　言

在从事园林专业测量学教学的过程中,我们常常感到缺乏一本适合本专业的测量学教材,长期以来,有这样两个问题困扰着我们:一是如何将测量学的理论和实践与园林工程建设结合得更为紧密,使测量技术更好地服务于园林工程的建设;二是如何在教学中体现出园林工程测量工作的整体性和可操作性? 基于这样的思考,我们深入园林工程施工现场进行调研,和现场施工技术人员进行探讨,并结合近年来测绘新技术、新方法和新设备,不断地改进课堂教学。在参考了众多同行专家论著的基础上,最后形成了本教材。

本教材编写中,我们始终注重以下几个方面,并使之成为本教材的主要特点:

1. 体现园林工程测量工作的整体性。由于园林工程包含有土建、绿化、市政管道等多个分项工程,其实施往往也是由不同的施工单位独立完成,因此,保持测量工作的整体性,统一控制坐标系统非常重要。

2. 园林工程测量论述体现可操作性。通过实例说明园林工程测量的具体过程、方法和步骤,有很强的借鉴性。

3. 紧密结合园林工程实际。由于园林工程测量是园林工程中的一项专业工作,因此,适当地叙述了一些与测量相关的工作步骤。

4. 适当结合新技术。对于与园林工程相关的一些测绘新仪器、新技术和新方法作了相应的介绍,以便于学生今后更快、更好地应用这些新技术。

参加本教材编写的人员有:张远智[第 1 章、第 6 章、第 10 章、第 11 章、第 12 章(除第 4节)、第 4 章第 6 节、第 8 章第 5 节、附录第一部分及第二部分中的一部分],刘东兰(第 2 章、第 3 章及附录第二部分中的一部分及第三部分)、周春发(第 5 章、第 9 章)、李秀江[第 7 章、第 8章(除第 5 节)]、柳瑞武[第 4 章(除第 6 节)]、张丽平(第 12 章第 4 节)。最后由张远智对全书进行了统稿,并对第 7 章、第 8 章的所有插图进行了绘制。此外,王红亮也对部分插图进行了修改。

本书承蒙北京林业大学资源与环境学院陈学平教授审阅,在逐字逐句地审阅过程中,陈老师提出了不少意见和改进建议,特此致谢!

建设部城市建设研究院风景园林研究所为本书提供了工程设计实例,在此对王磐岩所长及其他设计人员表示衷心的感谢!

北京盛典园林绿化工程监理有限公司常广新总监对本书的工程实例进行了施工指导并对与园林工程测量相关的最后三章进行了审阅,并提出了中肯的建议,特此致谢!

徕卡(Leica Geosystems)北京办事处胡广洋先生提供了有关徕卡仪器的资料,特此致谢!

最后,由衷地感谢本书的责任编辑佟令玫女士,她的认真仔细和卓有成效的工作,令人感动至深。

由于我们水平有限,书中一定有不少缺点和错误,谨请读者批评指正。来信请寄:北京林业大学资源与环境学院张远智收,邮政编码 100083,不胜感谢!

编者

2005 年 1 月于北京

目　　录

1

第1章 绪 论

1.1 测绘学及其在园林工程中的作用

1.1.1 测绘学的定义、分科及应用

测绘学是测量学与制图学的合称。其中,测量学是一门研究地球形状和大小以及确定空间(包括地表、地下和空中)点位并对这些位置信息进行研究、处理、存储、管理和应用的学科。而制图学则是在对测量和其他相关学科的资料及成果(野外测量、航空摄影测量、卫星图像、统计资料)进行有关地图和图像的生成时,对空间信息的图形表达、存储和传递等进行研究的学科。因此,测绘学的核心问题是如何科学地获取空间信息以及对所获取的信息进行适宜的表达。

随着科学技术的发展,测绘学分科越来越细。根据研究对象、采用的技术手段和应用的不同,测绘学可以分为以下的几个分科。

1. 大地测量学

研究地球形状、大小、地球重力场以及建立国家大地控制网的理论、技术和方法的科学。大地测量学可分为几何大地测量学、物理大地测量学和卫星大地测量学(或空间大地测量学)。

2. 普通测量学

研究地球表面较小区域内测量与制图的理论、技术和方法的科学。在测绘过程中不考虑地球曲率的影响,用平面代替地球曲面,根据需要建立小区域的控制网,测绘大比例尺地形图及一般工程的施工测量。

3. 工程测量学

研究各类专业工程在规划、设计、施工和运营过程中所涉及的测量理论、技术和方法的科学。根据专业工程的不同,工程测量学可分为土木工程测量、铁道工程测量、矿山工程测量等。

4. 摄影测量学

研究利用摄影和遥感技术,获取被摄物体的信息,进行分析、处理,以确定物体的形状、大小和空间位置,并判定其属性的科学。根据摄影方式的不同,摄影测量可分为航空摄影测量、地面摄影测量、航天摄影测量及水下摄影测量。

5. 海洋测量学

研究地球表面水体(江、湖及海洋)、港口、航道及水下地貌等测量的理论、技术和方法的科学。

6. 地图制图学

研究地图的编制和应用的学科。借助于它对地球空间信息的表达,可以反映自然界和人类社会各种现象的空间分布、相互联系及其动态变化。

在国民经济建设中,测量技术的应用比较广泛。例如,铁路、公路在建造前,为了确定一条

1

最经济合理的路线,事先必须在地形图上进行路线的规划,确定路线的走向,然后,针对规划路线的走向进行该地带的测量工作,由测量的成果绘制带状地形图,在地形图上进行路线的详细设计,然后将设计路线的位置标定在地面上,以便进行施工;在路线跨越河流时,必须建造桥梁,在造桥前,要绘制河流两岸的地形图,以及测定河流的水位、流速、流量和桥梁轴线长度等,为桥梁设计提供必要的资料,最后将设计的桥台、桥墩的位置用测量的方法在实地标定;路线穿过山地需要开挖隧道,开挖前,也必须在地形图上确定隧道的位置,并由测量数据来计算隧道的长度和方向,在隧道施工期间,通常从隧道两端开挖,这就需要根据测量的成果指示开挖方向,使之能够贯通。又例如,在高尔夫球场的建设中,首先需要在地形图上进行球场的设计,然后根据设计图,在实地布设施工控制网,然后,进行各场地及地块的平面定位和高程的放线测量,以便进行土方的填挖,塑造球场的地貌,最后,对球洞、树木等进行放线定位。

此外,在城乡规划、资源勘察及开发、交通运输、水利建设、国土资源调查、地震预报、海上油井钻探、航天技术及国防建设、科学研究等方面,在水土保持、森林资源勘察、环境监测与保护、城市绿化、古建修缮、农业基本建设等与农林业相关的专业中,测绘工作都担负着基础且持久的作用。

1.1.2 测绘学在园林工程中的作用

园林工程是一门研究园林工程原理、工程设计、施工技术及养护管理的学科。它集科学性、技术性和艺术性于一体,针对园林、城市绿地和风景名胜区中除园林建筑工程外的室外工程,应用工程技术的手段来塑造园林艺术形象,使地面上的构筑物与园林景观融为一体。

园林工程的实施包含了众多专业技术的应用,其中测量工作是一项不可或缺的组成部分,它直接为园林工程的规划、设计、施工和维护服务。具体说来,在规划设计前,规划设计人员为全面地了解工程用地的基本情况(如地面的高低起伏、坡度变化、地物的分布、可能涉及的市政管线、具有特殊意义的文物古迹或古树名木等),需要使用地形图。根据工程的要求,选用不同比例尺的地形图,如在总体规划使用的地形图常用 1:1 000~1:5 000,单项工程专用的地形图常用 1:100~1:500。在规划设计过程中,设计师将在地形图上对各单项工程(如绿地、园路、假山、园林小品、水景、照明等)进行平面设计及用地的竖向设计,从而形成设计施工图。在工程的施工过程中,根据工程的施工定位条件布设施工控制网,建立放样轴线,并随着工程的进展按图进行各单项工程的施工放线。最后,当工程施工完毕后,进行竣工测量(包括竣工图纸的测绘、各项工程的验收测量、各种相关表格和文字说明书的编写等),一方面检查各单项工程是否达到了设计的目的,另一方面,将竣工测量的图纸和资料存档,为将来的改扩建及维护打下基础。

由此可见,在园林工程中,测绘工作主要完成以下的任务:(1)测绘地形图。为总体规划、工程设计及竣工验收提供不同比例的地形图。(2)施工测量。以设计施工图为依据,建立施工控制网并针对各单项工程进行测设(又称为放样或放线)。

本教材包括普通测量学和园林工程施工测量的内容。

1.2 测绘学的发展概况

测量技术起源于何时,目前尚无定论。可能是自从有了财产所有权,就有了量度财产或区分各人土地的方法。早在公元前 2500 年巴比伦人就已使用某些测量方法,因为考古学家发现在当时的泥版上画有巴比伦的地图。在我国,《史记》记载,在公元前21世纪夏禹治水时,亦已采用"规、矩、准、绳"四种测量工具进行测量。在古埃及,原始的测量技术也应用于尼罗河泛滥后的农田整治和地块恢复中。由此可见,在人类社会的生产和生活历史中,测量技术作为社会发展的一种需要,在早期即得以应用。

在天文测量方面,远在颛顼高阳氏(公元前2513~公元前2434年)就已开始观测日、月、五星,用来确定一年的长短,战国时已首先制出世界最早的恒星表。秦代(公元前246~公元前207年)用颛顼历定一年的长短为365.25天,与罗马人的儒略历相同,但比其早四五百年。

在地图测绘方面,目前我国见于记载最早的古地图是西周初年的洛邑城址附近的地形图。在湖南长沙马王堆三号墓出土的公元前168年陪葬的关于古长沙国地图和驻军图《帛地图》,图上已有山脉、河流、居民地、道路和军事要素的表示。公元2世纪,古希腊的托勒密在《地理学指南》一书中,首先提出了用数学的方法将地球表象描绘成平面图的问题,并论述了原始的地图投影。公元224~公元271年,我国西晋的裴秀总结了前人的制图经验,拟订了小比例尺地图的编制法规,称《制图六体》,是世界上最早的制图规范之一。此后,我国历代都编制过多种地图,这说明在当时,地图的测绘已有了较大的发展。

在研究地球形状和大小方面,公元前3世纪亚历山大学者埃拉托色尼首创子午圈弧度测量法,实际测量纬度差来估计地球半径。我国唐代(公元724年)在僧一行主持下,实地丈量了河南滑州白马经过浚仪、扶沟到上蔡的距离和北极高度,得出子午线1°的弧长为132.31km,为人类正确认识地球作出了贡献。17世纪末,牛顿和惠更斯从力学的观点出发,提出地球是两极略扁的地扁说,为证实这一论断,法国科学院于1735年派遣两个测量队分赴秘鲁和北欧,试图由纬度相差很大的两个弧长测量来求定两个椭球参数,澄清地球究竟是两极扁平或两极伸长还是像古希腊毕达哥拉斯提出的地球为圆球的说法。至1739年,经过弧长测量终于证实了地扁说的正确性,纠正了长期以来的地圆说,为正确地认识地球奠定了理论基础。1743年,法国克莱罗论证了地球几何扁率与重力扁率之间的关系,为物理大地测量打下了基础。1849年,斯托克斯提出利用重力观测资料确定地球形状的理论,之后又提出了用大地水准面代表地球形状,从此确认了大地水准面比椭球面更接近地球的真实形状的观念。

在测量仪器方面,我国古代制造出丈杆、测绳、步车、记里鼓车等丈量长度的工具;矩和水平等测量高度的工具;望筒和指南针等测量方向的工具。1611年开普勒望远镜的出现,1631年用于读取不足一个分划小数的游标尺和1640年用于精确照准目标的设置于望远镜两片透镜间的十字丝的出现,则标志着光学测量仪器的开端。此后,1839年,第一台可携式木箱照相机的问世,1903年飞机的发明,则为航空摄影测量的产生创造了契机,至1909年第一张航空像片得以问世。及至19世纪末20世纪初,现代意义上的各种测量仪器和工具及现代意义上的测量工作便得以陆续地出现并展开了。

20世纪中期,新的科学技术得到了快速发展,特别是电子学、信息学、电子计算机科学和空间科学等,在其自身发展的同时,也给测绘科学的发展开拓了广阔的空间,推动着测绘仪器和技术的进步。1947年,电磁波测距仪的面世,1968年全站仪及此后数字化仪、扫描仪、绘图仪等仪器设备的相继出现,AutoCAD等计算机辅助制图软件的不断开发为自动化数字测图奠定了坚实的基础。20世纪80年代,美国建立的新一代卫星导航系统全球定位系统(GPS)的建成,实现了全球、全天候、实时、高精度的定位、导航和授时,对测量工作产生了革命性的影响,被广泛地用于大地测量、工程测量、地形测量及军事的导航、定位上。此外,数字水准仪的问世,数字摄影测量系统的问世,也为测绘事业的发展拓展了空间。

1.3 地球与地球椭球

关于地球的形状和大小,一直是测量人员研究的重点之一。这不仅因为地球是我们赖以生存的家园,而且也因为我们所进行的测绘工作往往都是在地球表面上进行的。地球的自然表面极其复杂:有高山、丘陵、平原、盆地、江、河、湖泊和海洋;有高于海平面 8 844.43m 的珠穆朗玛峰,也有低于海平面 11 022m 的马里亚纳海沟,地形起伏很大,但与地球的半径(约 6 371km)相比,地表的起伏微不足道,因此从宏观上来看,仍然可以将地球看作是一个类似于椭球的球体。为了测量工作中观测、计算和绘图的需要,因此人们设想,找一个与地球表面非常接近的数学上可表达的规则曲面(如椭球面)或具有典型物理特征的曲面(如水准面)来代替地球不规则的表面作为定位的基准面。

由牛顿的万有引力定理我们知道,任何物体之间都存在吸引力,因此地球对地表上的任何物体都有引力作用,而与此同时,地球的自转对地表上的物体又产生了离心力的作用,这两个力的合力形成了重力,如图 1-1 所示。如悬挂一垂球,当它静止时所指的方向就是重力方向。地球表面上的每个水分子都会受到重力的作用,当水面静止时,每个水分子的重力位相等,所以水准面是重力等位面,这表明水准面处处与其重力方向相垂直。水面有高有低,高低面上的重力位能不同,所以水准面有无穷多个,而且互不相交。这其中,所设想的静止海水面向大陆、岛屿内延伸而形成的闭合水准面,称为大地水准面,如图 1-2a 所示。大地水准面是一个特

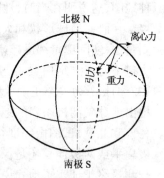

图 1-1 地球重力

殊的水准面,它所包围的形体称为大地体。从宏观上来看,大地体可以代表整个地球的形状,对地球形状和大小的研究也往往是指对大地水准面的形状和大地体的大小的研究。重力方向线又称为铅垂线,它和大地水准面一起构成测量的一对基准。重力线也常常是测量仪器进行野外测量时所参照的基准线。

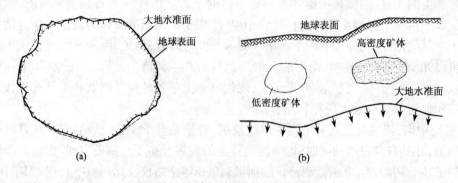

图 1-2 大地水准面与地球表面

(a)整体略图;(b)局部示意图

由于地球内部质量分布不均匀,重力的方向会产生不规则的变化,如图 1-2b 所示,重力方向偏向高密度物质,偏离低密度物质,致使与重力方向正交的大地水准面产生微小的起伏变化,成为一个复杂的曲面。如果将地球表面上的图形投影到这个复杂的曲面上,计算时将非常困难。为了解决这个问题,选用一个非常接近于大地水准面、并可用数学式表示的几何形体来代替大地水准面作为进行测量数据处理和制图的基准面,这个规则曲面就是旋转椭球面。其旋转轴与地球自转轴重合,如图 1-3 所示,旋转椭球面所包围的球体称为地球椭球体。

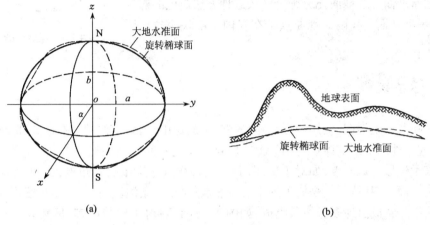

图 1-3　旋转椭球
(a)整体略图;(b)局部示意图

决定地球椭球体形状和大小的参数为椭圆的长半轴 a、短半轴 b、扁率 α,其关系式为:

$$\alpha = \frac{a-b}{a} \tag{1-1}$$

若 $\alpha = 0$,则椭球成为圆球。旋转椭球面是一个数学面,在直角坐标系 $oxyz$ 中旋转椭球的标准方程为:

$$\frac{x^2}{a^2} + \frac{y^2}{a^2} + \frac{z^2}{b^2} = 1 \tag{1-2}$$

由于地球表面中海洋面积约占 71%,而陆地面积仅占 29%,因此利用地面测量资料所推求的椭球参数有一定的局限性,只能作为地球形状和大小的参考。我国在解放后采用克拉索夫斯基椭球。20 世纪 80 年代后,我国采用了 IUGG(国际大地测量与地球物理联合会)推荐的总地球椭球,其参数为:$a = 6\ 378\ 140\text{m}$,扁率 $\alpha = 1:298.257$。

由于地球椭球体的扁率很小,当精度要求不高时,可以将椭球当作圆球来看待,其半径按下式计算:

$$R = \frac{1}{3}(2a+b) \tag{1-3}$$

其近似值为 6 371km。

椭球参数确定后,还需要按一定的规则将旋转椭球体与大地体套合在一起,使地球椭球体与大地体间达到最好的密合,这项工作称为椭球定位。定位时采用椭球中心与地球质心重合,

5

椭球短轴与地球旋转轴重合,椭球与全球大地水准面差距的平方和最小,这样的椭球称为总地球椭球。但是各国为测绘本国领土而采用另一种定位法,如图 1-4 所示。地面上选一点 P,由 P 点投影到大地水准面得 P' 点,在 P 点定位椭球使其法线与 P' 点的铅垂线重合,并要求 P' 上的椭球面与大地水准面相切,该点称为大地原点。同时还要使旋转椭球短轴与地球旋转轴相平行(不要求重合),达到本国范围内的大地水准面与椭球面充分密合。按这种方法定位的椭球面,称为参考椭球面。我国大地原点选在我国中部陕西省泾阳县永乐镇。

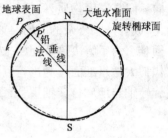

图 1-4　椭球体的定位

1.4　坐标系统

无论是在测绘地形图、使用地形图还是在施工放样中,测量工作的根本任务都是确定地面的点位,即建立地面上的实体点与图纸上相应点位表达之间的一一对应关系。这些地面实体点常常是表示地形特征的点,如对于房屋而言,其特征点是房屋的拐角点,如图 1-5a 所示;对于种植的树木而言,其特征点是树干的中心位置点;对于一条河流而言,虽然边线不规则,但仍可以将弯曲部分看成由许多折线段组成,如图 1-5b 所示;对于地貌而言,虽然其形态复杂,但仍可用地面坡度变化点所组成的线段表示,线段内的坡度可认为是一致的,如图 1-5c 所示。以上所说的拐角点、中心位置点、各线段端点及地面坡度变化点就是地形特征点。

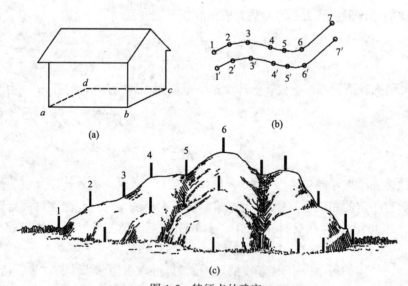

图 1-5　特征点的确定

(a)房屋特征点;(b)河流特征点;(c)地貌特征点

特征点点位的确定是通过测定该点的三维坐标实现的。三维坐标的表达可以是空间直角坐标也可以是平面坐标加高程的形式。在实际使用中,常采用后一种形式,即点沿着投影线(铅垂线或法线)在投影面(水平面或椭球面)上的平面坐标及点沿着投影线到投影点的距离(高程)。测量中,常用的坐标系有天文坐标系、大地坐标系、高斯平面直角坐标系、独立平面直角坐标系等,常用的高程系有1956年黄海高程系、1985年国家高程基准、相对高程系等。

1.4.1 地理坐标系

用经纬度表示地面点位置的球面坐标称为地理坐标。地理坐标可分为两种:以大地水准面和重力线为依据建立的坐标系统称为天文坐标,用天文经度 λ 和天文纬度 φ 表示,它可以用天文测量的方法测出。以参考椭球面及法线为依据建立的坐标系统称为大地坐标,参考椭球面上点的大地坐标用大地经度 L 和大地纬度 B 表示,它是用大地测量方法测出地面点的有关数据经推算求得。

1.4.1.1 天文地理坐标系

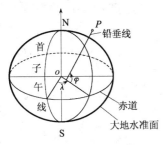

图1-6 天文坐标系

如图1-6所示,NS为地球的自转轴(简称地轴)。N为北极,S为南极。过地面上任一点的铅垂线与地轴NS所组成的平面称为该点的子午面,子午面与球面的交线称为子午线(或称经线)。在无数的子午面中,经过英国格林尼治天文台的子午面称为首子午面,是国际公认的计算经度的起始面。自首子午线向东或向西计算,数值为 $0° \sim 180°$,在首子午线以东为东经,以西为西经。地面点 P 的经度 λ 是指过该点的子午面与首子午面间所夹的两面角,而纬度 φ 则是指过 P 点的铅垂线与赤道面的交角。由于地球离心力及地球内部不同密度物质的影响,过 P 点的铅垂线不一定经过地球中心。

由于天文测量受环境条件限制,定位精度不高(测角精度 $0.5''$,相当于 $10m$ 的精度)。所测结果是以大地水准面为基准面,天文坐标之间推算困难,所以在工程测量中应用很少。天文坐标系常用于导弹的发射、天文大地网或独立工程控制网起始点的定向。我国首都北京中心地区的概略天文坐标为东经 $116°24'$,北纬 $39°54'$。

1.4.1.2 大地地理坐标系

大地地理坐标又称为大地坐标,是表示地面点在旋转椭球面上的位置。如图1-7所示,地面点 P 沿法线投影到椭球面上为 P'。P' 与椭球的旋转轴构成子午面。地面点 P 的大地经度 L 是指过该点的子午面与首子午面间所夹的两面角,而大地纬度 B 则是指过 P 点的法线与赤道面的交角。而 P 点沿法线到椭球面的距离称为大地高,常用 $H_大$ 表示。由于天文地理坐标和大地坐标系建立的基准线和基准面不同,所以同一点的天文坐标和大地坐标不一样,同一点的铅垂线和法线的方向也不一致,其间所产生的偏差称为垂线偏差。

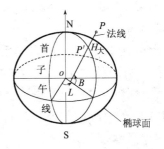

图1-7 大地坐标系

当采用不同的椭球时,所建立的大地坐标系统也不同。利用参考椭球建立的坐标系称为参考坐标系,利用总地球椭球并且坐标原点在地球质心的坐标系称为地心坐标系。

目前,我国常用的大地坐标系有:

1.1954年北京坐标系

我国在解放后,由于建设的急需,地面点的大地坐标是从前苏联经过联测传算过来的,参考椭球采用克拉索夫斯基椭球(长半轴 $a = 6\,378\,245m$,扁率 $\alpha = 1:298.3$)。由于大地原点在前苏联,便利用我国东北边境呼玛、洁拉林和东宁三个点与前苏联大地网联测后的坐标作为我国天文大地网起算数据,然后通过天文大地网坐标计算,推算出北京一点的坐标,故命名为1954年北京坐标系。建国以来,用这个坐标系进行了大量的测绘工作,在我国经济建设和国防建设中发挥了极重要的作用。但由于大地原点距我国甚远,在我国范围内该参考椭球与大地水准面存在着明显的差距,在东部地区两面的差距最大达到近69m,因此,1978年全国天文大地网平差会议决定建立我国独立的大地坐标系,这就是后来的1980年国家坐标系。

2.1980年国家坐标系

为了克服1954年北京坐标系存在的问题,充分发挥我国原有天文大地网的潜在精度,对原大地网重新进行了平差。该坐标系大地原点选定在陕西省泾阳县永乐镇某点,选用IUGG-75地球椭球,椭球面与我国境内的大地水准面密合最佳。平差后,其大地水准面与椭球面差距在±20m之内,边长精度为1/500 000。

由于大量的测绘资料和成果采用1954年北京坐标系,因此,要改算到1980国家大地坐标系下其工作量将非常的巨大,所以在一定时期内,1954年北京坐标系下的成果可以继续使用。两个系统的坐标可以互换,但不同的地区坐标转换参数不一样。使用控制点成果时,一定要注意坐标系的统一。

3.WGS-84坐标系

WGS-84坐标系是世界大地坐标系统,其坐标原点在地心,采用WGS-84椭球(长半轴 $a = 6\ 378\ 137$m,扁率 $\alpha = 1:298.257\ 223\ 563$)。

利用GPS卫星定位系统得到的地面点位置,是WGS-84坐标。

1.4.2 空间直角坐标系

地面点既可以用大地坐标表示,也可以用空间直角坐标表示。目前,由于卫星大地测量日益发展,空间直角坐标常被用来表示空间点的位置。空间直角坐标系的原点设在地球椭球的中心 o,用相互垂直的 x、y、z 三个轴表示,x 轴通过首子午面与赤道的交点,z 轴与地球旋转轴重合,y 轴垂直于 xoz 平面,构成右手坐标系,如图1-8所示,地面点 P 在空间直角坐标系中的坐标为 (x_P, y_P, z_P)。目前在军事、导航及国民经济各部门已得到广泛应用,成为一种实用坐标。

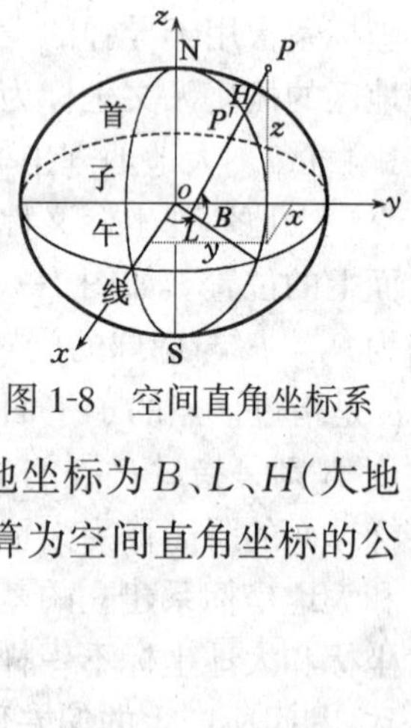

图 1-8 空间直角坐标系

地面点既可以用大地坐标表示,也可以用空间直角坐标表示,大地坐标和空间直角坐标之间可以进行坐标转换。若设地面点 P 的大地坐标为 B、L、H(大地纬度、大地经度、大地高),空间直角坐标为 (x, y, z),则由大地坐标换算为空间直角坐标的公式为:

$$\begin{cases} x = (N + H)\cos B\cos L \\ y = (N + H)\cos B\sin L \\ z = [N(1 - e^2) + H]\sin B \end{cases} \tag{1-4}$$

式中 N——P 点的卯酉圈曲率半径,表示如下:

$$N = \frac{a}{\sqrt{1 - e^2\sin^2 B}}$$

e——第一偏心率,表示如下:

8

$$e^2 = \frac{a^2 - b^2}{a^2}$$

由空间直角坐标换算为大地坐标的公式为：

$$\begin{cases} B = \arctan\left[\tan\phi\left(1 + \frac{ae^2}{z}\frac{\sin B}{W}\right)\right] \\ L = \arctan\left(\frac{y}{x}\right) \\ H = \frac{R\cos\phi}{\cos B} - N \end{cases} \tag{1-5}$$

式中

$$\begin{cases} W = \sqrt{1 - e^2\sin^2 B} \\ \phi = \arctan\left(\frac{z}{\sqrt{x^2 + y^2}}\right) \\ R = \sqrt{x^2 + y^2 + z^2} \end{cases} \tag{1-6}$$

用上式计算大地纬度时，需要先对式(1-5)右端的 B 设定近似值B_0，用迭代的方法逐次趋近求 B 值，直到相邻两次求得的 B 值之差小于设定的限差为止。

1.4.3 高斯平面直角坐标

大地坐标是椭球面上的坐标，大地坐标系是大地测量的基本坐标系，它对于大地问题的解算、研究地球形状和大小、中小比例的地图编制都非常方便，但对局部范围内的大比例地形图测绘及工程建设来说，使用椭球面坐标很不方便，而使用平面坐标则非常方便。因此有必要建立椭球面坐标与平面坐标之间的转换关系，这种将椭球面坐标转化为平面坐标的过程就是地图投影。地图投影的目的就是要建立以下两个方程：

$$\begin{cases} x = F_1(L, B) \\ y = F_2(L, B) \end{cases} \tag{1-7}$$

式中　　　x, y——某点投影到平面上的直角坐标；

　　　　　L, B——该点的经纬度；

　　　　　F_1, F_2——转换函数。

由于旋转椭球面是一个不可直接展开的曲面，因此当把曲面上的图形变换到平面上时，图形的变形是不可避免的。变形的种类有多种，如角度、距离、面积等。为了控制各类变形的大小，制图学家们研究出多种不同函数表达形式的投影公式，这些公式服务于不同的地区，适用不同的应用目的。如在航海应用中，为保持地球表面上实际航行路线与平面图上的设定路线方向一致，则选用保持投影后角度不变的墨卡托投影；在工程建设应用方面，各国根据其所处的位置、国土分布形状及应用目的等因素选用相应的投影公式，我国采用高斯投影。高斯投影是等角投影，即保持球面图形上的角度与投影后平面图形上的角度保持不变。

高斯投影的方法首先是将地球按经度线划分成带，称为投影带。投影带是从首子午线起，每隔经度 6° 划为一带（称为 6° 带），如图 1-9 所示，自西向东将整个地球划分为 60 个带。带号从首子午线开始，用阿拉伯数字表示，位于各带中央的子午线称为该带的中央子午线（或称主子午线),如图1-10所示,第一个6°带的中央子午线的经度为3°,任意一个带中央子午线经度 L_0,可按公式 $L_0=6N-3$ 计算,其中 N 为投影带号。同样,对3°带投影来说,任意一个带中央子午线经度 L_0 为 $3N$,其中 N 为投影带号。

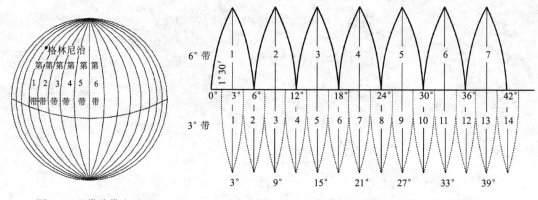

图1-9　6°带分带方法　　　　　　　　图1-10　六度带及三度带中央子午线定义

如图1-11所示,投影时,设想取一个空心椭圆柱体与地球椭球体的某一中央子午线相切,在球面图形与柱面图形保持等角的条件下,将球面上的图形投影在椭圆柱面上,然后将椭圆柱体沿着通过南极或北极的母线剪开,并展开成为平面。投影后,中央子午线与赤道为相互垂直的直线,以中央子午线为坐标纵轴 x,以赤道的投影为坐标横轴 y,两轴的交点作为坐标原点,组成高斯平面直角坐标系统,如图1-12所示。

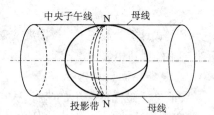

图1-11　高斯平面直角坐标的投影

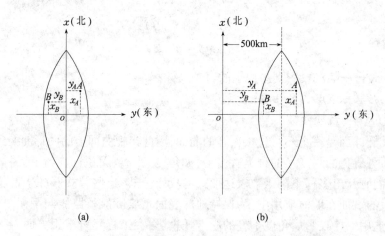

(a)　　　　　　　　　　(b)

图1-12　高斯平面直角坐标
(a)实际坐标;(b)通用坐标

在坐标系内,规定 x 轴向北为正,y 轴向东为正。我国位于北半球,x 坐标值为正,y 坐标则有正有负,例如图1-12a中,$y_A = +37\,680\text{m}$,$y_B = -34\,240\text{m}$,为避免出现负值,将每带的坐标原点向西移500km,则每点的横坐标值均为正值,在图1-12b中,$y_A = 500\,000 + 37\,680 =$

10

537 680m，$y_B = 500\,000 - 34\,240 = 465\,760$m。实际横坐标值加 500km 后通常称为通用横坐标。它们之间的关系如下：

$$y_{通用} = y_{实际} + 500\,000\text{m} \tag{1-8}$$

为了根据横坐标值能够确定某点位于哪一个 6° 带内，则在横坐标值前冠以带的编号。例如，A 点位于第 20 带内，则其横坐标值 $y_A = 20\,537\,680$m。判别通用横坐标值中哪个数字为带号，其方法是从小数点向左数第 7、8 位是带号。例如，$y_{通用} = 2\,123\,456.35$m，不要看成为 21 带，而是第 2 带。

高斯投影是等角投影，但任意两点间的长度却产生变形，即球面上两点间的距离与投影后两投影点之间的距离不相等。除中央子午线上两点间的距离不会产生变形外，其距离都会产生变形，且离中央子午线愈远则变形愈大，变形过大对于测图和用图都很不方便。6° 带投影后，其边缘部分的变形能满足 1:25 000 或更小比例尺测图的精度，当进行 1:10 000 或更大比例尺测图时，要求投影变形更小，可采用 3° 分带投影或 1.5° 分带投影。3° 带的方法如图 1-10 所示。

值得注意的是，高斯平面直角坐标系是一种笛卡尔左旋平面直角坐标系。实际上，测量上所用的平面直角坐标系都是左旋平面直角坐标系，选用这种坐标系的原因是：地球有南北极，南、北方向是绝对方向，而东、西方向是相对方向，为了定向的方便，故选用左旋坐标系，以 x 轴方向为基准方向。它与常用的右旋坐标系相比，有以下区别，如图 1-13 所示：

(1)坐标轴的定义不同。左旋坐标系中，纵坐标为 x 轴，正向指北，横轴为 y 轴，正向指东；这与右旋坐标系正好相反。

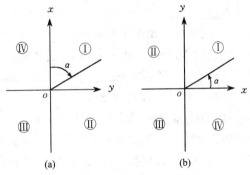

图 1-13 两个坐标系的比较
(a)笛卡尔左旋平面直角坐标；
(b)笛卡尔右旋平面直角坐标

(2)表示直线方向的方位角定义不同。左旋坐标系从纵轴 x 轴正向起算，顺时针方向到直线的角度；而右旋坐标系则从横轴 x 轴正向起算，逆时针方向到直线的角度。

(3)坐标的象限不同。左旋坐标系中，以北东为第一象限 Ⅰ，顺时针划分象限 Ⅱ、Ⅲ、Ⅳ；而右旋坐标系中，则以北东为第一象限 Ⅰ，逆时针划分象限 Ⅱ、Ⅲ、Ⅳ。

虽然左旋坐标系与我们习惯使用的右旋坐标系略有不同，但幸运的是，所有与解析几何有关的数学公式都不需要改变，可以直接在两个坐标系中使用。

1.4.4 独立平面直角坐标系

当测区范围较小时(如半径小于 10km)，可以用测区中心点的切平面代替椭球面作为基准面，在切平面上建立独立平面直角坐标系。在平面坐标系中，以该地区某点的真子午线或磁子午线为 x 轴，向北为正；同时，为避免坐标出现负值，将坐标原点选定在测区西南角，地面点沿铅垂线投影到这个平面上。这种方法适用于附近没有国家控制点的地区。

1.4.5 高程坐标系

要确定地面点的空间位置，除了平面坐标外，还需要建立高程坐标系(即高程系统)。前面已经介绍了大地水准面和参考椭球面作为高程计算的基准面，可分别得到点的海拔高和大地高。

大地水准面的定义是:将设想的静止海水面向大陆、岛屿内延伸而形成的闭合水准面。由于海平面不可能静止,因此在实际推求时,是采用平均海水面来代替静止海水面的。为了求得平均海水面,需要沿海湾设立验潮站,经过长期的连续观测海水面的高度,最后取其平均值作为该站平均海水面的位置。

解放后,我国是以青岛验潮站 1950～1956 年连续验潮的结果求得的平均海水面作为全国统一的高程基准面。由此基准面起算的高程系统,称为"1956 年黄海高程系统"。为了明显而稳固地表示高程基准面的位置,在青岛市市南区的观象山上建立了一个与该平均海水面相联系的水准点,这个水准点叫作国家水准原点。用精密水准测量方法测出该原点高出黄海平均海水面 72.289m。水准原点是以坚固的标石加以标志的。它就是推算国家高程控制网的高程起算点。

1985 年国家测绘局又根据该站 1952～1979 年间连续的观测求得的平均海水面作为国家的高程基准面,并测出水准原点的高程值为 72.260m,以此定名为"1985 国家高程基准",于 1987 年 5 月正式通告启用,同时"1956 年黄海高程系"即相应废止。各部门各类水准点成果将逐步归算到"1985 国家高程基准"面上。所以,在使用高程成果时,要特别注意使用的高程基准。在这两个基准面上,同一个大地原点的高程下降了 29mm,这不是因为大地原点的空间位置改变了,而是平均海水面上升了。

独立的小块地区,由于用图紧急,或暂时无法与国家水准网联测时,可以采用假定高程系,即假设任意一个水准面作为高程起算面,但必须在成果表中加以说明。该系统中地面点的高程为点的假定高程,即相对高程。

高程基准面和水准原点确定后,再采用适当的方法就可以确定任意地面点的高程。从地面点到国家高程基准面的铅垂距离称为地面点的绝对高程,也称为海拔,简称高程。如图 1-14 所示,地面上 A、B 两点的高程分别为 H_A、H_B,两点高程之差称为高差或比高。高差是相对的,其值有正、负,如果测量方向由 A 到 B,A 点高,B 点低,则高差 $h_{AB} = H_B - H_A$ 为负值;若测量方向由 B 到 A,即由低点测到高点,则高差 $h_{BA} = H_A - H_B$ 为正值。

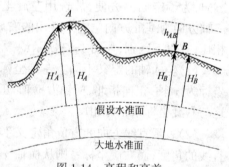

图 1-14　高程和高差

1.5　用水平面代替水准面的限度

水平面是指过水准面上某点且与水准面相切的平面,在该点上,水平面与过该点的铅垂线是正交的。在外业测量中,仪器所依据的往往是铅垂线和水准面。因此要把测量数据成果表现在图纸上时,严格地来讲,应该经过将大地水准面上的表达转化到平面表达的过程,这样就使得数据处理很复杂。但在实际测量工作中,当测区面积不大时,往往以水平面直接代替水准面,就是把地球表面上的点直接投影到水平面上来决定其位置,这样做将简化计算工作,但却会给测量结果带来误差。因此,用水平面代替水准面有其限度:投影后产生的误差不超过测量和制图要求的限差。为此,有必要对这种代替所产生的误差进行讨论。在讨论前,需要说明的是,在局部范围内,可以将大地水准面近似地当作圆球面看待。

下面对距离、角度和高程误差作进一步分析。

1.5.1 距离误差

如图 1-15 所示,设以 O 点为球心,R 为半径的球面为近似水准面 P。在测区中部选一点 A,沿铅垂线投影到水准面 P 上的点为 a,过 a 点作一切平面 P'。地面上另有一点 B,沿铅垂线投影到水准面 P 上的点为 b,投影到切平面 P' 上的点为 b',若记 a、b 间的弧长为 D,a、b' 间的距离为 D',则:

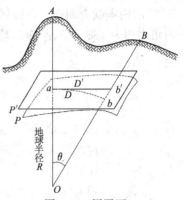

$$\begin{cases} D = R \cdot \theta \\ D' = R \cdot \tan\theta \end{cases} \tag{1-9}$$

以水平距离 D' 代替球面上弧长 D 产生的误差为:

图 1-15 用平面代替水准面的限度

$$\Delta D = D' - D = R(\tan\theta - \theta) \tag{1-10}$$

将 $\tan\theta$ 按泰勒级数展开,并略去高次项,得:

$$\tan\theta = \theta + \frac{1}{3}\theta^3 + \cdots \tag{1-11}$$

将上式带入式(1-10),并考虑 $\theta = D/R$,得:

$$\Delta D = R(\theta + \frac{1}{3}\theta^3 + \cdots - \theta) = R \cdot \frac{1}{3}\theta^3 = \frac{D^3}{3R^2} \tag{1-12}$$

将上式两端同除以 D,得相对误差:

$$\frac{\Delta D}{D} = \frac{1}{3}(\frac{D}{R})^2 \tag{1-13}$$

因地球半径 $R = 6\,371\text{km}$,故 ΔD 仅随 D 而变化,根据 D 值的不同,可计算出水平面代替水准面的距离误差和相对误差,见表 1-1。

表 1-1　水平面代替水准面对距离的影响

距离 D/km	5	10	50	100
距离误差 ΔD/cm	0.10	0.82	102	821
相对误差	1:5 000 000	1:1 220 000	1:50 000	1:12 000

从表中可以看出,当地面距离为 10km 时,用水平面代替水准面所产生的距离误差仅为 0.82cm,其相对误差为 1:1 220 000。而实际测量距离时,大地测量中使用的精密电磁波测距仪的测距精度为 1:1 000 000(相对误差),地形测量中普通钢尺的量距精度约为 1:3 000～1:6 000。因此,这么小的误差,在地面上进行精密测距时是容许的。所以在半径为 10km 的范围也就是面积为 320km² 的范围内,以水平面代替水准面所产生的距离误差可忽略不计。

1.5.2 角度误差

如果把水准面近似地看作圆球面,则野外实测的水平角应为球面角,三点构成的三角形应为球面三角形。用水平面代替水准面,角度就变成用平面角代替球面角,三角形就变成用平面三角形代替球面三角形。由于球面三角形三内角之和大于 180°,故用平面角代替球面角必然会产生角度误差。

13

如图 1-16 所示，P' 为与测区中央点的铅垂线正交的平面（即水平面）。设球面三角形 ABC 沿铅垂线方向投影在测区水平面 P' 上的三角形为平面三角形 $A'B'C'$。若球面三角形三内角之和为 $180° + \delta$，δ 称为球面角超。由球面三角学可知，球面角超 δ 为：

$$\delta = \frac{P}{R^2} \rho'' \qquad (1-14)$$

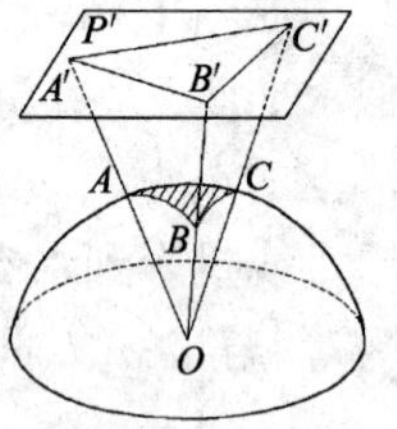

图 1-16
球面角超

式中　P——球面三角形的面积（km^2）；

　　　R——地球半径（km）；

　　　$\rho'' = 206\ 265''$。

在测量工作中实测的是球面面积，绘制成图时绘成平面图形的面积。由上式可知，只要知道球面三角形的面积 P，就可以求出 δ 的值。由此可以看出 δ 就是用水平面代替水准面时三个角的角度误差之和，则每个角的角度误差 $\Delta\alpha$ 为：

$$\Delta\alpha = \frac{\delta}{3} = \frac{P}{3R^2} \rho'' \qquad (1-15)$$

故 $\Delta\alpha$ 仅随 P 而变化，根据 P 值的不同，可计算出水平面代替水准面的角度误差，见表 1-2。

表 1-2　水平面代替水准面对角度的影响

面积 P/km^2	10	100	1 000	10 000
角度误差 $\Delta\alpha/''$	0.02	0.17	1.69	16.91

从表中所列数值可以看出，用水平面代替水准面产生的角度误差是很小的。在一般地形测量中测角仪器本身的精度为 $\pm 6''$，远大于 1 000km^2 面积上产生的角度误差。因此，在半径为 10km 的范围也就是面积为 320km^2 的范围内，以水平面代替水准面所产生的角度误差可忽略不计。

1.5.3　高程误差

高程的起算面是大地水准面。如果以水平面代替水准面进行高程测量，则所测得的高程必然含有因大地水准面弯曲而产生的高程误差的影响。由图 1-15 可知，距离 bb' 为水平面代替水准面所产生的高程误差，也称为地球曲率对高程的影响，记为 Δh。在三角形 Oab' 中：

$$(R + \Delta h)^2 = R^2 + D'^2$$
$$2R\Delta h + \Delta h^2 = D'^2$$

则

$$\Delta h = \frac{D'^2}{2R + \Delta h} \approx \frac{D^2}{2R}$$

上式即为高程误差 Δh 的计算公式。因 $R = 6\ 371km$，故 Δh 与 D^2 成正比，其具体影响见表 1-3。

表 1-3　水平面代替水准面的高程误差

距离 D/m	10	50	100	200	500	1 000
高程误差 $\Delta h/mm$	0.0	0.2	0.8	3.1	19.6	78.5

目前精密水准测量的精度可达亚毫米级，而由表中可见，200m 的距离对高程的影响就达 3.1mm，所以地球曲率对高程的影响很大。所以，在高程测量中，即使距离很短也应考虑地球曲率对高程的影响。

14

1.6　测量工作的基本概念与内容

测绘科学研究的内容很多,其应用领域也相当的广泛。总的说来,凡是需要确定物体(静态或动态)的三维空间位置及距离、方位、面积、体积、空间姿态等几何信息的工作都需要借助于测绘技术。对于园林工程测量来说,其应用的方面主要有两点:(1)测绘地形图;(2)园林工程施工测量(简称测设)。为了使测量工作有序地开展,确保工程的质量和进度,在实施测量时,必须遵循相应的规范和规程。

1.6.1　测量工作的原则

测量工作必须遵循以下的两个原则:一是"由整体到局部,由高级到低级,先控制后细部";二是"步步检核"。

第一项原则是针对工程的整体工序而言,在布局上"由整体到局部",在精度上"由高级到低级",在次序上"先控制后细部"。任何测绘工程都应该首先进行整体规划,然后再分步实施。在实施过程中,首先应进行整个测区的控制测量,建立符合工程要求的整个测区统一的坐标系统(包含高程系统),然后在此基础上进行细部的地形图测绘或施工测量。这样的工作顺序,不仅可以控制测量误差的积累,而且可以防止在同一地区因不同施工单位实施施工测量可能产生的系统误差。

第二项原则是针对工程的具体工作而言。对测绘工程的每一步实施都需要进行检核,正确的实施是工程进入下一步工序的基础。因为,在测绘工程中,各道工序往往都是相互关联的,前期工作的错误将会对后期的工作产生很大的影响,甚至造成全面的返工,因此,步步检核的重要性不言而喻。

1.6.2　控制测量

遵照"先控制后细部"的测量程序,为了测绘地形图或施工放样,需要先进行控制测量。控制测量分为平面控制与高程控制。

由一系列平面控制点构成的图形称为平面控制网。以连续折线形式构成的平面控制网,如图 1-17a 中的 $D74\text{-}4—A—B—C—D—E—F—D74\text{-}5$,称为导线,这些点称为导线点,测量导线边的水平距离 D_1、D_2、$\cdots$、D_7 和导线边之间的转折角 β_0、β_A、$\cdots$、β_1 称为导线测量。控制点构成连续三角形,如图 1-17b 所示,称为三角网,这些点称为三角点。在三角网中测量基线 D_{AB}、D_{GH} 及三角形各个内角 α_1、β_1、γ_1、α_2、β_2、γ_2、$\cdots$、α_6、β_6、γ_6 等。通过导线测量或三角测量等,可以计算出各个平面控制点的坐标 (x,y)。

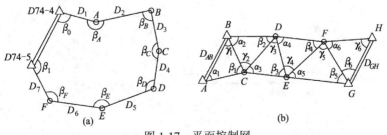

图 1-17　平面控制网

(a)导线;(b)三角网

高程控制网一般为由一系列水准点构成的水准网或将三角网、导线网同时作为高程控制网。一般用水准测量或三角高程测量的方法测定高程控制点的高程 (H)。

1.6.3 地形图测绘

在控制测量的基础上即可开展细部测量工作。以小平板测图为例，如图1-18a所示，首先按

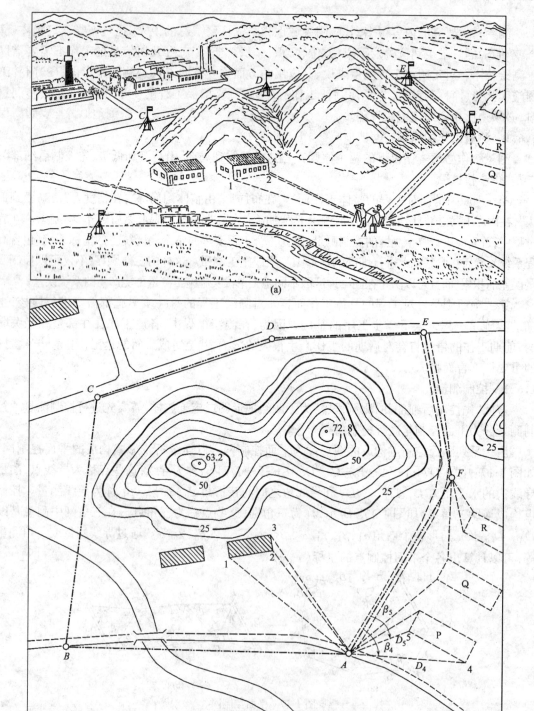

(a)

(b)

图 1-18 地形测量

(a)某测区地物、地貌透视图；(b)某测区主要地物地貌图

控制点 A、B、$\cdots$、F 的坐标值 x、y 在图纸上展绘各点位置,然后依相应的控制点测绘周围的地物和地貌。如在地面控制点 A,先使图纸上的 A 点对准地面上相应的 A 点(对点),把图板放水平(整平),并使图纸上的 AB 方向和地面 AB 方向一致(定向),最后固定图板。测定 A 点附近的房屋位置时,可以图纸上的 A 点向房屋的三个墙角 1、2、3 画三条方向线,同时量出地面上 $A1$、$A2$、$A3$ 的水平距离,然后,在图纸相应的方向线上分别量出 $A1/M$、$A2/M$、$A3/M$(M 为比例尺分母),这样就得到了图上的 1、2、3 点。通常,房屋是矩形的,可以用推平行线的方法绘出另一个墙角,这样就在图上测定了这幢房屋的平面位置。依此类推,在逐个控制点上测绘其他地物。在地面高低起伏的地方,根据控制点的高程测定一系列地形特征点的高程,最后绘制出用等高线表示的地形,如图 1-18b 所示。

1.6.4 施工测量

施工测量包括对建(构)筑物施工放样、建(构)筑物变形监测、工程竣工测量等。

施工放样是把图上设计的建(构)筑物及设计地形在实地标定出来。在施工放样时,同样需要按照"先控制后细部"的原则。

如图 1-18b 所示,在控制点 A、F 附近设计了建筑物 P、Q、R(图中用虚线表示),施工前需在实地定出它们的位置。根据控制点 A、F 及建筑物的设计坐标,计算水平角 β_4、β_5 和水平距离 D_4、D_5,然后在控制点 A 设站,以 F 为后视定向点,用仪器定出水平角 β_4、β_5 所指的方向,并沿这些方向量出水平距离 D_4、D_5,在实地定出 4、5 等点,这就是设计建筑物的实地位置。由于控制网是一个整体,因此不论建筑物的范围多大,由各个控制点定出的建筑物位置,必能联系成为一个整体。

1.6.5 基本观测量

点与点之间的相对位置可以根据距离、角度和高差来确定,而距离、角度和高差也正是常规测量仪器的观测量,因此这些量被称为基本观测量,又称测量工作三要素。基本观测量的表示如图 1-19 所示。

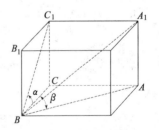

图 1-19 基本观测量

1. 角度

水平角 β 为水平面内两条直线间的夹角,如 $\angle ABC$,垂直角 α 为位于同一竖直面内水平线与倾斜线之间的夹角,如 $\angle C_1BC$。

2. 距离

水平距离为位于同一水平面内两点之间的距离,如 BC、BA。倾斜距离为不位于同一水平面内两点之间的距离,如 BC_1、BA_1。

3. 高差

两点间的垂直距离构成高差,如 AA_1、CC_1。

习　题

1. 测绘在园林工程中有哪些应用?

2. 什么是大地水准面?它与水平面和水准面有何区别?

3. 何谓旋转椭球面,它有何作用?

4. 测量中常用坐标系有几种?各有何特点?

5. 我国曾使用什么大地坐标系?现在使用什么坐标系?我国曾使用何种高程系统?现

17

在使用何种高程系统？这两种高程系统有何转换关系？

6. 北京某点的大地经度为 116°20′，试计算它所在 6°带和 3°带的带号及中央子午线的经度。

7. 什么是绝对高程？什么是相对高程？高差与高程有何区别？

8. 测量工作的基本原则是什么？测量中的基本观测量有哪些？

第2章 水准测量

测量地面上各点高程的工作,称为高程测量。它是确定地面点位置的三要素之一。根据所使用的仪器、施测的方法和要求的精度不同,高程测量可分为水准测量、三角高程测量、气压高程测量、GPS 高程测量等。水准测量在国家控制测量、工程勘测以及园林施工测量中应用广泛,精度较高。因此,本章主要介绍水准测量原理、微倾式水准仪和自动安平水准仪的构造及其使用、水准测量的施测方法及成果校核、水准仪的检验与校正等内容。

水准测量的一般方法,是通过测定两点间的高差,并根据一已知点的高程推算出待求点的高程。已知高程点可以利用国家布设的三等或四等(关于高程控制测量的问题在控制测量一章里详细介绍)高程控制点,测定求算出各未知点的高程,此时求得的高程为绝对高程(海拔)。已知高程点也可以选一临时水准点假设其高程,测定求算出各未知点的高程,此时求得的高程为相对高程。

2.1 水准测量的原理

水准测量的原理就是利用一台提供水平视线的仪器,配合两根水准尺,在尺上读取读数,直接求算出两立尺点间的高差,然后推算出待求点的高程。如图 2-1 所示,已知地面 A 点的高程 H_A,欲求 B 点的高程。首先要测定 A、B 两点之间的高差 h_{AB}。安置水准仪于 A、B 两点之间,并在 A、B 两点上分别竖立水准尺,根据仪器提供的水平视线在尺上的位置,先后在两尺上读取读数。按测量的前进方向,A 尺在后,A 尺读数 a 称后视读数,B 尺在前,B 尺读数 b 称前视读数。则 A 到 B 的高差 h_{AB} 为:

$$h_{AB} = a - b \tag{2-1}$$

当 $a > b$ 时,h_{AB} 为正,说明 B 点比 A 点高。当 $a < b$ 时,h_{AB} 为负,说明 B 点比 A 点低。

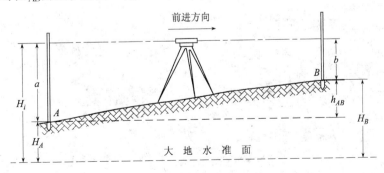

图 2-1 水准测量原理图

若已知 A 点的高程 H_A,则未知点 B 的高程 H_B 为:

$$H_B = H_A + h_{AB} = H_A + a - b \qquad (2\text{-}2)$$

利用两点间高差求高程的方法叫高差法,此法适用于由一已知高程点推算某一未知高程点的情况。适用于路线水准测量。

在实际工作中,有时要求安置一次仪器求出若干个前视点高程,以便提高工作效率,即通过水准仪的仪器高程(或称视线高程)H_i 计算待定点 B 的高程 H_B,公式如下:

$$H_i = H_A + a \qquad (2\text{-}3)$$

$$H_B = H_i - b \qquad (2\text{-}4)$$

这种方法称仪高法(或称视线高法),在园林工程施工放样、打方格平整土地等测量中应用广泛。适用于块状地带水准测量。

由水准测量的原理可知,无论是用高差法还是用仪高法测定未知点高程时,仪器提供的视线必须是水平的,水准仪就是具备这种条件的仪器。

2.2 水准仪与水准测量的工具

水准测量的仪器为水准仪,它能够提供水平视线。水准测量的工具为水准尺和尺垫。

水准仪按精度,可分为两大类,一类是精密水准仪,另一类是普通水准仪。精密水准仪适用于国家一、二等水准测量,如 $DS_{0.5}$ 型与 DS_1 型水准仪。普通水准仪适用于国家三、四等水准测量以及一般工程测量,如 DS_3 型。

水准仪型号的"D"和"S"分别为"大地测量"和"水准仪"汉语拼音的第一个字母,数字表示每千米往、返测高差中数的中误差,以毫米计。

水准仪按其构造主要分为微倾水准仪、自动安平水准仪、激光水准仪和数字水准仪。

本章主要介绍微倾水准仪、自动安平水准仪,其次简单介绍激光水准仪和数字水准仪。

2.2.1 微倾水准仪的构造

微倾水准仪的构造主要由望远镜、水准器、托板和基座四部分组成。如图 2-2 所示为我国生产的 DS_3 型微倾水准仪。仪器通过基座的连接螺旋孔与三脚架连接,固定在三脚架上。它是水准测量中常用的仪器之一。水准仪的主要构造部分为望远镜和水准器。

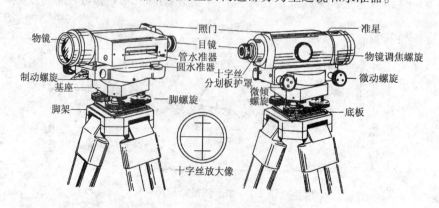

图 2-2 微倾水准仪

20

1.望远镜

望远镜由物镜、目镜、调焦透镜及十字丝分划板组成。如图2-3a所示为望远镜的构造图，物镜和目镜采用复合透镜组，调焦镜为凹透镜，位于物镜与目镜之间。望远镜的对光是通过旋转调焦螺旋，使调焦镜在望远镜筒内平行移动来实现看清目标，属于内对光望远镜。旋转调焦螺旋使目标清晰。十字丝分划板上竖直的长丝称为竖丝，与之垂直的长丝称横丝或中丝，用来准确瞄准目标后方可读数。在中丝上下对称有两条与中丝平行的短横丝，是用来测定距离的，称为视距丝。旋转目镜螺旋，使十字丝刻划线清晰。

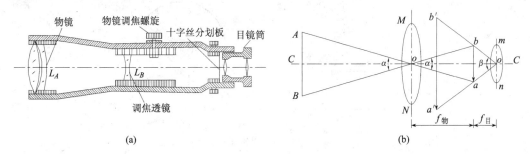

图 2-3 望远镜

(a)望远镜构造图；(b)望远镜原理图

十字丝交点与物镜光心的连线称为视准轴，或称视线，图2-3b中的 $C-C$ 为视准轴。当视准轴水平时，用中丝在水准尺上所截的位置读出尺上的读数。

图2-3b为望远镜的原理图。经过调焦，移动对光凹透镜使不同距离的目标，均能成像在十字丝平面上。如 AB 过焦点在望远镜内形成倒像 ab，再通过目镜，可看清放大了的目标影像 $a'b'$。

如图2-3b所示，从望远镜内看到目标的像所对的视角为 β，用肉眼看目标所对的视角可近似地认为是 α，故放大倍率为：

$$V = \frac{\beta}{\alpha} \tag{2-5}$$

在望远镜内所看到的目标影像的视角与肉眼直接观察该目标的视角之比，称为望远镜的放大倍率。DS$_3$级微倾水准仪望远镜的放大率一般为28倍。

2.水准器

水准器是整平装置，分为管水准器与圆水准器两种。管水准器(又称水准管)用来指示视准轴是否水平。圆水准器用来指示仪器竖轴是否竖直。水准管纵向内壁磨成圆弧形，外表面刻有2mm间隔的分划线，即2mm所对应的圆心角 τ 称为水准管分划值。水准管圆弧上分划的对称中心，称为水准管零点。通过水准管零点所作水准管圆弧的纵切线 LL，称为水准管轴，如图2-4a所示。水准管分划值 τ 为：

$$\tau = \frac{2}{R}\rho'' \tag{2-6}$$

式中　τ——2mm所对的圆心角(″)；

　　　R——水准管圆弧半径(mm)；

　　　$\rho'' = 206\ 265$。

DS$_3$型水准仪的水准管分划值为20″/2mm,气泡移动0.1格才为人眼所觉察,当气泡移动0.1格时所反映的水准管倾斜角度愈小,则说明水准管愈灵敏。水准管圆弧半径 R 愈大,分划值就越小,则水准管灵敏度就越高,也就是仪器的置平精度越高。

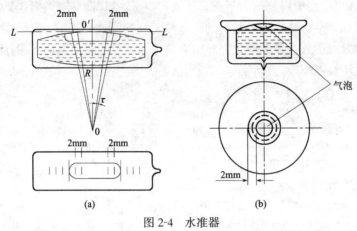

图 2-4 水准器
(a)水准管;(b)圆水准器

为了提高水准管气泡居中的精度,采用符合水准管系统,通过符合棱镜的反射作用,使气泡两端的影像反映在望远镜旁的符合气泡观察窗中。由观察窗看气泡两端的半像符合与否,来判断气泡是否居中。图2-5a 表示气泡居中的情况。图 2-5b 表示气泡未居中的情况,此时应逆时针旋转微倾螺旋。

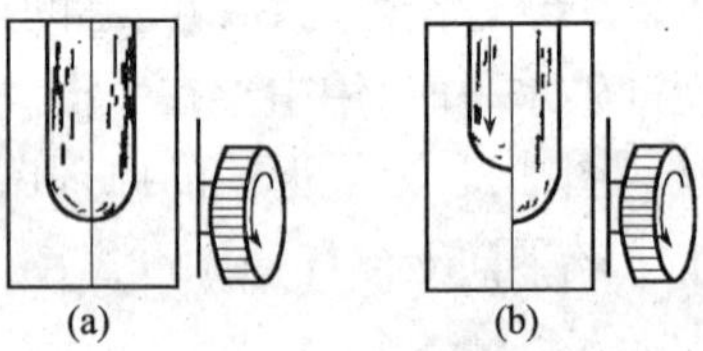

由于管水准器与望远镜固连在一起,当旋转微倾螺旋时,管水准器与望远镜在竖直方向上做微小的倾斜,使管气

图 2-5 符合气泡示意图
(a)气泡居中;(b)气泡未居中

泡居中时,指示视线处于水平状态。这种旋转微倾螺旋调整望远镜上下微小移动,使水准管气泡居中从而达到视准轴(视线)水平的仪器称为微倾水准仪。

水准仪的圆水准器为金属圆盒上盖一玻璃,内表面为磨光的球面。玻璃球面中心有一圆圈,圆圈的中心点为圆水准器的零点。通过零点作球面的法线,此法线方向称为圆水准器轴,如图 2-4b 所示。圆水准器的半径在 $0.5\sim2$ m 之间,比管水准器半径小,且分划值很大。DS$_3$型水准仪圆水准器分划值 $\tau = 8′/2$mm。所以圆水准器的灵敏度低,可用作粗略整平,而管水准器可用作精密整平。

3. 托板

托板是指板本身及其下连的竖轴筒,其作用是上托望远镜,下连基座。其竖轴筒插入基座的轴套内,使仪器的望远镜可作 360°水平方向旋转,控制望远镜水平方向转动的有一对制动螺旋与微动螺旋,其正确使用的方法是将制动螺旋固定后,再调整微动螺旋,使望远镜在水平方向轻微转动。在托板上还安装有圆水准气泡和微倾螺旋,如图 2-2 所示。

4. 基座

基座用于支撑仪器的上部,它通过连接螺旋使仪器与三脚架连在一起。调节基座上的三个脚螺旋可使圆气泡居中,仪器达到粗略整平,如图 2-2 所示。

2.2.2 自动安平水准仪的构造

与微倾水准仪的构造部分基本相同,所不同的是自动安平水准仪没有管水准器和微倾螺旋。经粗略整平，即在圆水准器气泡居中后，利用仪器内部的自动安平补偿器，就能获得视线水平时的正确读数，其特点是省略了水平视线精平过程，从而提高了观测速度和整平精度。

1. 视线自动安平原理

如图 2-6 所示，当视准轴倾斜一个 α 角，为使经过物镜光心的水平光线 α_0 能够通过十字丝交点 A，在物镜的调焦透镜与十字丝分划板之间安装一个"补偿器"，可使 α_0 光线偏转一个 β 角而通过十字丝交点 A。实际上，α 角与 β 角都非常小（α 大小约 10′ 左右，不同厂家设计的仪器不同，其大小不一），当满足下式要求，就可达到补偿的目的。

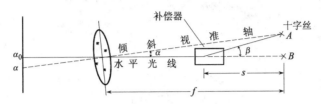

图 2-6　自动安平水准仪构造原理图

$$f \cdot \alpha = s \cdot \beta \tag{2-7}$$

视准轴虽有微小倾斜，但十字丝中心 A 仍能读出视线水平时的读数，从而达到自动补偿的目的。

2. 补偿装置的结构

图 2-7 是 DSZ$_3$ 自动安平水准仪的补偿结构图。图 2-7a 是将屋脊棱镜固定在望远镜筒内，在屋脊棱镜的下方，用交叉的金属丝吊挂着两个直角棱镜，该直角棱镜在重力作用下，能与望远镜作相对的偏转。为了使吊挂的棱镜尽快地停止摆动，还设置了阻尼器。

当望远镜倾斜了微小角度 α 时，如图 2-7b 所示的虚线所画的直角棱镜，它相对于实线直角棱镜偏转了 α 角。这时，原水平光线（虚线）通过偏转后的直角棱镜（起补偿作用）的反射，到达十字丝的中心 Z，所以仍能读得视线水平时的读数 α_0。这就是自动安平水准仪为什么在仪器偏斜了一个小角 α 时，十字丝中心在水准尺上仍能读得正确读数的道理。

由图 2-7b 可知，当望远镜倾斜为 α 角时，通过补偿的水平光线与未经补偿的水平光线之间的夹角为 β。由于吊挂的直角棱镜相对于倾斜的视准轴偏转了角 α，反射后的光线便转了 2α，通过两个直角棱镜反射，则 β 等于 4α。

3. 自动安平水准仪技术指标

（1）AL322 型自动安平水准仪

图 2-8a 为北京光学仪器厂生产的 AL322 型自动安平水准仪，是中等精度的光学水准仪。每千米往返测高差中数的标准偏差为 ±2.5mm，望远镜放大倍数为 22×，最短视距为 0.5m。圆水准器角值为 8′/2mm，圆水准器安平精度为 ±0.5″。

补偿器工作范围为 ±10′，采用交叉弹性吊丝悬挂梯形棱镜的方式，迷宫式空气阻尼器，竖轴系采用标准柱形轴，无水平制动螺旋，用摩擦制动。有水平微动螺旋，其微动范围无限，托板上还有水平度盘（1°/格值），可用来进行粗略的水平角测量。望远镜为正像。

AL322 型自动安平水准仪适用于园林施工或其他工程的水准测量。

（2）AL422 型自动安平水准仪

图 2-8b 为北京光学仪器厂生产的 AL422 型自动安平水准仪，每千米往返测高差中数的

标准偏差为±2.5mm,补偿器工作范围为±15′。望远镜放大倍数为22×,最短视距为0.5m,望远镜为正像。

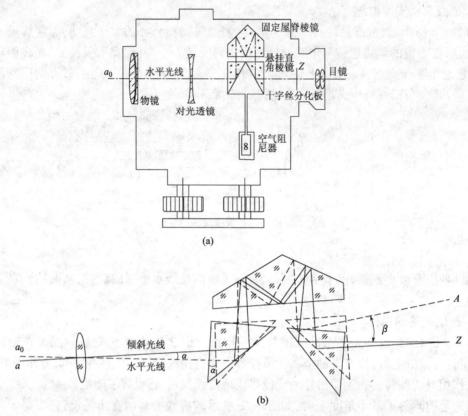

图 2-7　DSZ₃ 自动安平水准仪的补偿装置

(a)结构图;(b)原理图

图 2-8　自动安平水准仪

(a)AL322 自动安平水准仪;(b)AL422 自动安平水准仪

2.2.3　激光水准仪构造简介

在普通水准仪结构的基础上,安装一个能够发射激光的装置,激光束通过仪器内部棱镜,从望远镜射出一条水平的可见的激光,这种水准仪称为激光水准仪。激光水准仪的种类有多种,常用的是激光扫平仪。其特点是能够提供一个可见的激光水平面,作为施工的基准,在平

24

整场地测量中尤为方便。

激光扫平仪主要由激光准直器、转镜扫描装置、安平机构和电源等部件组成。激光准直器竖直地安置在仪器内。转镜扫描装置如图2-9所示，激光束沿五角棱镜镜旋转轴OO'入射后，出射的光束为水平的光束。当五角棱镜在电机的驱动下作水平旋转时出射光束成为激光平面，可以同时测定扫描范围内任意点的高程。

图2-10为日本索佳公司生产的自动安平水准仪（LP3A型），除主机外还配有两个受光器（即光电接受靶，见图2-10右图）。受光器上有条形荧光板、液晶显示屏和受光灵敏度切换钮，此钮从L转到H，受光感应灵敏度由低（±2.5mm）转变到高感度（±0.8mm），可根据测量精度要求进行选择。受光器也可通过卡具安装在水准尺或测量杆上，即可测量任意点的标高或用以检测水平面等。

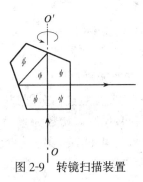

图2-9 转镜扫描装置

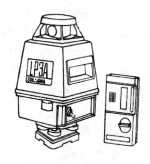

图2-10 LP3A型自动安平水准仪

2.2.4 数字水准仪构造简介

数字水准仪（digital levels）是一种新型的智能化水准仪，又称为信息水准仪。测量原理是将编码的水准尺影像进行一维图像处理，用传感器代替观测者的眼睛，从望远镜中看到水准尺上"刻划"的测量信号，由微处理器自动计算出水准尺上的读数及仪器至标尺间的水平距离。所测数据可在仪器显示屏上显示，并记录在内置PCMCIA卡上；亦可通过标准RS232C接口向计算机或相关数据采集器中传输。

数字水准仪的构造主要包括光学系统、机械系统和电子信息处理系统。其光学系统和机械系统两部分与普通水准仪基本相同。在进行数字化水准测量时，应使用刻有二进制条形码的专用水准尺。该水准尺的编码影像通过一个光束分离器，把光分解为红外光和可见光两部分，由仪器自动处理，显示测量结果。测量时，自动安平补偿器和物镜调焦对光均由仪器内置的电子设备自动监控完成。

图2-11为瑞士徕卡（Leica）生产的数字水准仪。该水准仪高程测量精度每千米为0.3～1.0mm，测距精度为$0.5\times10^{-6}\sim1.0\times10^{-6}$，测程为1.5～100m。测量时，屏幕菜单引导作业员操作键盘面板，显示测量结果，还可显示系统的状态。

2.2.5 水准尺和尺垫

1. 水准尺

水准尺是水准测量的主要工具，尺长一般为2～5m。从外形上分为可伸缩的塔尺（图2-12a）、不能伸缩的直尺（图2-12b）、折叠尺（图2-12c）。尺面每1分米和整米注记，刻有黑白相间的厘米分划，毫米估读出。从注记上可分为单面尺和双面尺两种。

单面尺：如图2-12a所示，单面尺仅有黑白相间的分划，尺底为零，由下往上注有dm（分

25

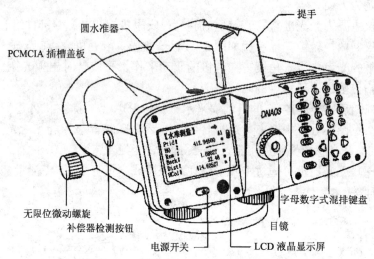

图 2-11　徕卡 DNA03 中文数字水准仪

米)和 m(米)的数字,最小分划单位为 cm(厘米)。塔尺属于单面水准尺。

　　双面尺:如图 2-12b 所示,双面水准尺的正面是黑白分划,反面是红白分划,其长度有 2m 和 3m 两种,且两根尺为一对。尺的黑白分划均与单面尺相同,尺底起始数为零;而红面尺底起始数则从某一常数开始,即其中一根尺子的尺底起始数为 4.687m,另一根尺起始数为 4.787m,一对尺之间相差一个常数 0.1m。正反两面的尺底起始数也相差一个常数值。

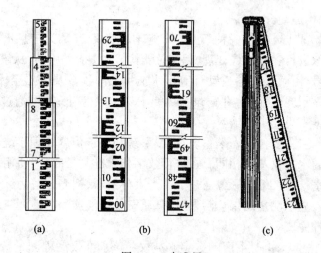

(a)　　　　　　　(b)　　　　　　　(c)

图 2-12　水准尺
(a)塔尺;(b)直尺;(c)折叠尺

　　2. 尺垫

　　尺垫是为防止土质松软时导致在观测过程中地面点下沉而造成高差观测值偏差的工具,用时将尺垫的三个脚牢固地插入土中,水准尺应放在凸起的半球体上,如图 2-13 所示。

图 2-13　尺垫

2.3 水准仪的使用

2.3.1 微倾水准仪的使用

1. 安置仪器

(1)打开三脚架,松开脚架螺旋,使三脚架高度适中(根据身高),旋紧脚架伸缩腿螺旋,将脚架放在测站位置上(距前、后立尺点大概等距离位置);

(2)三个架腿之间角度最好在25°～30°之间,目估使架头水平,将三个架腿踩实,如遇水泥地面可放在水泥地面的缝隙中使其固定;

(3)打开仪器箱,取出水准仪,置于三脚架头上,并用中心连接螺旋把水准仪与三脚架头固连在一起,关好仪器箱。

2. 粗平

粗平是调整脚螺旋使圆水准器气泡居中,以便达到仪器竖轴大致铅直,使仪器粗略水平。具体操作如下:

(1)如图2-14a所示,气泡未居中而位于a处。首先按图上箭头所指方向,两手相对转动脚螺旋①、②,使气泡移到通过水准器零点作①、②脚螺旋连线的垂线上,如图中垂直的虚线位置。

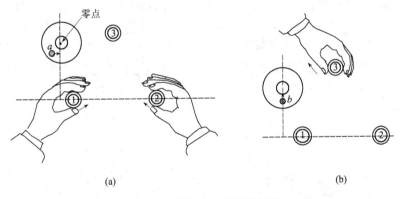

(a)   (b)

图2-14　圆水准气泡整平过程

(a)整平第一步示意;(b)整平第二步示意

(2)用左手转动脚螺旋③,使气泡居中,如图2-14b所示。

(3)反复交替调整脚螺旋①、②和脚螺旋③,确认气泡是否居中。

掌握规律:左手大姆指移动方向或右手食指移动方向与气泡移动方向一致。

对于图2-15气泡偏歪情况,第1步也可先旋转脚螺旋①,使气泡a移到b处,如图2-15所示,即位于通过刻划圈中心与脚螺旋②、③连线的平行线的位置(图中虚线位置)。第2步再用两手转脚螺旋②、③,使气泡居中,反复操作使气泡完全居中。

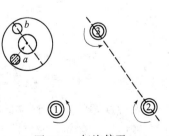

图2-15　气泡偏歪

3．瞄准

（1）目镜调焦。把望远镜对准明亮天空或白墙，转动目镜对光螺旋，使十字丝清晰。

（2）粗略瞄准。松开望远镜制动螺旋，转动望远镜，通过望远镜上的照门、准星瞄准目标（三点成一线）后，旋紧制动螺旋。

（3）准确瞄准。调整物镜对光螺旋看清目标。调整水平方向微动螺旋，使十字丝纵丝平分地面点位上所立水准尺的尺面，如图 2-16 所示，或使纵丝与尺的某个边重合，如图 2-17 所示，达到准确瞄准目标。如果目标不清晰，应转动物镜对光螺旋，使目标清晰。

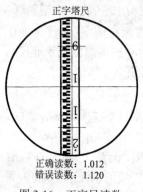

正确读数：1.012
错误读数：1.120

图 2-16　正字尺读数

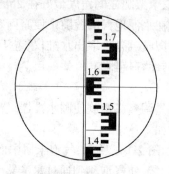

图 2-17　望远镜纵丝与某一边重合

（4）消除视差。当眼睛在目镜端上下移动时，目标也随之移动，这是因为目标的成像平面与十字丝平面有相对移动，如图 2-18 所示，这种现象称视差。产生视差的原因是因为目标成像平面与十字丝平面不重合。由于视差的存在，不能获得正确读数，如图 2-18b 所示，当人眼位于目镜端中间时，十字丝交点读得读数为 a；当眼略向上移动读得读数为 b；当眼睛略向下移动读得读数为 c。只有在图 2-18c 的情况下，眼睛上下移动读得读数均为 a。因此，瞄准目标时存在的视差必须要消除。

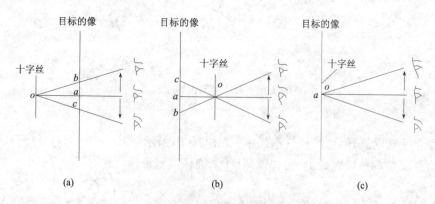

（a）　　　　　　　　（b）　　　　　　　　（c）

图 2-18　视差形成示意

（a）目标成像与十字丝面不重合；（b）目标成像与十字丝面不重合；（c）目标成像与十字丝面重合

消除视差的方法：调整目镜对光螺旋使十字丝清晰，瞄准目标后，反复调整物镜对光螺旋，同时眼睛上下移动观察目标成像是否达到稳定，也就是说读数是否在变化，如果不发生变化，此时目标的成像平面与十字丝平面相重合，这时读取的读数才是正确的读数。

如果换另一人观测，由于每个人眼睛的视觉不同，需要重新略调一下目镜对光螺旋，使十

28

字丝清晰,一般情况是目镜对光螺旋调好后,在消除视差时不需要反复调整。

4．精平

眼睛观察望远镜旁管气泡符合影像窗,转动微倾螺旋,使水准气泡两端半像符合,如图2-5a所示,此时指示水准管轴水平。因为水准管轴与视准轴平行,所以视准轴也处于严格水平位置。

5．读数

倒像望远镜的读数:水准管气泡居中后,按尺上的注记从小到大顺序读取。望远镜视场内的标尺数据由上往下增大。应快速准确地读出十字丝横丝在水准尺上所截的数据。水准尺有正字尺和倒字尺两种,图2-16为正字尺,水准尺正字时,成像为倒字,读数为1.012m。水准尺为倒字时,成像为正字,同样按注记从小到大顺序读取。

2.3.2 自动安平水准仪的使用

随着测绘技术数字化的不断发展,测量仪器也在不断地更新与完善,测绘精度在提高,测绘速度在加快,在园林施工或其他工程中,自动安平水准仪正在逐渐地取代微倾水准仪。

AL322自动安平水准仪在使用时,安置仪器、粗平、瞄准三个步骤的操作方法基本与微倾水准仪相同;不同点为:

(1)不需要精平,瞄准目标就可以读数。

(2)读数时,因望远镜为正像,标尺数字在视场内是由下往上顺序增大,如图2-17所示,读数为1.573。

(3)因仪器有水平度盘,可以观测水平角,当需要进行粗略的角度测量或定位时,需要在三角架的中心螺旋上悬挂垂球且与地面点对中(对中的目的与方法见第3章角度测量)。

2.4 水准测量施测

2.4.1 水准点

根据水准测量的原理,可知测定地面任意一点的高程,是通过一已知点的高程引测出来的,这个已知高程点的确定有两种情况:一种是直接利用国家布设的控制点(以国家1985高程基准起算),测定出点的绝对高程;另一种是利用施工场地或建筑物已有的高程点(以地方工程基准或工程单位自定假设高程基准起算),测定出点的相对高程。采用哪一种应根据具体情况和工程所需要达到的精度而定。

为了满足各种测量的需要,测绘部门在全国各地埋设并测定了很多高程控制点,这些点称为水准点(Bench Mark),简记BM。水准点根据保存时间的长短分为永久性水准点和临时性水准点两种。

国家等级的水准点一般是用钢筋混凝土制成的永久性水准点,深埋到冻土线以下。建筑工地上的永久性水准点也是用混凝土或钢筋混凝土制成,其式样如图2-19a所示。有些水准点也可设置在稳定的建筑物上,如墙根、墙脚、烟囱根等地方。

临时性的水准点可用地面上突出的坚硬石头、树桩等固定的地物或大木桩打入地下,桩顶钉上一半球形小铁钉,以便确定点的位置,如图2-19b所示。

埋设水准点后,应绘出水准点与附近固定建筑物或其他地物的关系图(点之记),图上应注明水准点的编号和高程,以便日后寻找。水准点编号前通常加BM字样。

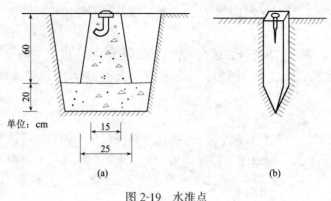

单位：cm

(a)   (b)

图 2-19　水准点

(a)永久性水准点；(b)临时性水准点

2.4.2　水准测量施测方法

如果水准点距离待测点较远或高差很大,则需要连续多次安置仪器才能测定两点间高差,以便推算出待测点高程。如图 2-20 所示,已知水准点 BM_A 的高程为 H_A,测量待定点 B 的高程时,两点间设 4 个测站(安置仪器的位置称为测站)和 3 个转点 TP_1、TP_2、TP_3。

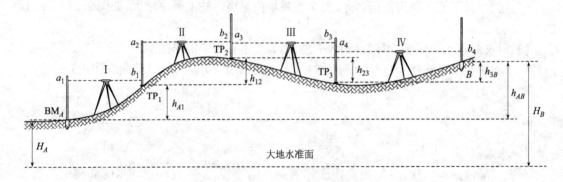

图 2-20　连续水准测量

1．高差法求算高程的水准测量

方法步骤:

(1)在离 BM_A 点约 100m(根据望远镜的放大倍率以及水准测量不同精度要求而定)左或右处选一立尺点 TP_1,称为转点。转点是起传递高程作用的立尺点,可在编号前冠以英文字母 TP(Turning Point)表示,也可用 ZD(即转点两字汉语拼音的第一个拼音字母)表示。在 BM_A 和 TP_1 两点上分别立水准尺。

(2)在距 BM_A 和 TP_1 点大约等距离Ⅰ处(图 2-20),安置水准仪并粗平。

(3)望远镜瞄准 BM_A 点上的水准尺,调微倾螺旋精平(DSZ_{3-1}不用精平,)后,读水准尺后视读数 a_1 为 1.476m,记入表 2-1 横向与 A 点对齐的后视读数栏。

(4)望远镜瞄准前视 TP_1 点上的水准尺,调微倾螺旋精平(DSZ_{3-1}不用精平)后,读水准尺前视读数 b_1 为 0.933m,记入表 2-1 横向与 TP_1 点对齐的前视读数栏。注意:尺要竖直,尤其不要前、后倾斜。

(5)计算第一测站测得的高差：$h_{A1} = a_1 - b_1 = 0.543$m，记入表格高差栏。

(6)前视尺不动，BM$_A$点尺移到所选 TP$_2$ 上，按图 2-20 的前进方向移动水准尺。水准仪安置于 TP$_1$、TP$_2$ 两点间的等距离 II 处的，重复以上各步骤。

按照上述方法一直测到未知点 B。

各测段高差为：

$$h_{A1} = a_1 - b_1$$
$$h_{12} = a_2 - b_2$$
$$h_{23} = a_3 - b_3$$
$$h_{3B} = a_4 - b_4$$

A、B 两点间高差：

$$\sum h = h_{AB} = \sum a - \sum b \tag{2-8}$$

已知 BM$_A$，则：

$$H_B = H_A + \sum h \tag{2-9}$$

表 2-1　水准测量记录表　　　　　　　　　　　　　　　　　　　　m

测站	点号	后视读数	前视读数	高差	高程
1	BM$_A$	1.476		+0.543	25.668
	TP$_1$		0.933		26.211
2	TP$_1$	1.891		+0.911	
	TP$_2$		0.980		27.122
3	TP$_2$	1.138		−0.663	
	TP$_3$		1.801		26.459
4	TP$_3$	1.624		+0.889	
	BM$_B$		0.735		27.348
检核计算		$\sum a = 6.129$	$\sum b = 4.449$	$\sum h = +1.680$ $\sum a - \sum b = 1.680$	$H_B - H_A = +1.680$

2.仪高法求算高程的水准测量

在测定地物、地貌点高程或测定方格点高程时，是根据一个已知点高程(控制点)同时测定若干个未知点高程的一种水准测量方法。它是园林工程测量中常用的方法。其优点是速度快，节省人力。

方法步骤：

(1)仪器安置于测区内的某位置，此位置最好选在其周围待测点较多，既能与待测点通视又能连接高程控制点(或假设一控制点)的地方。

(2)安置仪器整平后，瞄准高程控制点上所立的水准尺，读数为 a，计算出视线高程

$H_i = H_A + a$，如图 2-1 所示。

（3）分别依次在待测点上立水准尺，依次瞄准其各点水准尺，读数为 b_i，记录数据。

（4）分别计算出各未知点高程：$H_n = H_i - b_i$。

（5）另选一位置安置仪器，重复（1）～（4）步骤进行观测。

为了方便，可利用测区内的其他高程控制点。

一般在同一个测站观测时 H_i 的大小不会改变，但为了提高精度应经常瞄准控制点检验 H_i 值。

2.5 水准测量的校核、平差方法与精度要求

水准测量中，一般采用测站校核和路线校核的方法来检查其测量结果是否达到精度要求，再将在容许范围内所存在的误差进行平差。平差就是把所存在的误差按照误差产生的规律加以消除，从而得到一个比较完美的结果。

2.5.1 测站校核

1. 改变仪器高法

在同一测站上用不同仪器高度（或两台仪器同时观测）测得两次高差，相互进行比较。即测得第一次高差后，升高或降低仪器高度 10cm 左右，重新整平水准仪，再测一次高差。两次测得高差之差如果小于限差值（如等外水准测量要求 ±6mm），则认为符合要求，取其平均值作为最后结果（记录并计算，见表 2-2），否则必须重测。

表 2-2 水准测量记录表

测站	测点	后视读数/m	前视读数/m	高差/m	平均高差/m	高程/m	备注
1	A	1.515 1.364				25.352	
	TP_1		0.964 0.811	0.551 0.553	0.552		
2	TP_1	1.563 1.678					
	TP_2		1.387 1.506	0.176 0.172	0.174		
3	TP_2	1.350 1.200					高差闭合差的调整见表 2-3
	TP_3		2.100 1.956	−0.750 −0.756	−0.753		
4	TP_3	0.932 1.103					
	B		1.024 1.197	−0.092 −0.094	−0.093	25.323	
计算较核	$\sum$	10.705	10.945	−0.24	−0.12		
	$\dfrac{1}{2}(\sum a - \sum b) = -0.12 \qquad \dfrac{1}{2}\sum h = -0.12$						

各测站两次测得高差之差满足小于限差值的要求后，可以进行计算校核，其方法为：

（1）各测站高差总和 = 后视读数总和 − 前视读数总和

上例： $\sum h = +1.680$ $\sum a - \sum b = 6.129 - 4.449 = +1.680$

(2)未知点高程－已知点高程＝各测站高差总和

上例： $H_B - H_A = 27.348 - 25.668 = \sum h = +1.680$

计算校核可在表内完成。计算校核只能检查计算过程中是否正确,不能检查观测中是否存在错误。

2. 双面水准尺法

此方法与前一种方法正相反,是水准仪的高度不变,利用红、黑水准尺两个面上的读数,分别求出高差,求得两次高差结果相比较,如果是三等水准测量误差不超过 ±3mm,四等水准测量误差不超过 ±5mm,等外水准测量,其要求同前一种方法一样不超过 ±6mm。

方法步骤：

(1)读出后视黑面尺与前视黑面尺的读数,求得两点高差;

(2)再读出前视红面尺与后视红面尺读数,求得两点高差;

(3)求出黑面尺读数高差与红面尺读数高差之差。

红面尺与黑面尺读数所求得的高差值理论上应相等,但是因为配对双面尺的红面起点,一根是 4.687m,一根是 4.787m,相差一个常数 0.1m,则红面尺读数求得的高差结果应加上或减去 0.1m。若 4.787 为后视尺,4.687 为前视尺,则红面尺读数求得的高差应减去 0.1m,相反应加上 0.1m,方能满足两次求得的高差值理论上相等。

2.5.2　路线成果校核

测站校核只能校核一个测站观测是否存在错误或误差是否超限,校核不出路线成果是否存在错误和误差是否超限。对一条水准路线来说,由于温度、风力、大气折光、尺垫下沉和仪器下沉等外界条件引起的误差,随着测站数的增加,误差也在不断地积累,会出现最后成果误差超限而达不到精度要求的情况。因此,还必须进行整条路线成果的校核。

2.5.2.1　附合水准路线成果较核

从一水准点 BM_A 出发,沿各待定高程点逐站进行水准测量,最后附合到另一水准点 BM_B 上,如图 2-21 所示,称为附合水准路线。

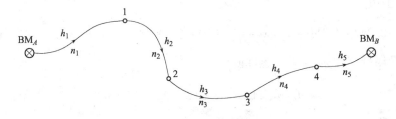

图 2-21　附合水准线路略图

1. 附合水准路线的校核条件

若设从 BM_A 到 BM_B 点的观测高差累计值为 $\sum h_i (i = 1, \cdots, n)$ (图 2-21 中,$n = 5$),则附合水准路线的高差闭合差 f_h 为：

$$f_h = \sum h_i - (H_B - H_A) \tag{2-10}$$

高差闭合差 f_h 可用来衡量测量结果的精度,等外图根水准测量的高差闭合差 f_h 的容许值 $f_{h容}$ 规定为:

平地: $$f_{h容} = \pm 40 \sqrt{L}\,(\text{mm}) \tag{2-11}$$

山地: $$f_{h容} = \pm 12 \sqrt{n}\,(\text{mm}) \tag{2-12}$$

式中　L——路线总长(km);

　　　n——路线上总测站数。

2. 附合水准路线成果校核

（1）高差闭合差的计算与调整

下面以图 2-22 在山地中观测的数据为例,说明如何计算、调整高差闭合差。BM_A 点已知高程为 50.000m;BM_B 点已知高程为 53.020m;各测段测站数及高差填入表 2-3 中,试求未知点 1 与 2 的高程。

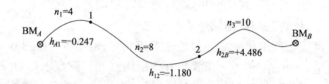

图 2-22　附合水准线路略图

表 2-3　附合水准测量计算表

点号	测站数 n	高差 h/m	高差改正数 V/m	改正后高差 $h + V$/m	高程 H/m
BM_A	4	− 0.247	− 0.007	− 0.254	50.000
1	8	− 1.180	− 0.014	− 1.194	49.746
2	10	+ 4.486	− 0.018	+ 4.468	48.552
BM_B					53.020
$\sum$	22	+ 3.059	− 0.039	+ 3.020	+ 3.020

按公式(2-10),得:

$$f_h = -0.247 - 1.180 + 4.486 - (53.020 - 50.000) = 3.059 - 3.020 = +0.039\text{m}$$

山地水准测量,高差闭合差的容许值为:

$$f_{h容} = \pm 12 \sqrt{n} = \pm 12 \sqrt{22} = \pm 56\text{mm}$$

实际高差闭合差为 +39mm,小于容许值 56 mm,说明符合测量精度要求,可进行高差闭合差的调整(平差)。

在同一条水准路线上,观测条件大致相同,可以认为各测站产生误差的大小基本相同,因此可将闭合差以反符号、按测站数(或距离)成正比例进行分配(调整)。其每一测段高差改正数计算式为:

$$V_i = -\frac{f_h}{n} \cdot n_i \tag{2-13}$$

34

或

$$V_i = -\frac{f_h}{L} \cdot L_i \tag{2-14}$$

本例总测站数 n 为 22，所以每一测站高差改正数为：

$$V_i = -\frac{f_h}{n} = -\frac{0.039}{22} = -0.00\ 177\text{m}$$

每一测段高差改正数为：

$$V_1 = -0.00\ 177 \times 4 = -0.007\text{m}$$
$$V_2 = -0.00\ 177 \times 8 = -0.014\text{m}$$
$$V_3 = -0.00\ 177 \times 10 = -0.018\text{m}$$

按上式计算出各测段高差改正数后，将其计算结果保留小数点后 3 位，填入表 2-3 的高差改正数栏内。检查高差改正数总和的绝对值是否等于高差闭合差 f_h 的绝对值。其两个绝对值应相等，否则需检查计算过程及四舍五入情况，如差 1mm 左右，应适当调整。

计算各测段改正后的高差应满足下式：

$$计算各测段改正后的高差 = 各测段实测高差 + 高差改正数$$

改正后高差总和应等于 BM_A 和 BM_B 两点的高差，即 $H_B - H_A$。

(2)高程计算

根据各段改正后的高差和起始点 BM_A 的高程，依次推算出各点的高程，例如：$H_1 = H_A + h_1 + V_1$；$H_2 = H_1 + h_2 + V_2$；$H_B = H_2 + h_3 + V_3$，最后推算出的 B 点高程应与 BM_B 点高程完全相等，否则说明高程计算有误。

2.5.2.2　闭合水准路线成果校核

1. 闭合水准路线校核条件

从水准点 BM_A 出发，沿环线逐站进行水准测量，经过各高程待定点，最后返回 BM_A 点，称为闭合水准路线。如图 2-23所示。其高差闭合差 f_h 为：

$$f_h = \sum h_i \tag{2-15}$$

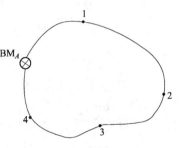

图 2-23　闭合水准路线

闭合水准路线各段高差的代数和 $\sum h_i$ 应等于零，如不为零即为高差闭合差，用 f_h 表示。

闭合水准路线的精度要求与附合水准路线相同，按山地或平地的精度要求计算误差的容许范围。

2. 闭合水准路线成果校核

闭合水准路线成果校核除高差闭合差 f_h 计算不同外，高差闭合差容许值 $f_{h容}$ 的计算、高差闭合差 f_h 的调整(平差)方法、高程的推算等，均与附合水准路线相同。

2.5.2.3　支水准路线

若从一水准点 BM_A 出发，既不附合到另一水准点，也不闭合到原来的水准点，就称其为

支水准路线,如图 2-24 所示。其高差闭合差 f_h 的计算公式为:

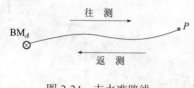

$$f_h = \sum h_{往} + \sum h_{返} \qquad (2\text{-}16)$$

图 2-24 支水准路线

为了对支水准路线测量成果进行校核,必须进行往返观测。往返观测的高差绝对值相等,符号相反,即往返观测高差的代数和应等于零,如不为零,则产生高差闭合差。根据不同的地形情况,采用式(2-11)或式(2-12)计算 f_h 的容许值。调整高差闭合差时,按单程长度千米数 L 或单程测站数 n 计算高差改正数,其 f_h 调整方法、高程推算方法等与闭合水准路线相同。实质支水准路线的往返观测过程相当于闭合水准路线的施测过程。

2.6 光学水准仪的检验与校正

2.6.1 光学水准仪构造应满足的主要条件

水准仪之所以能提供一条水平视线或水平视线读数,取决于仪器本身的构造特点。

1. 微倾水准仪

有四条主要轴线:即视准轴 CC、水准管轴 LL、圆水准器轴 $L'L'$ 以及仪器竖轴 VV,如图2-25所示。主要表现在轴线间应满足的几何条件:

(1)圆水准器轴 $L'L'$ 平行于竖轴 VV;

(2)十字丝横轴垂直于竖轴;

(3)水准管轴 LL 平行于视准轴 CC。

由于仪器的长期使用和搬运,各轴线之间的关系会发生变化,若不及时检验与校正,就会影响测量成果的质量。因此,在使用前应对仪器进行认真的检验与校正。

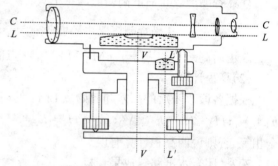

图 2-25 微倾水准仪主要轴线

2. 自动安平水准仪

自动安平水准仪是用补偿器取代微倾水准仪的水准管轴,其他轴线之间应满足的条件与微倾水准仪相同。

2.6.2 微倾水准仪的检验与校正

1. 圆水准器轴的检验与校正

(1)目的:圆水准器轴 $L'L'$ 平行于仪器竖轴 VV。

(2)检验方法:首先用脚螺旋使圆水准器气泡居中,此时圆水准器轴 $L'L'$ 处于竖直的位置。将仪器绕仪器竖轴旋转180°,圆水准气泡如果仍然居中,说明 $VV /\!/ L'L'$ 条件满足。若将仪器绕竖轴旋转180°,气泡不居中,则说明仪器竖轴 VV 与 $L'L'$ 不平行。在图 2-26a 中,如果两轴线交角为 α,此时竖轴 VV 与铅垂线偏差也为 α 角。当仪器绕竖轴旋转 180°后,此时圆水准器轴 $L'L'$ 与铅垂线的偏差变为 2α,即气泡偏离格值为 2α,实际误差仅为 α,如图 2-26b 所示。

(3)校正方法:首先稍松位于圆水准器下面中间的固紧螺钉(图 2-27a),然后调整其周围的

3 个校正螺钉,使气泡向居中位置移动偏离量的一半,如图 2-27b 所示。此时圆水准器轴 $L'L'$ 平行于仪器竖轴 VV。然后再用脚螺旋整平,使圆水准器气泡居中,竖轴 VV 与圆水准器轴 $L'L'$ 同时处于竖直位置,如图 2-27c 所示。

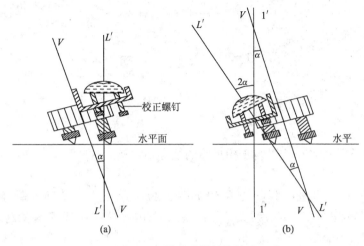

图 2-26 圆水准器轴的检验
(a)气泡居中;(b)照准部旋转 180°

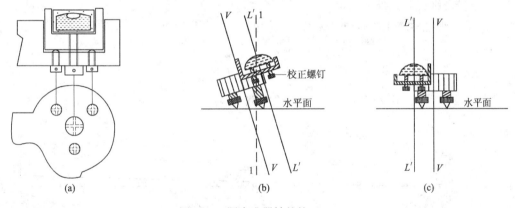

图 2-27 圆水准器轴的校正
(a)圆水准器底部螺钉;(b)校正第一步;(c)校正第二步

校正工作一般需反复进行,直至仪器转到任何位置气泡均为居中为止,最后应旋紧固定螺钉。

2.十字丝的检验与校正

(1)目的:十字丝横丝垂直于仪器竖轴 VV。

(2)检验方法:首先将仪器安置好,用十字丝横丝对准一个清晰的点状目标 P,如图 2-28a 所示。然后固定制动螺旋,转动水平微动螺旋。如果目标点 P 沿横丝移动,如图 2-28b 所示,则说明横丝垂直于仪器竖轴 VV,不需要校正。如果目标点 P 偏离横丝,如图 2-28c、d 所示,则需校正。

(3)校正方法:校正方法按十字丝分划板装置形式不同而异。有的仪器可直接用螺丝刀松开分划板座相邻的两颗固定螺丝,转动分划板座,改正偏离量的一半,即满足条件。有的仪器必须卸下目镜处的外罩,再用螺丝刀松开分划板座的固定螺丝,拨正分划板座即可。

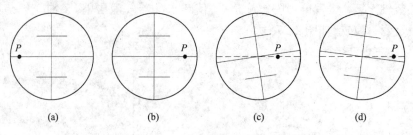

图 2-28　十字丝的检验

3. 管水准器的检验与校正

(1)目的:水准管轴 LL 应平行于望远镜的视准轴 CC。

(2)检验方法:

①选相距约 60～100m 的两点 A 和 B,如图 2-29 所示,离 A、B 间等距离Ⅰ处安置仪器,用改变仪器高法测 A、B 高差两次,如差数在 3mm 以内,取平均值为正确的高差 h_{AB}。因前后视读数均包含误差 x,求高差时 x 抵消了。

②把仪器搬到靠近 A 或 B 点,例如靠近 A 点,图 2-29 中Ⅱ位置,离 A 点距离为 d(约 2m,略大于仪器的最短视距),读出 A 点和 B 点水准尺读数,再求两点高差为 h'_{AB},如果前后两次高差不相等,则说明条件不满足。

③计算视准轴与水准管轴不平行所产生的夹角 i:

$$i = \frac{b'_2 - b_2}{D - d} \rho'' \tag{2-17}$$

从图 2-29 可看出:在Ⅱ站 B 尺的正确读数 b_2 为:

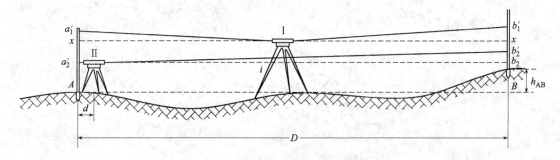

图 2-29　水准管轴与视准轴平行性的检验原理

$$b_2 = a'_2 - h_{AB} \tag{2-18}$$

移项得
$$a'_2 - b_2 = h_{AB}$$
$$a'_2 - b'_2 = h'_{AB}$$

将上面两式相减便得 $b'_2 - b_2 = h_{AB} - h'_{AB}$,代入式(2-17)得:

$$i = \frac{\left| h_{AB} - h'_{AB} \right|}{D - d} \rho'' \qquad (2\text{-}19)$$

式中　D——AB 两点距离；

$\quad\quad d$——仪器距 A 点位置的距离；

$\quad\quad \rho'' = 206\,265''$。

如果两轴线夹角 $i > 20''$，则需要校正。

（3）校正方法：校正工作应在第Ⅱ站进行。首先按公式(2-18)计算 B 点尺的正确读数 b_2。然后调微倾螺旋使视准轴对准 B 点尺的这个正确读数，此时水准管气泡必偏歪。调节上下两个螺丝使气泡居中。操作时，需先将左、右螺丝略松开一些，如图 2-30 所示，使水准管能够活动，然后一松一紧上下校正螺丝，最后再把左右螺丝扭紧。

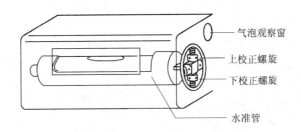

气泡观察窗

上校正螺旋

下校正螺旋

水准管

图 2-30　水准管轴校正方法

现举一操作实例如下：

$D = 60\text{m}$，仪器安置于 A、B 两点中间Ⅰ站观测得，$a'_1 = 1.578\text{m}$，$b'_1 = 1.453\text{m}$。仪器安置于距 A 点 2m 的位置Ⅱ站观测得，$a'_2 = 1.537\text{m}$，$b'_2 = 1.435\text{m}$。

A、B 两点的正确高差 $h_{AB} = a'_1 - b'_1 = 1.578 - 1.453 = 0.125\text{m}$

在Ⅱ站观测得 $h'_{AB} = a'_2 - b'_2 = 1.537 - 1.435 = 0.102\text{m}$

按式(2-18)得 B 尺的正确读数 $b_2 = a'_2 - h_{AB} = 1.537 - 0.125 = 1.412\text{m} < 1.435\text{m}$，说明视线向上倾斜。视准轴与水准管轴不平行，其夹角 i 为：

$$\begin{aligned} i &= \frac{\left| h_{AB} - h'_{AB} \right|}{D - d} \rho'' \\ &= \frac{\left| 0.125 - 0.102 \right|}{60 - 2} \times 206\,265 = 81.8'' \end{aligned}$$

$i > 20''$ 需要校正。校正时，调微倾螺旋使视准轴对准正确读数 $b_2 = 1.412\text{m}$，此时水准管气泡必偏离中心位置。调节上下两个校正螺丝使气泡居中。

2.6.3　自动安平水准仪的检验与校正

1. 圆水准器轴的检验与校正

其检验目的与检验方法与微倾水准仪相同。

2. 望远镜视准轴水平(即 i 角)的检验与校正

在平坦地段上选择一段 60.6m 的距离，划分为 3 个相等的区段，如图 2-31 所示。首先将仪器置于 C 处，用同一标尺先后置于 A 和 B 处，得到标尺读数 a_1 和 b_1，然后将仪器置于 D 处，可得到标尺读数 a_2 和 b_2，若 $d = (a_2 - b_2) - (a_1 - b_1) \leqslant \pm 2.5\text{mm}$，则 i 角误差在允许范围之内，否则视准轴需要校正，校正方法如下：

(1)计算：$d=(a_2-b_2)-(a_1-b_1)$，并计算 a_2 改正后的值 a_3：$a_3=a_2-d$。

(2)仪器置于 D 处，瞄准标尺 A，旋下保护罩，用校针拨动分划板调节螺钉，使分划板十字丝中心位置与 a_3 重合，然后旋紧保护罩，最后按上述方法再检校一次。

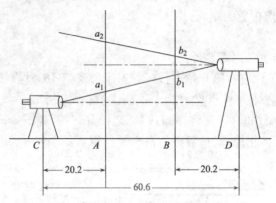

图 2-31　望远镜视准轴检验原理

3．补偿器的检查

因补偿器用于取代微倾水准仪的水准管轴，仪器粗平后，便可读得水平视线的读数。所以检查补偿器是否起作用是非常重要的。

检查的方法：

圆水准器气泡居中后，瞄准水准尺读数，按一按钮轻轻触动补偿器，待其稳定后，看尺上原来读数是否有变化，如无变化说明补偿器正常。

如仪器没有按钮，稍微转动一下脚螺旋，如尺上原来读数没有变化，说明补偿器起作用，仪器正常，否则应进行修理。

2.7　水准测量误差的分析

水准测量的误差包括水准仪本身的残余误差与水准尺误差、人为的观测误差以及外界条件的影响三个方面。

2.7.1　仪器与水准尺的误差

1．水准仪经检验校正后的残余误差，主要表现为水准管轴与视准轴不平行，虽然经校正，但仍然残存的少量误差。这种误差的影响与距离成正比，大多数属于系统性误差，观测时若保证仪器距前后视尺距离大致相等，便可消除或减弱此项误差的影响。这就是水准测量时为什么要求前后视距相等的重要原因之一。

2．由于水准尺的刻划不准确，尺长发生变化、弯曲等，会影响水准测量的精度，因此，水准尺须经过检验符合要求后，才能使用。另外注意水准尺底部磨损而引起的零点位置的变化。

2.7.2　观测误差

1．水准管气泡居中误差

在水准管气泡居中的瞬间，能准确读出尺读数，以减少其误差。由于每个人视觉辨别能力有限，调整气泡居中误差一般为 $\pm0.15\tau''$（τ''为水准管分划值）。由它引起的读数误差 m_τ 为：

40

$$m_\tau = \pm \frac{0.15\tau''}{\rho''} \cdot D \qquad (2\text{-}20)$$

式中　D——仪器到水准尺的距离。

采用符合水准器时,气泡居中精度可提高一倍。对于自动安平水准仪的补偿器要经常检查是否起作用。

2.毫米估读误差

在水准尺上估读毫米数的误差 m_V,与人眼的分辨力(人眼的极限分辨能力为60″)、望远镜的放大倍率 V 和视距长度 D 有关。通常采用下式计算:

$$m_V = \frac{60''}{V} \cdot \frac{D}{\rho''} \qquad (2\text{-}21)$$

3.视差影响

由于水准尺影像与十字丝分划板平面不重合而产生视差,若眼睛观察的位置不同,便读出不同的读数,因而会产生读数误差。所以,观测时应注意消除视差。

4.水准尺倾斜误差

水准尺左右倾斜时,可通过十字丝纵丝发现并给予纠正,但前后倾斜时就不容易发现,此时水准尺倾斜将使尺上的读数增大或减少,且视线离地面越高,读取的数据误差就越大。例如水准尺倾斜3.5°,在水准尺 1m 处读数时,将产生 ±2mm 的读数误差;若读数大于 1m,误差将超过 2mm,这对水准测量来说是不允许的。因此,在园林水准测量中,水准尺应尽量竖直。工程中如果精度要求较高,可使用安有气泡的水准尺。

2.7.3　外界条件的影响

1.仪器下沉

土质较松软的地面容易引起仪器下沉,致使视线降低,使前后视线不在同一高度而引起高差产生误差,若采用"后一前一前一后"的观测顺序可减弱其影响。因此仪器应放在坚实地面上,并将仪器脚架踏实。

2.尺垫下沉

转站时如果转点处的尺垫发生下沉,致使下一测站的后视读数增大,引起高差误差。可用往返观测方法,取成果的平均值来减弱其影响。为此,实际测量时,转点应尽量选在坚实的地面上或踏实尺垫。

3.地球曲率和大气折光的影响

如图 2-32 所示,用水平视线代替大地水准面,若在尺上读数产生的误差为 C,C 值为:

$$C = \frac{D^2}{2R} \qquad (2\text{-}22)$$

式中　D——仪器到水准尺的距离;

　　　R——地球平均半径,$R = 6\,371\text{km}$。

由于大气折光的影响,视线不是水平钱,而是一条曲线(图 2-32),其曲率半径为地球半径的 7 倍。因此折光对水准尺读数影响为:

$$r = \frac{D^2}{2 \times 7R} \qquad (2\text{-}23)$$

折光与地球曲率的综合影响为：

$$f = C - r = \frac{D^2}{2R} - \frac{D^2}{14R} = 0.43\frac{D^2}{R} \qquad (2\text{-}24)$$

由上式可知,仪器距尺的距离 D 越长,折光与地球曲率对高差影响所产生的误差 f 值越大;反之,则越小。如果使前视和后视距离相等,前尺和后尺上 f 值则相等。因此,地球曲率和大气折光的影响将得到消除或大大减弱。

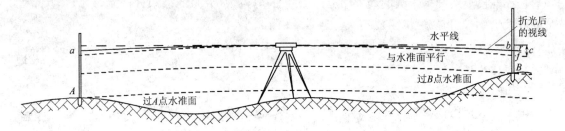

图 2-32　地球曲率和大气折光的影响

4．温度及风力的影响

温度的变化不仅引起大气折光的变化,而且仪器受到烈日的照射,水准管气泡将向着温度高的方向偏移,影响仪器的水平,从而产生气泡居中的误差。因此,观测时应注意撑伞遮阳,避免阳光直接照射。风力太强,黄沙四起时会影响视线的清晰度,水准尺扶不稳等,从而导致读数误差过大,应暂停水准测量。

在测量中,精密的测量仪器是测量工作顺利进行和达到测量精度要求的保证,要注意对仪器的保管和正确使用,经常维护与检验,发现问题及时修理。有关仪器的维护、保管及使用等方面的注意事项在附录中介绍。

习　题

1．水准测量的基本原理是什么？简述高差正负号的意义。

2．什么叫视准轴？什么叫视差？视差产生的原因,如何消除视差？在消除视差的操作过程中,哪个螺旋必须反复调节,哪个螺旋一般不必反复调节,为什么？

3．什么叫水准管轴？什么叫圆水准器轴？各起什么作用？

4．什么叫水准管分划值？它与仪器整平精度有何关系？

5．转点在水准测量中起什么作用？

6．水准测量时将仪器安置在距前后视尺大约等距离处可以消除哪些误差影响？为什么？

7．水准测量中有哪些方面的校核？各自的作用是什么？

8．水准测量中,为什么每次读数前都必须调整管水准器气泡居中？

9．水准仪构造的主要轴线应满足的条件是什么？其中最主要的条件是什么？为什么？

10．水准测量中产生误差的因素有哪些？哪些误差可以通过适当的观测方法或经过计算加以减弱以至消除？哪些误差不能消除？

11．等外闭合水准测量,A 为水准点,已知高程和观测成果列于表 2-4 中。试求各未知点高程。

表 2-4　闭合水准测量计算表

点号	距离 L/km	高差 h/m	高差改正 V/mm	改正后高差/m	高程 H/m
A	1.2	$+1.224$			44.330
1	0.9	-1.424			
2	0.8	$+1.781$			
3					
4	1.0	-1.714			
A	1.5	$+0.108$			44.330
$\sum$					

$$f_{h容} = \pm 40\sqrt{L} =$$

12. 水准仪安置在 A、B 两点等距处，A、B 两点距离为 50m，测得后视 A 点标尺读数为 1.567m，前视 B 点标尺读数为 1.363m。然后搬仪器到 B 点近旁 2m 处，测得 B 点标尺读数为 1.433m，A 点读数为 1.863m。问水准管轴是否平行于视准轴？如不平行，视线是偏上还是偏下？两轴交角 i 为多少？如何校正？

13. 自动安平水准仪的原理是什么？它的操作有什么特点？

第3章 角度测量

角度测量是通过测角仪器,测定水平角和竖直角(或称垂直角)。在求解点之间的相对平面位置(即平面坐标差)时,需要利用水平角度,而测定竖直角可以解决求算高差和倾斜距离改算水平距离的问题。它是测量工作的基本内容之一。这个测角仪器就是经纬仪。按其测角原理和构造的不同可以分为光学经纬仪和电子经纬仪。

3.1 角度测量原理

3.1.1 水平角测量原理

如图 3-1 所示,地面上有三个点 A、B、C,H 面为水平面。作 B 点到 A 点方向线的竖直面,垂直投影到水平面 H 上为 ba;再作 B 点到 C 点方向线的竖直面,投影到水平面 H 上为 bc。ba 与 bc 在水平面上所组成的夹角为水平角,用 β 表示。水平角也可以说是通过这两条直线的竖直面所组成的二面角。水平角就是指地面上一点到两个目标点的方向线垂直投影到水平面上的夹角。二面角的棱

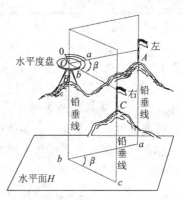

图 3-1 水平角定义及测量原理

线是一条铅垂线,在铅垂线上任意一点都可以量度水平角的大小,如图 3-1 所示,在 O 点水平地安放一个有刻度的水平圆盘,通过 BA 方向的竖直面在刻度盘上所截的读数为 a,通过 BC 方向的竖直面在刻度盘上所截的读数为 b,则两个方向读数差就是所测水平角的角值,刻度盘上的数字如果按顺时针方向注记,其计算式为:

$$\beta = b - a \tag{3-1}$$

3.1.2 竖角测量原理

竖角(又称竖直角、垂直角)是指在同一竖直面内,地面某点(即安置仪器的点)至目标点的方向线(视线)与水平线的夹角。如图 3-2 所示,视线 OA 向上倾斜,与水平线形成的夹角为仰角,用 $+\alpha$ 表示,其符号为正。视线 OB 向下倾斜,与水平线形成的夹角为俯角,用 $-\alpha$ 表示,其符号为负。竖角的角值范围为 $-90° \sim 90°$。

天顶距是同一竖直面内,倾斜视线与铅垂线的夹角,从天顶方向向下计算,角值从 $0° \sim 180°$。用电子经纬仪测量竖角时,有天顶距测量与竖角测量的不同设置。

竖角与水平角一样,其角值也是度盘上两个方向的读数差,不同的是两个方向中有一个方向是水平线方向。由于经纬仪竖盘构造设定的不同,水平线方向的竖盘读数为 $90°$ 或 $90°$ 的整倍数。因此,瞄准目标点一个方向,并读取竖盘读数便可算得竖角值。

根据水平角和竖角的测角原理,要测量水平角及竖角的大小必须有一台具备下列条件的仪器:望远镜能上下转动扫出一个竖直面,水平方向转动一圆周,瞄准不同的目标;安装有

0°～360°刻度的水平度盘,度盘中心与仪器竖轴重合;另外再安装一个测量竖直角的竖直度盘;通过读数设备能够又快又准地读出度盘上的读数。经纬仪就是具备上述条件的仪器。

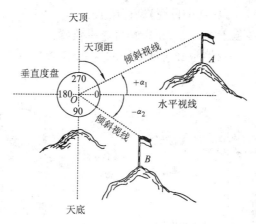

图 3-2　竖直角定义及测量原理

3.2　经纬仪的种类

随着测绘技术的不断进步与发展,测量手段的不断完善,测量仪器也在不断地淘汰与更新。经纬仪从游标式到光学式又发展到如今的电子式。现在的经纬仪主要分为光学经纬仪与电子经纬仪两大类,目前园林测量中常用光学经纬仪。

光学经纬仪是一种光学和机械组合的仪器,内部有玻璃度盘和许多光学棱镜与透镜。光学经纬仪按精度又分为以下几个等级,即 DJ_{07}、DJ_1、DJ_2、DJ_6 和 DJ_{15} 五个等级。图 3-3 是工程测量中常用的 DJ_6 级光学经纬仪。

电子经纬仪是光学、机械、电子三者相组合的仪器,是在光学经纬仪的基础上加电子测角设备,因而能直接显示度盘的数值。

下面主要介绍 DJ_6 型光学经纬仪与 ET-02 型电子经纬仪的构造及使用方法。

3.3　光学经纬仪的构造与读数

3.3.1　DJ_6 级光学经纬仪

3.3.1.1　DJ_6 级光学经纬仪的构造

图 3-3 为 DJ_6 级光学经纬仪,它的构造主要由照准部、水平度盘与基座三大部分组成。

1. 照准部

指经纬仪上部可转动的照准部分,主要包括望远镜、竖直度盘、水准器、读数设备以及制动、微动螺旋等。

(1)望远镜:望远镜是瞄准目标的设备,与横轴固连在一起,横轴放在支架上,因此望远镜可绕横轴在竖直面内转动,以便瞄准不同高度的目标,控制上下转动的是望远镜制动螺旋与微动螺旋。望远镜可随照准部绕竖轴水平方向作 360°旋转。控制水平方向转动的是水平制动螺旋与微动螺旋。

45

（2）竖盘：竖直地固定在横轴的一端，当望远镜转动时，竖盘也随着转动，用以观测竖直角。

（3）光学读数装置：DJ₆级光学经纬仪读数装置有两种，在本章3.3.1.2节中再作详细介绍。读数由望远镜旁的读数显微镜（小目镜）进行读取。

（4）水准器：照准部上安置有水准管，用以精确整平仪器，使水平度盘水平。

（5）光学对中器：用它可将仪器中心对准地面的点，要比垂球对中精度高，误差小于1mm。垂球对中误差小于3mm。

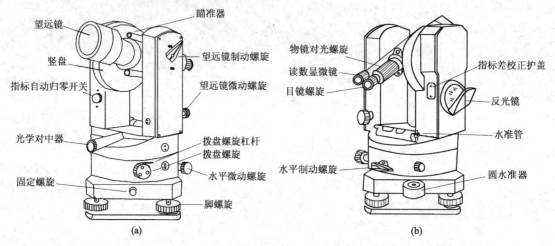

图 3-3　DJ₆级光学经纬仪

(a)经纬仪部件之一；(b)经纬仪部件之二

2.水平度盘

水平度盘是作为观测水平角读数用的，它是用玻璃刻制的圆环，其上按顺时针方向刻有0°～360°的注记，最小刻划为1°或30′。调整图3-3a所示的拨盘螺旋使水平度盘读数变化，以便在测角时安置起始方向水平度盘位置。

另一种DJ₆级光学经纬仪，其照准部上配有复测旋钮，或称度盘离合器，可控制照准部与度盘的分离与结合，以便在测角中操作使用。

3.基座

基座是支撑仪器的底座。设有3个脚螺旋，基座上固定有圆水准器，作为仪器粗略整平用。基座和三脚架头用中心螺旋连接，以便把仪器固定在三脚架上。

3.3.1.2　DJ₆级光学经纬仪的读数设备及读数方法

DJ₆光学经纬仪的读数装置由度盘、光路系统及测微器组成。当一组棱镜和透镜被光线照射后，将光学玻璃度盘上的分划成像放大，反射到望远镜旁的读数显微镜内，利用光学测微器读出度盘上的读数。不同装置的测微技术，其读数方法也不同，常用的DJ₆型光学经纬仪读数有两种方法。

1.分微尺测微器读数设备及读数方法

分微尺读数设备是显微镜读数窗与物镜上装置一个带有分微尺的分划板，度盘上的分划线经读数显微镜物镜放大后成像于分微尺上。

通过读数显微镜的目镜，可以观察到读数视场内有两个度盘影像窗口，一个为水平度盘读数，用Hz表示，另一个为竖直度盘读数，用V表示。每个影像窗口同时显示度盘分划和分微尺分划。分微尺在窗口中央固定位置不动,度盘分划影像随望远镜观测目标的变化而移动。分微尺总长度单位等于度盘上最小单位1°,共分60个小格,一个小格代表1′,可估读至0.1′,即6″。小于1′的估读数应为6″的倍数。

读数方法:分微尺上的0分划为读数指标线,所指的度盘分划在分微尺上的位置,就是应该读数的地方。确认分微尺和度盘读数时,要从小到大读出。例如图3-4水平度盘读数窗内,分微尺上的0分划已经超过156°,说明水平度盘上的读数大于156°,把大于的部分在分微尺上读出来,看分微尺上的0刻划到度盘156°分划之间有多少个小格来确定,由图3-4确定为4小格还多一点,读数为04′,多出的一点估读1格的4/10,即24″。因此,水平度盘总读数为156° + 04′ + 24″ = 156°04′24″。

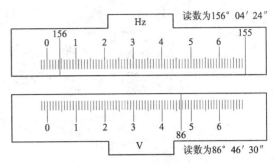

图3-4 分微尺测微器读数示意

同样,图3-4中的竖盘读数为86° + 46′ + 30″ = 86°46′30″。

2. 单平板玻璃测微器读数设备及读数方法

单平板玻璃测微器读数设备主要由测微尺、平板玻璃、测微轮及传动装置组成。单平板玻璃和测微尺用金属机构连在一起,当转动测微手轮时,单平板玻璃与测微尺一起绕同一轴转动。当平板玻璃转动时,度盘分划的影像也随之移动,当读数窗上的双指标线精确地夹上度盘某一分划影像时,其分划线移动的角值可在测微尺上根据单指标线读出。单平板玻璃测微器读数是利用平板玻璃对光线的折射作用实现测微。当来自度盘的光线垂直入射到平板玻璃上,如图3-5a所示,度盘分划线不改变原来的位置,这时双指标线度盘上读数为73° + x。为了读出x值,转动测微手轮,带动平板玻璃和测微尺同时转动,致使度盘分划影像因折射而平移,当73°分划影像移至双指标线中央时,其测微尺平移量为x,x值可由测微尺读出,如图3-5b所示为18′05″,则全部读数为73°18′05″。

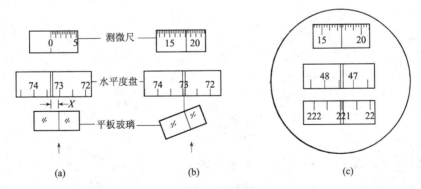

图3-5 单平板玻璃测微器读数示意

图3-5c为读数显微镜中看到的图像,下面为水平度盘,中间为竖直度盘,最上面为测微尺,测微尺的指标为单线。度盘上每1°一注记,最小分划值为30′;测微尺每一大格为1′;一大格又分为3个小格,则一小格分划值为20″,最小估读至5″。读数时,转动测微手轮,使盘上某一刻划被夹在双指标线的中间位置,先读出度盘上的度数,再加上测微尺上小于30′的数,图3-5c中水平度盘读数为221°00′ + 17′30″ = 221°17′30″。

3.3.2 DJ₂ 级光学经纬仪

图 3-6 为苏州第一光学仪器厂生产的 DJ_2 级光学经纬仪,各部件名称见图中的注记。

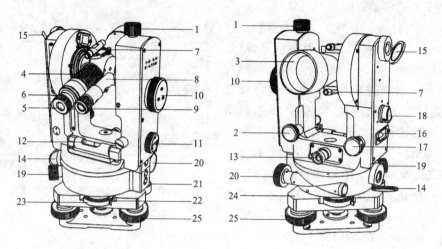

图 3-6 DJ_2 级光学经纬仪

1—望远镜制动螺旋;2—望远镜微动螺旋;3—物镜;4—物镜调焦螺旋;5—目镜;6—目镜调焦螺旋;
7—光学瞄准器;8—度盘读数显微镜;9—度盘读数显微镜调焦螺旋;10—测微轮;
11—水平度盘与竖直度盘换像手轮;12—照准部管水准器;13—光学对中器;14—水平度盘照明镜;
15—垂直度盘照明镜;16—竖盘指标管水准器进光窗口;17—竖盘指标管水准器微动螺旋;
18—竖盘指标管水准气泡观察窗;19—水平制动螺旋;20—水平微动螺旋;21—基座圆水准器;
22—水平度盘位置变换手轮;23—水平度盘位置变换手轮护盖;24—基座;25—脚螺旋

DJ_2 级光学经纬仪的构造与 DJ_6 级基本相同,只是在度盘读数方面存在下面的差异:

(1)DJ_2 级光学经纬仪采用重合读数法,相当于取度盘对径(直径两端)相差 180°处的两个读数的平均值,由此可以消除度盘偏心误差的影响,以提高读数精度。

(2)在度盘读数显微镜中,只能选择观察水平度盘或垂直度盘中的一种影像,通过旋转"水平度盘与竖直度盘换像手轮"(图 3-6 中的 11)来实现。

(3)设置双光楔测微器,分为固定光楔与活动光楔两组楔形玻璃,活动光楔与测微分划板相连。入射光线经过一系列棱镜和透镜后,将度盘某一直径两端的分划同时成像到读数显微镜内,并被横丝分隔为正像和倒像。图 3-7 为德国蔡司公司(Zeiss)生产的 Theo010 型经纬仪(2″级)读数镜中的度盘对径分划像(右边)和测微器分划像(左边),度盘的数字注记为"度"数,测微分划尺左边注记为"分"数,右边注记为"十秒"数。

进行度盘读数前,先转动测微轮(图 3-6 中的 10),使上、下分划线连成一线(重合),找出正像与倒像注记相差 180°的一对分划线(正像分划线在左,倒像分划线在右),读取正像注字的度数,再将该两线之间的度盘分格数乘以度盘分格值之半(10′),得到整 10′数,不足 10′的分、秒数在左边测微器窗口中读出,然后将两窗口的读数相加,得到完整的度盘读数。例如,图 3-7a 和图 3-7b 中的读数分别为:

(a)度盘窗口读数 135°00′

　测微窗口读数 　　 02′02.3″

　全部读数 　 135°02′02.3″

(b)度盘窗口读数 22°50′

　测微窗口读数 　　 06′58.6″

　全部读数 　 22°56′58.6″

为使读数方便和不易出错,现在生产的 DJ_2 级光学经纬仪,一般采用如图 3-8 所示的读数

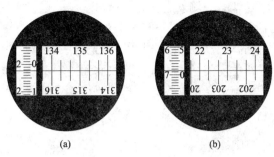

图 3-7　蔡司 Theo010 经纬仪读数窗

(a)度盘读数 135°02′02.3″;(b)度盘读数 22°56′58.6″

窗。度盘对径分划像及度盘和 10′的影像分别出现于两个窗口,另一窗口为测微器读数。当转动测微轮使对径上、下分划对齐后,从度盘读数窗读取度数和整 10′数,从测微器窗口读取分数和秒数。

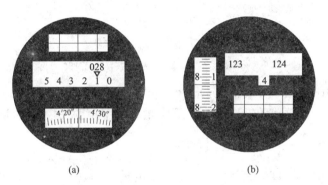

图 3-8　DJ₂ 级经纬仪的改进读数窗

(a)度盘读数 28°14′24.3″;(b)度盘读数 123°48′12.4″

3.4　电子经纬仪的测角系统与构造

在使用电子经纬仪之前必须检查电池电量是否充足,如果电量不足,要提前充电,以免耽误测量进度。电子经纬仪用微机控制的电子测角系统代替光学读数系统,这也是与光学经纬仪的区别所在。它的度盘读数值,通过电子自动显示系统在屏幕上显示出来。

3.4.1　电子经纬仪测角系统

电子经纬仪的读数系统是由光电扫描度盘和自动显示系统所组成,度盘设置分为光栅度盘、编码度盘、格区式动态法三种测角原理。

1. 光栅度盘

光栅度盘测角主要包括:光栅度盘、指示光栅、接收管、发光管等,是利用莫尔干涉条纹效应来实现测角的。光栅度盘就是在光学玻璃上,均匀地刻出许多等间隔的细线而行成了光栅,相邻条纹之间的距离,称为栅距。图 3-9a 为莫尔条纹;图 3-9b 为指示光栅。将两组宽度一样的光栅,以很小夹角 P 相迭放,一组为主光栅,一组为指示光栅,指示光栅沿 x 方向移动,莫尔条纹沿 y 方向移动,如图 3-9a 所示的箭头所指方向,当指示光栅横向移动一个间隔 x,莫尔条

纹就移动一段纹距 y。在度盘的一侧安置恒定的光源,另一侧有一固定的光电接收管、发光管、指示光栅,如图 3-9c 所示。当度盘随照准部转动时,莫尔条纹落在接收管上。度盘转动一条光栅,莫尔条纹在接收管的电流就变化一周。由于光栅之间的夹角已知,计数器累计所记电流周期数经处理就可以得到角度值。这种累计计数而无绝对刻度读数系统,称为增量式读数系统。光栅度盘的栅距就相当于光学度盘的分划,栅距越小测角精度越高。

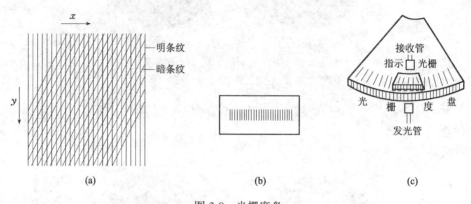

图 3-9　光栅度盘
(a)莫尔条纹;(b)指示光栅;(c)径向光栅

光栅度盘测角应用比较广泛,如苏州一光仪器厂生产的 DJD 系列电子经纬仪和南方测绘公司生产的 ET-02 电子经纬仪采用的是光栅增量式数字角度测量系统,即光栅度盘的测角原理。

2. 编码度盘

如图 3-10 所示,编码度盘为类似于普通度盘的玻璃码盘,沿度盘径向将度盘全周分为很多等同心角扇形,每个扇形为一码区。同时由度盘的同心圆,将度盘分隔为若干等间隔环带,每个环带为一码道。每个码区按设计要求编制成透光和不透光状态,透光用二进制代码"1"表示,不透光用"0"表示,每个小区赋予一个代码且与角度值相对应。因此,当照准某一方向时,通过光电扫描而获得方向代码,从而得到相对应的角度值,又称为绝对式读数系统。

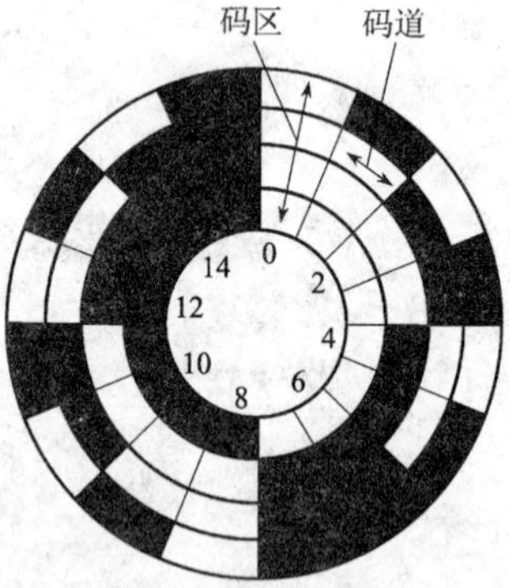

图 3-10　编码度盘

3. 格区式动态测角

如图 3-11 所示,度盘为玻璃圆盘,度盘的每个分划由一对黑白(黑的不透光,白的透光)条纹组成。图 3-11 中固定在基座上的光栏 L_S,称固定光栏,相当于光学度盘的零分划。光栏 L_R 在度盘内侧,随照准部转动,称活动光栏,相当于光学度盘的指标。为消除度盘偏心差,同名光栏按对径位设置,共四个(两对),图中只绘出两个。光栏上装有发光二级管和光电二级管,分别处于度盘上、下侧,发光二级管发射红外光线,通过光栏空隙照到度盘上。当马达代动度盘以一定速度旋转时,因度盘上明暗条纹而形成透光量与不透光量的不断交替变化,这些光信号被度盘另一侧的光电二级管接收,转换成正弦波的信号输出度盘读数,用以测角。

用各方向的度盘读数可以得到要测的角度值。方向的度盘读数表现为 L_R 与 L_S 间的夹角 ϕ。ϕ 角相当于光学经纬仪的度盘读数。

设一对明暗条纹(一个分划)相应的角值为 ϕ_0,$\phi_0 = 360°/1\,024 = 21'05.''625$,则:

$$\phi = N\phi_0 + \Delta\phi \tag{3-2}$$

式中　N——ϕ 中包含的整分划数;

　　　$\Delta\phi$——不足一分划的余数。

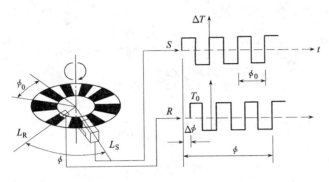

图 3-11　动态度盘

由粗测求出 N,精测求出 $\Delta\phi$。粗测和精测信号送角度处理器并衔接成完整的方向度盘读数值,送中央处理器,然后由液晶显示出来。

$$\Delta\phi = \frac{\Delta T}{T_0} \cdot \phi_0 \tag{3-3}$$

精测所求出的 $\Delta\phi$ 是由相位差里填充脉冲数计算的,由图 3-11 看出,ΔT 为某一分划通过 L_S 至另一分划通过 L_R 所需的时间,$\Delta T \leqslant T_0$。

度盘有 1 024 个分划,转动一周即出 1 024 个周期的方波,可测得 1 024 个 $\Delta\phi$ 值,取其平均值作为最后结果。

动态测角直接测得的是时间 T 和 ΔT,马达以均匀、稳定的速度转动是十分必要的。

3.4.2　电子经纬仪的构造

电子经纬仪是由精密光学器件、机械器件、电子扫描度盘、电子传感器和微处理机组成的,在微处理器的控制下 ,按度盘位置信息,自动以数字显示角值(水平角、竖直角)。电子经纬仪外部各部件名称基本与光学经纬仪相同,如图 3-12 所示,为我国南方测绘公司生产的 ET-02 型电子经纬仪,各部件名称注于图上。

电子经纬仪必须安装电池,在供电情况下使用,角度测量结果直接显示在屏幕上,不存在读数误差。测角操作非常方便。电子经纬仪既可使水平度盘顺时针增加,又可使水平度盘逆时针增加,只要按【R/L】键就可相互转换。开机后显示屏左下角显示字样 HR,水平度盘顺时针增加(称右旋);按一下键盘上的【R/L】键,HR 转换成 HL,水平度盘逆时针增加(称左旋)。由于具有这一特点,在园林施工放样或测绘中特别方便,详见本章 3.5.2 节。

电子经纬仪常常设有竖轴倾斜补偿装置,该补偿装置实质上是一组倾斜电子传感器,由光电法测得竖轴的倾斜量,由微处理器自动修正水平盘和竖盘的读数,以达到补偿的目的。当竖轴倾斜超过 3′,显示屏会出现"b"字样,此时应重新整平,"b"字消除后,经纬仪竖轴倾斜补偿器就可起作用。除此之外,电子经纬仪还具有串行数据输出口,通过它,可将观测数据传输至电子手簿或计算机。电子经纬仪也可与多种测距仪连接组成组合式的电子速测仪。

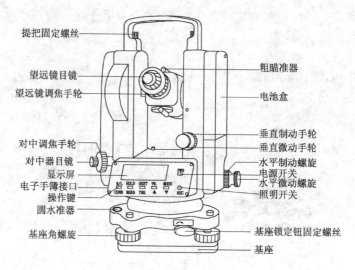

图 3-12 ET-02 型电子经纬仪的构造

3.5 经纬仪的使用

3.5.1 安置仪器

将经纬仪安置于测站点上。安置经纬仪包括对中与整平。对于采用垂球对中的方式来说,对中和整平可以分别进行,操作时相互之间不会产生干扰;而对于采用光学对中器或激光对中器对中的方式来说,对中和整平是相互影响的,因此需要多次重复的操作,直至同时满足对中和整平要求为止。采用光学对中器或激光对中器的优点是,对中时可以免受风吹的影响。

对中的目的是使仪器度盘中心与测站点在同一铅垂线上。整平的目的是使水平度盘水平,即竖轴铅垂。

3.5.2 对中与整平

3.5.2.1 采用垂球对中方式时的仪器对中与整平

1. 对中

(1)打开三角架,松开(逆时针旋转)三个架腿固定螺旋,拉出伸缩腿,使高度适中,旋紧(顺时旋转)其固定螺旋,放在测站点的位置上,架头大致水平。在连接螺旋下方挂上垂球,移动(保持架头大致水平)三角架,使垂球尖基本对准测站点,将三脚架的三个腿尖端踩下,使其稳定。如果是水泥地面,放到适当的缝隙中,避免滑倒。

(2)经纬仪安置于架头上,旋上连接螺旋,检查对中情况。若垂球偏离点位置不大(小于2cm),稍松开连接螺旋,双手扶基座(注意不要碰到角螺旋,以免破坏整平),在架头上按前后、左右顺序移动仪器,使垂球尖端准确对准测站点。为此,挂垂球的线长短要调节合适,垂球离地面点越近,对中误差就越小(小于1cm左右),对中误差一般应小于3mm。应正确使用垂球线调节板,如图 3-13 所示,如调节板丢失,可打一活结使垂球线能长短变化,如图 3-14 所示为打结方法。避免垂球线打出若干个死结。

2. 整平

整平包括粗平(粗略整平)与精平(精确整平)两项。

52

（1）粗平。粗略整平是在垂球对中前完成的。通过使仪器架头的大致水平，来保证仪器的粗平。只有在仪器粗平的情况下，方可以通过调节基座的脚螺旋，使仪器达到精确整平。因为，基座脚螺旋的调节范围是有一定限度的，当仪器架头的倾斜超过脚螺旋的调节范围时，仪器是无法仅仅通过脚螺旋的调节达到精平的。此时若想通过伸缩脚架腿来辅助仪器的整平工作，势必会破坏前面完成的对中工作。因此常常在对中前，调节三个脚螺旋使其大致等高，从而使基座脚螺旋的调节范围达到平衡，并处于中间位置（顺时针旋转脚螺旋，升高；逆时针旋转脚螺旋，降低。简称：顺升逆降）。

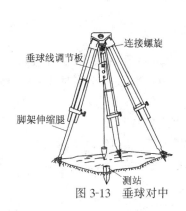

图 3-13　垂球对中

图 3-14　垂球打结方法

（2）精平。首先转动照准部，使照准部上水准管轴与任一对脚螺旋的连线平行，两手同时向内或向外转动脚螺旋 1 和 2（图 3-15a），使水准管气泡居中。气泡运动方向与左手大姆指或右手食指运动方向一致。然后，将照准部旋转 90°，如图 3-15b 所示，使水准管轴与 1、2 两脚螺旋连线成垂直，转动第 3 个脚螺旋，使水准管的气泡居中。再转回原来的位置，检查气泡是否居中，若不居中，则按上述步骤反复进行，一般至少要反复做两遍（从图 3-15a 至图 3-15b 算为一遍），如果两个位置气泡都居中，其他任何位置气泡也就居中了；否则，水准管轴本身有误差需校正。整平要求气泡偏离量最大不应超过 0.5 格。

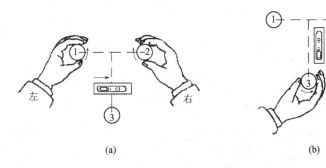

(a)　　　　　　　　　　　　　　(b)

图 3-15　水准管气泡整平

(a)整平第一步；(b)整平第二步

3.5.2.2　采用光学对中器或激光对中器对中方式时的仪器对中与整平

（1）粗略对中。调整脚架，尽可能对中。此时，通过移动三脚架，应能够在光学对中器中看到地面测站点（若地面点看不清楚，可调节对中器的物镜调焦螺旋使其清晰；若对中器分划板上的圆圈看不清楚，可调节对中器的目镜调焦螺旋使其清晰）。

(2)精确对中。通过对基座脚螺旋的调节,使地面测站点的影像位于圆圈中心。

(3)粗略整平。伸缩三脚架的架腿,使圆水准器气泡居中。

(4)精确整平。通过调节基座脚螺旋,使仪器精确整平。

(5)精确对中。此时,通过对中器观察地面测站点的影像是否偏离了圆圈的中心位置,若未偏离,则说明此时已将仪器对中整平好了;若偏离了,则应稍稍松开连接螺旋(注意:仍然保持着对中螺旋与基座的连接),在三角架头移动基座,使重新精确对中。

(6)重复上述的(4)、(5)两步,直至达到所需的对中和整平精度。

3.5.3 瞄准

仪器对中整平后,应瞄准观测目标。其具体步骤为:

1．先旋转目镜螺旋,使十字丝清晰。

2．松开水平制动螺旋和望远镜的制动螺旋,通过望远镜上边照门、准星与目标[电子经纬仪为瞄准器中白色三角形的一角尖(镜内看)与目标(镜外看)]在一条线上粗略对准目标,然后立即固定水平制动螺旋。

3．调整对光螺旋看清目标,此时,目标必在望远镜视场内出现,调整水平微动螺旋使单丝平分目标,双丝夹目标。因目标经常会倾斜,必须尽量瞄准其根部,纵向转动望远镜使十字丝横丝大致靠近目标根部再固定。调整望远镜微动螺旋,准确对准目标,如图 3-16 所示。瞄准目标时要注意消除视差。

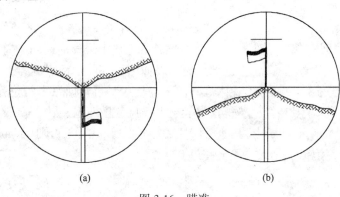

图 3-16　瞄准
(a)倒像;(b)正像

望远镜有的是正像(如电子经纬仪),有的是倒像(如光学经纬仪),正像或倒像在望远镜视场中的成像如图 3-16 所示,此图为准确瞄准目标的情况。

3.5.4 读数

准确瞄准目标后读数。打开并调节反光镜,使读数窗明亮。再调节读数显微镜的目镜螺旋,使刻划及数字清晰,认清度盘刻划的形式,数字均由小到大读数。注意分微尺注记的 1~6 分别表示 $10' \sim 60'$。按照本章 3.3.2 节的读数方法读取数据。

电子经纬仪直接在显示屏上读数,V 表示竖直度盘读数,HR 表示水平顺时针增加度盘读数,HL 表示水平逆时针增加度盘读数。

3.6　水平角的观测

在园林测量中,观测水平角的方法,一般常采用测回法,在同一测站,观测的目标在三个以上时采用全圆测回法。也可以根据测量工作所要求的精度、使用的仪器确定采用哪种方法。本节介绍测回法与全圆测回法。

3.6.1　DJ₆ 经纬仪测角方法

3.6.1.1　测回法

测回法适用于测量两条方向线之间的夹角。例如测水平角∠AOB，如图 3-17 所示，首先在角顶 O 点安置经纬仪(对中、整平)，然后分别在 A 点与 B 点上立标杆。观测步骤如下：

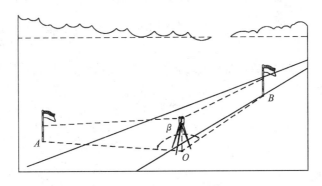

图 3-17　水平角观测

1. 盘左位置(面对经纬仪目镜端，竖盘在望远镜的左边，又称正镜)，准确瞄准目标 A，调整度盘读数为 0°00′00″，记入测回法观测手簿，见表 3-1。

表 3-1　测回法观测手簿

测站	目标	盘位	水平度盘读数 /° ′ ″	半测回值 /° ′ ″	一测回值 /° ′ ″
O	A	L	0　00　00	41　35　06	41　35　15
	B		41　35　06		
	B	R	221　35　54	41　35　24	
	A		180　00　30		

起始方向安置某一整度数的方法，依不同类型仪器而异。例如北光 TDJ₆，起始方向对 0°00′00″ 的步骤是：

(1)望远镜准确瞄准起始目标(固定制动螺旋，转微动螺旋准确瞄准)。

(2)按下拨盘螺旋的杠杆，推进拨盘螺旋并旋转它，使度盘的 0°刻划线与分微尺的 0 分划线对齐。

(3)按一下杠杆，此时拨盘螺旋弹出，以避免以后碰动螺旋而变动度盘的位置。

2. 拨盘螺旋弹出后，松开水平制动螺旋，顺时针旋转照准部，用望远镜粗略瞄准目标 B，固定水平制动螺旋，旋转水平微动螺旋准确瞄准后，读取水平度盘读数为 41°35′06″，记入表格的相应栏。上述方法完成盘左观测，又称上半测回，其水平角为：

$$\beta_{\rm L} = 41°35′06″ - 0°00′00″ = 41°35′06″$$

3. 松开水平制动螺旋，纵转望远镜，逆时针旋转照准部 180°成盘右位置(竖盘在望远镜的右边，又称倒镜)。先瞄准目标 B，读取水平度盘读数 221°35′54″，记入表格的相应栏。

4. 松开水平制动螺旋，逆时针旋转照准部，再次瞄准目标 A，读取水平度盘读数为

55

180°00′30″,记入表格的相应栏。

第 3 步和第 4 步完成盘右观测,又称下半测回,其水平角为:

$$\beta_R = 221°35′54″ - 180°00′30″ = 41°35′24″$$

上、下两半测回合称一测回。上、下半测回角度差不得大于 40″。本例误差为 18″,在规定限差内,取上下半测回角值的平均值,即:

$$\beta = \frac{\beta_L + \beta_R}{2} = \frac{41°35′06″ + 41°35′24″}{2} = 41°35′15″ \tag{3-4}$$

当测角精度要求较高时,需要观测几个测回。为了减弱度盘刻划不均匀误差的影响,各测回间应变换水平度盘度数,按 $180°/n$(测回数 n)计算。例如,观测 3 个测回,水平度盘变换度数为 60°,第 1 测回起始方向读数安置在 0°,第 2 测回起始方向读数安置在 60°,第 3 测回起始方向读数安置在 120°。

3.6.1.2 全圆测回法

当一个测站上有三个或三个以上方向线之间所组成的水平角需要测量时,应采用全圆测回法。上半测回以选定的起始方向(零方向)开始起测,顺时针方向依次观测各个目标,最后再回到起始方向(零方向),此项操作称为归零。下半测回仍从起始方向(零方向)开始起测,逆时针方向依次观测各个目标,最后再回到起始方向(零方向),这种观测法称为全圆测回法。当测站上仅三个方向线之间的水平角需要测量时,可以不归零。下面介绍全圆测回法的步骤及表格计算。

1. 观测步骤:

(1)经纬仪安置在 O 点上,对中整平。先盘左位置,瞄准起始方向 A,水平度盘配置为 0°01′06″,记入表 3-2 相应栏。

(2)顺时针方向转动照准部,依次瞄准 B、C、D 各点,如图 3-18 所示,分别读取水平度盘读数,记入手簿相应栏。

(3)顺时针方向转动照准部再次瞄准起始方向 A,读取读数为 0°01′18″,记入手簿相应栏。两次起始方向的读数差称归零差。半测回的归零差 J_6 级仪器允许为 18″,详见表 3-3。本例上半测回归零差为 12″,满足要求;否则应重测。

上述完成上半测回观测。

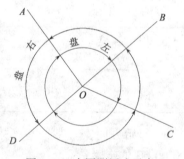

图 3-18 全圆测回法示意

表 3-2 全圆测回法记录手簿

| 测站 | 目标 | 水平度盘读数 | | $2C=L-(R\pm180°)$ | 平均读数 $=\frac{1}{2}[L+(R\pm180°)]$ | 一测回归零方向值 |
		盘左 / ° ′ ″	盘右 / ° ′ ″			
O	A	0 01 06	180 01 06	0	(0 01 09) 0 01 06	0 00 00
	B	37 43 18	217 43 06	+12	37 43 12	37 42 03
	C	115 28 06	295 27 54	+12	115 28 00	115 26 51
	D	156 13 48	336 13 42	+6	156 13 45	156 12 36
	A	0 01 18	180 01 06	+12	0 01 12	

表 3-3   全圆测回法限差规定

仪器级别	半测回归零差	一测回内 2C 互差	同一方向各测回互差
J₂	12″	18″	12″
J₆	18″		24″

(4)纵转望远镜成盘右位置,逆时针方向转动照准部,依次瞄准 A、D、C、B,最后又回到 A 点,读数填入表 3-2 中盘右纵栏,记录自下而上填写。下半测回同样也要检查归零差,本例归零差为 0″,如不符合要求应重测。

如果需观测多个测回,各测回间水平度盘变换仍按 $180°/n$ 计算。

2. 计算步骤

(1)计算两倍的视准轴误差(2C)值

$$2C = 盘左读数 - (盘右读数 \pm 180°) \tag{3-5}$$

把 2C 值填入表格中的 2C 列。一测回内各方向 2C 的互差若超过表 3-3 的规定,应在原度盘位置上重测。对于 J₆ 级仪器可以不检查 2C 的互差,但 2C 互差也不能相差太大。

(2)计算各方向的平均读数

$$平均读数 = \frac{1}{2}\left[盘左读数数 + (盘右读数 \pm 180°)\right] \tag{3-6}$$

计算的结果填入相应栏。由于起始方向有两个平均读数,应将这两个平均读数再取平均,其值填入表中相应位置,并加括号。

(3)计算归零后的方向值。将各方向的平均读数减去括号的起始方向的平均值,即得各方向的归零方向值,填入表中相应栏。此时起始方向的归零方向值写为 0°00′00″。

(4)计算各测回归零方向值的平均值。首先检查计算测回之间同一方向归零方向值相差是否超限,J₆ 级仪器规定为 24″,J₂ 级仪器规定为 12″。如果超限应重测,若未超限,就可计算各测回归零方向的平均值,填入表中最后一栏。

如果要求计算各目标间的夹角,可用各测回归零后的相应方向平均值相减即可。

3.6.2   ET-02 型电子经纬仪测角方法

电子经纬仪测水平角(一测回法)操作步骤:

1. 如图 3-17 所示,同样需要在测站 O 点上安置仪器,对中,整平(安置仪器时不要开机)。

2. 测量内角

(1)图 3-17 中的 β 角为内角。开机,纵转望远镜使竖直度盘显示度数,确定电池容量是否足够。

(2)在 HR 状态下,例如,测量水平角 $\angle AOB$,盘左位置,瞄准目标 A。

(3)按两次【OSET】键,使 A 方向水平度盘读数为 0°00′00″(也可以不归零),顺时针旋转照准部瞄准 B 目标,读数,计算出上半测回内角值。

(4)纵转望远镜头,旋转照准部 180°成盘右位置,瞄准目标 B,读数。逆时针旋转照准部瞄准目标 A,读数,计算出下半测回内角值,即完成下半测回的内角测量。两次结果的误差不超过 ±40″,取二者平均值为一测回角值。每次读数后按表 3-1 填写记录。

为了提高精度,以同样的方法在 HL 状态下对外角再测量一遍。

3. 测量外角

(1)与内角 β 相对应的角为外角。按一下键盘上的【R/L】键,转换为 HL 状态,盘左位置瞄准目标 A,按两次【OSET】键,使 A 方向水平度盘读数为 $0°00'00''$,逆时针旋转照准部瞄准目标 B,读数,计算出上半测回内角值,即为上半测回的外角值。

(2)纵转望远镜头,旋转照准部 $180°$ 成盘右位置,瞄准目标 B,读数,顺时针旋转照准部,再瞄准 A 可获得下半测回的外角值。在允许误差范围内,取两次结果的平均值为一测回值。

在园林测量中,是否测量外角根据需要而定,一般只测量内角。

4. 此测站测量结束后应先关机,再搬到下一个测站,避免浪费电。

3.7 竖角观测方法

3.7.1 竖盘构造

为满足竖角测量原理,经纬仪的竖盘固定在横轴的一端,它随着望远镜一起在竖直面内转动。而读数的指标线不动,在补偿器的作用下,认为竖盘指标线始终处于正确位置,即指标线在 $0°$ 或 $90°$ 整倍数位置。读数窗内看到分微尺的零刻线就代表指标线。有的 J_6 级光学经纬仪,竖盘的读数指标线与指标水准管相连,转动指标水准管的微动螺旋来控制指标线的位置,DJ_6 级光学经纬仪竖盘刻划主要有两种类型,如图 3-19 所示。

1. 度盘 $0°\sim180°$ 直径刻划线与视准轴一致,如图 3-19a 所示,从盘左来看,$0°$ 刻划在物镜端,刻划注记按逆时针增加,望远镜水平时,理论上指标线指向 $90°$,即竖盘读数为 $90°$,望远镜抬高时,读数逐渐增加。

2. 如图 3-19b 所示,从盘左来看,$0°$ 刻划在目镜端,刻划注记按顺时针增加,望远镜水平时,理论上指标线指向 $90°$,即竖盘读数为 $90°$,望远镜抬高时,读数逐渐减少。

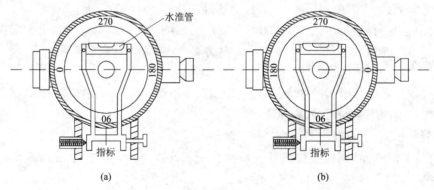

图 3-19 竖盘结构

(a)0°刻划在物镜端;(b)0°刻划在目镜端

3.7.2 竖角观测方法

3.7.2.1 DJ_6 光学经纬仪测竖角

1. 如图 3-21a 所示,经纬仪安置于测站点 A 上,对中、整平。盘左位置瞄准目标 B。

2. 打开竖盘指标自动归零开关,使 ON 对准支架上的红点(DJ_6 经纬仪是旋转竖盘指标水准管微动螺旋,使竖盘水准管气泡居中,如图 3-19a 中的水准管),目的是认为竖盘指标在正确位置,此时即可读竖盘

图 3-20 对准目标

58

读数(读数窗中 V 窗口)。例如,盘左位置,用十字丝的横丝切于目标 B 的顶端,如图 3-20 所示,准确瞄准目标,读数 L 为 86°48′42″,如图 3-21a 所示,记入表 3-4。

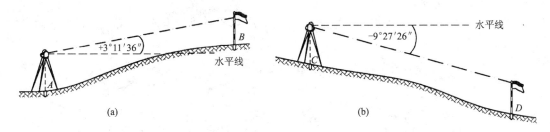

图 3-21　竖直角观测

(a)仰角;(b)俯角

表 3-4　竖角观测记录手簿

| 测站 | 目标 | 盘位 | 竖盘读数 /°　′　″ | 竖直角值 | | 指标差 /″ |
				近似竖角值 /°　′　″	测回值 /°　′　″	
A	B	L	86　48　42	+3　11　18	+3　11　36	−18
		R	273　11　54	+3　11　54		
C	D	L	99　27　12	−9　27　12	−9　27　26	+14
		R	260　32　20	−9　27　40		

3. 盘右位置,再瞄准目标 B,与盘左瞄准位置一样,瞄准目标顶端,此时读竖盘读数 R 为 273°11′54″,记入表 3-4。完成了一个测回的竖角观测。

检验竖角精度的方法是:同一台仪器观测两个以上竖角时,其指标差之间的变动范围,不超过 1′。如图 3-21b 所示,在 C 测站瞄准 D 点,观测其竖角,两个竖角的指标差之差为 32″,见表 3-4 相关栏。

4. 竖角计算

由竖直角测角原理可知:竖直角就是望远镜视线倾斜时读数和水平视线读数之差。

(1)当望远镜向上时,如果竖盘读数增加,竖角 α 为:

$$\alpha = 倾斜视线读数 - 水平视线读数 \tag{3-7}$$

(2)当望远镜向上时,如果竖盘读数减少,竖角 α 为:

$$\alpha = 水平视线读数 - 倾斜视线读数 \tag{3-8}$$

从上面两式可知,计算竖角 α 就是求两个读数差。倾斜视线读数在瞄准目标后,在竖盘上读取,问题是如何确认水平视线读数是否正确。由于仪器长期使用,可能使水平视线读数不等于理论值(90°、270°等),与理论值之差称竖盘指标差 x。如图 3-22 所示,盘左时(图 3-22a),水平视线读数为($90° - x$);盘右时(图 3-22b),水平视线读数为($270° - x$)。假设盘左时指标线偏向目镜端,x 为正,偏向物镜端,x 为负。因此,这两个表达式(即 $90° - x$ 与 $270° - x$)也适合于指标线偏向物镜端。

盘左观测时如图 3-22a 所示,当望镜向上时,竖盘读数减少,故竖角 α 为:

$$\alpha = (90° - x) - L \tag{3-9}$$

令

$$(90° - L) = \alpha_L \quad (\alpha_L \text{ 称为盘左近似竖角})$$

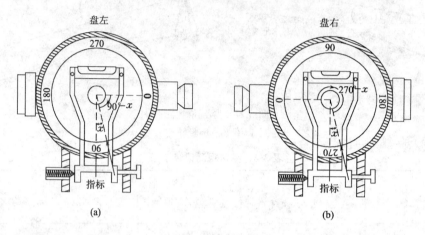

图 3-22　指标差示意
(a)示例 1;(b)示例 2

故式(3-9)可写为:

$$\alpha = \alpha_L - x \tag{3-10}$$

盘右观测时如图 3-22b 所示,当望镜向上时,竖盘读数增加,故竖角 α 为:

$$\alpha = R - (270° - x) \tag{3-11}$$

令

$$(R - 270°) = \alpha_R \quad (\alpha_R \text{ 称为盘右近似竖角})$$

故式(3-11)可写为:

$$\alpha = \alpha_R + x \tag{3-12}$$

把式(3-10)与式(3-12)相加可得竖角 α 的求算公式:

$$\alpha = \frac{1}{2}(\alpha_L + \alpha_R) \tag{3-13}$$

把式(3-10)与式(3-12)相减可得竖盘指标差 x 的求算公式:

$$x = \frac{1}{2}(\alpha_L - \alpha_R) \tag{3-14}$$

式(3-14)求得 x 值为正,说明指标线偏向目镜端;x 值为负,说明指标线偏向物镜端。式(3-13)与式(3-14)是通用公式,无论何种竖盘类型均适用。不同竖盘类型计算的不同点仅仅在于计算近似竖角公式不同。对于 TDJ$_6$ 型经纬仪,把盘左近似竖角 α_L 公式和盘右近似竖直角 α_R 公式代入式(3-13)与式(3-14)便得另一套计算竖直角 α 及竖盘指标差 x 公式(仅适用于 TDJ$_6$ 型):

$$\alpha = \frac{1}{2}(R - L - 180°) \tag{3-15}$$

$$x = \frac{1}{2}\left[360° - (L + R)\right] \tag{3-16}$$

3.7.2.2 ET-02型电子经纬仪测竖角

观测步骤:

1. 开机,纵转望远镜旋转1~2周,使竖盘显示度数,如果显示"b",需重新整平。

2. 确定电池容量是否足够。

3. 确认望远镜放在水平位置时的竖盘度数。一般仪器出厂时天顶设置为0°,所以水平时为90°(盘左)或270°(盘右)。

4. 盘左位置,瞄准目标,读数。

5. 盘右位置,瞄准目标,读数。

6. 此测站测量竖角结束,关机。

7. 计算竖角方法与J_6光学经纬仪相同。

3.7.3 J_6级光学经纬仪竖盘指标自动归零的补偿装置

有的J_6级光学经纬仪,观测竖角时,每次读竖盘读数之前,都必须调竖盘指标水准管使其气泡居中,使用不便。现在新式的J_6级光学经纬仪,在竖盘光路中安置补偿器,用以取代指标水准管。当仪器在一定的倾斜范围内,都能读得相应于指标水准管气泡居中时的读数,称竖盘指标自动归零。这种补偿装置的原理与水准仪自动安平补偿原理基本相同。

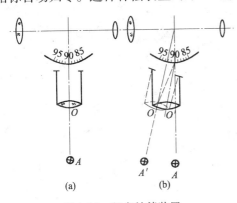

图 3-23　竖盘补偿装置

竖盘补偿装置的构造有多种。现介绍其中的一种,如图3-23所示。它在指标 A 和竖盘间悬吊一透镜(或平板玻璃),当视线水平时,指标 A 处于铅垂的位置,通过透镜 O 读出正确读数,如 90°。当仪器稍有倾斜,因无水准管指示,指标处于不正确位置 A' 处,悬吊的透镜因重力作用由 O 移到 O' 处。此时,指标 A' 通过透镜 O' 的边缘部分折射,仍能读出 90°的读数,从而达到竖盘指标自动归零的目的,如图 3-20b 所示。竖盘自动归零补偿范围一般为 2′。

3.8 经纬仪的检验与校正

3.8.1 经纬仪构造应满足的主要条件

为了能正确使用经纬仪,必须理解经纬仪构造中轴线之间的几何关系。当经纬仪中轴线之间满足下述的一些几何条件时,仪器才能够正常地工作。若这些几何关系不能够得到满足,则应进行相应的调整,即校正。

各轴线之间的几何关系如图3-24所示:

(1)圆水准器轴 $L'L'$ 应平行于竖轴 VV;

(2)水准管轴 LL 应垂直于竖轴 VV;

(3)视准轴 CC 应垂直于横轴 HH;

(4)横轴 HH 应垂直竖轴 VV。

以下介绍几种常见问题的检验与校正。

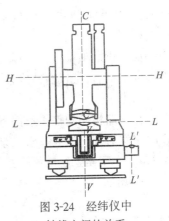

图 3-24　经纬仪中
轴线之间的关系

3.8.2　水准管轴 *LL* 应垂直于竖轴 *VV* 的检验与校正

1. 检验

调整脚螺旋使圆气泡居中。转动照准部使水准管平行于任意一对脚螺旋，调节该对脚螺旋使水准管气泡居中。转动照准部180°，如果气泡仍居中，则说明条件满足，如果气泡偏离超过1格，应进行校正。

2. 校正

如图 3-25a 所示，水准管轴水平，但竖轴倾斜，设其与铅垂线的夹角为 α。照准部转 180°，如图 3-25b 所示，竖轴位置不变，但气泡已不居中，水准管轴与水平面的夹角为 2α，通过气泡中心偏离水准管零点的格数表现出来。校正时先用校正针拨动水准管校正螺丝，使气泡退回偏离量的一半（等于 α），如图 3-25c 所示，此时，几何条件即满足。再用脚螺旋调节水准管气泡居中，如图 3-25d 所示，水准管轴水平，竖轴也垂直。

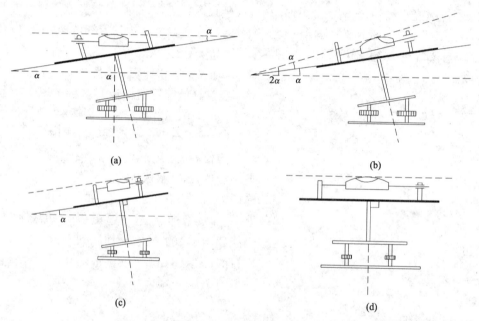

(a)　　　　　　　　　　　　　(b)

(c)　　　　　　　　　　　　　(d)

图 3-25　水准管轴垂直于竖轴的检验与校正

(a)在某个方向整平；(b)转动照准部180°；(c)通过校正针校正一半；(d)通过调节脚螺丝使气泡居中

3.8.3　圆水准器轴 *L′L′* 应平行于竖轴 *VV* 的检验与校正

1. 检验

如缺少此项检校，以后就无法使用圆水准器作粗略整平。检验的方法是，首先用已检校的照准部水准管，把仪器精确整平，此时再看圆水准器的气泡是否居中，如不居中，则需校正。

2. 校正

在仪器精确的整平条件下，用校正针直接拨动圆水准器底座下的校正螺丝使气泡居中，校正时注意对校正螺丝一松一紧。

3.8.4　十字丝竖丝是否垂直于横轴的检验与校正

1. 检验

检验时，用十字丝交点精确瞄准水平方向一清晰的目标点 *A*，然后用望远镜微动螺旋，使望远镜上下仰俯，如果 *A* 点不偏离竖丝，如图 3-26a 所示，则条件满足，否则，如图 3-26b 所示，

62

需校正。

2. 校正

转动十字丝分划板座，使竖丝重新与目标点 A 重合，反复检验，直至条件完全满足。最后旋紧 4 个压环螺丝，旋上十字丝分划板护盖，如图 3-26c 所示。

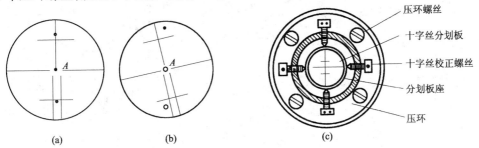

图 3-26　十字丝的检验与校正

(a)十字丝竖丝垂直于横轴；(b)十字丝竖丝不垂直于横轴；(c)十字丝分划部件

3.8.5　视准轴 *CC* 应垂直于横轴 *HH* 的检验与校正

1. 检验

该条件不满足的主要原因是视准轴位置不正确，也就是十字丝交点位置不正确。十字丝交点偏左或偏右，使视准轴与横轴不垂直，形成视准轴误差，通常用 c 表示。检验的步骤如下：

首先，把经纬仪整平，以盘左位置，望远镜大约水平方向瞄准远方一清晰目标或白墙上某目标点 A，读取水平度盘读数 L。视准轴 *CC* 应垂直于横轴 *HH*，如图 3-27a 所示。假设十字丝交点偏在 K' 位置，则 $K'C$ 为存在误差的视准轴，这时望远镜要瞄准目标点 A 就要逆时针转动一个 c 角，因此盘左水平度盘读数 L 比正确盘左读数 M_L 小了 c 值，即：

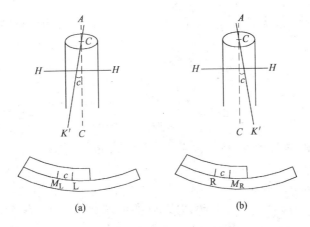

图 3-27　视准轴垂直于横轴检验

(a)盘左示意；(b)盘右示意

$$M_L = L + c \tag{3-17}$$

然后，倒转望远镜成盘右位置，仍瞄准同一目标 A，读取水平度盘读数为 R。由于倒镜后，视准轴偏向右侧 c 角，如图 3-27b 所示。为了瞄准 A 点，照准部顺时针转动一个 c，因此盘右

水平度盘读数 R 比正确盘右读数 M_R 大了 c 值,即:

$$M_R = R - c \qquad (3\text{-}18)$$

因为瞄准同一水平方向目标,正确的正倒镜读数差为 $\pm 180°$。

即
$$M_L = M_R \pm 180°$$
故
$$L - c = R + c \pm 180°$$
即
$$2c = L - (R \pm 180°) \qquad (3\text{-}19)$$

因此,视准轴的误差 c 公式为:

$$c = \frac{L - (R \pm 180°)}{2} \qquad (3\text{-}20)$$

如果 $c > \pm 1'$ 应校正。电子经纬仪 $c > \pm 20''$ 需要校正。

2. 校正

首先,在盘右位置(盘左位置也可)调整水平微动螺旋,使水平度盘对准盘左和盘右读数的平均值(注意盘左或盘右应 $\pm 180°$ 后平均),此时望远镜纵丝会偏离目标,调整十字丝环左右螺丝,如图 3-26c 所示,先松上下螺丝中的一个,然后左右螺丝一松一紧。调整完毕,把松开的螺丝旋紧。校正后再检验,直至 $c < \pm 1'$ 为止。

3.8.6 竖盘指标差的检验与校正

1. 检验

安置仪器,用盘左、盘右两个镜位分别瞄准同一目标点,当竖盘指标自动归零开关打开或竖盘指标水准管气泡居中,读取竖盘读数 L 和 R,用式(3-14)或式(3-16)计算指标差 x。如 $x > \pm 1'$,则需校正。

2. 校正

经纬仪位置不变(此时为盘右,且照准目标点),不含指标差的盘右读数应为 $R - x$(竖盘逆时针增加,如DJ$_6$-1)或 $R + x$(竖盘顺时针增加,如 J$_6$),因竖盘顺时针增加。然后,旋转竖盘指标水准管的微动螺旋对准竖盘读数的正确值,此时,水准管气泡必偏歪,打开护盖,用校正针拨动水准管的校正螺丝使气泡居中。校正后再反复操作。

对于有竖盘指标自动归零的经纬仪(如 J$_6$),校正方法略有不同。首先用改锥拧下螺钉,取下长方形指标差盖板,可见到仪器内部有两个校正螺钉,松其中一螺钉紧另一个螺钉,使垂直光路中一块平板玻璃转动,从而改变竖盘读数使其对准正确值便可。

3.8.7 光学对中器的检验与校正

1. 检验

其目的是检查光学对中器的视准轴与仪器竖轴是否重合。如图 3-28 所示,光学对中器是由目镜、物镜、十字丝分划板组成,分划板中心与物镜光心的连线为光学对中器的视准轴。光学对中器的视准轴由转向棱镜折射 $90°$ 后,应与仪器的竖轴重合,否则为对中误差,会直接影响测角精度。检验的方法是:

(1)经纬仪安置于平坦地面,严格整平,将一张白纸放在仪器的正下方地面上,使白纸在对中器的视场中心,压上重物,使其固定。

(2)调节对中器目镜螺旋,使十字丝分划成像清晰,再调整焦距看清地面上的白纸。根据分划圈中心在纸上的位置,在纸上标记 A_1 点,如图 3-28 所示。

(3)转动照准部 180°,按分划圈中心在纸上的位置,再标记出 A_2 点,若 A_1 和 A_2 两点重合,说明光学对中器的视准轴与竖轴重合,否则应进行校正。

2. 校正

如图 3-28 所示,在白纸上定出 A_1 和 A_2 两点连线的中点 A,调整松开对中器校正螺丝,使分划圈中心对准 A 点。校正时应注意光学对中器上的校正螺丝随仪器的类型而异,有的仪器是校正直角棱镜位置,有的仪器是校正分划板。光学对中器的安装部位也不同,有的安装在基座上,有的安装在照准部上,其校正方法有所不同,图 3-28 光学对中器是安装在照准部上。

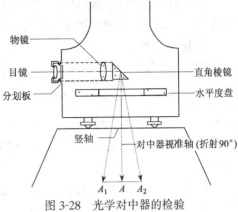

图 3-28 光学对中器的检验

3.8.8 电子经纬仪的检验与校正

其检验与校正的内容和方法与 J_6 级光学经纬仪基本相同,所不同的是竖盘指标差的校正方法,以 ET-02 型电子经纬仪为例,其检验校正步骤如下:

1. 检验

(1)整平仪器后开机,将望远镜瞄准任一清晰目标 A,得竖角盘左读数 L。

(2)盘右位置再瞄准 A,得盘右读数 R。

(3)计算指标差 i:如果天顶为 0°,则 $i = (L + R - 360°)/2$

如果水平为 0°,则 $i = (L + R - 180°)/2$ 或 $i = (L + R - 540°)/2$

(4)若 $|i| \geqslant 10''$,则需要对竖盘指标零点重新设置。

2. 校正(竖盘指标零点设置)

(1)整平仪器后,按住 V% 键开机,三声蜂鸣后松开按键,显示 V、OSET 和 SET-1。

(2)盘左望远镜在水平位置附近上下转动,上行显示出竖直角后,精确瞄准与仪器同高的远处一目标 A,按 V% 键,显示 V、90°20′30″和 SET-2。

(3)纵转望远镜,盘右位置,瞄准同一目标 A,按 V% 键,设置完成,仪器返回测角模式。

(4)重复检验步骤测定指标差 i。若指标差仍不符合要求,则应检查校正,指标零点设置的(1)(2)(3)步骤的操作是否有误,目标照准是否准确等,并按要求再重新进行设置。

(5)经反复操作仍不符合要求时,应送厂家检修。

注:零点设置过程中所显示的竖角是没有经过补偿和修正的值,只供设置中参考。

3.9 角度测量误差分析及注意事项

在水平角测量过程中,由于仪器误差、人为操作误差和外界条件等因素的影响,产生误差是不可避免的事情。研究产生误差的原因及性质,从而找出解决问题和减少误差影响的办法。这对于提高测角精度,保证测量成果的质量,是非常必要的。

3.9.1 仪器误差及削减

仪器误差主要是指仪器检验和校正后残余误差和仪器制造不够完善引起的误差。主要有下列几种：

1. 视准轴误差

视准轴应垂直于横轴,从图 3-27 可知:视准轴误差 C,在正倒镜观测时,符号是相反的,因此可用正倒镜观测取平均值加以消除。

2. 横轴误差

横轴应垂直于竖轴,横轴倾斜 i 角时对水平方向的影响用 i_e 表示,其值式为:

$$i_e = i \tan\alpha \tag{3-21}$$

式中　α——观测目标的竖角。

当 $\alpha = 0$ 时,$i_e = 0$,即视线水平时,横轴误差对水平角没有影响,而竖角 α 越大,其影响也越大。

盘左、盘右观测时,横轴的左、右端高低是相反的,即正倒镜观测时,横轴误差 i 符号是相反的,因此取正倒镜的平均值可以消除其影响。

3. 度盘偏心差

该误差是由仪器零部件加工、安装不完善引起的。有水平度盘偏心差与竖直度盘偏心差两种。

水平度盘偏心差是由于照准部旋转中心与水平度盘圆心不重合引起指标读数的误差。在正倒镜观测同一目标时,指标线在水平度盘上的位置具有对称性,所以也可用正倒镜观测取平均值予以减小。

竖直度盘偏心差是指竖盘的圆心与仪器横轴中心线不重合带来的误差,此项误差很小,可以忽略不计。

4. 竖盘指标差

竖盘指标差主要对观测竖角产生影响,与水平角测量无关。指标差产生的原因,对于具有竖盘指标水准管的经纬仪,可能气泡没有严格居中,或检校后有残余误差。对于具有竖盘指标自动归零的经纬仪,可能归零装置的平行玻璃板位置不正确。但是,从式(3-13)可看出,采取正倒镜观测取平均值可自动消除竖盘指标差对竖角的影响。

从以上 4 种情况看,对于所存在的误差都可以用正倒镜,即盘左和盘右观测取平均值的办法消除或减小误差。由此可见,正倒镜观测很重要。

5. 竖轴误差

竖轴应处于铅垂位置,但是由于圆水准器与照准部水准管整平不够精确、水准管轴垂直于竖轴校正不够完善、制造不完善而引起误差的因素,故当水准管气泡居中时,竖轴并未竖直,其与铅垂线的倾斜角称为竖轴误差 q。造成竖轴倾斜,从而引起横轴 $H'H'$ 不水平的倾斜旋转面与横轴 HH 水平旋转面组成的夹角亦为 q,这两个平面相交于 O_1O_2,如图 3-29 所示。当横轴随望远镜转动时,由竖轴倾斜误差引起的横轴倾斜角 i_q 在不断地变化,当横轴转到水平交线 O_1O_2 位置时,无论 q 值多大 i_q 始终为零;当横轴转到垂直于 O_1O_2 位置时,i_q 达到最大值,等于竖轴的倾斜

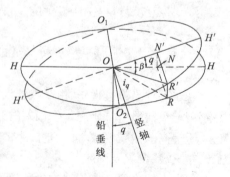

图 3-29　竖轴误差

角 q。任取一横轴位置 OR'，其与 OH' 的夹角为 β，设其倾斜角为 i_q，作 $R'N'$ 垂直于 ON'，N'、R' 两点投影到水平面 HH 上的位置分别为 N、R，则由直角三角形 $R'RO$ 和 $N'NO$ 得其关系式如下：

$$\sin i_q = \frac{R'R}{OR'} \qquad \sin q = \frac{N'N}{ON'}$$

因为 $R'R = N'N$，i_q 与 q 角都很小，可以写成：

$$\frac{i_q}{q} = \frac{ON'}{OR'}$$

从三角形 $\triangle OR'N'$ 可知：

$$\cos\beta = \frac{ON'}{OR'}$$

故

$$i_q = q\cos\beta \qquad\qquad (3\text{-}22)$$

考虑到式(3-21)，竖轴倾斜 q 角时对水平方向的影响 q_e 为：

$$q_e = i_q \tan\alpha = q \cdot \cos\beta \cdot \tan\alpha \qquad\qquad (3\text{-}23)$$

式中　β——竖轴倾斜最大时的视准轴方向与瞄准目标方向的夹角；

　　　α——目标的竖角。

正倒镜瞄准同一目标，竖轴倾斜角 q 与 β 角都是相同的，即 q_e 符号不变。因此，正倒镜的平均值不能消除竖轴倾斜对水平方向的影响。

因此，角度测量时，经纬仪精确整平十分重要。应在观测前认真精平仪器，观测中要经常注意水准器的气泡是否仍然居中，随时精确整平仪器，尽量减少误差。

6. 度盘刻划不均匀的误差

现代经纬仪的此项误差一般都很小(不超过 $\pm 3''$)。为了提高测角精度，采用各测回之间变换度盘位置的方法，可以消除度盘刻划不均匀的误差影响。

3.9.2　人为操作误差及削减

1. 对中误差

测量角度时，若仪器中心与测站点标志中心不在同一铅垂线上，称对中误差，又称测站偏心误差。

如图 3-30 所示，O 为测站点，A、B 为目标点，O' 为仪器中心在地面上的投影位置。OO' 的长度为偏心距，用 e 表示。由图可知，观测角值 β' 与正确角值 β 有如下关系：

$$\beta = \beta' + (\varepsilon_1 + \varepsilon_2) \qquad (3\text{-}24)$$

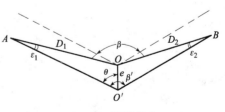

图 3-30　测端偏心

因 ε_1、ε_2 很小，可写为：

$$\varepsilon_1 = \frac{\rho'' e}{D_1}\sin\theta \qquad\qquad \varepsilon_2 = \frac{\rho'' e}{D_2}\sin(\beta' - \theta)$$

对中误差对水平角影响为：

$$\varepsilon = \varepsilon_1 + \varepsilon_2 = \rho'' e\left[\frac{\sin\theta}{D_1} + \frac{\sin(\beta' - \theta)}{D_2}\right] \tag{3-25}$$

当 $\beta = 180°, \theta = 90°$ 时，ε 角值最大。设 $e = 3\text{mm}, D_1 = D_2 = 80\text{m}$ 时，

$$\varepsilon = \rho'' e\left[\frac{1}{D_1} + \frac{1}{D_2}\right] = 206\ 265'' \times \frac{3 \times 2}{80 \times 10^3} = 15.5''$$

由此可知，边越短，ε 值越大。偏心距 e 越大，ε 值也越大。此误差不能用观测方法消除，应注意严格对中，尤其是对于短边所组成的水平角，在安置对中时，更是如此，以便削减误差。

2. 目标偏心误差

测量水平角时，若用竖立标杆作为瞄准的目标点，标杆很难做到严格铅直，瞄准的目标点与地面点标志中心不在一个铅垂线上。其偏差称目标偏心，瞄准的目标点越高，误差越大。

如图 3-31 所示，O 为测站，A 为地面目标，目标点 A' 至地面标志点 A 的距离为 d，标杆倾斜 α 角，则目标偏心差 $e = d\sin\alpha$，它对观测方向影响为：

$$\varepsilon'' = \frac{e}{D}\rho'' = \frac{d\sin\alpha}{D}\rho'' \tag{3-26}$$

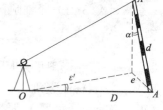

图 3-31　目标偏心

由上式可知，目标偏心误差对水平方向观测影响 ε'' 与目标点 A' 至地面标志点 A 间的距离 d 成正比，与边长 D 成反比。

因此，观测时应尽量使标杆竖直，瞄准时尽可能瞄准标杆基部。测角精度要求较高时，应用垂球线代替标杆。

使用全站仪测量时，用单或三棱镜作为目标点观测水平角时，应严格对中整平棱镜。

3. 瞄准误差

人眼通过望远镜瞄准目标产生的误差，称为瞄准误差。人眼分辨两个点的最小视角约为 $60''$，通常以此作为眼睛的鉴别角。当使用放大倍率为 V 的望远镜瞄准目标时，鉴别能力可提高 V 倍，这时该仪器的瞄准误差为：

$$m_V = \pm\frac{60''}{V} \tag{3-27}$$

对于 J_6 经纬仪，$V = 28$，则 $m_V = \pm 2.1''$；电子经纬仪 $V = 30$，则 $m_V = \pm 2''$，基本一样。

瞄准误差无法消除，只有从瞄准目标的形状、大小、颜色、目标的清晰度及瞄准方法上改进，仔细瞄准以减小其影响。

4. 读数误差

读数误差与观测者技术熟练程度、读数窗的清晰度和读数系统构造本身有关。对于采用分微尺测微器读数，分微尺最小格值为 t，可估读到最小格值的十分之一，则读数误差 m_0 为：

$$m_0 = \pm 0.1t \tag{3-28}$$

对于 DJ_6 经纬仪，$t = 1'$，则读数误差 $m_0 = \pm 0.1' = \pm 6''$。

3.9.3 外界条件影响

观测角度是在一定的外界条件下进行的,外界条件的变化对观测质量有直接的影响。如土质松软和大风会影响仪器的稳定;日晒和温度的变化会引起气泡移动,从而影响水准管气泡的居中;大气层受地面热辐射的影响会引起目标影像的跳动等等,这些都会给观测角度带来误差。因此,要选择目标成像清晰稳定的有利时间观测,尽可能克服或避开不利条件的影响,如选择温度及日照适宜、无大风(1～3级)或空气清晰度好的晴天进行观测,以便提高观测成果的质量。

习　题

1. 经纬仪的主要功能是什么? 为什么?

2. 试述 TDJ_6 型经纬仪、电子经纬仪水平度盘配置 $0°00'00''$ 的方法步骤。

3. 试比较经纬仪测站安置与水准仪测站安置有哪些相同点与不同点。

4. 叙述光学对中器对中的操作步骤。

5. 如何正确使用经纬仪的制动螺旋与微动螺旋?

6. 计算水平角时,为什么要用右目标读数减左目标读数? 如果不够减应如何计算?

7. 如何用电子经纬仪观测水平角? 与 J_6 型经纬仪观测水平角的主要区别是什么?

8. 经纬仪的主要轴线有哪些? 各轴线之间应满足什么样的几何条件?

9. 用盘左、盘右,即一测回的方法观测水平角,能消除哪些误差的影响? 试绘图或列公式加以说明。

10. 盘左、盘右观测能否消除因竖轴倾斜引起的水平角测量误差? 为什么?

11. 什么叫竖盘指标差? 如何进行检验与校正指标差? 如何衡量竖角观测成果是否合格?

12. 什么叫竖直角? 测量竖直角时,需要瞄准目标后读取竖盘读数,是否还要把望远镜放置水平位置进行读数? 为什么?

13. 完成表 3-5 方向观测法的计算。

14. 在测站 A 点观测 B 点、C 点的竖直角,观测数据见表 3-6,计算竖直角及指标差(注:盘左视线水平时竖盘读数为 $90°$,视线向上倾斜时竖盘读数是增加的)。

表 3-5　方向观测法记录手簿

| 测站 | 目标 | 水平度盘读数 | | $2C = L - (R \pm 180°)$ | 平均读数 $= \frac{1}{2}(L + R \pm 180°)$ | 一测回归零方向值 | 各测回归零方向平均值 |
		盘左 $/°\ '\ ''$	盘右 $/°\ '\ ''$				
O	A	0　01　00	180　01　00				
	B	91　44　06	271　44　00				
	C	140　42　42	320　42　48				
	D	201　18　12	21　18　06				
	A	0　01　06	180　01　12				

续表

测站	目标	水平度盘读数		$2C=L-(R\pm180°)$	平均读数$=\dfrac{1}{2}(L+R\pm180°)$	一测回归零方向值	各测回归零方向平均值
		盘左 /°′″	盘右 /°′″				
	A	90 01 06	270 01 12				
	B	181 44 06	1 44 12				
O	C	230 33 12	50 33 06				
	D	304 06 30	124 06 24				
	A	90 01 12	270 01 18				

表 3-6　竖直角观测记录手簿

测站	目标	盘位	竖盘读数 /°′″	竖角值		指标差/″
				近似竖角值 /°′″	测回值 /°′″	
A	B	L	99 50 18			
		R	260 09 48			
A	C	L	83 07 18			
		R	276 51 48			

15. 测量角度$\angle ABC$时(图 3-32),花杆没有完全铅直,又没有瞄准C点花杆的根部,而瞄准了花杆的顶部,已知顶部偏离为 18mm,BC 距离为 43.20m。求目标偏心而引起的测角误差是多少?

16. 某经纬仪的竖盘注记形式如图 3-33a 所示,要求:画出盘右图3-33b中竖盘刻划注记及竖盘读数指标线。

17. 如图 3-34 所示,设仪器中心 O'偏离测站标志中心 O15mm,水平角$\angle AO'B$的观测值为 93°40′30″,已知$\angle AO'O=40°$,试根据图中给出的数据,计算因仪器对中误差引起的水平角测量误差。

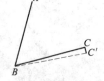

图 3-32　习题 15

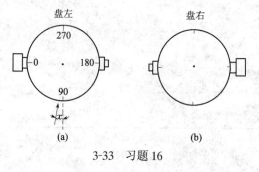

3-33　习题 16

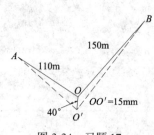

图 3-34　习题 17

70

第4章 距离丈量与直线定向

距离测量是确定地面点位置的基本工作之一。距离测量方法有钢尺量距、皮尺量距、视距测量、电磁波测距和GPS测量等。本章重点介绍距离丈量的工具、普通距离丈量与精密距离丈量的方法、经纬仪光学视距法测量地面上两点间的水平距离的原理及光电测距原理及其测量地面上两点间水平距离的方法、直线方向表示的方法等内容。

4.1 钢尺量距

距离测量是测量的基本工作之一,其最终目的是为了确定地面点的位置。所谓距离是指地面上两点间的水平长度。当点位在地面上标定以后,用一定的丈量工具,沿着两点间的直线方向进行丈量。

4.1.1 量距工具

钢尺量距所用的工具有钢尺和辅助工具,如标杆、测钎、垂球等。此外在精密的钢尺量距中,还有弹簧秤和温度计,用以控制拉力和测定温度。

1. 钢尺

钢尺亦称钢卷尺,如图4-1所示。钢尺是钢制的带尺,宽约10~15mm,长度有20m、30m和50m等几种。钢尺的基本分划为厘米,在每米及每分米处都有数字注记,适用于一般的距离测量。有的钢尺在起点处至第一个10cm间,甚至整个尺长内都刻有毫米分划,这种钢尺适用于精密距离测量。

图4-1 钢尺

尺子根据零点位置的不同,又可为端点尺(图4-2)和刻线尺(图4-3)两种。端点尺是以尺的最外端边线作为刻划的零线,当从建筑物墙边开始量距时使用很方便;刻线尺是以刻在钢尺前端的"0"刻划线作为尺长的零线,在量距时可获得较高的精度。由于钢尺的零线不一致,使用时必须注意钢尺的零点位置。

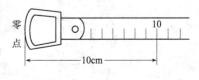

图4-2 端点尺

此外,值得一提的是,除钢尺外,在园林工程中也常常使用皮尺,皮尺包括用麻线或加入金

71

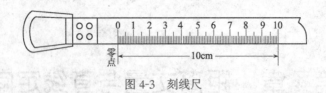

图 4-3 刻线尺

属丝织成的带状尺以及由特殊塑料制成的带状尺。长度有 20m、30m 和 50m 数种。皮尺基本分划为厘米,尺面每 10cm 和整米有注字,一般尺端铜环的外端为尺子的零点,即皮尺一般都是端点尺。皮尺的特点是携带和使用很方便,但是容易引起伸缩,量距精度比钢尺低,一般用于地形的细部测量和土方工程的施工放线等。

2. 标杆(花杆、测杆)

标杆用木材、玻璃钢或铝合金制成,长 2m 或 3m,直径 3～4cm,用红白油漆交替漆成 20cm 的小段,杆底装有锥形铁脚以便插入土中,或对准点的中心,作观测点的觇标用,如图 4-4a 所示。

3. 测钎

测钎是由粗铁丝加工制成,长 30～40cm,上端弯成环形,下端磨尖,用于标定尺端点和整尺段数,一般以 6 根或 10 根为一组,穿在铁环中,如图 4-4b 所示。

图 4-4 量具辅助工具
(a)标杆;(b)测钎

4. 垂球

垂球又称线锤,用金属制成,上大下尖,外形似圆锥体,上端系有细线,是对点、标点和投点的工具。

4.1.2 直线定线

当两点间距离较长或地势起伏较大,一个尺段不能完成距离测量工作时,为确保丈量工作在两点所决定的直线方向上进行,需在待测直线上插入一些点,并使相邻点间的距离不超过所用尺子的长度,这项工作称为直线定线。一般量距采用目估法定线;当精度要求较高时,则采用经纬仪定线。

1. 目估定线法

如图 4-5 所示,A、B 为地面上互相通视的两端点,为了在 AB 直线上定出中间点,先在

图 4-5 目估定线法

A、B 两点上竖立标杆,由一测量员站在 A 点标杆后 $1\sim2m$ 处,由 A 瞄向 B,使单眼视线与标杆边缘相切,并让立尺员到离 A 点接近一尺段的地方,垂直于测线方向左右移动标杆,直到三点位于同一条直线上,竖直地插上标杆得点 1。同理继续向后定出其他点(相邻点之间间距小于一尺段)。

2. 经纬仪定线法

如图 4-6 所示,A、B 为地面上互相通视的两点,在待测距离 AB 的一端点 B 竖立标杆,另一端点 A 安置经纬仪,然后用望远镜精确瞄准 B 点的标杆(尽量瞄到底部或安置在 B 点的垂球线上),固定照准部,根据望远镜的视线以手势指挥手持标杆者由 B 点走向 A 点,并在距 B 点小于一整尺段的地方(如 D 点)沿垂直于测线方向左右移动,直至标杆与经纬仪望远镜竖丝重合为止。同理可定出其他点(如 C 点)。

图 4-6　经纬仪定线法

4.1.3　钢尺量距的一般方法

钢尺量距的一般方法是指采用目估定线法,量距精度只要求到厘米的一种距离测量法。该方法量距精度能达到 $1/1\ 000\sim1/3\ 000$。

距离测量的目的在于获得两点间的水平距离,根据地面坡度不同,量距可分为平坦地面量距和倾斜地面量距两种。

4.1.3.1　平坦地面的钢尺量距

对于平坦地面,可直接沿地面丈量水平距离。先在待测直线上定线,用测钎标出各测段端点的位置,再逐段量距,亦可边定线边量距。量距时由两个司尺员进行,各持钢尺一端,沿着直线丈量的方向,前者称为前尺手,后者称为后尺手。前尺手拿测钎与标杆,后尺手将钢尺零点对准起点,前尺手沿直线方向拉直尺子,当前、后尺手同时将钢尺拉紧、拉平时,后尺手准确地对准起点,同时前尺手将测钎垂直插到尺子终点处,这样就完成了第一尺段的量距工作。两人同时举尺前进,后尺手走到插测钎处停下,量取第二尺段,后尺手拔起测钎套入环内,再继续前进,依次量至终点。最后不足一整尺段的长度称为余尺长,取各尺段之和即为所求距离,如图 4-7 所示。直线全长 D 可按下式计算:

$$D = nl + q \tag{4-1}$$

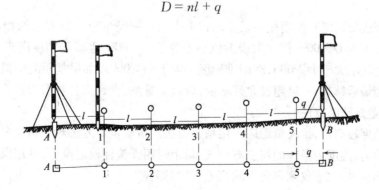

图 4-7　平坦地面的距离丈量

式中　n——整测段数；

　　　l——尺段长；

　　　q——余尺长。

为了防止量距时发生错误和提高量距精度，两点间距离通常应往返测量。当两次测量的差数与全长平均数之比求得的相对误差不低于限差要求时，取往返测量的平均值作为最后结果。

4.1.3.2　倾斜地面的钢尺量距

当地面倾斜或高低不平时，可使用平量法和斜量法。

1. 平量法

若地形起伏不大，可将钢尺一端抬高，目估使尺面水平进行丈量，前尺手将尺端抬高，按平坦地面量距方法进行。如地面坡度较大，将整个尺面抬平困难时，可将一整尺段分成几段丈量，量距时将钢尺一端对准地面点位，另一端抬高拉成水平，尺子的高度一般不超过测量员的胸高，尺的末端用垂球对点，逐小段测量，最后累加求和即为所求距离，如图4-8所示。

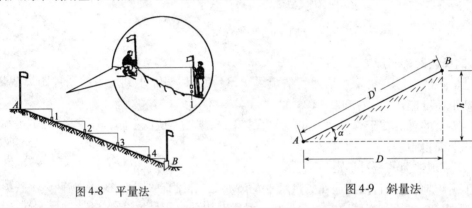

图 4-8　平量法　　　　　　　　　　图 4-9　斜量法

2. 斜量法

当倾斜地面的坡度比较均匀时，可沿斜坡量出 AB 的斜距 D'，并同时用经纬仪测得地面的倾斜角 α，按式（4-2）计算水平距离 D；也可量出 AB 斜距 D' 后，用水准仪测出两点间高差 h，然后用式（4-3）计算水平距离 D，如图4-9所示。

$$D = D'\cos\alpha \qquad\qquad (4\text{-}2)$$

$$D = \sqrt{D'^2 - h^2} \qquad\qquad (4\text{-}3)$$

钢尺量距成果精度一般用相对误差形式来表示。钢尺量距一般方法的相对误差，在平坦地区一般不得大于1/3 000（即相对误差值小于等于1/3 000，也就是精度高于1/3 000），在地形起伏较大地区不大于1/2 000，在困难地区不大于1/1 000。如果量距的结果达到要求，取往返平均值作为最后结果；如果超过允许限度，应返工重测，直到符合要求为止。

4.1.4　钢尺量距精密方法

当量距精度较高时，钢尺量距应采用精密方法。精密量距方法对于钢尺要求须经检定，得出以检定时拉力、温度为条件的尺长方程式；量距时用弹簧秤检定拉力，并用温度计测出尺温；若地面起伏不平，用水准仪测定各点间高差，进行倾斜改正。

在一定的拉力下，以温度 t 为变量的函数式来表示尺长 l_t，这就是尺长方程式。其一般形

式为:

$$l_t = l_0 + \Delta l + \alpha(t - t_0)l_0 \tag{4-4}$$

式中 l_t——钢尺在温度 t(℃)时的实际长度;

l_0——钢尺的名义长度;

Δl——钢尺尺长改正数,即钢尺在温度 t_0 时的实际长度与名义长度之差;

α——钢尺的膨胀系数,其值约为$(1.15 \times 10^{-5} \sim 1.25 \times 10^{-5})$/℃;

t_0——钢尺检定时的温度,一般取20℃;

t——钢尺量距时的温度。

量距前应对钢尺进行检定,以求得钢尺的实际长度,从而可求得尺长改正数 Δl。

4.1.4.1   尺长改正

由于尺长的名义长度 l_0 与实际长度 l 不符而产生尺长误差,它有累积性,对量距结果的影响与所量距离 D' 成正比,求得尺长改正数 $\Delta l = l - l_0$ 加以改正。改正数的计算公式如下:

$$\Delta l_d = \frac{l - l_0}{l_0} \times D' \tag{4-5}$$

4.1.4.2   温度改正

设钢尺在检定时的温度为 t_0,而丈量时温度为 t,钢尺的膨胀系数为 α,钢尺长度受温度的影响而变化,当丈量时的温度与钢尺检定时的温度不一致时,将产生温度误差。温度改正数为:

$$\Delta l_t = \alpha(t - t_0)D' \tag{4-6}$$

4.1.4.3   倾斜改正

如图 4-10 所示,A、B 两点间高差为 h,沿地面量出斜距为 D',则:

$$\Delta l_h = D - D' = (D^2 - h^2)^{\frac{1}{2}} - D' = D'[(1 - \frac{h^2}{D^2})^{\frac{1}{2}} - 1]$$

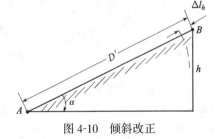

图 4-10   倾斜改正

将$(1 - \frac{h^2}{D'^2})^{\frac{1}{2}}$按级数展开,可得:

$$\Delta l_h = D'[(1 - \frac{h^2}{2D'^2} - \frac{h^4}{8D'^4}\cdots) - 1] = -\frac{h^2}{2D'} - \frac{h^4}{8D'^3}\cdots$$

h 与 D' 相比一般都很小,二次项以上的各项可忽略不计,故得倾斜改正的公式为:

$$\Delta l_h = \frac{-h^2}{2D'} \tag{4-7}$$

若实际量距为 D',经过尺长、温度和倾斜改正后的水平距离 D 为:

$$D = D' + \Delta l_d + \Delta l_t + \Delta l_h \tag{4-8}$$

【例 4-1】   使用某 30m 钢卷尺,用标准的 10kg 拉力,沿地面往返丈量 AB 边的长度。钢尺的尺长方程式为:

$$l = 30\text{m} - 1.8\text{mm} + 0.36(t - 20℃)\text{mm}$$

AB 沿线地面倾斜,用水准仪测得两端点高差 $h = 2.54\text{m}$,往测丈量时的平均温度 $t = 27.4℃$,返测时 $t = 27.9℃$。往返丈量量得长度及各项改正按式(4-5)、式(4-6)及式(4-7)计算,最后按式(4-8)计算经过各项改正后的往、返丈量的水平距离(表4-1)。根据改正后的水平距离计算往返丈量的相对精度为:

$$\frac{234.936 - 234.926}{234.931} = \frac{1}{23493}$$

表 4-1　钢尺量距成果整理

尺号:015　　　　　　　　尺长方程式:$l = 30\text{m} - 1.8\text{mm} + 0.36(t - 20℃)\text{mm}$

线段 (端点号)	丈量距离 D'/m	丈量温度 $t/℃$	两端高差 h/m	尺长改正 $\Delta l_d/\text{m}$	温度改正 $\Delta l_t/\text{m}$	高差改正 $\Delta l_h/\text{m}$	改正平距 D/m
$A \sim B$	234.943	27.4	2.54	-0.0141	$+0.0209$	-0.0137	234.936
$B \sim A$	234.932	27.9	2.54	-0.0141	$+0.0223$	-0.0137	234.926

4.2　电磁波测距

4.2.1　概述

随着现代光电技术的发展,出现了用电磁波测距的方法。它具有测程长、精度高、受地形限制小及作业效率高等优点,使测距发生了革命性变化,并在各种测量工作中得到了广泛的使用。

电磁波测距仪按载波可分为:①用微波段的无线电波作为载波的微波测距仪;②用激光作为载波的激光测距仪;③用红外光作为载波的红外测距仪。

电磁波测距仪按测程分为:短程测距仪($<3\text{km}$),中程测距仪($3 \sim 15\text{km}$)和远程测距仪($>15\text{km}$)。

电磁波测距仪按测距精度分为超高精度测距仪、高精度测距仪和一般精度测距仪。国家城市测量规范按1km测距中误差将测距仪精度类型划分为三级:Ⅰ级($|m_D| \leqslant 5\text{mm}$);Ⅱ级($5\text{mm} < |m_D| \leqslant 10\text{mm}$);Ⅲ级($10\text{mm} < |m_D| \leqslant 20\text{mm}$)。

电磁波测距仪按测距方式分为脉冲式测距仪和相位式测距仪。脉冲式测距仪是通过直接测定光脉冲在测线上往返传播的时间来求得距离的。相位式测距仪是通过测定调制光波在测线上传播所产生的相位移间接测定时间来求得距离的。

4.2.2　电磁波测距基本原理

电磁波测距的基本原理是通过测定电磁波束在测线两端点间往返传播的时间 t_{2D},并借助电磁波在空气中的传播速度 c,计算两点间距离 D(图4-11)。

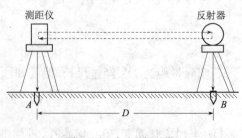

$$D = \frac{1}{2}ct_{2D} \qquad (4\text{-}9)$$

图 4-11　光电测距原理

式中　c——电磁波在大气中的传播速度,其值为 C_0/n;C_0 为光波在真空中的传播速度,1975 年 8 月国际大地测量学会第十六界全会建议 $C_0 = 299\ 792\ 458\text{m/s}$;

n——大气折射率,它是大气压力、温度、湿度的函数;

t_{2D}——光波在被测距离上往返传播一次所需的时间(s)。

由式(4-9)可以看出,测定距离的精度主要取决于测定时间 t_{2D} 的精度,即 $\mathrm{d}D = \frac{1}{2}c\mathrm{d}t_{2D}$。如要求测距精度达到 $\pm 1\text{cm}$,则时间测定要准确到 $6.67 \times 10^{-11}\text{s}$,这是目前技术水平难以做到的。因此大多采用间接测定法测定 t_{2D}。间接测定 t_{2D} 的方法有脉冲法和相位法两种。

4.2.2.1　脉冲法

由测距仪的发射系统发出光脉冲,经被测目标反射后,再由测距仪的接收系统接收,测出这一光脉冲往返所需时间间隔(t_{2D})以求得距离 D。

脉冲法测距主要优点是功率大、测程远,但测距的绝对精度比较低,按目前技术水平,一般只能达到米级,尚未达到地籍测量和工程测量所需要的精度,常用于军事测绘或地形测量中。

4.2.2.2　相位法

相位式测距仪是通过测量调制光在测线上往返传播所产生的相位移 ϕ,间接测定时间 t,从而求得距离。为了测定 A、B 间的距离,可把测距仪安在 A 点,反射镜安在 B 点,由 A 点发出的调制光,经待测距离 D 达到 B 点,经反射镜反射后又回到仪器。如果将调制光波在测线上的往程与返程展开,则有图 4-12 所示图形。调制光在传播过程中所产生的相位移 ϕ,等于调制光的角速度 ω 乘以传播的时间 t,若已知 ω,则调制光在待测距离上往返传播的时间为:

$$t_{2D} = \frac{\phi}{\omega} \tag{4-10}$$

因为 $\omega = 2\pi f$(f 为调制光的频率),故有:

$$t_{2D} = \frac{\phi}{2\pi f} \tag{4-11}$$

将式(4-11)代入式(4-9),就得到用相位移表示的测距公式:

$$D = \frac{c}{2f} \times \frac{\phi}{2\pi} \tag{4-12}$$

因为相位移是以 2π 为周期而变化的,由图 4-12 可知:

$$\phi = N \cdot 2\pi + \Delta\phi = 2\pi(N + \Delta N) \tag{4-13}$$

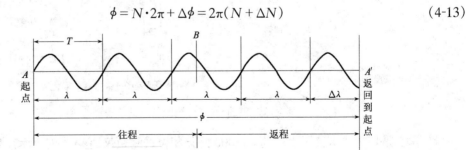

图 4-12　相位式测距原理

式中　　N——调制光波往返程总相位移整周期个数,其值可为零或正整数;

　　　　ϕ——不足整周期的相位移尾数,$\Delta\phi < 2\pi$;

　　　　ΔN——不足整周期的小数,$\Delta N = \Delta\phi / 2\pi$。

将式(4-13)代入式(4-12),并考虑到 $f = \dfrac{c}{\lambda}$(λ 为调制光的波长),则有:

$$D = \frac{\lambda}{2}(N + \Delta N) \tag{4-14}$$

这就是相位式电磁波测距的基本公式。由此可见,相位式光电测距就好像有一把钢尺在量距,尺子的长度为 $\lambda/2$。N 为被测距离的整尺段数。ΔN 为不是一个整尺的尾数。$\lambda/2$ 称为测尺长度。只要知道整尺段 N 和不足整尺段的尾数 ΔN 就可以求出距离。但是相位计只能测出相位差 $\Delta\phi$ 而无法直接测出整波数 N,因而无法测定距离 D,如果被测距离小于半波长,则 $N=0$,即可求出唯一确定的距离 D。因此,为了测较长距离,必须选用较长的测尺,即选用较低的测尺频率,但是由于测相精度是一定的,这样将导致测距精度随测尺长度增大而降低。而为了得到较高的测距精度,又必须选用较短的测尺,即采用较高的测尺频率。为了解决这一矛盾,仪器设计两种测尺频率,由仪器内部电路自动完成一组测尺配合测距,以短测尺(又称精测尺)保证精度,用长测尺(又称粗测尺)保证测程。

4.2.3　红外测距仪及其使用

红外测距仪按其照准目标的方式可分为带望远镜和不带望远镜的两种。

图 4-13 为南方测绘公司生产的 ND3000 红外相位式测距仪,它自带望远镜,望远镜的视准轴、发射光轴和接收光轴同轴,有垂直制动螺旋和垂直微动螺旋,可以安装在光学经纬仪上或电子经纬仪上(称为组合式半站仪)。测距时,测距仪瞄准棱镜测距,经纬仪瞄准棱镜测量竖直角,通过测距仪面板上的键盘,将经纬仪测量出的天顶距输入到测距仪中,可以计算出水平距离和高差。图 4-14 为与仪器配套的棱镜对中杆与支架,在导线测量、地形测量和工程放样中,使用它们非常方便。

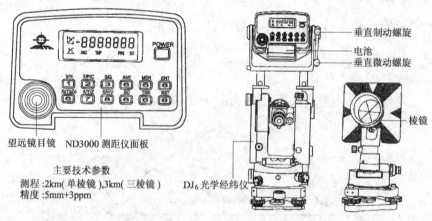

图 4-13　ND3000 红外测距仪及其单棱镜

图 4-15 是瑞士徕卡公司生产的 DI1000 红外相位式测距仪,它不带望远镜,发射光轴和接收光轴是分开的,仪器通过专用的连接装置安装到徕卡公司生产的光学经纬仪或电子经纬仪上。测距时,当经纬仪的望远镜瞄准棱镜下的照准觇牌时,测距仪的发射光轴就瞄准了棱镜,

使用仪器的附加键盘将经纬仪测量出的天顶距输入到测距仪中,即可计算出水平距离和高差。

1.DI1000 的主要技术指标

(1)测程:800m(单棱镜)、1600m(三棱镜);

(2)标称精度:正常测距(按图 4-16 中的"DIST"键)为 ±$(5mm+5ppm×D)$,

跟踪测距(按图 4-16 中的"TRK"键)为 ±$(10mm+5ppm×D)$;

(3)分辨率:1mm;

(4)红外光源波长:0.865μm;

(5)测尺长及对应的调制频率:精测尺 $\lambda_S/2 = 20m$,$f = 7.492\ 700MHz$;

图 4-14　棱镜对中杆与支架

粗测尺 $\lambda_S/2 = 2\ 000m$,$f = 7.492\ 700kHz$;

(6)测量时间:正常测距:4.5～10s,

跟踪测距:初始测距 3s,以后每次测距 0.3s;

(7)显示:带有灯光照明的 7 位数字液晶显示;

(8)工作温度范围:－20～＋50℃;

(9)储存温度范围:－40～＋70℃;

(10)供电:镍镉(NiCd)可充电电池,12V 直流电,在电池电量充满(电池用完后,必须连续充电 14 个小时)的情况下:

GEB76 迷你电池,容量 0.5Ah,重 0.4kg,可以连续测距 500 次;

GEB70 小电池,容量 2Ah,重 0.9kg,可以连续测距 2 000 次;

GEB71 大电池,容量 7Ah,重 3.0kg,可以连续测距 7 000 次。

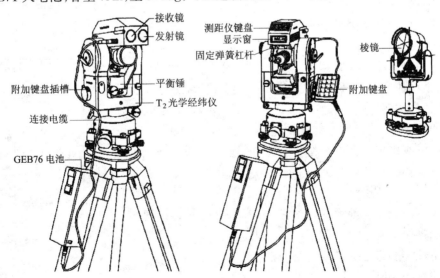

图 4-15　安装在 T_2 光学经纬仪上的 DI1000 红外测距仪及其单棱镜

2.DI1000 的结构与主机操作

DI1000 红外测距仪包括主机、附加键盘、电源电缆、电池和棱镜。如图 4-15 及图 4-16 所

79

示,主机有发射镜、接收镜、显示窗、键盘。键盘上有三个按键,每个按键都具有双功能或多功能,其功能含义如下:

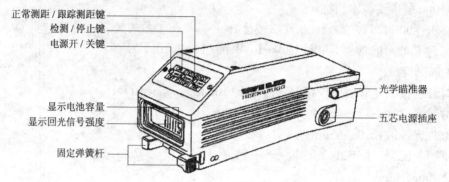

图 4-16　DI1000 的操作面板

（1）ON/OFF 键:电源开/关切换键。如果仪器处于关机状态,保持按住该键 2s 时间,仪器在开机的同时,自动打开液晶显示窗的照明灯,以便于夜间的测距操作。

仪器开机后,将自动显示上次储存在仪器中的加常数改正值（mm）和比例改正系数（ppm）。

（2）DIST/TRK 键:当仪器处于待机状态时,按该键,执行正常测距功能（DIST）;如果在 2s 时间内连续按该键两次,则执行跟踪测距功能（TRK）。

仪器自动将所测距离加上在仪器中储存的加常数改正值（mm）和比例改正系数值（ppm）后送到液晶显示窗显示出来,显示的距离为仪器中心至棱镜中心的斜距。

（3）TEST/STOP 键:当仪器处于待机状态时,按该键一次,屏幕显示电池容量和棱镜反射回来的测距信号强弱并发出蜂鸣声,再按该键一次,关闭蜂鸣声。如图 4-16 所示,显示窗右边的数字表示电池容量（最小为 1,电池满时为 9）,左边的斜线表示棱镜反射回来的测距信号强度,斜线越多,测距信号越强,蜂鸣声就越大,最小应显示有一根斜线才可以测距;当仪器处于待机状态时,保持按住该键 4s 时间,则仪器进入屏幕显示检测状态;当仪器处于测距状态时,按该键一次,则终止测距操作。

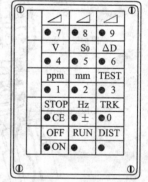

图 4-17　外接键盘

除了可以应用主机上的按键进行操作,还可以利用外接键盘进行测距等操作。如图 4-17 所示的外接键盘,串联在测距头与电池之间进行工作。外接键盘上共有 15 个按键,每个按键具有双功能或多功能。由于外接键盘按键较多,此处不再介绍,详细说明可参见相关的操作手册。

3. 测距的气象改正公式与计算方法

徕卡仪器的气象改正比例系数计算公式为:

$$\Delta D_1 = 282 - \frac{0.029\,08p}{1 + 0.003\,66t} \tag{4-15}$$

式中　ΔD_1——气象改正比例系数（ppm）,由于 1ppm＝1mm/km,所以它也代表每 1km 的改

正长度;

p——大气压力值(mb),使用国产压力计测量的大气压力单位通常为 mmHg(毫米汞柱),利用 1mmHg=1.333 22mb 的关系转换式将 mmHg 换算成 mb 后方可代入式(4-15)进行计算;标准大气条件下的大气压力是 760mmHg,也即 1 013.347 2mb;

t——大气温度值(℃)。

用求出的气象改正比例系数 ΔD_1 乘以以"km"为单位的所测距离值(D)即得到以 mm 为单位的气象改正数 ΔD_n,其计算公式为:

$$\Delta D_n = \Delta D_1 \cdot D \tag{4-16}$$

【例 4-2】 用 DI1000 测得某段距离(倾斜距离)为 1 234.567m,测距时的气象参数为 $p=892.1$mb,$t=32.5$℃,试计算该距离的气象改正值。

【解】 根据式(4-15),计算气象改正比例系数:

$$\Delta D_1 = 282 - \frac{0.290\ 8 \times 892.1}{1 + 0.003\ 66 \times 32.5} = 50.16\text{ppm}$$

则所测距离的气象改正数为:

$$\Delta D_n = 50.16\text{mm/km} \times 1.234\ 567\text{km} = 61.9\text{mm}$$

改正后的斜距 $=1\ 234.567\text{m} + 0.061\ 9\text{m} = 1\ 234.628\ 9\text{m}$

4. 平距和高差计算公式及方法

徕卡公司所有测距仪和全站仪的平距、高差计算公式都是统一的,它们是:

$$D = Y - AXY \tag{4-17}$$

$$h = X + BY^2 \tag{4-18}$$

式中 $$X = D_S \sin\xi,\ Y = D_S \cos\xi$$

$$A = \frac{1 - k/2}{R} = 1.467\ 82 \times 10^{-7},\ B = \frac{1 - k}{2R} = 6.828\ 9 \times 10^{-8}$$

其中,$k = 0.13$,$R = 6.37 \times 10^6\text{m}$。

如图 4-18 所示,ξ 为盘右位置的竖盘读数值;α 为竖直角;k 为大气垂直折光系数的平均值;R 为地球的平均曲率半径;D_S 为仪器测量得到的斜距;D 为测站到棱镜中心的水平距离;H 为仪器中心的高程;h 为测站到棱镜中心的高差。

5. 棱镜

徕卡公司 DI 系列测距仪有 1 块、3 块和 11 块共三种棱镜架分别用于不同距离的测量,棱镜架中的圆形棱镜是可拆卸的,将棱镜放入棱镜架中后,应将棱镜锁定在架中,以防止棱镜从架中脱落。

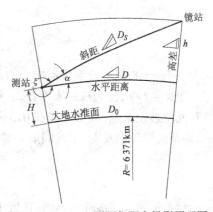

图 4-18 DI1000 测距仪距离投影原理图

徕卡圆棱镜的加常数为0。若使用非徕卡公司的棱镜和棱镜架,其加常数值一般需在已知的精密基线距离上比测并通过回归统计计算求出,若只在园林工程中使用,可通过简单的基线比测求出。然后利用外接键盘将求出的加常数输入到仪器中保存,以便仪器对今后的测距自动进行棱镜常数的改正。

4.3 视距测量

视距测量是根据几何光学原理和三角学原理,利用仪器望远镜内视距装置及视距尺测定两点间的水平距离和高差的一种测量方法。此法具有操作方便、不受地面高低起伏限制等优点。但其精度较低,一般只能达到$1/200 \sim 1/300$。因此,常用于低精度的测量工作,如地形碎部点的测量。

4.3.1 视距测量的原理

4.3.1.1 视线水平时的测量原理

如图 4-19 所示,欲测定 A、B 两点间的平距 D 及高差 h,在 A 点安置仪器,B 点竖立视距尺,使望远镜视线水平照准 B 点上的尺子。如果尺上 M、N 两点成像恰好落在两根视距丝上,那么上下视距丝的读数之差就是尺上 MN 的长度,又称尺间隔,设为 l。从图 4-19 可以看出:$\triangle mnF$ 与 $\triangle MNF$ 相似,故:

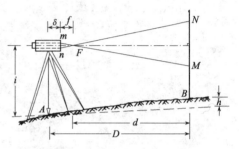

图 4-19 视线水平时的视距测量原理

$$\frac{d}{l} = \frac{f}{mn}$$

即

$$d = \frac{l}{mn} \times f = \frac{f}{p} \times l$$

式中　f——望远镜物镜的焦距;

　　　p——视距丝的间障,$p = m'n' = mn$。

则仪器中心到视距尺的水平距离为:

$$D = d + f + \delta = \frac{f}{p} \cdot l + f + \delta \tag{4-19}$$

式中　δ——物镜光心至仪器中心的距离。

令 $k = f/p$,称为视距乘常数,一般的仪器乘常数为 100;$C = \delta + f$,称为视距加常数,对于外对光望远镜来说,C 值一般在 $0.3 \sim 0.6$m。对于内对光望远镜,经过仪器设计(调整物镜焦距、调整透镜焦距及上、下丝间隔等参数),使 $C = 0$。那么式(4-19)可表示为:

$$D = kl \tag{4-20}$$

在平坦地区当视线水平时,读取十字丝中丝在尺上的读数 v,量取仪器高 i,则测站点与

所测点之间的高差 h 为:

$$h = i - v \tag{4-21}$$

4.3.1.2 视线倾斜时的视距测量原理

在地形起伏较大地区进行视距测量时,望远镜视准轴往往是倾斜的,如图 4-20 所示。设竖直角为 α,尺间隔为 l,此时视线不再垂直于视距尺。利用视线倾斜时的尺间隔 l 求水平距离和高差,必须加入两项改正:①视准轴不垂直于视距尺的改正,由 l 求出 $l' = M'N'$,以求得倾斜距离 D';②由斜距 D' 化为水平距 D,则:

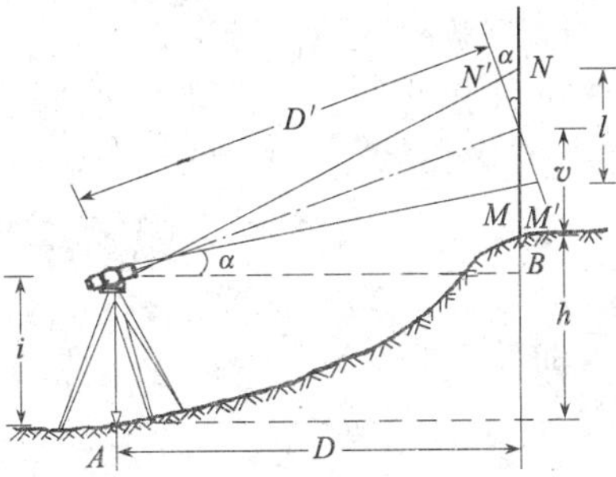

$$l' = l\cos\alpha$$

图 4-20　视线倾斜时的视距测量原理

倾斜距离　　　　　$D' = kl' = kl\cos\alpha$

水平距离　　　　　$D = D'\cos\alpha = kl\cos^2\alpha \tag{4-22}$

当视线倾斜时,所测点 B 相对于测站点 A 的高差 h 为:

$$h = h' + i - v = D\tan\alpha + i - v \tag{4-23}$$

4.3.2　视距测量的观测与计算

1. 视距测量的观测

(1)在测站点上安置经纬仪,量取仪器高 i,记入手簿,在另一个点上竖立标尺。

(2)盘左位置瞄准目标尺,读取下丝读数 a、上丝读数 b 和中丝读数 v。

(3)转动指标水准管微动螺旋,使竖盘指标水准管气泡居中,读取竖盘读数。

(4)倒转望远镜,用盘右位置瞄准标尺,重复(2)、(3)步骤的观测和记录,称为一个测回。若精度要求较高,可以增加测回数;若精度要求较低,一般只用盘左观测半个测回。

为了简化计算,在观测中可使中丝读数 v 等于仪器高 i 或为比仪器高大或小的整米数,如 $i = 1.32\text{m}$,可使中丝读数 $v = 1.32\text{m}$,这样式(4-23)中 $i - v = 0$,则高差 $h = h'$。

2. 视距测量的计算

视距测量计算可直接用普通函数计算式(4-22)和式(4-23)计算出测站点至待定点的水平距离、高差,也可用编程计算器预先编制成程序进行计算,见表 4-2。

表 4-2　视距测量记录计算表

测站点:A　测站高程:1 042.60m　仪器型号:DJ$_6$　仪器高:1.32m

测点	下丝读数 上丝读数 /m	视距 间隔 /m	中丝 读数 /m	竖盘 读数 /° ′	竖直角 /° ′	$D \cdot \tan\alpha$ /m	$i - v$ /m	水平 距离 /m	测点 高程 /m	备 注
$B1$	1.560 1.000	0.560	1.32	86 10	+ 3 50	+ 3.74	0	55.75	1 046.34	
$B2$	2.530 1.000	1.530	1.76	91 03	− 1 03	− 2.80	− 0.44	152.95	1 039.36	
$B3$	2.700 0.500	2.200	1.60	90 06	− 0 06	− 0.38	− 0.28	220.00	1 041.94	

4.4　直线定向

确定地面上两点之间的相对位置,仅知道两点之间的水平距离是不够的,还必须确定此直线的方向。确定直线方向必须有一个起始方向作为定向的依据,这个起始方向称为标准方向。要确定一条直线对于标准方向的关系,称为直线定向。

4.4.1　标准方向的种类

测量工作中,通常采用的标准方向有真子午线、磁子午线和坐标纵轴线三种。

1.真子午线方向

通过地球表面某点的子午线的切线方向,称为该点的真子午线方向。可用天文测量的方法测定,或用陀螺经纬仪测定。在国家小比例尺测图中采用它作为定向的基准。

2.磁子午线方向

磁针在地球磁场的作用下水平静止时其轴线所指的方向,称为该点的磁子午线方向。磁子午线方向可用罗盘仪测定,在小面积大比例尺测图中常采用磁子午线方向作为定向的基准。

3.坐标纵轴方向

坐标纵轴方向就是直角坐标系中纵坐标轴的方向。如果采用高斯平面直角坐标,则以中央子午线作为坐标纵轴。

4.4.2　直线方向的表示方法

表示直线的方向有方位角和象限角两种。

1.方位角

由标准方向的北端顺时针方向量至某直线的水平角,称为该直线的方位角,方位角的角值从 $0° \sim 360°$,如图 4-21 所示。若标准方向是真子午线,测量所得的方位角为真方位角,用 $\alpha_{真}$ 表示;若标准方向是磁子午线方向,则测量的方位角叫做磁方位角,用 $\alpha_{磁}$ 表示;若纵坐标轴的方向为基本方向,所确定的方位角为坐标方位角,用 α 表示。

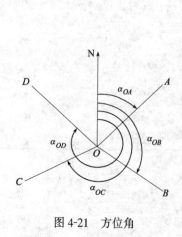

图 4-21　方位角

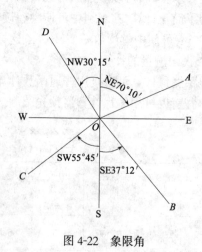

图 4-22　象限角

2.象限角

由标准方向的北端或南端起量至某直线所夹的锐角,称为象限角,象限角的角值从 $0° \sim 90°$,常用 R 表示,如图 4-22 所示。

由于象限角可自标准方向的北端量起,也可自其南端量起;可以向东量,也可以向西量。所以象限角除注明角度的大小外,还必须注明角度所在的象限。如图 4-22 所示,直线 OA、OB、OC、OD 的象限角依次表示为 $R_{OA} = NE70°10'$, $R_{OB} = SE37°12'$, $R_{OC} = SW55°45'$, $R_{OD} = NW30°15'$。

象限角和方位角之间存在着固定的关系,可通过表 4-3 中的公式相互换算。

表 4-3　象限角与方位角的关系

直线方向	根据象限角 R 求方位角 α	根据方位角 α 求象限角 R
北东,即第 I 象限	$\alpha = R$	$R = \alpha$
南东,即第 II 象限	$\alpha = 180° - R$	$R = 180° - \alpha$
南西,即第 III 象限	$\alpha = 180° + R$	$R = \alpha - 180°$
北西,即第 IV 象限	$\alpha = 360° - R$	$R = 360° - \alpha$

4.4.3　正、反坐标方位角的关系

由于地面上各点的子午线方向都是指向地球南北极,除赤道上各点的子午线是互相平行外,地面上其他各点的子午线都不平行,这给计算工作带来不便。而在一个坐标系中,纵坐标轴方向线均是平行的。在一个高斯投影带中,中央子午线为纵坐标轴,在其各处的纵坐标轴方向都与中央子午线平行,因此,在普通测量工作中,以纵坐标轴方向作为标准方向,就可使地面上各点的标准方向都互相平行了。应用坐标方位角来表示直线的方向,在计算上就方便了。

任一直线都有正、反两个方向。直线前进方向的方位角叫做正方位角,其相反方向的方位角叫做反方位角。由于同一直线方向上任两点间的标准方向都与 X 轴平行,因此同一条直线方向上任两点间的坐标方位角相等。如图 4-23 所示,设直线 P_1 至 P_2 的坐标方位角 α_{12} 为正坐标方位角,则 P_2 至 P_1 的方位角为反方位角,显然,正、反坐标方位角相差 $180°$,即:

$$\alpha_{12} = \alpha_{21} \pm 180° \tag{4-24}$$

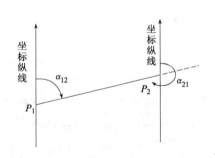

图 4-23　正、反方位角的关系

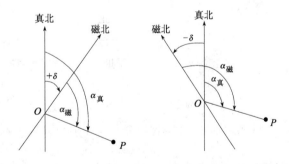

图 4-24　真方位角与磁方位角的关系

4.4.4　几种方位角之间的关系

1. 真方位角与磁方位角的关系

由于地球磁南北极与地球南北极并不重合,因此,过地面上某点的磁子午线与真子午线不重合,其夹角 δ 称为磁偏角,如图 4-24 所示。磁针北端偏于真子午线以东称东偏,偏于西称西偏。直线的真方位角与磁方位角之间可用下式换算:

$$\alpha_{真} = \alpha_{磁} + \delta \tag{4-25}$$

式(4-25)中的 δ 值,东偏时取正值,西偏时取负值。

2. 真方位角与坐标方位角的关系

由高斯分带投影可知(详见第 1 章),除了中央子午线上的点外,投影带内其他各点的坐标轴方向与真子午线方向也不重合,其夹角 γ 称为子午线收敛角,如图 4-25 所示。

真方位角与坐标方位角之间的关系可用下式换算:

$$\alpha_{真} = \alpha + \gamma \qquad (4\text{-}26)$$

3. 坐标方位角与磁方位角的关系

已知某点的磁偏角 δ 与子午线收敛角 γ,则坐标方位角与磁方位角之间的换算关系为:

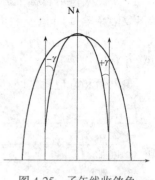

图 4-25　子午线收敛角

$$\alpha = \alpha_{磁} + \delta - \gamma \qquad (4\text{-}27)$$

式(4-27)中的 δ、γ 值,东偏时取正值,西偏时取负值。

4.5　罗盘仪测量

罗盘仪是用来测定直线磁方位角的仪器。它构造简单,使用方便,广泛应用于各种精度要求不高的测量工作中。

4.5.1　罗盘仪的构造

如图 4-26 所示,罗盘仪主要由罗盘、望远镜、水准器三部分组成。

1. 罗盘

罗盘包括磁针和刻度盘两部分,磁针为长条形磁铁,支承在刻度盘中心的顶针尖端上,可灵活转动,当它静止时,一端指南,一端指北。磁针一端绕一铜圈或铝块,这是为了消除磁倾角而设置的。磁针是一根粗细均匀的磁铁,顶针顶于磁针的中部,由于地磁的引力会使磁针一端向下倾斜,此时,磁针与水平线有一夹角,此夹角称为磁倾角。为了克服磁倾角,在磁针南端加一铜圈或铝块以使磁针保持平衡,不带铜丝或铝块的一端为磁针北端,它是指向地磁北极的,读方位角时就读该端所指读数。为了防止磁针的磨损,不用时,可旋紧举针螺旋,将磁针固定。刻度盘

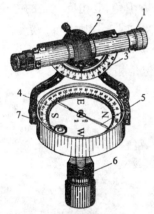

图 4-26　罗盘仪的构造图
1—望远镜;2—对光螺旋;3—竖直盘;
4—水平度盘;5—磁针;6—球形支柱;
7—圆水准器

有 1°和 30′两种基本分划,按逆时针从 0°注记到 360°。

2. 望远镜

罗盘仪的望远镜一般为外对光望远镜,由物镜、目镜、十字丝所组成。用支架装在刻度盘的圆盒上,可随圆盒在水平面内转动,也可在竖直方向转动。望远镜的视准轴与度盘上 0°和 180°直径方向重合。支架上装有竖直度盘,供测竖角时使用。

3. 水准器

在罗盘盒内装有两个互相垂直的管状水准器或圆水准器,用以整平仪器。此外,还有水平制动螺旋,望远镜的竖直制动和微动螺旋,以及球窝装置和连接装置。

4.5.2 罗盘仪测定磁方位角

用罗盘仪测定磁方位角的步骤如下：

(1)将罗盘仪安置在待测直线的一端,对中,整平,松开磁针。

(2)用望远镜瞄准直线另一端点的目标,待磁针静止后,读出磁针北端的读数,即为该直线的磁方位角。

为了防止错误和提高观测精度,通常在测定直线的正方位角后,还要测定直线的反方位角。正反方位角应相差$180°$,如误差小于等于限差$(0.5°)$,可按下式取二者平均数作为最后结果,即:

$$\alpha = \frac{1}{2}\left[\alpha_{正} + (\alpha_{反} \pm 180°)\right] \tag{4-28}$$

在用罗盘仪测定磁方位角时,应远离高压线和铁制品以免影响磁针的指向。读数时视线应与磁针的指向一致,不应斜视,以免读数不准。搬站或用完后,应将举针螺旋拧紧,以免顶针磨损。

4.6 全站仪及其使用

全站型电子速测仪是由电子测角、电子测距和数据自动记录等系统组成,测量结果能自动显示、计算和存贮,并能与外围设备交换信息的多功能测量仪器,简称全站仪。其结构如图4-27所示。世界上第一台商品化的全站仪是1968年前联邦德国OPTON(欧波通)公司生产的Reg Elda14。

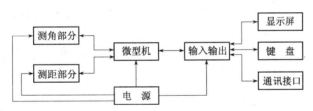

图4-27 全站仪结构框图

全站仪的基本功能是测量水平角、竖直角和斜距,借助于仪器内固化的软件,可以组成多种测量功能,如可以计算并显示平距、高差及立棱镜点(目标点)的平面坐标和高程,进行后方交会、悬高测量、对边测量、面积测量等程序化工作。

一般说来,不同厂家、不同系列的全站仪,其结构组件和功能也往往有所不同。但总体来说,它们都具有如下的一些特点:

1.三同轴望远镜

在全站仪的望远镜中,照准目标的视准轴、光电测距的红外发射光轴和接收光轴是同轴的,其光路如图4-28所示。因此,测量时使望远镜照准目标棱镜的中心,就能同时测定水平角、垂直角和斜距。

2.键盘操作

全站仪测量是通过键盘输入指令进行操作的。键盘上的按键分为硬键和软键两种。硬键的功能是固定的,而软键(按键表面通常标注为 F1、F2、F3、…)的功能是由仪器软件定义的。通过仪器显示屏幕最下一行相应位置显示的字符提示,来执行相应的功能。现在的国产全站仪和大部分进口全站仪一般都实现了全中文显示,操作界面直观友好,这使得全站仪的操作使用极其方便。

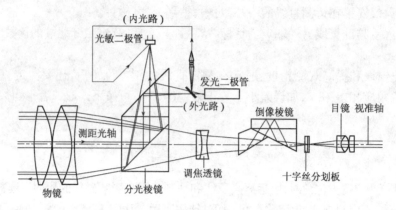

图 4-28 全站仪望远镜的光路

3. 数据存储与通讯

全站仪一般都配有如下的一种或数种数据存储设备:仪器内部存储设备、可插入数据记录模块、专用存储卡、PCMCIA 卡等。除此之外,仪器上还设有一个符合 RS-232C 标准的串行通讯接口,借助于专用的数据电缆,与记录手簿或计算机进行连接,实现数据的实时记录及计算机对仪器的实时控制,即实现数据的双向传输。

4. 倾斜传感器

当仪器未精确整平而造成竖轴倾斜时,引起的角度观测误差不能通过盘左、盘右观测取平均值抵消。为了消除竖轴倾斜误差对角度观测的影响,全站仪上一般设置有电子倾斜传感器,当它处于打开状态时,仪器能自动测量出竖轴倾斜的角度值,并由此计算出对角度观测的影响值,从而施加改正。

5. 电子水准器

在显示屏幕上,以图形和数字的形式显示仪器竖轴在纵、横方向的倾斜值。通过使用脚螺旋,可以不需要将仪器转动 90°或 180°而直接在两个方向上整平仪器。电子气泡具有很高的灵敏度,最高可显示出 1″的倾斜值。

6. 轴系误差的检测与调整

长时间地使用和温度变化后,仪器的误差就会变化。传统仪器因机械结构的限制,使得其中的一些误差无法修正,影响了测角精度。而全站仪则可以成功地改正这些误差,如垂直角指标差、水平角的照准差及横轴倾斜误差等。这表明,当一些仪器轴系误差值不超过某一范围时,通过仪器软件的设置,即可以改正这些误差,而不需要校正仪器。

下面,以徕卡公司 TPS 1100 系列智能型全站仪为例,简述其主要操作与功能(详细的操作与功能,可参见参考文献[22]、[23])。

4.6.1 系统概述

TPS 1100 系列智能型全站仪,其仪器型号由两部分组成:前一部分表述了仪器的硬件组成,而后一部分则表述了仪器的精度。前一部分可以是以下的类型之一:①TC:标准型;②TCR:内装可见红色激光测距装置;③TCM:带有电机驱动;④TCRM:内装可见红色激光测距装置且带有电机驱动;⑤TCA:带有自动目标识别装置(ATR);⑥TCRA:内装可见红色激光测

88

距装置且带有自动目标识别装置。后一部分可以是以下的类型之一:①1101:测角精度为±1.5″;②1102:测角精度为±2.0″;③1103:测角精度为±3.0″;④1105:测角精度为±5.0″。所以,若仪器的型号为 TCA 1101,则表明该仪器是属于 TPS 1100 系列的带有自动目标识别装置的测角精度为±1.5″的智能型全站仪。

所有 TPS 1000 系列的仪器在标准测距的方式下,其距离测量精度都是±(2mm+2ppm),但在快速测距、跟踪测量、快速跟踪测量及平均测距的方式下,其测距精度都较标准测距低。TPS 1000 系列仪器,距离的最小显示为 1mm,角度的最小显示为 1″;在正常和快速测量的方式下,使用单个标准圆棱镜,其最大测程可达 3 500m,而在长测程的方式下,使用三棱镜组,则最大测程可达 12 000m。

如图 4-29 所示是徕卡 TPS 1100 系列全站仪各主要部件的名称,图 4-30 是徕卡 TPS 1100 系列全站仪的键盘及显示屏。

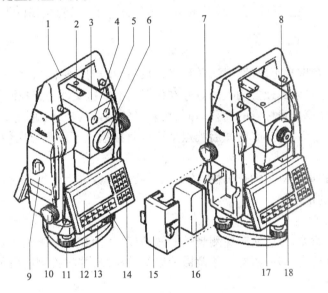

图 4-29 徕卡 TPS 1100 全站仪

1—手柄;2—光学粗瞄器;3—内装 EDM、ATR、EGL 的望远镜;4—导向光装置(黄);
5—导向光装置(红);6—测角、测距共轴的光学系统,可见激光束的发射口(仅 R 型);
7—垂直微动;8—调焦环;9—PC 卡插槽;10—水平微动;11—基座脚螺旋;12—显示屏;
13—基座锁紧钮;14—键盘;15—电池盒;16—电池;17—圆水准器;18—可替换的目镜

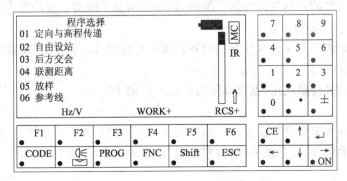

图 4-30 TPS 1100 全站仪的键盘及显示屏

4.6.2　系统功能

TPS 1100 的系统功能是由系统软件所定义的,它包括了所有的基本功能。同时系统软件也为应用软件提供了支撑环境。系统软件和应用软件可以通过不断开发进行升级,用户可以通过仪器的串行接口装载系统软件和应用软件,以更新当前的软件版本。目前系统软件和应用软件有多种语言的界面,系统中允许同时存贮三种语言,并选用其中之一。

概括地说来,系统提供了如下的一些功能:

1. 激光对中、电子水准器、摩擦制动功能与照明

仪器提供激光对中器,通过激光对中器打在地面上的红色激光点进行对中;仪器提供的电子水准器,不需要转动仪器即可以快速地进行高精度的整平工作。此外,仪器提供了摩擦制动装置,从而省去了制动螺旋,极大地方便了操作。

照明功能提供对全站仪的显示面板和十字丝的照明,并可调节显示面板的对比度,以便在黑暗环境下作业。有些全站仪还有对显示面板的加热功能,以防止在低温环境中可能出现的结霜现象。

2. 测量功能

仪器可以进行角度和距离的测量,并计算出仪器中心与目标间的水平距离和高差,若已知测站点的高程(手工输入或通过输入的点号在仪器内的数据文件中查找而得)并输入了仪器及棱镜高度,则可以计算出目标点的高程。同时,若已知测站的坐标(通过手工输入或仪器中查找),并对仪器进行了后视定向(已知后视点坐标或直接输入了后视方向值),则可计算出目标点的平面坐标。

此外,为保证距离观测值的正确性,还可以对棱镜常数进行设置,进行大气改正和几何改正,进行观测数据的记录等。

3. 补偿和调整功能

仪器内置有补偿器,可以实时探测竖轴的倾斜度,从而在角度测量中加以改正。同时,仪器可以指导用户进行指标差、照准误差及横轴误差的检测,并将检测的数值进行设置,从而在角度测量中加以改正。

4. 文件管理功能

可以创建或删除数据文件和测量文件,向数据文件中输入已知数据,将观测数据记录到文件;同时,也可以对记录的数据进行查找、编辑、删除。

5. 编码功能

允许用户对观测的目标点进行属性编码,以适应信息系统对数据的要求。

6. 记录和显示模板的设置

允许用户对记录数据及显示数据的内容格式进行设置,以满足用户定制的需求。

7. 对记录卡的操作

可以对记录卡进行格式化,也可以随时检查卡的记录容量。

8. 参数设置

允许用户对众多参数进行设置,如:系统时钟、按键音响、界面显示语言、距离单位、角度单位、温度单位、压力单位、坐标系选择、盘左位置、角度音响指示、垂直角显示、关机模式、关机时间、数据通讯参数等。

9. 导向光 EGL

90

仪器上安装的红色和黄色交替闪烁的导向光装置,使立尺员可以通过闪烁的灯光确定事项的方向,这样使点位的放样更加方便、快捷。

10. 激光测距

内装可见红色激光测距装置的 TCR、TCRM、TCRA 系列的仪器,不仅可以用不可见的普通红外光进行测距,也可用可见的红色激光进行测距。激光测距时可不需要棱镜,激光点打到哪里就测到哪里,这大大地方便了一些不可到达物的测距,如观测高压电线的悬高。

11. 电机驱动与目标自动识别

带有电机驱动的 TCM、TCRM 系列仪器,可以根据用户的指令,自动在水平方向转动仪器,在垂直方向转动望远镜,对于工程放样来说非常方便。而带有自动目标识别装置的 TCA、TCRA 系列仪器,其不仅具有电机驱动仪器的能力,而且具有对普通棱镜的识别功能,即只需要用粗瞄器粗略照准,启动测量后将会使仪器自动瞄准棱镜中心,仪器自动测距、测角。对于需要进行多次重复观测的点非常有用,如可以实现对大型水坝变形点进行无人值守的连续观测。

12. 跟踪棱镜功能

在自动跟踪模式下,仪器能自动锁定目标棱镜并对移动的 360°棱镜进行自动跟踪测量,即每当棱镜移动或停顿时,仪器按用户设置的时间间隔自动测距、测角。对于线状地物的测量来说,这一功能将大幅度地提高工作效率。

13. 遥控测量 RCS

用户可以通过操作 RCS 1100 控制器遥控测站的全站仪进行测量,测量值直接显示在 RCS 1100 控制器的显示屏幕上,因而实现了单人测量作业。

14. 支持用户自编应用程序

仪器提供了 GeoBasic 程序语言和开发环境,它与标准 BASIC 语言相似,提供了数学计算、字符串管理和文件操作等功能。在使用 GeoBasic 语言编程时,通过大量调用仪器提供的子程序,可以很容易地编写出满足特定需要的应用程序。将编写出的应用程序装入仪器中后,应用程序将成为程序菜单中的一部分。

4.6.3 应用程序

TPS 1100 全站仪提供了众多的应用程序。这些应用程序的特点是将标准化的操作步骤、观测及传统的内业计算融为一体,从而实现测区或施工现场的"实时"作业,实现了测量工作的自动化。一般说来,应用程序作业具有以下的优点:①简化外业测量、缩短测量时间;②在现场进行必要的计算便于保证测量成果;③延伸硬件的功能;④推进全面解决方案的实施;⑤便于使用;⑥每个软件都创建记录文件并符合用户的需求;⑦根据外业测量的要求设计。TPS 1100 机载应用软件包可分为 3 类:①基本软件包;②高级软件包;③专家软件包。它们各包括不同层次的应用软件,其中基本软件包免费提供。

下面,就基本软件包和高级软件包中的应用程序,简要地叙述一下其功能。

1. 定向与高程传递

在已知平面坐标点设站。通过测量最多 10 个已知点来确定测站的坐标、高程(为了确定测站的高程,需先输入仪器高、棱镜高及已知目标点的高程),同时可配置水平度盘,使度盘的 0°方向与 x 轴的方向平行,这样水平度盘的读数即为坐标方位角。

2. 自由设站

在未知的任意点设站。通过测量最多10个已知点来确定测站的坐标、高程(为了确定测站的高程,需先输入仪器高、棱镜高及已知目标点的高程),同时可配置水平度盘,使度盘的0°方向与 x 轴的方向平行,这样水平度盘的读数即为坐标方位角。

3. 后方交会

在未知点设站。通过测量两个已知点来确定测站的坐标、高程。为了计算点位的平面坐标,至少应有4个观测元素(两个距离,两个方向值)。为了同时确定测站的高程,需先输入仪器高、棱镜高及已知目标点的高程)。

4. 联测距离

该程序可计算相邻两点间边长及方位角。该程序支持多边测量和辐射点测量两种模式。在多边模式下,程序将计算最后两观测点间的距离和方位角,而在辐射模式下,程序计算最后观测点与测站(中心点)间的距离,中心点可在测量过程中的任意时刻定义,且在作业过程中,多边模式和辐射模式间可方便地转换。

5. 放样

该程序可选择4种不同的放样方法进行放样,如图4-31所示。在执行放样程序时,仪器应安置在已知点上,并要求定向,放样点数据信息既可从选择的文件中获取,也可人工输入。该程序具有二维或三维放样功能。

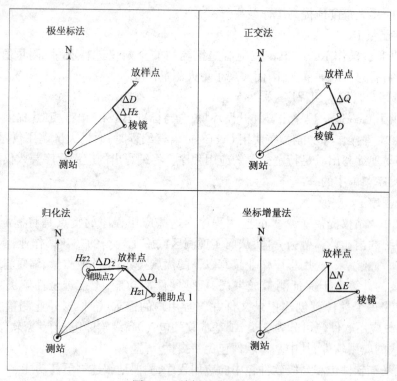

图 4-31 放样的典型方法

6. 参考线

参考线测量是建筑施工和建筑物定线中的放样的特例。根据放样点位对一条参考线的偏差值来确定点位。

7. 遥测高程

遥测点的高程是由所观测的该点的垂直角和处于该点铅垂线上高于或低于该点的棱镜的观测距离计算而得。

8. 隐蔽点测量

该程序可执行用特制的隐蔽点测量杆测量无法直接照准的点位。

9. 面积测量

对于一个由直线段和弧线段构成的图形区域,可通过对该区域特征点(直线段交点及弧线段上的三个点或两点及半径,对于弧线段而言,应包括圆弧的起点和终点)的观测,而求出该区域的距离。

10. 多测回方向观测

该程序用来对目标点进行多测回角度观测。主要特点:可计算所有测回的方向平均值、每一观测方向值的标准偏差、所有方向平均值的标准偏差,并用来进行外业检测和数据分析。

11. 导线测量

利用方向和距离等数据,程序可连续地计算测站坐标和配置水平度盘,从而实现点位的连续测量。

此外,在专家软件包中,还有:测设局部坐标系、自动记录、隐蔽点测量、参考平面测设、表面扫描测量、DTM 检测等应用程序,此处就不再叙述了。读者可通过查阅相关的手册(参考文献[23])得到详细的信息。

习　题

1. 设用同一条钢尺往返丈量 AB 和 CD 两段距离,分别量得 AB 距离为 154.235m 和 154.240m,CD 距离为 200.185m 和 200.170m,问两段距离丈量的精度相等吗? 为什么? 哪一段量得比较精确? 两段距离丈量的结果各是多少?

2. 钢尺量距的一般方法和精密方法各在什么情况下采用? 两种丈量方法怎样进行?

3. 用名义长度为 30m 的钢尺,在平坦的地面上测量一直线的长度为 102.457m,该尺的尺长方程式为:$l_t = 30 - 0.003 + 1.25 \times 10^{-5} \times (t - 20℃) \times 30$,测量时的温度为 $t = 14.5℃$,求该直线的实际长度。

4. 什么叫真方位角、磁方位角、坐标方位角?

5. 试述用罗盘仪测定直线磁方位角的方法步骤。

第5章 测量误差基本知识

5.1 测量误差基本概念

测量工作中,对某未知量进行多次观测,各次所得结果必然会存在差异。例如,对某三角形三个内角进行观测,三个内角观测值总和通常都不等于真值180°。往返丈量某一距离,其结果存在差异。这些现象表明,观测值中不可避免地存在误差。

研究测量误差的目的是:分析测量误差的性质、规律和产生的原因,为选择合理的观测方案提供理论依据;正确处理观测成果,求出最可靠值;评估测量成果的精度。

5.1.1 误差的定义

测量中的被观测量,客观上都存着一个真实值,简称真值。某未知量的观测值与其真值的差数,称为该观测量的真误差,即:

$$\Delta_i = l_i - X \tag{5-1}$$

式中　Δ_i——真误差;

　　　l_i——观测值;

　　　X——真值。

一般情况下,某些未知量的真值很难求得,甚至得不到真值,因此计算误差时,常用多次观测值的平均值作为该量的最可靠值,称为该量的最或是值,又称似真值或最或然值。观测值与其最或是值之差,称为似真误差,即:

$$v_i = l_i - x \tag{5-2}$$

式中　v_i——似真误差;

　　　l_i——观测值;

　　　x——观测值的最或是值。

5.1.2 测量误差来源

测量误差产生的原因很多,归纳起来主要有以下三方面:

1. 观测者感官的局限

由于观测者的视觉、听觉等感觉器官的鉴别能力有一定的局限,所以在仪器的使用中会产生误差,如对中误差、整平误差、照准误差、读数误差等。观测者当时的工作态度和心理状态也会对测量成果造成一定的影响。

2. 仪器构造的不完善

测量工作中使用的各种测量仪器,其零部件的加工精密度不可能达到百分之百的准确,仪器经检验与校正后仍会存在残余微小误差,这些都会影响到观测结果的准确性。

3.外界环境的不稳定

测量工作都是在一定的外界环境条件下进行的,如温度、风力、大气折光等因素,这些因素的差异和变化都会直接对观测结果产生影响,必然给观测结果带来误差。

观测者、仪器及外界条件是影响测量成果精确度的三个主要因素,通常称为观测条件。观测条件相同的各次观测称为等精度观测;相反,观测条件不同的各次观测称为不等精度观测。

5.1.3 测量误差的分类

在观测过程中,可能会出现粗差,也称过失误差或错误,它是由于观测者使用仪器不正确或疏忽大意,如瞄错目标、读错数据,以及听错、记错等造成的。含粗差的观测数据往往较大地偏离真值。因此,一旦通过多余观测发现了含粗差的观测量,应将其从观测成果中剔除出去。要发现和避免粗差,就应严格遵守测量规范,在工作中认真仔细,并对观测成果进行必要的校检。粗差是工作的不认真造成的,是不允许存在的,不属于测量误差讨论的范围。

按性质的不同,测量观测误差可分为系统误差和偶然误差。

1.系统误差

在相同的观测条件下,对某量进行的一系列观测中,如果观测误差的正、负符号和数值大小固定不变,或按一定规律变化,这种误差称为系统误差。例如钢尺的尺长误差,使丈量误差与距离成正比。

系统误差具有累积性,对观测结果的影响很大,但它们的符号和大小有一定的规律。因此可以采用适当的措施消除或减弱其影响。

(1)观测前对仪器进行检校。例如水准测量前,对水准仪进行三项检验与校正,以确保水准仪的几何轴线关系的正确性。

(2)采用适当的观测方法。例如水平角测量中,采用正倒镜观测法来消除经纬仪视准轴误差和横轴误差的影响。

(3)研究系统误差的大小,事后对观测值加以改正。例如钢尺量距中,应用尺长改正、温度改正及倾斜改正等三项改正公式,可以有效地消除或减弱尺长误差、温度差影响以及地面倾斜的影响。

2.偶然误差

在相同的观测条件下,对某量进行一系列的观测,其误差出现的符号和大小都没有规律,而表现出偶然性,这种误差称为偶然误差,又称随机误差。例如,水准尺读数时的估读误差,经纬仪测角的瞄准误差等等,这类误差在观测前无法预测,也不能用观测方法消除。

单个偶然误差没有任何规律可循,但大量偶然误差则还是具有一定统计规律的。例如在相同的观测条件下,对一个三角形三个内角重复观测了100次,由于偶然误差的不可避免性,使得每次观测三角形内角之和不等于真值180°。用下式计算真误差 Δ_i:

$$\Delta_i = a_i + b_i + c_i - 180° \qquad (i = 1、2、\cdots、100)$$

然后把这100个真误差按其绝对值的大小排列,列于表5-1。

从表5-1看出,偶然误差的分布有一定的规律,总结出来共有以下四个统计特性:

(1)大误差的有界性:在一定的观测条件下,偶然误差的绝对值不会超过一定的限度,本例最大误差为3.0″;

(2)小误差的集中性:绝对值小的误差比绝对值大的误差出现的机会多,0.5″以下的误差有 41 个;

(3)正负误差的对称性:绝对值相等的正负误差出现的机会相等,在本例中正负误差各为50 个;

(4)全部误差的抵偿性:偶然误差的算术平均值趋近于零,即:

$$\lim_{n \to \infty} \frac{\Delta_1 + \Delta_2 + \cdots + \Delta_n}{n} = \lim_{n \to \infty} \frac{[\Delta]}{n} = 0 \tag{5-3}$$

上述偶然误差的第一个特性说明误差出现的范围;第二个特性说明误差绝对值大小的规律;第三个特性说明误差符号出现的规律;第四个特性可由第三个特性导出,它说明偶然误差具有抵偿性。

表 5-1　三角形内角和真误差分布情况

误差大小区间	正 Δ 的个数	负 Δ 的个数	总　　和
$0.0″\sim0.5″$	21	20	41
$0.5″\sim1.0″$	14	15	29
$1.0″\sim1.5″$	7	8	15
$1.5″\sim2.0″$	5	4	9
$2.0″\sim2.5″$	2	20	4
$2.5″\sim3.0″$	1	1	2
$3.0″$以上	0	0	0
合　计	50	50	100

测量误差的分布还可以用直观的图形来表示,如图 5-1 所示。图中的横坐标表示误差的大小,在横坐标轴上自原点向左、右截取各误差区间;纵坐标表示各区间误差出现的相对个数 n_i/n(亦称频率)除以区间的间隔(亦称组距),即频率/组距,这种图称为直方图。

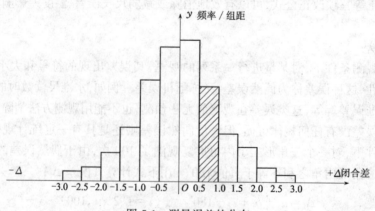

图 5-1　测量误差的分布

直方图上每一误差区间上的长方形面积代表该区间误差出现的频率,图中有斜线的矩形面积就代表误差出现在 $+0.5″\sim+1.0″$ 区间的频率,其值为 $n_i/n = 14/100 = 0.140$。显然,图中各矩形面积之和为 1。

在图 5-1 中,如果在观测条件相同的情况下,随着观测次数愈来愈多,误差出现在每个区间的频率将趋于一个稳定值。在 $n \to \infty$ 时,各区间的频率也就趋向一个完全确定的数值——概率。也就是说在一定的条件下,对应着一个确定的误差分布。随着观测次数 $n \to \infty$,如果把误差的区间间隔无限缩小,图5-1中的各矩形的上部折线将变为一条光滑曲线,如图5-2所示,称为误差概率分布曲线。曲线的纵坐标 y 是概率/间距,它是偶然误差 Δ 的函数,记为 $f(\Delta)$。在数理统计中,该曲线称为正态分布密度曲线。由偶然误差的第四个特性可推导出其曲线方程为:

$$f(\Delta) = \frac{1}{\sqrt{2\pi}\sigma}\, e^{-\frac{\Delta^2}{2\sigma^2}} \tag{5-4}$$

式(5-4)也称概率分布密度,式中参数:

$$\sigma^2 = \lim \frac{[\Delta^2]}{n} \tag{5-5}$$

σ 是观测误差的标准差,也称均方差,是和观测条件有关的参数,它是评定测量精度的一个重要指标。

从图 5-2 可知,误差概率分布曲线在纵轴两侧各有一个拐点,将式(5-4)求二阶导数并令其为零,即可求出拐点的横坐标值:

$$\Delta_{拐} = \pm\sigma$$

实践证明,偶然误差不能用计算改正或用一定的观测方法简单地加以消除,只能根据偶然误差的特性来合理地处理观测数据,减少偶然误差对测量成果的影响,提高观测成果的质量。

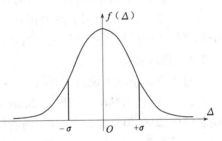

图 5-2　误差概率分布曲线

偶然误差是测量误差理论主要的研究对象。根据偶然误差的特性求未知量真值的估值,并评定观测结果的质量,这些工作在测量上称为测量平差,简称平差。

5.2　衡量精度的指标

为了衡量观测值精度的优劣,必须建立一个统一衡量精度的标准。衡量精度的标准有很多种,其中主要有以下几种。

5.2.1　中误差

在相同的观测条件下,对某量进行了 n 次观测,其观测值为 l_1、l_2、$\cdots$、l_n,相应的真误差为 Δ_1、Δ_2、$\cdots$、Δ_n,则中误差为:

$$m = \pm\sqrt{\frac{[\Delta\Delta]}{n}} \tag{5-6}$$

式中　$[\Delta\Delta]$——各真误差平方和,即:

$$[\Delta\Delta] = \Delta_1^2 + \Delta_2^2 + \cdots + \Delta_n^2 = \sum_{n=1}^{n} \Delta_i^2$$

【例 5-1】 甲、乙两人,各自在相同精度的条件下对某一三角形的三个内角观测 10 次,算得如下三角形闭合差 Δ_i(数据单位均为秒):

甲: $+30, -20, -40, +20, 0, -40, +30, +20, -30, -10$

乙: $+10, -10, -60, +20, +20, +30, -50, 0, +30, -10$

试问哪个人的观测精度高?

【解】 根据中误差 m 的计算公式得:

$$m_{甲} = \pm\sqrt{\frac{[\Delta\Delta]}{n}} = \pm\sqrt{\frac{7\,200}{10}} = \pm 27''$$

$$m_{乙} = \pm\sqrt{\frac{[\Delta\Delta]}{n}} = \pm\sqrt{\frac{9\,000}{10}} = \pm 30''$$

$m_{甲} = \pm 27''$,表示甲组中任意一个观测值的中误差。$m_{乙} = \pm 30''$,表示乙组中任意一个观测值的中误差。观测值中误差的绝对值越小,表示其观测精度愈高,反之愈低。故甲组观测值的精度较乙组高。

m 表示一组观测值中每个观测量的误差,称为单位观测值的中误差,所谓"单位"并非是绝对的,视研究的对象和目的不同而异。例如,距离丈量中,量一次算一个单位,测角中半测回值算一个单位,上例中三个内角和算一个单位观测值;在计算测角中误差时,则应把三角形每个角度的观测值认为是单位观测值。

5.2.2 相对误差

对于衡量精度来说,有时单靠中误差还不能完全代表观测结果的质量。例如,测得某两段距离,第一段长 100m,第二段长 200m,观测值的中误差均为 ± 0.02m。从中误差的大小来看,两者精度相同,但从常识来判断,两者的精度并不相同,第二段量距精度高于第一段,这时应采用另一种衡量精度的标准,即相对误差。

相对误差 K 是误差的绝对值与观测值之比,在测量上通常将其分子化为 1 的分子式,即:

$$K = \frac{|m|}{D} = \frac{1}{M} \tag{5-7}$$

上述丈量 100m、200m 的中误差均为 ± 0.02m,则相对中误差分别为:

$$K_1 = \frac{|m_1|}{D_1} = \frac{0.02}{100} = \frac{1}{5\,000}$$

$$K_2 = \frac{|m_2|}{D_2} = \frac{0.02}{200} = \frac{1}{10\,000}$$

显然,用相对误差衡量可以看出,$K_1 > K_2$。相对中误差愈小(分母愈大),说明观测结果的精度愈高,反之愈低。故第二段丈量的精度要高于第一段丈量的精度。

在一般钢尺量距中进行往返丈量,常采用两次结果的较差与往返丈量距离的平均值之比化为 1/M 的形式来衡量丈量精度,这是相对误差的另一种形式,反映了往返丈量结果的符合程度,相对误差计算式为:

$$K = \frac{|D_{往} - D_{返}|}{D_{平均}} = \frac{|\Delta D|}{D_{平均}} = \frac{1}{M} \tag{5-8}$$

相对中误差常用在距离与坐标误差的计算中。角度误差不用相对中误差,因角度误差与角度本身大小无关。

5.2.3 容许误差（极限误差）

由偶然误差的第一特性可知,在一定的观测条件下,偶然误差的绝对值不会超过一定的限度。由数理统计和误差理论可知,在大量等精度观测中,偶然误差绝对值大于一倍中误差出现的概率为32%;大于两倍中误差出现的概率仅为4.5%;大于三倍中误差的出现的概率仅为0.3%。因此,在实际观测次数不多的情况下,绝对值大于2m或3m的偶然误差出现机会很小,故取三倍中误差作为容许误差,即:

$$\Delta_容 = 3m \qquad\qquad (5-9)$$

在测量精度要求较高时,采用两倍中误差作为容许误差,即:

$$\Delta_容 = 2m \qquad\qquad (5-10)$$

如果某观测值的误差大于容许误差,则认为该观测值中含有粗差,应舍去不用。

5.3 误差传播定律

当对某一量进行了多次观测后,就可根据观测值计算出观测值的中误差,作为衡量观测结果精度的标准。但在实际测量工作中,某些量的大小往往不是直接观测得到的,而是由直接观测值通过一定的函数关系间接计算求得的。例如房屋的面积 S 由测量所得的长边 a 与短边 b 相乘而得:

$$S = a \times b$$

显然, a、b 的丈量误差必使 S 产生误差,即观测值的误差必然给其函数带来误差。

这种研究观测值中误差与其函数中误差之间关系的定律称为误差传播定律。

5.3.1 误差传播定律

设 Z 是独立变量 X_1、X_2、$\cdots$、X_n 的函数,即:

$$Z = f(X_1、X_2、\cdots、X_n) \qquad\qquad (5-11)$$

式中 Z 为不可直接观测的未知量,真误差为 Δ_z,中误差为 m_z;各独立变量 $X_i(i = 1、2\cdots、n)$ 为可直接观测的未知量,相应的观测值为 l_i,真误差为 Δ_i,中误差为 m_i。因:

$$X_i = l_i - \Delta_i \quad (i = 1、2、\cdots、n)$$

则

$$Z = f(l_1 - \Delta_1、l_2 - \Delta_2、\cdots、l_n - \Delta_n) \qquad\qquad (5-12)$$

按泰勒级数展开,有:

$$Z = f(l_1、l_2、\cdots、l_n) - \left(\frac{\partial f}{\partial X_1}\Delta_1 + \frac{\partial f}{\partial X_2}\Delta_2 + \cdots + \frac{\partial f}{\partial X_n}\Delta_n\right) \qquad (5-13)$$

等式右边的第二项就是函数 Z 的误差 Δ_z,即:

$$\Delta_z = \frac{\partial f}{\partial X_1}\Delta_1 + \frac{\partial f}{\partial X_2}\Delta_2 + \cdots + \frac{\partial f}{\partial X_n}\Delta_n \qquad (5-14)$$

若对各独立观测值进行 k 次观测,则其平方和的关系式为:

$$\sum_{j=1}^{k} \Delta_{zj}^2 = (\frac{\partial f}{\partial X_1})^2 \sum_{j=1}^{k} \Delta_{1j}^2 + (\frac{\partial f}{\partial X_2})^2 \sum_{j=1}^{k} \Delta_{2j}^2 + \cdots + (\frac{\partial f}{\partial X_n})^2 \sum_{j=1}^{k} \Delta_{nj}^2$$
$$+ 2(\frac{\partial f}{\partial X_1})(\frac{\partial f}{\partial X_2}) \sum_{j=1}^{k} \Delta_1 \Delta_{2j} + 2(\frac{\partial f}{\partial X_1})(\frac{\partial f}{\partial X_3}) \sum_{j=1}^{k} \Delta_1 \Delta_{3j} + \cdots \tag{5-15}$$

由偶然误差的第(4)条特性可知,当观测次数 $k \to \infty$ 时,上式中 $\Delta_i \Delta_j (i \neq j)$ 的总和趋近于零,又依式(5-6)有:

$$\frac{\sum_{j=1}^{k} \Delta_{zj}^2}{k} = m_z^2 \tag{5-16}$$

$$\frac{\sum_{j=1}^{k} \Delta_{ij}^2}{k} = m_i^2 \tag{5-17}$$

上式中 $i = 1、2、\cdots、n$。

考虑式(5-15)等于零的部分,并将等式两边同除 k,则有:

$$m_z^2 = (\frac{\partial f}{\partial X_1})^2 m_1^2 + (\frac{\partial f}{\partial X_2})^2 m_2^2 + \cdots + (\frac{\partial f}{\partial X_n})^2 m_n^2 \tag{5-18}$$

或

$$m_z = \pm \sqrt{(\frac{\partial f}{\partial X_1})^2 m_1^2 + (\frac{\partial f}{\partial X_2})^2 m_2^2 + \cdots + (\frac{\partial f}{\partial X_n})^2 m_n^2} \tag{5-19}$$

上式就是一般函数的误差传播公式,即一般函数的中误差等于该函数对每个观测值取偏导数与相应观测值中误差乘积的平方和的平方根。

根据一般函数的误差传播公式,我们不难得出一些简单函数的中误差传播公式,见表5-2。

表 5-2　简单函数的中误差传播公式

函 数 名 称	函 数 式	中误差传播公式
倍数函数	$Z = kx$	$m_z = \pm k \cdot m$
和差函数	$Z = x_1 \pm x_2 \pm \cdots \pm x_n$	$m_z = \pm \sqrt{m_1^2 + m_2^2 + \cdots + m_n^2}$
线性函数	$Z = k_1 x_1 \pm k_2 x_2 \pm \cdots \pm k_n x_n$	$m_z = \pm \sqrt{k_1^2 m_1^2 + k_2^2 m_2^2 + \cdots + k_n^2 m_n^2}$

5.3.2　误差传播定律的应用举例

【例 5-2】　在1:500地形图上量得某两点间的距离 $d = 234.5$mm,其中误差 $m_d = \pm 0.2$mm,求该两点的地面水平距离 D 的值及其中误差 m_D。

【解】　地面水平距离可由图上距离乘以比例尺分母得到。这是一个倍数函数的问题。

$$D = 500d = 500 \times 0.234\,5 = 117.25\text{m}$$

依倍数函数的误差传播定律有:

$$m_D = \pm 500 m_d = \pm 500 \times 0.000\,2 = \pm 0.10\text{m}$$

【例5-3】 已知当水准仪距标尺75m时，一次读数中误差为 $m_{读}=\pm2\text{mm}$（包括照准误差、估读误差等），若以两倍中误差为容许误差，试求普通水准测量观测 n 站所得高差闭合差的容许误差。

【解】 水准测量每一站高差：$h_i=a_i-b_i$

则每站高差中误差：

$$m_{站}=\sqrt{m_{读}^2+m_{读}^2}=\pm m_{读}\sqrt{2}=\pm2\sqrt{2}=\pm2.8\text{mm}$$

观测 n 站所得总高差：

$$h=h_1+h_2+\cdots+h_n$$

则 n 站总高差 h 的总误差，根据和差函数误差传播公式可写出：

$$m_{总}=\pm m_{站}\sqrt{n}=\pm2.8\sqrt{n}\ \text{mm}$$

若以两倍中误差为容许误差，则高差闭合差容许误差为：

$$\Delta_{容}=2\times(\pm2.8\sqrt{n})=\pm5.6\sqrt{n}\approx\pm6\sqrt{n}\ \text{mm}$$

【例5-4】 用 DJ_6 型光学经纬仪观测角度 β，瞄准误差为 $m_{瞄}$，读数误差为 $m_{读}$，求(1)观测一个方向的中误差 $m_{方}$；(2)半测回的测角中误差 $m_{半}$；(3)两个半测回较差的容许值 $\Delta_{容}$。

【解】 (1)观测一个方向的中误差 $m_{方}$

观测一个方向包含瞄准误差 $m_{瞄}$ 与读数误差 $m_{读}$

$$m_{瞄}=\pm\frac{60''}{V}=\pm\frac{60''}{28}=\pm2.1''$$

DJ_6 光学经纬仪分微尺的读数中误差 $m_{读}=\pm6''$。根据和差函数误差传播公式得：

$$m_{方}=\pm\sqrt{m_{瞄}^2+m_{读}^2}=\pm\sqrt{2.1^2+6^2}=\pm6.4''$$

(2)半测回的测角中误差 $m_{半}$

半测回观测角由两个方向之差求得，即 $\beta=b-a$

$$m_{半}=\pm m_{方}\sqrt{2}=\pm6.4\sqrt{2}=\pm9.0''$$

(3)两个半测回较差的容许值 $\Delta_{容}$

$$\Delta\beta=\beta_{左}-\beta_{右}$$

所以有：$m_{\Delta_\beta}=\pm m_{半}\sqrt{2}=\pm6.4\sqrt{2}\times\sqrt{2}=\pm12.8''$

采用容许误差为中误差的3倍，则：

$$\Delta_{容}=\pm3\times12.8''=\pm38.4''$$

考虑到其他因素，测回法规定两个半测回较差的容许值 $\Delta_{容}=\pm40''$。

【例5-5】 测得两点地面斜距 $L=225.85\pm0.06\text{m}$，地面的倾斜角 $\alpha=17°30'\pm1'$，求两点间的高差 h 及其中误差 m_h。

【解】 根据题意可写出计算高差 h 公式为：

$$h = L \cdot \sin\alpha$$

故有：

$$h = 225.85 \times \sin 17°30' = 67.914\text{m}$$

对 $h = L \cdot \sin\alpha$ 全微分得：

$$\mathrm{d}h = \left(\frac{\partial h}{\partial L}\right)\mathrm{d}L + \left(\frac{\partial h}{\partial \alpha}\right)\mathrm{d}\alpha$$

因为

$$\frac{\partial h}{\partial L} = \sin\alpha \qquad\qquad \frac{\partial h}{\partial \alpha} = L \cdot \cos\alpha$$

所以上式变为

$$\mathrm{d}h = \sin\alpha\,\mathrm{d}L + L\cos\alpha\,\mathrm{d}\alpha$$

将上式微分转为中误差，根据式(5-18)上式可写成：

$$m_h^2 = (\sin\alpha)^2 m_L^2 + (L\cos\alpha)^2 \left(\frac{m_\alpha}{\rho'}\right)^2$$

$$= 0.300\,7^2 \times 0.06^2 + (225.85 \times 0.953\,7)^2 \left(\frac{1'}{3\,438'}\right)^2$$

$$= 0.000\,3 + 0.003\,9 = 0.004\,2$$

$$m_h = \pm 0.065\text{m}$$

故地面两点间的高差为： $h = 67.914 \pm 0.065\text{m}$

应用误差传播定律解决实际问题是十分重要的问题，解题一般可归纳为三个步骤，现举两个实例加以说明。

【例 5-6】 量得圆半径 $R = 31.3\text{mm}$，其中误差 $m_R = \pm 0.3\text{mm}$，求圆面积 S 的中误差。

【例 5-7】 某房屋，长边量得结果：$80 \pm 0.02\text{m}$，短边量得结果：$40 \pm 0.01\text{m}$。求房屋面积 S 中误差。

第一步：列出数学方程。

例 5-6：$S = \pi R^2$

例 5-7：$S = a \times b$

第二步：将方程进行微分。

例 5-6：$\mathrm{d}S = 2\pi R \cdot \mathrm{d}R$

例 5-7：$\mathrm{d}S = a \cdot \mathrm{d}b + b \cdot \mathrm{d}a$

第三步：将微分转为中误差。

例 5-6：$m_S = 2\pi R \times m_R = 2 \times 3.141\,6 \times 31.3 \times 0.3 = \pm 59\text{mm}$

例 5-7：$m_S = \pm\sqrt{a^2 m_b^2 + b^2 m_a^2} = \pm\sqrt{80^2 \times 0.01^2 + 40^2 \times 0.02^2} = \pm 1.13\text{m}^2$

这里应特别注意：当一函数式中包含多个变量时，要求各变量必须是相互独立的。例如在三角形内角的改正中,改正后三角形内角 A 的公式如下:$A = \alpha - \frac{1}{3}\omega$($\alpha$ 为 A 角的观测值,ω 为三角形闭合差)。

上式中变量 ω 包含有变量 α,互相不独立,此时用下式计算是错误的:

$$m_A^2 = m_\alpha^2 + \frac{1}{9}m_\omega^2$$

应将上述第一式变为下式,然后再用误差传播定律。即:

$$A = \alpha - \frac{1}{3}(\alpha + \beta + \gamma - 180°) = \frac{2}{3}\alpha - \frac{1}{3}\beta - \frac{1}{3}\gamma + 60°$$

微分得

$$\mathrm{d}A = \frac{2}{3}\mathrm{d}\alpha - \frac{1}{3}\mathrm{d}\beta - \frac{1}{3}\mathrm{d}\gamma$$

转为中误差得

$$m_A^2 = \left(\frac{2}{3}\right)^2 m^2 + \left(\frac{1}{3}\right)^2 m^2 + \left(\frac{1}{3}\right)^2 m^2 = \frac{2}{3}m^2$$

因此

$$m_A = \pm\sqrt{\frac{2}{3}}\,m$$

5.4 等精度观测

因为某些被观测量的真值是不可能知道的,所以,测量工作一般都是在相同的观测条件下,对某量进行多次独立的重复观测,得到一系列的等精度观测值,用这一系列观测值来确定该量的最或然值——最接近真值的值。

5.4.1 求算术平均值

设对某未知量进行了 n 次等精度观测,其真值为 X,观测值为 l_1、l_2、$\cdots$、l_n,相应的真误差为 Δ_1、Δ_2、$\cdots$、Δ_n,则:

$$\Delta_1 = l_1 - X$$

$$\Delta_2 = l_2 - X$$

$$\cdots$$

$$\Delta_n = l_n - X$$

将上式取和再除以观测次数 n 得

$$\frac{[\Delta]}{n} = \frac{[l]}{n} - X = x - X$$

式中　x——算术平均值,显然

$$x = X + \frac{[\Delta]}{n}$$

根据偶然误差第(4)条特征,当 $n \to \infty$ 时,$\frac{[\Delta]}{n} \to 0$,因此

$$x = \frac{[l]}{n} \approx X \qquad (5\text{-}20)$$

即当观测次数 n 无限多时,算术平均值 x 就趋向于未知量的真值 X。当观测次数有限时,可以认为算术平均值是根据已有的观测数据所能求得的最接近真值的近似值,以它作为未知量的最后结果。

5.4.2 观测值中误差

1. 观测值的似真误差(或是误差)

根据中误差定义公式(5-6),计算观测值中误差的 m,需要知道观测值 l_i 的真误差 Δ_i,但是真误差往往不知道。因此,在实际工作中多采用观测值的似真误差来计算观测值的中误差。用 $v_i(i = 1、2、\cdots、n)$ 表示观测值的似真误差。对某量进行一系列的观测有:

$$v_1 = l_1 - x$$

$$v_2 = l_2 - x$$

$$\cdots$$

$$v_n = l_n - x$$

等式两边分别取和 $\qquad\qquad [v] = [l] - nx$

因为 $\qquad\qquad\qquad x = \frac{[l]}{n}$

所以 $\qquad\qquad\qquad [v] = 0 \qquad\qquad (5\text{-}21)$

即观测值的似真误差代数和等于零。式(5-21)可作为计算中的校核,当 $[v] = 0$ 时,说明算术平均值及似真误差计算无误。

2. 用似真误差计算等精度观测值的中误差

$$\Delta_i = l_i - X$$

$$v_i = l_i - x$$

以上两个等式相减得

$$\Delta_i - v_i = x - X$$

令 $\delta = x - X$,代入上式并移项后得

$$\Delta_i = v_i + \delta$$

以上 n 个等式两端分别自乘得

$$\Delta_i \Delta_i = v_i v_i + 2 v_i \delta + \delta^2$$

104

上式有 n 个,取其和得

$$[\Delta\Delta] = [vv] + 2\delta[v] + n\delta^2$$

因为

$$[v] = 0$$

所以

$$[\Delta\Delta] = [vv] + n\delta^2$$

等式两端分别除以 n,得

$$\frac{[\Delta\Delta]}{n} = \frac{[vv]}{n} + \delta^2 \tag{5-22}$$

式中

$$\delta = x - X = \frac{[l]}{n} - X = \frac{[l-X]}{n} = \frac{[\Delta]}{n}$$

上式平方得

$$\delta^2 = \frac{[\Delta]^2}{n^2} = \frac{1}{n^2}(\Delta_1^2 + \Delta_2^2 + \cdots + \Delta_n^2 + 2\Delta_1\Delta_2 + 2\Delta_1\Delta_3 + \cdots)$$

$$= \frac{[\Delta\Delta]}{n^2} + \frac{2}{n^2}(\Delta_1\Delta_2 + \Delta_1\Delta_3 + \cdots)$$

由于 Δ_1、Δ_2、$\cdots$、Δ_n 为偶然误差,故非自乘的两个偶然误差之积 $\Delta_1\Delta_2$、$\Delta_1\Delta_3\cdots$仍然具有偶然误差性质,根据偶然误差的第(4)条特性,当 $n\to\infty$ 时,上式等号右端的第二项趋于零。因此得:

$$\delta^2 \approx \frac{[\Delta\Delta]}{n^2}$$

上式代入式(5-22)得

$$\frac{[\Delta\Delta]}{n} = \frac{[vv]}{n} + \frac{[\Delta\Delta]}{n^2}$$

根据中误差定义公式(5-6),上式可写为

$$m^2 = \frac{[vv]}{n} + \frac{m^2}{n}$$

$$nm^2 = [vv] + m^2$$

$$m = \pm\sqrt{\frac{[vv]}{n-1}} \tag{5-23}$$

式(5-23)又称白塞尔公式。$[vv]$ 为似真误差的平方和,即:

$$[vv] = v_1^2 + v_2^2 + \cdots + v_n^2 = \sum_{i=1}^{n} v_i^2$$

式中 v_i——各观测值的似真误差,即各观测值 l_i 与算术平均值 x 之差。

5.4.3 算术平均值中误差

【例 5-8】 对某量等精度观测 n 次,观测值为 l_1、$l_2\cdots$、l_n,设已知各观测值的中误差

105

$m_1 = m_2 = \cdots = m_n = m$，求等精度观测值算术平均值 x 及其中误差 M。

【解】 等精度观测值算术平均值 x

$$x = \frac{l_1 + l_2 + \cdots + l_n}{n} = \frac{[l]}{n} \tag{5-24}$$

上式可改写为

$$x = \frac{1}{n}l_1 + \frac{1}{n}l_2 + \cdots + \frac{1}{n}l_n$$

根据线性函数的误差传播定律，则算术平均值 x 的中误差 M 为：

$$M^2 = \frac{1}{n^2}m_1^2 + \frac{1}{n^2}m_2^2 + \cdots + \frac{1}{n^2}m_n^2 = \frac{n}{n^2}m^2 = \frac{1}{n}m^2$$

$$M = \pm \frac{m}{\sqrt{n}} \tag{5-25}$$

将式(5-23)代入得：

$$M = \pm \sqrt{\frac{[vv]}{n(n-1)}} \tag{5-26}$$

式(5-25)表明，算术平均值的中误差比观测值中误差缩小了 $\sqrt{n}$ 倍，即算术平均值的精度比观测值精度提高 $\sqrt{n}$ 倍。测量工作中进行多余观测，取多次观测值的平均值作为最后的结果，就是这个道理。但是，当 n 增加到一定程度后（例如 $n = 6$），M 值减小的速度变得十分缓慢，如图 5-3 所示，所以为了达到提高观测成果精度的目的，不能单靠无限制地增加观测次数，应综合采用提高仪器精度等级、选用合理的观测方法及适当增加观测次数等措施，才是正确的途径。

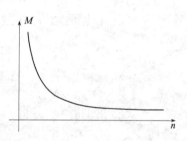

图 5-3 观测次数与中误差关系图

【例 5-9】 某段距离用钢尺进行 6 次等精度丈量，其结果列于表 5-3 中，试计算该距离的算术平均值、观测值中误差、算术平均值的中误差及其相对误差。

【解】 依式(5-24)、式(5-23)和式(5-25)等分别计算，并检查是否满足 $[v] = 0$。

表 5-3 等精度观测量的计算及精度评定

序号	观测值/m	v/mm	vv/mm²	中误差计算
1	256.565	−3	9	观测值中误差
2	256.563	−5	25	
3	256.570	+2	4	$m = \pm\sqrt{\dfrac{[vv]}{n-1}} = \pm\sqrt{\dfrac{76}{6-1}} = \pm 3.9\text{mm}$
4	256.573	+5	25	算术平均值中误差
5	256.571	+3	9	$M = \pm\dfrac{m}{\sqrt{n}} = \pm\dfrac{3.9}{\sqrt{6}} = \pm 1.6\text{mm}$
6	256.566	−2	4	算术平均值的相对中误差
计算	$x = \dfrac{[l]}{n} = 256.568$	$[v] = 0$	$[vv] = 76$	$k = \dfrac{\lvert M \rvert}{D} = \dfrac{1}{D/\lvert M \rvert} = \dfrac{1}{256.568/0.0016} = \dfrac{1}{160\,000}$

5.5 不等精度观测

在实际测量工作中,除了等精度观测外,还有不等精度观测。如图 5-4 所示,为了得到 E 点的高程,由已知水准点 A、B、C 分别经过不同长度的水准路线,测得 E 点的高程为 H_1、H_2、H_3。在这种情况下,由于水准路线的长度不同,即使使用相同的仪器和观测方法,求出的三个高程的中误差也是不相同的,也就是说,三个高程观测值的可靠程度不同。一般水准路线愈长,可靠程度愈低。因此,不能简单地取三个高程观测值的算术平均值作为最或是值。那么,怎样根据这些不同精度的观测结果来求 E 点的最或是值 H,又怎样来衡量它的精度呢?这就需要引入"权"的概念。

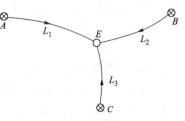

图 5-4　结点水准网

5.5.1　权

在图 5-4 中,在求最后结果时必须考虑各观测值的精度,精度高的观测值所占的"比重"应大些,而精度低的所占的"比重"应小些。这个"比重"测量上称之为权,"权"就是表示某一观测值可靠程度的相对性数值,用 p 来表示。

1. 权的性质

(1)权与中误差的平方成反比,权愈大,表示观测值愈可靠,即精度愈高;

(2)权始终取正号;

(3)权是一个相对值,任一单独观测值的权是没有意义的;

(4)同一问题中各观测值的权,可以用同一个数去乘或除,而不会改变其性质。

2. 确定权的方法

(1)由中误差确定权

权与中误差都相应于一定的观测条件,都表示最后结果的可靠程度,因此权与中误差有密切的关系。中误差愈小,观测值精度愈高,权愈大;中误差愈大,观测值精度愈低,权愈小。用中误差来确定权的值是适当的。

设一组不同精度观测值为 l_1、l_2、$\cdots$、l_n,其相应的中误差为 m_1、m_2、$\cdots$、m_n,则各观测值的权定义为:

$$p_1 = \frac{\lambda}{m_1^2}, p_2 = \frac{\lambda}{m_2^2}, \cdots, p_n = \frac{\lambda}{m_n^2} \tag{5-27}$$

式中　λ——任意正常数,但在一组观测中为一定值。λ 的取值,不会改变各观测值之间权的比值。

例如,某两个不同精度的观测值 l_1 的中误差 $m_1 = \pm 2\text{mm}$,l_2 的中误差 $m_2 = \pm 6\text{mm}$,则它们的权可以确定为:

$$p_1 = \frac{\lambda}{m_1^2} = \frac{\lambda}{2^2} = \frac{\lambda}{4}$$

$$p_2 = \frac{\lambda}{m_2^2} = \frac{\lambda}{6^2} = \frac{\lambda}{36}$$

若取 $\lambda = 4$，则 $p_1 = 1, p_2 = \frac{1}{9}$；

若取 $\lambda = 36$，则 $p_1 = 9, p_2 = 1$。

其比值为 $p_1 : p_2 = 1 : \frac{1}{9} = 9 : 1$，这说明各观测值间权的大小意义并不重要，关键是各观测值之间权的比值关系。

(2)实际观测时权的确定

①角度观测时权的确定：对某一角度进行观测，每测回观测精度相同，其误差为 m。现由 1、2、$\cdots$、k 个小组进行观测，其测回数分别为 n_1、n_2、$\cdots$、n_k，则每组角度观测结果的权与各组观测的测回数成正比。

$$p_1 = c \cdot n_1, p_2 = c \cdot n_2, \cdots, p_k = c \cdot n_k$$

式中　c——任意正常数。

②水准测量时权的确定：在水准测量中，水准路线愈长，测站数愈多，观测结果的可靠程度就愈低，因此，可以取不同的水准路线长度 L_i 的倒数或测站数 N_i 的倒数来定权。

$$p_1 = \frac{c}{L_1}, p_2 = \frac{c}{L_2}, \cdots, p_n = \frac{c}{L_n}$$

或

$$p_1 = \frac{c}{N_1}, p_2 = \frac{c}{N_2}, \cdots, p_n = \frac{c}{N_n}$$

式中　c——任意正常数。

③距离丈量时权的确定：用每千米边长中误差为 m 的精度丈量 k 条边，每条边的边长为 $D_i(i = 1、2、\cdots、k)$，则每条边的权与边长成反比。

$$p_1 = \frac{c}{D_1}, p_2 = \frac{c}{D_2}, \cdots, p_n = \frac{c}{D_k}$$

式中　c——任意正常数。

5.5.2　最或是值——加权平均值

不同精度观测时，考虑到各观测值的可靠程度，采用加权平均的办法计算观测最后结果的最或是值。

设对某量进行了 n 次不同精度的观测，观测值、中误差及权分别为：

观测值　l_1、l_2、$\cdots$、l_n

中误差　m_1、m_2、$\cdots$、m_n

权　　　p_1、p_2、$\cdots$、p_n

其加权平均值为：

$$L = \frac{p_1 l_1 + p_2 l_2 + \cdots + p_n l_n}{p_1 + p_2 + \cdots + p_n} = \frac{[pl]}{[p]} \tag{5-28}$$

5.5.3 精度评定——单位权中误差和加权平均值中误差

权是表示不同精度观测值的相对可靠程度,因此,可取任一观测值的权作为标准,以求其他观测值的权。在权与中误差关系式 $p_i = \dfrac{\lambda}{m_i^2}$ 中,设以 p_1 为标准,并令其为 1,即取 $\lambda = m_1^2$,则

$p_1 = \dfrac{m_1^2}{m_1^2} = 1, p_2 = \dfrac{m_1^2}{m_2^2}, \cdots, p_n = \dfrac{m_1^2}{m_n^2}$,等于 1 的权称为单位权,权等于 1 的观测值中误差称为单位权中误差。设单位权中误差为 μ,则权与中误差的关系为:

$$p_i = \frac{\mu^2}{m_i^2} \tag{5-29}$$

单位权中误差 μ 可按下式计算:

$$\mu = \pm \sqrt{\frac{[pv v]}{n-1}} \tag{5-30}$$

式中　v——观测值的最或是误差;

　　　n——观测值的个数。

不同精度观测值的最或是值即加权平均值 L 的中误差为:

$$M_L = \pm \frac{\mu}{\sqrt{[p]}} = \pm \sqrt{\frac{[pv v]}{[p](n-1)}} \tag{5-31}$$

5.5.4 不等精度观测数据处理举例

【例 5-10】　在图 5-4 中,起始点 A、B、C 的高程为:20.145m、24.030m 及 19.898m,各段高差为:+1.538m、-2.330m 及 +1.782m,水准路线长度为:2.5km、4.0km 及 2.0km。求结点 E 的观测结果及其中误差。

【解】　取路线长度的倒数乘以常数 c 为观测值的权,并令 $c=1$,计算列于表 5-4。

表 5-4　不等精度观测的计算及精度评定

路线	起始点高程 /m	观测高差 /m	结点 E 的观测高程/m	路线长 /km	权 $p=\frac{1}{L}$	v /mm	pv	pvv
$A \sim E$	20.145	+1.538	21.683	2.5	0.40	-2.4	-0.96	2.30
$B \sim E$	24.030	-2.330	21.700	4.0	0.25	+14.6	+3.65	53.29
$C \sim E$	19.898	+1.782	21.680	2.0	0.50	-5.4	-2.70	14.58
$\sum$					1.15		-0.01	70.17

高程与精度评定

加权平均值:
$$H_E = 21.000 + \frac{0.40 \times 0.683 + 0.25 \times 0.700 + 0.50 \times 0.680}{0.40 + 0.25 + 0.50} = 21.685\ 4\mathrm{m}$$

单位权中误差:
$$\mu = \pm \sqrt{\frac{[pv v]}{n-1}} = \pm \sqrt{\frac{70.17}{3-1}} = \pm 5.9\mathrm{mm}$$

加权平均值中误差:
$$M_{H_E} = \frac{\mu}{\sqrt{[p]}} = \pm \frac{5.9}{\sqrt{1.15}} = \pm 5.5\mathrm{mm}$$

最后结果:
$$H_E = 21.685 \pm 0.006\mathrm{m}$$

计算中以$[pv]=0$进行检校,该例中$[pv]=-0.01$是因为计算过程中含有舍入误差所致,说明计算没有错误。在实际工作中为了顾及舍入误差的影响,只要$[pv]$在$\pm 0.5[p]$的范围内,即可认为计算无错误。

习　题

1. 什么叫系统误差? 其特点是什么? 通常采用哪几种措施消除或减弱系统误差对观测成果的影响?

2. 什么叫偶然误差,偶然误差具有哪些特性?

3. 衡量观测值精度的标准有哪几种? 衡量角度测量与距离测量精度的标准分别是什么? 为什么?

4. 用经纬仪测量水平角,一测回的中误差$m=\pm 8.5''$,欲使测角精度达到$\pm 4''$,问需要测几个测回?

5. 同精度观测一个三角形的内角α、β、γ,其测角中误差$m_\alpha = m_\beta = m_\gamma = \pm 6''$,求三角形角度闭合差$\omega$的中误差$m_\omega$。

6. 设有n边形,每个角的观测中误差$m=\pm 10''$,求该n边形的内角和的中误差及其内角和闭后差的容许值。

7. 为求某一正方形的周长,一组同学丈量了正方形的一条边长l,精度为m。另一组同学丈量了正方形的四边,各边边长均为l,中误差均为m,两组同学得到的周长及其精度是否相同?

8. 水准测量中,设每个站高差中误差为± 5mm,若每千米设16个测站,求1km高差中误差是多少? 若水准路线长为4km,求其高差中误差是多少?

9. 在比例尺为1:2 000的平面图上,量得一圆半径$R=31.3$mm,其中误差为± 0.3mm,求实际圆面积S及其中误差m_S。

10. 设量得A、B两点的水平距离$D=126.38$m,其中误差$m_D=\pm 0.02$m;同时,在A点上测得竖直角$\alpha = +30°12'30''$,其测角中误差$m_\alpha = \pm 10''$,试求A、B两点的高差h_{AB}及其中误差m_h。

11. 对某直线丈量6次,观测结果是246.535m、246.548m、246.520m、246.529m、246.550m、246.537m,试计算其算术平均值、算术平均值的中误差及其相对误差。

12. 什么叫等精度观测,什么叫不等精度观测? 试举例说明。什么叫权? 不等精度观测为什么要用权来衡量?

13. 用三台不同的经纬仪观测某角,观测值及其中误差为:$\beta_1 = 75°25'30'' \pm 4''$;$\beta_2 = 75°25'36'' \pm 6''$;$\beta_3 = 75°25'24'' \pm 8''$。试求观测结果及其中误差。

14. 对某一角度,采用不同测回数,进行了四次观测,其观测值列于表5-5中,求该角度的观测结果及其中误差。

表5-5　不等精度观测成果表

次　数	1	2	3	4
观测值α	68°42'54''	68°42'02''	68°42'59''	68°42'04''
测回数	5	6	4	3

第6章 控制测量

6.1 控制测量概述

6.1.1 控制测量及其布设原则

在测量工作中误差是不可避免的,而且随着测量工序的增多,误差还会呈现传递和积累的性质,因此有限度地控制误差的大小,以保证所确定的点位具有一定的准确性和可靠性,从而满足工程的质量要求是一个在测量工作中需要优先考虑的问题。

基于上述的考虑,确立如下测量工作的原则:在布局上"由整体到局部"、在精度上"由高级到低级",在程序上"由控制到碎部"。这一原则指导我们在进行测量工作时,应从整体考虑,逐级控制误差,直至最末端的碎部测量工作。在测量工作中遵循这一原则,不仅可以保证必要的精度,还可以扩展工作面,加快工程的实施。

一个典型的地面控制网的建立如图 1-18 所示,首先在整个测区范围内,选定一些具有控制意义的点(如道路交叉点、地面局部制高点等,图中的 A、B 等点)作为控制点,同时对相邻的控制点进行连接;然后用精密的仪器对连接的控制点间的观测量进行观测;最后通过计算求得各控制点的精确坐标值。我们常常将由控制点进行连接后的几何图形称为控制网。就目前的应用水平来看,在控制网中,控制点间的连接往往不是任意的,而是有规律的,基于仪器的发展和计算技术的不断进步,从而形成了一些具有不同特点的控制网样式,到目前为止,这些样式已达到一个较完备的阶段。

控制测量分为平面控制测量和高程控制测量。在控制测量中,控制网的建立时常不是"一步到位",而是"逐级控制"的,即由较高等级的控制网控制较低等级的控制网,直至最低等级的控制网能够满足碎部测量的要求。这其中,控制层级数的确定取决于碎部测量的精度要求、测区的起算控制点等级、测区的范围及所适用的专业规范的要求。在进行平面控制及高程控制测量时,既可以将平面控制网和高程控制网分开独立布设,也可以将其合并为一个统一的控制网——三维控制网。

1. 平面控制测量

测定控制点平面坐标(x,y)所进行的测量工作,称为平面控制测量。根据平面控制网的观测方式来划分,可以分为三角网、三边网、边角网、导线网、GPS 平面网等。

如图 6-1a 所示,在地面上选择一系列待求平面控制点,并将其连接成连续的三角形,从而构成三角形网。①当测定各三角形顶点的水平角,再根据起始控制点坐标、起始边长和起始坐标方位角来推求出各顶点平面坐标的测量方法称为三角测量,此时的控制网称为三角网或测角网。当三角形沿直线展开时,称为三角锁,如图 6-1b 所示。②当测定各三角形的边长,再根据起始控制点坐标、起始坐标方位角来推求出各顶点平面坐标的测量方法称为三边测量,此时的控制网称为三边网或测边网。③综合应用三角测量和三边测量来推求各顶点平面坐标的测量方法称为边角测量,此时的控制网称为边角组合网,简称边角网。

如图 6-1c 所示,在地面上选择一系列待求平面控制点,并将其连接成依次相连的折线形式,这些折线称为导线。测定各导线边的水平距离及相连导线边间的水平角,再根据起始控制点坐标、起始坐标方位角来推求出各点的平面坐标的测量方法,称为导线测量。图 6-1c 的控制网称为导线网。当所有点上连接的其他待求平面控制点不超过两个时,此时的导线网称为单导线,它不仅是导线网的最简单形式,也是复杂导线网的基本组成单元。

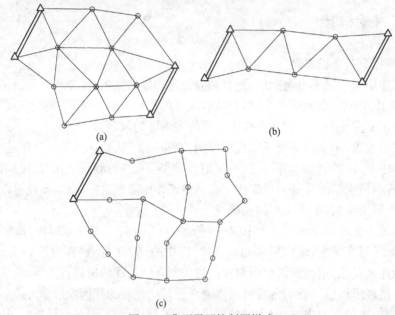

图 6-1 典型平面控制网样式

(a)三角形网;(b)三角锁;(c)导线网

GPS 平面控制网是利用全球定位系统(GPS)建立的平面控制网。

平面控制网的划分除了上述的划分方式外,还可以按照控制网的精度等级和控制网的控制应用范围进行划分。

按照精度等级,平面控制网可分为一、二、三、四等,一、二、三级和图根级控制网。按控制应用范围,平面控制网可分为国家基本控制网,城市控制网,小区域控制网及服务于某一特定工程的工程控制网。

2. 高程控制测量

测定控制点高程(H)所进行的测量工作,称为高程控制测量。根据高程控制网的观测方法来划分,可以分为水准网、三角高程网和 GPS 高程网等。

水准网基本的组成单元是水准线路,包括闭合水准线路和附合水准线路。三角高程网是通过三角高程测量建立的,主要用于地形起伏较大、直接水准测量有困难的地区或对高程控制要求不高的工程项目。GPS 高程控制网是利用全球定位系统建立的高程控制网。

6.1.2 国家基本控制网

在全国范围内建立的平面控制网和高程控制网,称为国家基本控制网。国家基本控制网提供全国性的、统一的空间定位基准,是全国各种比例尺测图及工程建设的基础控制,也为空间科学研究和应用提供资料。

1．国家平面控制网

早期建立国家平面控制网的方法是三角测量和精密导线测量。它的布设遵循"从整体到局部"的原则，按精度分为一、二、三、四等，高等级的控制网控制低等级的控制网。其中，一、二等控制网属于国家基本控制网，三、四等控制网属于加密控制网。

国家一等控制测量主要采用纵横三角锁的形式布设，如图6-2所示。三角形边长约20～25km，锁段三角形内角不小于40°，测角中误差不大于±0.7″。在锁交叉处精密测定起始边长，在起始边两端还用天文测量的方法测定天文经纬度和方位角，用来控制误差传播和起算数据。

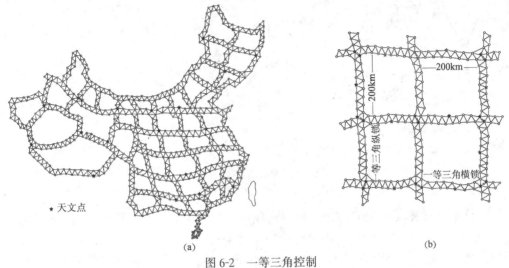

(a)   (b)

图 6-2　一等三角控制

(a)国家一等三角网示意图；(b)国家一等三角网局部

国家二等控制测量主要采用三角网布设，一般称为二等全面网。它是以连续三角网的形式布设在一等锁环内，如图6-3所示。我国二等网平均边长为13km，网的中间通常选一条边，

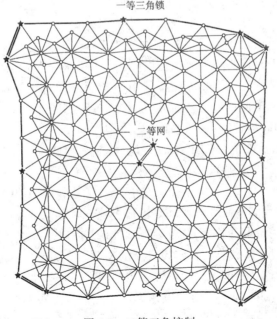

图 6-3　二等三角控制

113

测定其边长并进行天文测量,测角中误差不大于±1.0″。由于一、二等锁网中要进行天文测量,所以常称其为国家天文大地网。

国家三、四等控制测量是在二等三角网基础上,根据需要,采用插网方法布设,如图6-4a、b所示。当受地形限制时,也采用插点法进行加密,如图6-4c所示。三等三角网平均边长为8km,测角中误差不大于±1.8″;四等三角网边长一般为2~6km,测角中误差不大于±2.5″。

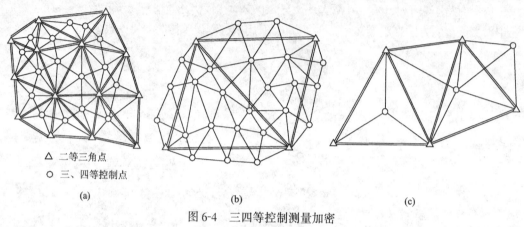

二等三角点 △
三、四等控制点 ○

(a)   (b)   (c)

图6-4 三四等控制测量加密
(a)(b)插网;(c)插点

随着技术的发展,新的测量方法不断得到应用。三角测量这一传统的定位技术也逐渐地被 GPS 定位技术所取代。1992 年国家测绘局制定了我国第一部《GPS 测量规范》,将 GPS 控制网分为 A~E 五级。其中 A、B 两级属于国家 GPS 控制网。目前我国已建成覆盖全国的 A级网点 27 个,平均边长 500km;B 级网 730 个点,其边长和精度都超过相应等级的三角网。

2. 国家高程控制网

建立国家高程控制网的主要方法是精密水准测量。国家高程控制网分为一、二、三、四等四个等级,精度依次逐渐降低。如图 6-5 所示,一等水准网是国家高程控制网的骨干,除作为扩展低等级控制的基础外,还为科学研究提供依据。二等水准网布设于一等水准网环内,是国家高程控制网的全面基础。三、四等水准网是二等水准网的进一步加密,直接为各种测图和工程建设提供必需的高程控制点。1991 年国家测绘局发布了《国家一、二等水准测量规范》(GB12897—91)、《国家三、四等水准测量规范》(GB12898—91)。

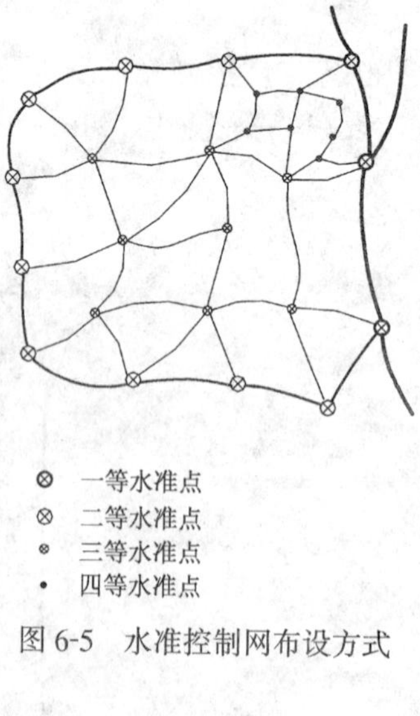

⊗ 一等水准点
⊗ 二等水准点
⊗ 三等水准点
• 四等水准点

图6-5 水准控制网布设方式

6.1.3 城市控制网

城市测量是城市建设的基础和重要环节。它为城市规划、市政工程、工业和民用建筑设计施工、战备设施、城市管理,以及国防、农林业、科研等方面提供各种测绘资料,以不断满足现代化市镇建设发展的需要。在城市地区建立的为各类城市测量提供基础控制的控制网称为城市控制网。城市控制网在国家基本控制网的基础上分级布设,其建立依据为在 1999 年和 1997 年由国家建设部分别制定发布的中华人民共和国行业标准《城市测量规范》(CJJ8—99)和《全球定位系统城市测量技术规程》(CJJ73—97)。

1. 城市平面控制网

城市平面控制网有 GPS 网、三角网、边角网和导线网等形式。其中,GPS 网、三角网和边角网的精度等级划分依次为二、三、四等和一、二级;导线网则依次为三、四等和一、二、三级。当需布设一等网时,可另行设计,经主管部门审批后实施。首级网下用次级网加密时,视条件许可,可以越级布网。

一个城市只应建立一个与国家坐标系统相联系的、相对独立和统一的城市坐标系统,并经上级行政主管部门审查批准后方可使用。城市平面控制测量坐标系统的选择应以投影长度变形值不大于 2.5cm/km 为原则,并根据城市地理位置和平均高程而定。

城市平面控制网的主要技术要求见表 6-1、表 6-2、表 6-3。

表 6-1　三角网的主要技术要求

等　级	平均边长/km	测角中误差/″	起始边边长相对中误差	最弱边边长相对中误差
二等	9	≤±1.0	≤1/300 000	≤1/120 000
三等	5	≤±1.8	≤1/200 000(首级) ≤1/120 000(加密)	≤1/80 000
四等	2	≤±2.5	≤1/120 000(首级) ≤1/80 000(加密)	≤1/45 000
一级小三角	1	≤±5.0	≤1/40 000	≤1/20 000
二级小三角	0.5	≤±10.0	≤1/20 000	≤1/10 000

表 6-2　边角组合网边长和边长测量的主要技术要求

等　级	平均边长/km	测距中误差/mm	测距相对中误差
二等	9	≤±30	≤1/300 000
三等	5	≤±30	≤1/160 000
四等	2	≤±16	≤1/120 000
一级	1	≤±16	≤1/60 000
二级	0.5	≤±16	≤1/30 000

表 6-3　光电测距导线的主要技术要求

等　级	闭合环或附合导线长度/km	平均边长/m	测距中误差/mm	测角中误差/″	导线全长相对闭合差
三等	15	3 000	≤±18	≤±1.5	≤1/60 000
四等	10	1 600	≤±18	≤±2.5	≤1/40 000
一级	3.6	300	≤±15	≤±5	≤1/14 000
二级	2.4	200	≤±15	≤±8	≤1/10 000
三级	1.5	120	≤±15	≤±12	≤1/6 000

2. 高程控制网

城市高程控制测量分为水准测量和三角高程测量。水准测量的等级依次分为二、三、四等,当需布设一等时,可另行设计,经主管部门审批后实施。城市首级高程控制网不应低于三等水准。光电测距三角高程测量可代替四等水准测量。经纬仪三角高程测量主要用于山区的图根控制及位于高层建筑物上平面控制点的高程测定。

城市高程控制网的布设,首级网应布设成闭合环线,加密网可布设成附合路线、结点网和闭合环。只有在特殊情况下,才允许布设水准支线。

一个城市只应建立一个统一的高程系统。城市高程控制网的高程系统,应采用1985国家高程基准或沿用1956年黄海高程系统。

各等水准测量的主要技术要求见表6-4。

表6-4　各等水准测量的主要技术要求　　　　　　　mm

等级	每千米高差中数中误差		测段、区段、路线往返测高差不符值	测段、路线的左右路线高差不符值	附合路线或环线闭合差		检测已测测段高差之差
	偶然中误差 $M\Delta$	全中误差 MW			平原丘陵	山区	
二等	$\leq\pm1$	$\leq\pm2$	$\leq\pm4\sqrt{L_S}$	—	$\leq\pm4\sqrt{L}$		$\leq\pm6\sqrt{L_i}$
三等	$\leq\pm3$	$\leq\pm6$	$\leq\pm12\sqrt{L_S}$	$\leq\pm8\sqrt{L_s}$	$\leq\pm12\sqrt{L}$	$\leq\pm15\sqrt{L}$	$\leq\pm20\sqrt{L_i}$
四等	$\leq\pm5$	$\leq\pm10$	$\leq\pm20\sqrt{L_S}$	$\leq\pm14\sqrt{L_s}$	$\leq\pm20\sqrt{L}$	$\leq\pm25\sqrt{L}$	$\leq\pm30\sqrt{L_i}$

注:1. L_S 为测段、区段或路线长度,L 为附合路线或环线长度,L_i 为检测测段长度,均以 km 计;
2. 山区指路线中最大高差超过400m的地区;
3. 水准环线由不同等级水准路线构成时,闭合差的限差应按各等级路线长度分别计算,然后取其平方和的平方根为限差;
4. 检测已测测段高差之差的限差,对单程及往返检测均适用;检测测段长度小于1km时,按1km计算。

6.1.4　工程控制网

为各类工程建设而布设的测量控制网称为工程控制网。根据不同的工程阶段,工程控制网可以分为测图控制网、施工控制网和变形监测网。这其中,测图控制网主要用于工程的勘察设计阶段,施工控制网主要用于工程的施工阶段,变形监测网主要用于工程的施工、运营阶段。工程控制网同样包括平面控制网和高程控制网。其建立依据主要是1993年发布的国家标准《工程测量规范》(GB 50026—93)。

为了测绘地形图而布设的控制网即为测图控制网。在不同的专业规范中(如《城市测量规范》、《地籍测量规范》、《工程测量规范》等)针对不同工程应用的测图控制网,其具体规定稍有差别,可参看所适用的相应的规范。

为了工程建设施工放样而布设的测量控制网即为施工控制网。施工控制网可以包括整体工程的控制网和单项工程的控制网,尤其是当某一单项工程要求较高的定位精度时,在整体的控制网内部需要建立较高精度的局部独立控制网。有关园林工程的施工控制网布设的具体方法和要求,可参见第10章。

为工程建筑物及构筑物的变形观测布设的测量控制网称为变形监测网。变形监测主要是针对安全性需求较高的工程对象,如高层建筑、大坝等。在园林工程中,基本上不需要布设变形监测网。

6.1.5　图根控制网

直接为测图而建立的控制网称为图根控制网,其控制点称为图根控制点或图根点。图根平面控制网一般应在城市各等级控制网下布设,但对于独立测区,也可以在测区的首级控制网或上一级控制网下布设。图根平面控制点的布设,可采用图根三角锁(网)、图根导线的方法,不宜超过两次附合,图根导线在个别极困难的地区可附合三次。局部地区可采用光电测距极坐标法和交会点等方法。图根点亦可采用 GPS 测量方法布设。当测区范围较小时,图根三角锁(网)、图根导线可作为首级控制。在难以布设闭合导线的狭长地区,可布设成支导线。图根高程控制,可采用图根水准、三角高程测量和 GPS 测量方法。

图根点的密度应根据测图比例尺和地形条件而定,一般说来平坦开阔地区图根点密度应符合表 6-5 的规定,而对于地形复杂、隐蔽以及城市建筑区,应以满足测图需要并结合具体情况加大密度。

表 6-5　平坦开阔地区图根点密度　　　　　　　　　　点/km²

测图比例尺	1:500	1:1 000	1:2 000
常规成图方法(手工测图)	150	50	15
数字化成图方法	64	16	4

6.2　导线测量

上节中曾提到导线测量是建立国家基本平面控制的方法之一,事实上它也是城市建设和工程建设中最常用的平面控制方法之一。导线布设灵活,要求通视方向少,边长直接测定,精度均匀,尤其在平坦而隐蔽的地区以及城市建筑区,与其他平面控制方法相比,布设导线具有很大的优越性。随着电磁波测距仪和全站仪的日益普及,使导线边长加大,精度和自动化程度大幅度提高,从而使得在地形测图和施工放样的低等级控制中,导线测量成为最主要的控制方法。表 6-6 和表 6-7 分别列出了图根光电测距导线测量的技术要求和图根钢尺量距导线测量的技术要求(摘自《城市测量规范》CJJ 8—99)。

表 6-6　图根光电测距导线测量的技术要求

比例尺	附合导线长度/m	平均边长/m	导线相对闭合差	测回数 DJ₆	方位角闭合差/″	测　距 仪器类型	测　距 方法与测回数
1:500	900	80	≤1/4 000	1	≤±40√n	Ⅱ级	单程观测 1
1:1 000	1 800	150					
1:2 000	3 000	250					

注:n 为测站数。

表 6-7　图根钢尺量距导线测量的技术要求

比例尺	附合导线长度/m	平均边长/m	导线相对闭合差	测回数 DJ₆	方位角闭合差/″
1:500	500	75	≤1/2 000	1	≤±60√n
1:1 000	1 000	120			
1:2 000	2 000	200			

注:n 为测站数。

6.2.1　平面控制的定位和定向

建立平面控制网的目的是为了在地面上确定一系列点的平面坐标,从而将测区纳入到统一的坐标系中。布设平面控制网,至少需要已知一条边的坐标方位角,才能确定控制网的方向,称为定向;至少需要已知一个控制点的平面坐标,才能确定控制网的位置,称为定位。

由于野外测量所得到的角度和距离更多的是表现为"极坐标"下的位置关系,而点位的表达又是在直角坐标系下,因此,经常需要进行直角坐标和极坐标之间的换算。

1. 坐标与坐标增量

如图 6-6 所示,若 1、2 两点的平面坐标分别为 (x_1, y_1)、(x_2, y_2),则定义点 1 到点 2 的坐标增量 $(\Delta x_{1,2}, \Delta y_{1,2})$ 为:

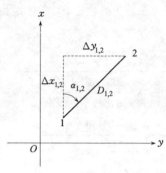

$$\begin{cases} \Delta x_{1,2} = x_2 - x_1 \\ \Delta y_{1,2} = y_2 - y_1 \end{cases} \quad (6\text{-}1)$$

坐标增量 $(\Delta x_{1,2}, \Delta y_{1,2})$ 也写为 $(\Delta x_{12}, \Delta y_{12})$。由上式可知,若已知两点的坐标值,则可计算其坐标增量;也可已知其中一点坐标及至另一点的坐标增量,计算另一点的坐标。

图 6-6 直角坐标与极坐标的关系

2. 坐标正算(点位间极坐标下的表达化为直角坐标下的表达)

极坐标化为直角坐标,测量计算上称坐标正算,即已知两点间的边长和方位角,计算两点间的坐标增量:

$$\begin{cases} \Delta x_{12} = D_{12} \cdot \cos\alpha_{12} \\ \Delta y_{12} = D_{12} \cdot \sin\alpha_{12} \end{cases} \quad (6\text{-}2)$$

根据上式计算时,sin 和 cos 函数随坐标方位角 α 所在的象限而有正、负之分,因此算得的增量同样是有正有负。正、负号的确定如表 6-8 所示。

表 6-8　坐标方位角 α 及其对应的正负号

象　　限	坐标方位角 α	$\cos\alpha$	$\sin\alpha$	Δx	Δy
Ⅰ	0°～90°	+	+	+	+
Ⅱ	90°～180°	−	+	−	+
Ⅲ	180°～270°	−	−	−	−
Ⅳ	270°～360°	+	−	+	−

3. 坐标反算(点位间直角坐标下的表达化为极坐标下的表达)

直角坐标化为极坐标又称坐标反算,即已知两点的直角坐标或坐标增量,计算两点间的边长和坐标方位角。

$$\begin{cases} D_{12} = \sqrt{\Delta x_{12}^2 + \Delta y_{12}^2} \\ R_{12} = \left| \arctan(\dfrac{\Delta y_{12}}{\Delta x_{12}}) \right| \\ \alpha_{12} = f(R_{12}) \end{cases} \quad (6\text{-}3)$$

式中　R_{12}——表示点 1 到点 2 的象限角;

　　　f——表示将象限角转换成坐标方位角的转换函数,见第 4 章中表 4-3。

6.2.2　导线的布设形式

导线是以导线网的形式布设的,导线网略图如图 6-1c 所示。单导线是导线网的最简单形

118

式,也是在低等级控制测量中尤其是图根控制中使用最频繁的控制形式。单导线可布设成如下的三种形式:

1. 闭合导线

如图 6-7 所示,从高级控制点 B 出发,以 BA 边的方位角为起始坐标方位角,经过 1、2、3、4 点,仍回到起始点 B,形成一个闭合多边形的导线称为闭合导线。在无高级控制点的地区,B 点也可以是同级导线点。

2. 附合导线

如图 6-8 所示,从高级控制点 B 出发,以 BA 边的方位角为起始坐标方位角,经过 1、2、3、4 点,再附合到另一高级控制点 C 和已知方向 CD 上,这样的导线称为附合导线。附合导线是在高级控制点下进行控制点加密的最常用的形式。

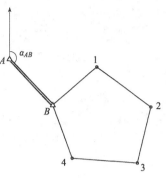

图 6-7　闭合导线略图

若在附合导线的某一端,只有一个已知高级点,而缺少已知方位角,则这样的导线称为单边定向附合导线(或称为没有方位附合的附合导线)。

若在附合导线的两端,都只有一个已知高级点,而缺少已知方位角,则这样的导线称为无定向附合导线(简称无定向导线)。在不得已时,可以采用这种形式。

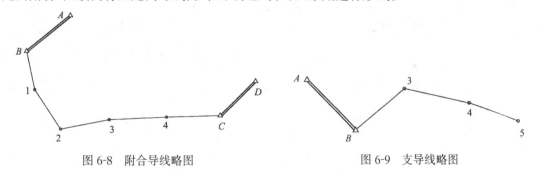

图 6-8　附合导线略图　　　　　　　　图 6-9　支导线略图

3. 支导线

如图 6-9 所示,从高级控制点 B 和 AB 边的方位角出发延伸出去的导线 A、B、3、4、5 称为支导线。由于支导线缺少对观测数据的检核,因此使用支导线必需谨慎。一般只限于在图根导线和地下工程导线中使用。对于图根导线,支导线的点数一般规定不超过 3 个。

6.2.3　导线测量的外业工作

导线测量的外业工作包括踏勘选点、建立标志、量边和测角。如果需要同时采用三角高程测量法测定导线点的高程,则还需要丈量每个测站的仪器高和目标高。

1. 踏勘选点及建立标志

在踏勘选点之前,应到有关管理部门或应用部门收集以下资料:测区原有的地形图、高级控制点所在的位置、已知数据(点的坐标和高程)等。然后结合工作目的,在图上大致规划布设好导线走向及点位,定出初步方案。然后按规划线路到实地去踏勘选点,确定实际的导线点点位。当需要分级布设时,应先布设首级导线。

在确定导线点的实际位置时,应综合考虑以下几个方面:

①相邻导线点间通视良好,以便于角度测量和距离测量。

②点位应选在土质坚实并便于保存之处。

③在点位上,视野应开阔,便于工作。

④导线边长应按有关《规范》的规定(见表 6-6、表 6-7),最长不超过平均边长的 2 倍,相邻边长尽量不使其长短相差悬殊。

⑤导线点在测区内分布要均匀,便于控制整个测区。

导线点位置选定后,应在地面上建立标志。在泥土地面上,要在点位上打一木桩,桩顶上钉一小铁钉,作为临时性标志。在碎石或沥青路面上,可以用顶上凿有十字纹的大铁钉代替木桩。在混凝土场地或路面上,可以用钢钎凿一个十字纹,再涂以红油漆。若导线点需要长期保存,则在选定的点位上埋设混凝土桩,如图 6-10 所示,顶面中心浇注入短钢筋,顶上凿以十字纹,作为导线点位中心的标志;若需要同时将该点作为高程控制点使用,则还需要将顶上的钢筋头打圆。

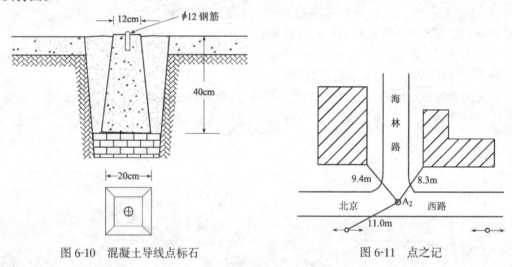

图 6-10　混凝土导线点标石　　　　　　图 6-11　点之记

导线点应分等级统一编号,以便于测量资料的管理。导线点埋设以后,为了便于在观测和使用时寻找,可以在点位附近的墙角或电线杆等明显地物上用红油漆标明导线点的位置。对于长期保存的导线点,还应画一草图,并量出导线点与邻近明显地物点的距离(称为"撑距"),注明于图上,并写上地名、路名、导线点编号等。该图称为控制点的"点之记",如图 6-11 所示。

2. 导线边长的测量

一般说来,图根导线边长应以检定过的钢尺或其他能达到相应精度的仪器和工具进行测量。使用钢尺量距宜采用双次丈量方法,其较差的相对误差不应大于规定的限值(如1/3 000)。钢尺丈量的边长应进行下列改正:①尺长改正数大于尺长的 1/10 000 时,应加尺长改正。②量距时平均尺温与检定时温度相差大于 ±10℃时,应加尺长改正。③地面倾斜大于1.5%时,应进行倾斜改正。

若用电磁波进行测距,则在测量前,需要对反射棱镜的常数进行检验和设置。当地面的起伏较大,引起视线的倾斜大于 30′时,应将竖轴补偿器打开,同时设置角度改正功能。在同一测站上,观测距离 2~4 次,取其平均值作为观测结果。对于一、二级精密导线,在同一段距离上应采用往返测,必要时,也需要对影响距离改正的温度、几何因子等参数进行设置。

在距离测量中,若导线边的两个端点中有一个是已知点,则该导线边称为连接边,如图 6-8所示的 $B1$ 和 $4C$。

120

3. 角度测量

导线的转折角是在导线点上由相邻两导线边构成的水平角。导线的转折角分为左角和右角，在导线前进方向左侧的水平角称为左角，右侧的称为右角。在测量导线转折角时，左角或右角并无根本的差别，只是在计算时区别是用前视方向值减后视方向值还是用后视方向值减前视方向值。因此，左、右水平角有如下的换算关系：

$$\begin{cases} 左角 = 360° - 右角 \\ 右角 = 360° - 左角 \end{cases} \tag{6-4}$$

在用全站仪观测角度前，应将竖轴补偿器打开，同时设置水平角度改正功能。当导线边长较短时，要特别注意仪器对中和目标照准。对中要仔细，瞄准目标时应尽可能地照准目标的底部，以减少这两项误差对测角精度的影响。

在角度测量中，若设站点为已知点，而目标点中有一个点是已知点而另一个点是未知点，则该角度称为连接角，如图 6-8 所示的水平角∠AB1 和∠4CD。通过它，可以推算出未知导线边的方位。

6.2.4 导线测量的内业计算

导线测量内业计算的目的就是要计算出各导线点的坐标(x, y)。若同时进行了三角高程测量，则还要计算出导线点的高程 H。

计算之前，先要全面检查抄录的起算数据是否正确、外业观测记录和计算是否有误。当起算数据正确，外业成果符合精度要求时，可先绘制导线略图，在图上注明已知点（高级点）及导线点点号、已知点坐标、已知边坐标方位角及所测量的导线边边长和水平角观测值。

进行导线计算，习惯上在规定的表格中进行。计算工具可采用计算器或袖珍计算机。当然，也可以在计算机中编制程序进行计算。甚至可以借助于一些应用软件，如应用办公软件 Microsoft Excel 的单元格计算功能进行导线计算、应用绘图软件 AutoCAD、MicroStation 等在计算机中进行图解计算。

对于仪器中带有导线计算程序的全站仪，若应用其进行导线测量，则在野外即可以得到各导线点的坐标，只是这些坐标往往都是利用观测值直接计算的，没有进行闭合差的调整（相当于是支导线的计算）。但程序往往会给出闭合差的值。这样，可以通过对闭合差的检核，对比观测的要求，以明确是否需要对全站仪计算出的坐标进行进一步的调整。

6.2.4.1 闭合导线计算

图 6-12 是钢尺量距图根闭合导线的略图，图中已知点 A 的坐标(536.278, 328.748)，已知 A—1 边的坐标方位角 α_{A1}，观测了角度和距离。已知坐标方位角及观测值注于图上，需要计算导线点 1, 2, 3, 4 点的坐标。

计算按以下步骤在表 6-9 中进行：

1. 角度闭合差（方位角闭合差）的计算与调整

按照平面几何原理，n 边形内角之和为 $(n-2) \cdot 180°$，因此，n 边闭合导线内角 β_1、β_2、…、β_n 之和的理论值应为：

$$\sum \beta_{理} = (n-2) \times 180° \tag{6-5}$$

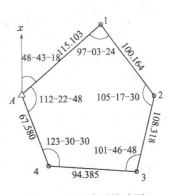

图 6-12 闭合导线略图

由于导线水平角观测中不可避免地含有误差,使内角之和不等于理论值,而产生角度闭合差(方位角闭合差):

$$f_\beta = \sum \beta_测 - \sum \beta_理 \qquad (6\text{-}6)$$

图根导线的技术要求可参见所采用的相应的《规范》(如本例采用《城市测量规范》,见表6-7),则容许的角度闭合差为:

$$f_{\beta容} = \pm 60''\sqrt{n} \qquad (6\text{-}7)$$

如果 $f_\beta > f_{\beta容}$,则说明水平角观测有错或计算有误,需要检查计算错误乃至外业角度观测返工。

如果 $f_\beta \leq f_{\beta容}$,则将角度闭合差按"反其符号,平均分配"的原则(对于观测角度是左角的情况),对各个观测角度进行改正,改正值在表格中写在角度观测值的上方。改正后角度之和应等于 $\sum \beta_理$,作为计算的检核。以上计算在表6-9中的第1,2栏中进行。

表6-9 闭合导线坐标计算

点号	转折角（内）/ ° ′ ″	改正后的角度/ ° ′ ″	坐标方位角 α / ° ′ ″	距离 D /m	坐标增量/m		改正后坐标增量/m		坐标/m		点号
					Δx	Δy	Δx	Δy	x	y	
	1	2	3	4	5	6	7	8	9	10	
A					−0.009 +75.935	+0.008 +86.501	+75.926	+86.509	536.273	328.748	A
1	−12 97 03 24	97 03 12	48 43 18	115.103					612.199	415.257	1
2	−12 105 17 30	105 17 18	131 40 06	100.164	−0.008 −66.591	+0.007 +74.823	−66.599	+74.830	545.600	490.087	2
3	−12 101 46 48	101 46 36	206 22 48	108.318	−0.009 −97.039	+0.007 −48.128	−97.048	−48.121	448.552	441.966	3
4	−12 123 30 30	123 30 18	284 36 12	94.385	−0.007 +23.797	+0.006 −91.336	+23.790	−91.330	472.342	350.636	4
A	−12 112 22 48	112 22 36	341 05 54	67.580	−0.005 +63.936	+0.004 −21.892	+63.931	−21.888	536.273	328.748	A
1			48 43 18								
			$\sum$	485.55	+0.038	−0.032					

$\sum \beta_测 = 540°01'00''$ $\sum \beta_理 = 540°00'00''$ $\sum D = 485.55\text{m}$ $f_x = +0.038\text{m}$ $f_y = -0.032\text{m}$

$f_\beta = \sum \beta_测 - \sum \beta_理 = +60''$ $f_{\beta容} = \pm 60''\sqrt{5} = \pm 134''$ $f = \sqrt{f_x^2 + f_y^2} = 0.050\text{m}$ $K = \dfrac{f}{\sum D} = \dfrac{1}{9\,711}$

注:表格中,黑体字为已知数据,下划线字表示是原始观测数据。

本例中,导线转折角数 $n = 5$,$\sum \beta_理 = (n-2) \times 180° = 540°$,$\sum \beta_测 = 540°01'00''$,$f_\beta = +60''$,$f_{\beta容} = \pm 60''\sqrt{5} = \pm 134''$。因此,可以将角度闭合差进行调整,各角度的改正值为 $-60''/5 = -12''$。改正后各角度之和为 $540°$。

2. 坐标方位角推算

为了计算各未知导线点的坐标,则需要计算相邻两导线点之间的坐标增量。为了得到坐

122

标增量,必须知道各导线边的边长和坐标方位角。边长是直接测量的,而坐标方位角则必须根据起始边及观测的导线转折角(左角或右角)来推算。

若设 $i-1,i,i+1$ 分别是导线上连续的三个导线点的编号,则根据坐标方位角推算公式可以知道:后一条导线边的方位角 $\alpha_{i,i+1}$ 与前一条导线边的方位角 $\alpha_{i-1,i}$ 及在 i 点观测的转折角(左角 $\beta_{i左}$ 或右角 $\beta_{i右}$)有如下的关系:

$$\alpha_{i,i+1} = \alpha_{i-1,i} \pm 180° + \beta_{i左} \tag{6-8}$$

或
$$\alpha_{i,i+1} = \alpha_{i-1,i} \pm 180° - \beta_{i右} \tag{6-9}$$

因为坐标方位角的角度取值范围为大于等于 $0°$ 且小于 $360°$,所以算得的各导线边的坐标方位角的角值如果大于等于 $360°$,则应减去 $360°$,而如果小于 $0°$,则应加上 $360°$。

在本例中,导线边坐标方位角的推算在表 6-9 中的第 3 栏中进行。从 $A—1$ 边的已知坐标方位角开始,逐边推算,直至通过观测的 β_A 推算回起始边的方位 $\alpha_{A,1}$,以作为对坐标方位角推算正确性的检查。

3. 坐标增量的计算与增量闭合差的调整

将所测的各导线边的边长抄录于表 6-9 中第 4 栏中。根据边长和所推算出的各边坐标方位角,按坐标正算公式计算各边的坐标增量 Δx、Δy,分别记于该表中第 5、6 两列相应的单元格内。

闭合导线各边纵、横坐标增量代数和的理论值应分别等于零,即:

$$\begin{cases} \sum \Delta x_理 = 0 \\ \sum \Delta y_理 = 0 \end{cases} \tag{6-10}$$

由于导线边长观测值有误差,角度观测值虽然经过角度闭合差的调整,但仍有剩余的误差。因此,当由边长、方位角推算坐标增量时,所得的坐标增量也是含有误差的。从而产生纵坐标增量闭合差 f_x 和横坐标增量闭合差 f_y,即:

$$\begin{cases} f_x = \sum \Delta x_测 - \sum \Delta x_理 = \sum \Delta x_测 \\ f_y = \sum \Delta y_测 - \sum \Delta y_理 = \sum \Delta y_测 \end{cases} \tag{6-11}$$

由于存在坐标增量闭合差(又称为增量闭合差、坐标闭合差),使导线在平面图形上不能闭合,即从起始点出发经过推算不能回到起始点,产生导线全长闭合差,其长度 f 为:

$$f = \sqrt{f_x^2 + f_y^2} \tag{6-12}$$

导线越长,导线测角量距时积累的误差也越多。因此,f 数值的大小不仅与观测的精度有关,还与导线的全长有关。在衡量导线测量精度时,一般将 f 与导线全长(各观测导线边长之和 $\sum D$)相比,并以分子为 1 的分数形式表示,称为导线全长相对闭合差,用 K 表示,即:

$$K = \frac{f}{\sum D} = \frac{1}{\dfrac{\sum D}{f}} \tag{6-13}$$

K 愈小,表示导线测量的精度愈高。在本例中,容许的导线全长相对闭合差为 1/2 000(参见表 6-7)。如果 K 大于限差,则说明距离丈量有错或计算有误,需要检查计算甚至外业返工。

当导线全长相对闭合差 K 小于等于限差时,可将坐标增量闭合差 f_x、f_y,按照"反其符号,按边长比例分配"的原则,将坐标增量闭合差分配到各边纵、横坐标增量上。纵、横坐标增量改正值 $V_{xi,i+1}$,$V_{yi,i+1}$,分别为:

$$\begin{cases} V_{xi,i+1} = -\dfrac{f_x}{\sum D} \cdot D_{i,i+1} \\ V_{yi,i+1} = -\dfrac{f_y}{\sum D} \cdot D_{i,i+1} \end{cases} \tag{6-14}$$

其中,i,$i+1$ 表示两个相邻点的点号。

坐标增量、增量闭合差、全长闭合差及全长相对闭合差在表 6-9 的第 5、6 列中及表的下方进行计算。各边增量改正值按式(6-14)计算好后,写在坐标增量计算值的上方,并按其单位值对齐相应位数。

4. 未知导线点的坐标推算

对于相邻的导线点 i,$i+1$,已知 i 点的坐标(x_i,y_i),计算出了 i 到 $i+1$ 点的坐标增量$(\Delta x_{i,i+1},\Delta y_{i,i+1})$及其改正数$(V_{xi,i+1},V_{yi,i+1})$,则可以求出 $i+1$ 点的坐标如下:

$$\begin{cases} x_{i+1} = x_i + \Delta x_{i,i+1} + V_{xi,i+1} \\ y_{i+1} = y_i + \Delta y_{i,i+1} + V_{yi,i+1} \end{cases} \tag{6-15}$$

导线点坐标的推算在表 6-9 中的第 7、8 列中进行。本例中,闭合导线从已知点 A 开始,依次推算出点 1、2、3、4、A 的坐标。当推算出的 A 点坐标与已知数据相等时,说明计算正确。否则,说明坐标增量闭合差未分配完,应进行检查,是因为计算错误产生的还是由于进位产生的。

6.2.4.2 附合导线计算

附合导线的计算步骤与闭合导线的基本相同。但由于附合导线的形状更具有一般性,故在大多数的情形下,可以把附合导线看成是闭合导线的扩展,闭合导线是附合导线的特例。与闭合导线相比,在计算角度闭合差和坐标增量闭合差时略有不同。

如图 6-13 所示钢尺测距图根附合导线略图,A、B 和 C、D 是高级控制点,α_{AB}、α_{CD} 及 x_B、y_B、x_C、y_C 为起算数据,β_i 和 D_i 分别为角度和边长观测值,计算待定点 1、2、3、4 的坐标。

A、B、C、D 是已知高级控制点,相对于施测的导线来说,可认为其已知坐标是无误差的标准值。这样,与闭合导线一样,附合导线也存在三个校核条件:①一个方位角闭合条件,即根据已知方位角 α_{AB},通过各 β_i 的观测值推算出 CD 边的坐标方位角α'_{CD},应等于已知的 α_{CD};②纵、横坐标闭合条件,即由 B 点的已知坐标 x_B、y_B,经各边、角推算求得的 C 点坐标 x'_C、y'_C 应与已知的 x_C、y_C 相等。这三个条件是观测值的校核条件,下面介绍与闭合导线不同部分的计算方法。

124

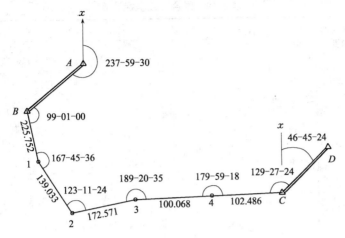

图 6-13　附合导线略图

1. 坐标方位角的计算与调整

根据方位角推算公式,由角度观测值可得到 CD 边的坐标方位角为:

$$\alpha'_{CD} = \alpha_{AB} + n \times 180° + \sum_{i=1}^{n} \beta_{i左} \tag{6-16}$$

由于测角中存在误差,所以 α'_{CD} 一般不等于已知的 α_{CD},其差数称为角度闭合差,即:

$$f_\beta = \alpha'_{CD} - \alpha_{CD} \tag{6-17}$$

本例中 $\alpha'_{CD} = 46°44'47''$,$\alpha_{CD} = 46°45'24''$ 代入上式得:

$$f_\beta = 46°44'47'' - 46°45'24'' = -37''$$

图根导线角度闭合差的容许值 $f_{\beta容}$ 可参见所采用的相应的《规范》(如本例采用《城市测量规范》,见表 6-7),则容许的角度闭合差为:

$$f_{\beta容} = \pm 60''\sqrt{n} \tag{6-18}$$

此例中,$n = 6$,则 $f_{\beta容} = \pm 60''\sqrt{6} \approx \pm 147''$

若 $f_\beta > f_{\beta容}$,应重新检测角度。若 $f_\beta \leqslant f_{\beta容}$,对各角值进行调整。各角度属同精度观测,所以将角度闭合差反符号平均分配(其分配值称为改正数)给各角(在观测角度是左角的情况下)或不反符号直接平均分配给各角(在观测角度是右角的情况下),然后计算各边方位角。作为检核,由改正后的各角度值推算的 α'_{CD} 应与已知的 α_{CD} 相等,见表 6-10 中的第 3 列。

2. 坐标增量闭合差的计算与调整

由坐标闭合条件可知,附合在 B、C 两点间的导线,如果测角和量边没有误差,各边坐标增量之和 $\sum \Delta x$、$\sum \Delta y$ 应分别等于 B、C 两点的纵横坐标之差 $\sum \Delta x_{理}$、$\sum \Delta y_{理}$,即:

$$\begin{cases} \sum \Delta x_{理} = x_C - x_B = x_{终} - x_{始} \\ \sum \Delta y_{理} = y_C - y_B = y_{终} - y_{始} \end{cases} \tag{6-19}$$

量边的误差和角度闭合差调整后的残余误差,使计算出的 $\sum \Delta x$、$\sum \Delta y$ 往往不等于

表 6-10 附合导线坐标计算

点号	转折角(左)/° ′ ″	改正后的角度/° ′ ″	坐标方位角 α/° ′ ″	距离 D/m	坐标增量/m		改正后的坐标增量/m		坐标/m		点号
					Δx	Δy	Δx	Δy	x	y	
	1	2	3	4	5	6	7	8	9	10	
A	+06 99 01 00	99 01 06	237 59 30								
B					+0.019 −207.821	−0.033 +88.172	−207.802	+88.139	2 507.687	1 215.630	B
1	+06 167 45 36	167 45 42	157 00 36	225.752	+0.012 −113.570	−0.020 +80.199	−113.558	+80.179	2 299.885	1 303.769	1
2	+06 123 11 24	123 11 30	144 46 18	139.033	+0.014 +6.133	−0.025 +172.462	+6.147	+172.437	2 186.327	1 383.948	2
3	+07 189 20 35	189 20 42	87 57 48	172.571	+0.008 −12.730	−0.015 +99.255	−12.722	+99.240	2 192.474	1 556.385	3
4	+06 179 59 18	179 59 24	97 18 30	100.068	+0.008 −13.019	−0.015 +101.656	−13.011	+101.641	2 179.752	1 655.625	4
C	+06 129 27 24	129 27 30	97 17 54	102.486					2 166.741	1 757.266	C
D			46 45 24								
			∑	739.91	−341.007	+541.744					

注:表格中,黑体字为已知数据,下划线字表示是原始观测数据。

$\alpha'_{CD} = 46°44'47''$ $\alpha_{CD} = 46°45'24''$ $f_\beta = \alpha'_{CD} - \alpha_{CD} = -37''$ $f_{\beta容} = \pm60''\sqrt{6} = \pm147''$ $\sum D = 739.91\text{m}$

$f_x = \sum \Delta x - (x_C - x_B) = -0.061\text{m}$ $f_y = \sum \Delta y - (y_C - y_B) = 0.108\text{m}$ $f = \sqrt{f_x^2 + f_y^2} = 0.124\text{m}$

$K = \dfrac{f}{\sum D} = \dfrac{1}{5\,967}$ $K_容 = \dfrac{1}{2\,000}$

$\sum \Delta x_理$、$\sum \Delta y_理$,产生的差值分别称为纵坐标增量闭合差 f_x,横坐标增量闭合差 f_y,即:

$$\begin{cases} f_x = \sum \Delta x - \sum \Delta x_理 = \sum \Delta x - (x_终 - x_始) \\ f_y = \sum \Delta y - \sum \Delta y_理 = \sum \Delta y - (y_终 - y_始) \end{cases} \tag{6-20}$$

f_x、f_y 的存在,使最后推得的 C' 点与已知的 C 点不重合。CC' 的距离用 f 表示,即为导线全长闭合差,则有:

$$f = \sqrt{f_x^2 + f_y^2} \tag{6-21}$$

f 值和导线全长 $\sum D$ 的比值 K 称为导线全长相对闭合差,即:

$$K = \frac{f}{\sum D} = \frac{1}{\sum D / f} \tag{6-22}$$

K 值的大小反映了导线测角和量边的综合精度。不同等级导线的相对闭合差的容许值可参见相应的《规范》。在本例中,K 的容许 $K_容$ 取 $\dfrac{1}{2\,000}$(表 6-7)。若 $K \leqslant K_容$,说明符合精度要求,可以进行坐标增量的调整;否则应分析错误,返工重测。

本例中,$K = \dfrac{f}{\sum D} = \dfrac{1}{5\,967} \leqslant \dfrac{1}{2\,000}$,说明观测数据合格。

当导线全长相对闭合差 K 小于等于限差时,可将坐标增量闭合差 f_x、f_y 按照"反其符号,按边长比例分配"的原则,将坐标增量闭合差分配到各边纵、横坐标增量上。纵、横坐标增量改正值 $V_{xi,i+1}$,$V_{yi,i+1}$ 分别为:

$$
\begin{cases}
V_{xi,i+1} = -\dfrac{f_x}{\sum D} \cdot D_{i,i+1} \\
V_{yi,i+1} = -\dfrac{f_y}{\sum D} \cdot D_{i,i+1}
\end{cases}
\tag{6-23}
$$

其中,i,$i+1$ 表示两个相邻点的点号。

坐标增量、增量闭合差、全长闭合差及全长相对闭合差在表 6-10 中的第 5、6 列中及表的下方进行计算。各边增量改正值按式(6-23)计算好后,写在坐标增量计算值的上方,并按其单位值对齐相应位数。

3. 未知导线点的坐标推算

对于相邻的导线点 i,$i+1$,已知 i 点的坐标(x_i,y_i),计算出了 i 到 $i+1$ 点的坐标增量 $(\Delta x_{i,i+1},\Delta y_{i,i+1})$ 及其改正数$(V_{xi,i+1},V_{yi,i+1})$,则可以求出 $i+1$ 点的坐标如下:

$$
\begin{cases}
x_{i+1} = x_i + \Delta x_{i,i+1} + V_{xi,i+1} \\
y_{i+1} = y_i + \Delta y_{i,i+1} + V_{yi,i+1}
\end{cases}
\tag{6-24}
$$

导线点坐标的推算在表 6-10 中的第 7、8 列中进行。本例中,附合导线从已知点 B 开始,依次推算出点 1、2、3、4、C 的坐标。当推算出的 C 点坐标与已知数据相等时,说明计算正确。否则,说明坐标增量闭合差未分配完,应进行检查,是因为计算错误产生的还是由于进位产生的。

对于单边定向附合导线,其计算与上述附合导线基本相同,只是无法求得角度闭合差(方位角闭合差),故只有坐标闭合差可供校核。如图 6-14 所示之钢尺量距图根附合导线略图,A、B 和 C 是高级控制点,α_{AB} 及 x_B、y_B、x_C、y_C 为起算数据,β_i 和 D_i 分别为角度和边长观测值,计算待定点 1、2、3、4 的坐标。与上例相比,少了已知方位角 α_{CD},而且没有在 C 点观测角度,则其计算过程可见表 6-11,此处不再叙述。

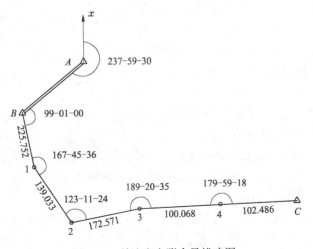

图 6-14　单边定向附合导线略图

表 6-11　单边定向附合导线坐标计算

点号	转折角（左）/° ′ ″	坐标方位角 α /° ′ ″	距离 D /m	坐标增量/m		改正后坐标增量/m		坐标/m		点号
				Δx	Δy	Δx	Δy	x	y	
	1	2	3	4	5	6	7	8	9	
A	99 01 00	**237 59 30**								
B				+0.004	−0.038			**2 507.687**	**1 215.630**	B
		157 00 30	225.752	−207.819	+88.178	−207.815	+88.140			
1	167 45 36			+0.002	−0.023			2 299.872	1 303.770	1
		144 46 06	139.033	−113.566	+80.206	−113.564	+80.183			
2	123 11 24			+0.003	−0.029			2 186.308	1 383.953	2
		87 57 30	172.571	+6.148	+172.461	+6.151	+172.432			
3	189 20 35			+0.002	−0.017			2 192.459	1 556.385	3
		97 18 05	100.068	−12.718	+99.257	−12.716	+99.240			
4	179 59 18			+0.002	−0.017			2 179.743	1 655.625	4
		97 17 23	102.486	−13.004	+101.658	−13.002	+101.641			
C								**2 166.741**	**1 757.266**	C
		∑	739.91	−340.959	+541.760					

$$f_x = \sum \Delta x - (x_C - x_B) = -0.013\text{m} \quad f_y = \sum \Delta y - (y_C - y_B) = 0.124\text{m} \quad f = \sqrt{f_x^2 + f_y^2} = 0.125\text{m} \quad K = \frac{f}{\sum D} = \frac{1}{5\,919}$$

注：表格中，黑体字为已知数据，下划线字表示是原始观测数据。

6.2.4.3　无定向附合导线的计算

　　如图 6-15 所示之钢尺量距图根无定向附合导线略图。在导线的两端各有一个已知点（高级点），而缺少起始和终止坐标方位角。B 和 C 是高级控制点，x_B、y_B、x_C、y_C 为已知坐标数据，在已知点间布设了 1、2、3、4 共 4 个待定点。观测了 5 条边长和 4 个转折角（左角）。已知点坐标及观测的边长、角度值填于表 6-12 中，计算亦在此表中进行。该算例为前例中的附合导线去掉了两个已知坐标方位角及在 B 和 C 点上的观测角度。计算的方法和步骤如下：

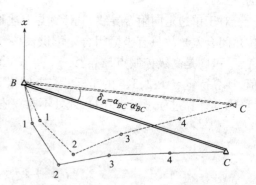

图 6-15　无定向附合导线计算示意图

　　1. 假设起始坐标方位，并计算假设条件下的坐标增量

　　无定向附合导线由于缺少起始坐标方位角，所以不能直接推算导线各边的方位角。但是，通过导线的两已知控制端点，可以间接地求得起始方位角。其方法为先假设一个起始的坐标方位角，然后计算导线各边在此假设下的坐标增量，再进行改正。

　　如图 6-15 所示，先假定 B—1 边的坐标方位角 $\alpha'_{B1} = 150°00'00''$（也可以假设为其他任意角度），在表 6-12 的第 1 列中填上导线的观测角度（左角），在第 2 列中推算各边的假设方位角 α'，在第 3 列中填上各边边长 D，用坐标正算公式计算各边的假定坐标增量 $\Delta x'$、$\Delta y'$，填于表中第 4、5 列，并取其总和 $\sum \Delta x'$、$\sum \Delta y'$，作为 B、C 两点间的假设坐标增量：

$$\begin{cases} \Delta x'_{B,C} = \sum \Delta x' \\ \Delta y'_{B,C} = \sum \Delta y' \end{cases} \tag{6-25}$$

2. 求出方位角改正值及闭合边相对误差

按坐标反算公式,计算 B、C 两点间的假设长度 D'_{BC}(B、C 两点间的长度称为闭合边)和假设坐标方位角 α'_{BC}。然而,根据 B、C 两点的已知坐标,按坐标反算公式可以算得闭合边的真长度 D_{BC} 和真坐标方位角 α_{BC},其几何意义如下:假设坐标方位角和假设坐标增量,相当于把真正的导线围绕 B 点旋转了角度:

$$\theta = \alpha'_{BC} - \alpha_{BC} \tag{6-26}$$

定义方位角改正为:

$$\delta_\alpha = \alpha_{BC} - \alpha'_{BC} \tag{6-27}$$

δ_α 角称为真假方位角差。根据 δ_α 角,可以将导线各边的假设坐标方位角改正为真正的坐标方位角:

$$\alpha_{i,i+1} = \alpha'_{i,i+1} + \delta_\alpha \tag{6-28}$$

改正后的各边坐标方位角填写于表 6-12 中第 6 列中。

表 6-12　无定向附合导线坐标计算

点号	转折角(左)/(° ′ ″)	假设坐标方位角 α'/(° ′ ″)	距离 D/m	假设坐标增量/m		改正后方位角 α/(° ′ ″)	改正后距离 D/m	坐标增量/m		坐标/m		点号
				$\Delta x'$	$\Delta y'$			Δx	Δy	x	y	
	1	2	3	4	5	6	7	8	9	10	11	
B									−0.001	**2 507.687**	**1 215.630**	B
		150 00 00	225.752	−195.507	112.876	157 00 48	225.713	−207.790	+88.145			
1	167 45 36									2 299.897	1 303.774	1
		137 45 36	139.033	−102.931	93.463	144 46 24	139.009	−113.553	+80.182			
2	123 11 24									2 186.344	1 383.956	2
		80 57 00	172.571	27.145	170.423	87 57 48	172.541	+6.132	+172.432			
3	189 20 35									2 192.476	1 556.388	3
		90 17 35	100.068	−0.512	100.067	97 18 23	100.051	−12.724	+99.239			
4	179 59 18									2 179.752	1 655.627	4
		90 16 53	102.486	−0.503	102.485	97 17 41	102.468	−13.011	+101.639			
C										**2 166.741**	**1 757.266**	C
		$\sum$	739.91	−272.308	579.314			−340.946	+541.637			

$D'_{BC} = 640.122\text{m}$　$D_{BC} = 640.011\text{m}$　$K = \dfrac{|D'_{BC} - D_{BC}|}{D'_{BC}} = \dfrac{1}{5\,767}$　$R = \dfrac{D_{BC}}{D'_{BC}} = 0.999\,826\,6$

$\alpha'_{BC} = 115°10'34''$　$\alpha_{BC} = 122°11'22''$　$\delta_\alpha = \alpha_{BC} - \alpha'_{BC} = 7°00'48''$　$\delta\Delta x = 0$　$\delta\Delta y = +0.001$

注:表格中,黑体字为已知数据,下划线字表示是原始观测数据。

由于导线测量中存在误差,所以由假设坐标增量算得闭合边的假设长度 D'_{BC} 和根据 B、C

两点的已知坐标算得的真长度D_{BC}往往不相等,其相对误差K为:

$$K = \frac{|D_{BC} - D'_{BC}|}{D'_{BC}} \tag{6-29}$$

K是无定向导线中惟一可以检验测量误差的指标,目前各专业《规范》中对此误差限还没有规定,在实际使用中,可以根据应用的实际要求,同时参照附合导线误差限的规定,作出判断。

闭合边的真假长度比R为:

$$R = \frac{D_{BC}}{D'_{BC}} \tag{6-30}$$

用此值乘以导线各边长观测值,得到改正后的边长,填写于表6-12中的第7列。

3. 坐标增量和坐标的计算

用改正后的边长和坐标方位角计算各边坐标增量Δx、Δy,填写于表6-12中第8、9两列。由于经过了方位角改正和边长改正,所以导线各边、角的数据已符合两端已知点坐标所控制的数值,故其坐标增量总和应满足下面的式子,即:

$$\begin{cases} \sum \Delta x = x_C - x_B \\ \sum \Delta y = y_C - y_B \end{cases} \tag{6-31}$$

或

$$\begin{cases} \delta \Delta x = \sum \Delta x - (x_C - x_B) = 0 \\ \delta \Delta y = \sum \Delta y - (y_C - y_B) = 0 \end{cases} \tag{6-32}$$

当根据坐标增量,从B点坐标依次计算到C点坐标,其结果与所给的C点坐标结果一致时,说明坐标增量满足上面的式子,而且计算正确。

6.2.4.4 支导线的计算

支导线中没有多余观测值,所以,它也不会产生任何数据间的校核关系,因此也无法对观测角度和计算出的坐标增量值作任何的改正。支导线的计算步骤如下:

(1)根据已知起始坐标方位角和观测的导线转折角推算各导线边的坐标方位角;

(2)根据所测得的导线边长和推算出坐标方位角计算各边的坐标增量;

(3)根据给定的已知高级点坐标和计算出的坐标增量推算各点的坐标。

6.2.5 导线测量错误的检查

在导线计算过程中,如果发现闭合差超限,则应首先检查计算是否出错,然后检查是否是内业计算时抄录错误,或是外业观测记录错误。如果都没有发现问题,则说明导线外业中边长或角度测量有错误,应到现场去返工。但在去现场前,如果能分析出错误可能发生在何处,则应首先到该处重测,以尽量减少工作量。

错误查找主要是针对带有多余观测数据的导线,而没有多余观测的导线(如支导线),若其中有角度或距离测错,则完全是无法知道的。因此,在导线设计阶段,应最好将导线布设成完整的附合导线的形状,这样,不但可以检查观测数据,同时对给定的高级控制点的坐标也是一个检查。

6.2.5.1 一个角度测错的查找方法

1. 方法一

对于附合导线来说,分别从导线两端的已知点坐标及已知坐标方位角出发,按支导线计算导线各点的坐标,得到两套坐标。如果某一个导线点的两套坐标值非常接近,则该点的转折角最有可能测错。

如图 6-16 所示,设附合导线的第 2 点上的转折角 β_2 发生了 $\Delta\beta$ 的错误,使角度闭合差超限。如果分别从导线两端的已知坐标方位角推算各边的方位角,则到测错角度的第 2 点为止推算的坐标方位角仍然是正确的。经过第 2 点的转折角 β_2 以后,导线边的坐标方位角开始向错误方向偏转,而且点位坐标的偏离值会愈来愈大。

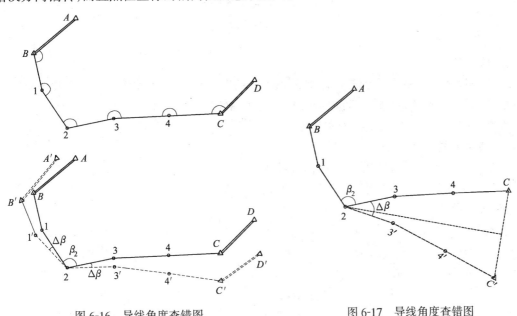

图 6-16　导线角度查错图　　　　　　　图 6-17　导线角度查错图

该方法同样适合于闭合导线,只是从同一个已知点及已知坐标方位角出发,分别沿顺时针和逆时针方向按支导线法计算出两套坐标,以寻找两套坐标值中最为接近的导线点。

2. 方法二

对于单边附合导线来说,如图 6-17 所示,设附合导线的第 2 点上的转折角 β_2 发生了 $\Delta\beta$ 的错误,使角度闭合差超限。则此时利用含粗差的观测值及已知坐标推算的 C' 点与 C 点不重合,由图示的几何关系可知,作线段 CC' 的中垂线,则该中垂线必然通过产生水平角粗差的测站 2 站。

考虑到观测数据和已知点的误差,则水平角测错的定位条件为:发生水平角错误的测站点距过线段 CC' 的中垂线的垂直距离最小。

该方法同样适合于闭合导线和附合导线。

6.2.5.2 一条边长测错的查找方法

对附合导线来说,当角度闭合差在允许的范围内而坐标增量闭合差超限时,说明边长测量有错误。在图 6-18 中，设导线边 2—3 中发生错误 ΔD。由于其他各边和各角没有发生错误，因此，从第 3 点开始及以后各点均产生一个平行于 2—3 边的位移量 ΔD。由图示的几何关系可知，导线全长闭合差即等于 ΔD，而且导线全长闭合差的方位角 α_f 即等于 2—3 边的坐标方位角，或其加减 $180°$。

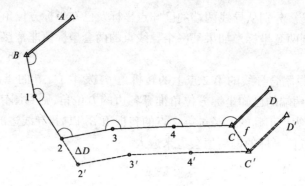

图 6-18　导线中有一条边的边长测错

考虑到观测数据和已知点的误差，则距离测错的定位条件为：方位角与导线全长闭合差的方位角 α_f（或其加减 $180°$）最接近的导线边，其与正确的导线长度相差约为 f。

该方法同样适合于闭合导线及单边定向导线。

6.2.6　结点导线

在布设导线时，常会遇到由于测区内高级控制点比较稀少而造成导线长度超过规定值的情况，这时可布设结点导线来满足要求。结点导线最简单的形式是单结点导线。所谓结点，就是若干条导线相遇于一个连接点，如图 6-19 所示。图中 B、D、F 是高级控制点，它们的坐标和 A—B、C—D 及 E—F 边的坐标方位角都是已知的。由 B、D、F 起分别布设三条导线交于结点 G，构成单结点导线网。在结点 G 附近另外任选一点 H，在 G 点观测从 H 到各条导线的连接角，使之构成三条独立导线，GH 称为结边。

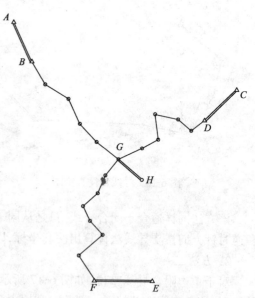

图 6-19　具有一个结点的结点导线略图

显然，由三条导线推算出的结边 GH 的坐标方位角及结点 G 的坐标不会完全一致。由于各条导线的转折角和距离都不相同，由误差理论可以知道，不同精度独立观测值的最或是值是加权平均值。下面以图 6-19 为例说明结点导线的计算过程。

6.2.6.1　结边方位角的推算

由 A—B、C—D 及 E—F 三条起始边分别推算出 G—H 边的三个方位角为 α_{GH1}、α_{GH2}、α_{GH3}。每个推算方位角的权与每条导线的转折角个数成反比，即 $p_i = \dfrac{c}{n_i}$（c 为任选常数，n 为转折角个数，i 表示不同的导线）。则加权平均值为：

$$\alpha_{GH} = \frac{p_1 \cdot \alpha_{GH1} + p_2 \cdot \alpha_{GH2} + p_3 \cdot \alpha_{GH3}}{p_1 + p_2 + p_3} = \alpha_0 + \frac{\sum\limits_{i=1}^{3} p_i \cdot \Delta\alpha_{GHi}}{\sum\limits_{i=1}^{3} p_i} \tag{6-33}$$

式中　　α_0——加权平均值的近似值,一般取 α_{GH} 的整数部分;

　　　　$\Delta\alpha_{GHi}$——余数,$\Delta\alpha_{GHi} = \alpha_{GHi} - \alpha_0$。

计算见表6-13。

表6-13　结边方位角计算

导线编号	起始边	结边	结边的坐标方位角 α	导线角数 n	权 $p=\frac{10}{n}$	余数 $\Delta\alpha$	$p \cdot \Delta\alpha$	结边方位角加权平均值 α_{GH}
1	A—B		145°44′35″	9	1.11	+95″	105.5″	
2	C—D	GH	145°43′05″	7	1.43	+05″	7.2″	145°43′28″
3	E—F		145°42′55″	8	1.25	−05″	−6.3″	

$\sum p = 3.79$　　$\sum p_i \cdot \Delta\alpha = 106.4″$

求出 α_{GH} 后,按附合导线角度闭合差计算与调整的方法改正各导线观测角的数值,从而求出每一条边的坐标方位角。

6.2.6.2　结点坐标值的计算

根据测得的边长及调整后的各边方位角计算各边的坐标增量,再以 B、D、F 为起点分别求得 G 点的坐标(x_{Gi}, y_{Gi})。G 点的坐标值由加权平均值来定,其权可按与每条导线全长成反比的原则,即:$p_i = c/\sum D_i$(c 为任意常数,$\sum D_i$ 为每条导线总长),则 G 点的坐标值可由下式求出:

$$\begin{cases} x_G = \dfrac{p_1 \cdot x_{G1} + p_2 \cdot x_{G2} + p_3 \cdot x_{G3}}{p_1 + p_2 + p_3} = x_{G0} + \dfrac{\sum\limits_{i=1}^{3} p_i \cdot \Delta x_{Gi}}{\sum\limits_{i=1}^{3} p_i} \\[6mm] y_G = \dfrac{p_1 \cdot y_{G1} + p_2 \cdot y_{G2} + p_3 \cdot y_{G3}}{p_1 + p_2 + p_3} = y_{G0} + \dfrac{\sum\limits_{i=1}^{3} p_i \cdot \Delta y_{Gi}}{\sum\limits_{i=1}^{3} p_i} \end{cases} \tag{6-34}$$

式中　　x_{G0}、y_{G0}——加权平均值的近似值,一般取 x_G、y_G 的整数部分;

　　　　Δx_{Gi}、Δy_{Gi}——余数。

计算数据列于表6-14。

最后,将 x_G、y_G 作为已知坐标值,A—G、C—G、E—G 三条导线分别按附合导线坐标增量闭合差计算与调整原则(没有方位附合的附合导线),求出每条导线各点的坐标值,见表6-15。

表 6-14　结点纵坐标计算表

导　线编　号	起始点	结　点	结点纵坐标 x/m	导　线长　度 $\sum D_i$	权 $p = \dfrac{1}{\sum D_i}$	余　数 Δx	$p \cdot \Delta x$	结点纵坐标加权平均值 x_G
1	B		1 452.682	1.30	0.77	+ 0.182	+ 0.140 1	
2	D	G	1 452.511	0.95	1.05	+ 0.011	+ 0.011 6	1 452.587
3	F		1 452.594	1.10	0.91	+ 0.094	+ 0.085 5	

$$\sum p = 2.73 \qquad \sum p_i \cdot \Delta x = 0.237\ 2$$

表 6-15　结点横坐标计算表

导　线编　号	起始点	结　点	结点横坐标 y/m	导　线长　度 $\sum D_i$	权 $p = \dfrac{1}{\sum D_i}$	余　数 Δy	$p \cdot \Delta y$	结点横坐标加权平均值 y_G
1	B		2 682.152	1.30	0.77	− 0.048	− 0.037 0	
2	D	G	2 682.245	0.95	1.05	+ 0.045	+ 0.047 3	2 682.237
3	F		2 682.301	1.10	0.91	+ 0.101	+ 0.091 9	

$$\sum p = 2.73 \qquad \sum p_i \cdot \Delta y = 0.102\ 2$$

6.3　控制点加密

当现有的控制点密度不能满足测图或施工的需要时，可以进行控制点加密。加密控制点时，若手边无全站仪，且现场条件致使钢尺量距有一些困难或控制点之间的通视不佳，此时可以采用除导线测量以外的其他的一些方法。这些方法中，较经典的是一些传统的交会方法，如：前方交会、后方交会、侧方交会、测边交会等。

6.3.1　前方交会

如图 6-20a 所示，已知点 A、B 的坐标 (x_A, y_A) 和 (x_B, y_B)。在 A、B 两点设站，测得 A、B 两角，通过解算三角形算出未知点 P 的坐标 (x_P, y_P)，此方法即为前方交会。

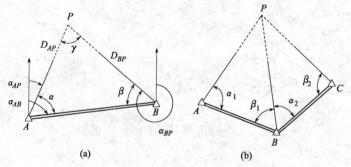

图 6-20　前方交会图

(a)两个起始点；(b)三个起始点

前方交会的计算方法主要是余切公式计算法。

若 AP 边的距离和方位角已知，就可以用坐标正算公式求得 P 点的坐标 (x_P, y_P)，即：

$$\begin{cases} x_P = x_A + D_{AP} \cdot \cos\alpha_{AP} \\ y_P = y_A + D_{AP} \cdot \sin\alpha_{AP} \end{cases} \tag{6-35}$$

或

$$\begin{cases} x_P - x_A = D_{AP} \cdot \cos\alpha_{AP} \\ y_P - y_A = D_{AP} \cdot \sin\alpha_{AP} \end{cases}$$

从图 6-20a 可知，$\alpha_{AP} = \alpha_{AB} - \alpha$，代入上式则得：

$$\begin{cases} x_P - x_A = D_{AP} \cdot \cos\alpha_{AP} = D_{AP} \cdot \cos(\alpha_{AB} - \alpha) = D_{AP}(\cos\alpha_{AB}\cos\alpha + \sin\alpha_{AB}\sin\alpha) \\ y_P - y_A = D_{AP} \cdot \sin\alpha_{AP} = D_{AP} \cdot \sin(\alpha_{AB} - \alpha) = D_{AP}(\sin\alpha_{AB}\cos\alpha - \cos\alpha_{AB}\sin\alpha) \end{cases}$$

因为

$$\begin{cases} \cos\alpha_{AB} = \dfrac{x_B - x_A}{D_{AB}} \\ \sin\alpha_{AB} = \dfrac{y_B - y_A}{D_{AB}} \end{cases}$$

则

$$\begin{cases} x_P - x_A = \dfrac{D_{AP} \cdot \sin\alpha}{D_{AB}}[(x_B - x_A)\cot\alpha + (y_B - y_A)] \\ y_P - y_A = \dfrac{D_{AP} \cdot \sin\alpha}{D_{AB}}[(y_B - y_A)\cot\alpha - (x_B - x_A)] \end{cases}$$

根据正弦定理，得：

$$\frac{D_{AP}}{D_{AB}} = \frac{\sin\beta}{\sin\gamma} = \frac{\sin\beta}{\sin(\alpha + \beta)}$$

则

$$\frac{D_{AP} \cdot \sin\alpha}{D_{AB}} = \frac{\sin\alpha\sin\beta}{\sin(\alpha + \beta)} = \frac{1}{\cot\alpha + \cot\beta}$$

故

$$\begin{cases} x_P - x_A = \dfrac{(x_B - x_A)\cot\alpha + (y_B - y_A)}{\cot\alpha + \cot\beta} \\ y_P - y_A = \dfrac{(y_B - y_A)\cot\alpha - (x_B - x_A)}{\cot\alpha + \cot\beta} \end{cases}$$

移项化简得

$$\begin{cases} x_P = \dfrac{x_A\cot\beta + x_B\cot\alpha - y_A + y_B}{\cot\alpha + \cot\beta} \\ y_P = \dfrac{y_A\cot\beta + y_B\cot\alpha + x_A - x_B}{\cot\alpha + \cot\beta} \end{cases} \tag{6-36}$$

上式称为余切公式或变形的戎格公式。

必须指出:①在推导出式(6-36)时,是假设△ABP(图 6-20a)的点号是依 A、B、P 按逆时针方向编号的,其中 A、B 是已知点,P 为未知点。②为了避免外业观测发生错误,并提高未知点 P 的精度,在一般测量规范中,都要求布设有三个起始点的前方交会(图 6-20b)。这时在 A、B、C 三个已知点向 P 点观测,测出了四个角值:α_1、β_1、α_2、β_2,分两组计算 P 点坐标。计算时可按△ABP 求出 P 点坐标(x_P',y_P'),再按△BCP 求出 P 点坐标(x_P'',y_P'')。当这两组坐标的较差在容许限差内,则取它们的平均值作为 P 点的最后坐标。在一般测量规范中,规定容许的最大位移 e 不大于测图比例尺精度的两倍,即:

$$e = \sqrt{\delta_x^2 + \delta_y^2} \leqslant 2 \times 0.1\text{mm} \cdot M = \frac{M}{5\,000}(\text{m})$$

式中　$\delta_x = |x_P' - x_P''|$,$\delta_y = |y_P' - y_P''|$;

　　　M——测图比例尺分母。

前方交会余切公式计算的算例见表 6-16。

表 6-16　前方交会计算算例

计算者　杨××
检查者　张××

示意图	实地观测图

点　名		观测角/° ′ ″		角之余切		X/m		Y/m	
A	F1	α_1	<u>40-41-57</u>	$\cot\alpha_1$	1.162 641	x_A	**7 477.54**	y_A	**6 307.24**
B	F2	β_1	<u>75-19-02</u>	$\cot\beta_1$	0.262 024	x_B	**7 327.20**	y_B	**6 078.90**
P	M4			$\sum$	1.424 665	x_P'	7 194.57	y_P'	6 226.42
B	F2	α_2	<u>59-11-35</u>	$\cot\alpha_2$	0.596 284	x_B	**7 327.20**	y_B	**6 078.90**
C	F3	β_2	<u>69-06-23</u>	$\cot\beta_2$	0.381 735	x_C	**7 163.69**	y_C	**6 046.65**
P	M4			$\sum$	0.978 019	x_P''	7 194.54	y_P''	6 226.42
点位位移 e		$e = \sqrt{\delta_x^2 + \delta_y^2} = \pm 0.03\text{m}$		P 点坐标平均值		x_P	7 194.56	y_P	6 226.42

注:表格中,黑体字为已知数据,下划线字表示是原始观测数据。

6.3.2　侧方交会

如图 6-21 所示,已知点 A、B 的坐标(x_A,y_A)和(x_B,y_B)。在已知点 A(或 B)及未知点 P

上设站,测得角 α(或 β)和 γ,通过解算三角形算出未知点 P 的坐标(x_P,y_P),此方法即为侧方交会。在计算 P 点坐标时,可以通过如下的公式先求出另一个已知点上的角度: $\beta=180°-\alpha-\gamma$(或 $\alpha=180°-\beta-\gamma$),这样就和前方交会的情形一致了,于是就可以应用前方交会的计算公式进行计算。

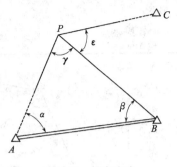

图 6-21　侧方交会

为了检查观测角和已知点 A、B 的坐标是否有错,以及计算是否正确,侧方交会常采用检查角法检核,即根据已知点 B、C 的坐标和求出的 P 点坐标,求出角 $\varepsilon_{计}=\alpha_{PB}-\alpha_{PC}$,与观测值 $\varepsilon_{观}$ 进行比较作为检核。

在三角形$\triangle BCP$ 中,已知三点的坐标,则可计算出 PB、PC 边的方位角:

$$
\begin{cases} R_{PB}=\left|\arctan\dfrac{\Delta y_{PB}}{\Delta x_{PB}}\right| \\[2mm] \alpha_{PB}=f(R_{PB}) \end{cases}
\qquad
\begin{cases} R_{PC}=\left|\arctan\dfrac{\Delta y_{PC}}{\Delta x_{PC}}\right| \\[2mm] \alpha_{PC}=f(R_{PC}) \end{cases}
$$

式中　R_{PB}、α_{PB}、R_{PC}、α_{PC}——分别为 P 到 B 的象限角和方位角及 P 到 C 的象限角和方位角;

f——象限角到方位角的转换函数。

$$
\varepsilon_{计}=\alpha_{PC}-\alpha_{PB}
$$

检查角 $\varepsilon_{测}$ 与 $\varepsilon_{计}$ 的较差为:

$$
\Delta\varepsilon''=\varepsilon_{计}-\varepsilon_{测} \tag{6-37}
$$

$\Delta\varepsilon''$如果过大,则说明存在错误。其判别的标准是通过对 P 点的横向位移值 e 的限制来确定的。从图 6-21 可以看出:

$$
D_{PC}=\frac{\Delta y_{PC}}{\sin\alpha_{PC}}=\frac{\Delta x_{PC}}{\cos\alpha_{PC}}
$$

$$
e=\frac{D_{PC}\cdot\Delta\varepsilon''}{\rho''}
$$

即

$$
\Delta\varepsilon''=\frac{e}{D_{PC}}\rho'' \tag{6-38}
$$

一般测量规范中规定允许的最大横向位移 $e_{允}$ 不大于测图比例尺精度的两倍,即:

$$
e_{允}=2\times0.1M \quad (M\ 为比例尺分母)
$$

所以

$$
\Delta\varepsilon''_{允}=\frac{M}{5\,000\times D_{PC}}\rho'' \tag{6-39}
$$

式中,D_{PC}以米为单位。

当 $\Delta\varepsilon''\leqslant\Delta\varepsilon''_{允}$时,由$\triangle ABP$ 计算出的 P 点坐标是合格的。

侧方交会计算的算例见表 6-17。

表 6-17　侧方交会计算算例

计算者　杨××
检查者　张××

示意图	实地观测图
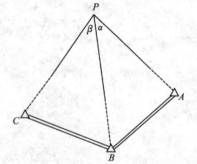	

点　名		观测角/° ′ ″	角之余切		X/m		Y/m	
A	F1	α <u>47-59-42</u>	cotα	0.900 562	x_A	**6 244.732**	y_A	**8 117.809**
B	F2	β <u>63-33-46</u>	cotβ	0.497 214	x_B	**5 551.322**	y_B	**8 413.701**
P	M4	γ <u>68-26-32</u>	$\sum$	1.397 776	x_P	6 009.668	y_P	8 804.528
			$\varepsilon_测$	46-40-45	x_C	**5 182.270**	y_C	**8 894.741**
检查计算（角度单位 ° ′ ″）	α_{PB}	220-27-14	α_{PC}	173-46-39				
	$\varepsilon_算$	46-40-35	$\Delta\varepsilon$	0-00-10	比例尺分母： M = 1 000			
	D_{PC}	832.302m	$\Delta\varepsilon_允$	0-00-50				

注：表格中，黑体字为已知数据，下划线字表示是原始观测数据。

6.3.3　后方交会

如图 6-22 所示，A、B、C 为三个已知坐标点，P 为待定坐标点。在点 P 上设站，测得水平角 α 和 β，然后根据 A、B、C 三点的坐标和 α、β 计算 P 点的坐标。此方法即为后方交会。

6.3.3.1　计算方法

计算后方交会点坐标的实用公式很多，下面介绍两种常用的计算公式。

1. 余切公式

余切公式又成为后方交会的直接公式。

如图 6-22 所示，三个已知点的坐标分别为：$A(x_A,y_A)$、$B(x_B,y_B)$、$C(x_C,y_C)$，α、β 为观测角。则求取点 P 的坐标 (x_P,y_P) 的公式为（推求过程从略）：

$$\begin{cases} x_P = x_B + \Delta x_{BP} = x_B + \dfrac{a - b \cdot k}{1 + k^2} \\ y_P = y_B + \Delta y_{BP} = y_B + k \cdot \Delta x_{BP} \end{cases} \tag{6-40}$$

图 6-22　后方交会

138

式中

$$\begin{cases} a = (x_A - x_B) + (y_A - y_B)\cot\alpha \\ b = -(y_A - y_B) + (x_A - x_B)\cot\alpha \\ c = (x_B - x_C) - (y_B - y_C)\cot\beta \\ d = -(y_B - y_C) - (x_B - x_C)\cot\beta \\ k = \dfrac{a+c}{b+d} \end{cases}$$

应用式(6-40)时应注意:①点 A、B、C 应按顺时针方向排列;②角 α 是从 PA 方向顺时针转到 PB 方向的角度,角 β 是从 PB 方向顺时针转到 PC 方向的角度。

余切公式计算后方交会计算的算例见表6-18。

表 6-18　后方交会计算算例(余切公式)

计算者　杨××
检查者　张××

示意图					实地观测图		

点　名		X/m		Y/m		观测角/° ′ ″		角之余切
A	F1	x_A　**1 406.593**		y_A　**2 654.051**		α	<u>51-06-17</u>	$\cot\alpha$　0.806 762
B	F2	x_B　**1 659.232**		y_B　**2 355.537**		β	<u>46-37-26</u>	$\cot\beta$　0.944 864
C	F3	x_C　**2 019.396**		y_C　**2 264.071**				

计算	a	− 11.809 2	k	1.808 3	x_P	1 869.202	y_P	2 735.226
	b	− 502.333 5	Δx_{BP}	209.970				
	c	− 446.586 9	Δy_{BP}	379.689				
	d	248.840 0						

注:表格中,黑体字为已知数据,下划线字表示是原始观测数据。

2. 仿权公式

设由三个已知点 A、B、C 所构成的已知三角形的三个内角为 A、B、C 角,而在待定点 P 所观测的角度为 α、β、γ,则令:

$$\begin{cases} p_A = \dfrac{1}{\cot A - \cot\alpha} = \dfrac{\tan\alpha \cdot \tan A}{\tan\alpha - \tan A} \\ p_B = \dfrac{1}{\cot B - \cot\beta} = \dfrac{\tan\beta \cdot \tan B}{\tan\beta - \tan B} \\ p_C = \dfrac{1}{\cot C - \cot\gamma} = \dfrac{\tan\gamma \cdot \tan C}{\tan\gamma - \tan C} \end{cases}$$

则待定点 P 的坐标为：

$$\begin{cases} x_P = \dfrac{p_A x_A + p_B x_B + p_C x_C}{p_A + p_B + p_C} \\[3mm] y_P = \dfrac{p_A y_A + p_B y_B + p_C y_C}{p_A + p_B + p_C} \end{cases}$$

如果把 p_A、p_B、p_C 看作为 A、B、C 三点的权，则待定点 P 的坐标为已知点 A、B、C 三点坐标的加权平均值。因此这一公式便称为仿权公式，又称为重心公式。

使用仿权公式时，点名及角度编号必须按如下的规定确定：①点 A、B、C 应按顺时针方向排列；②角 α 是从 PB 方向顺时针转到 PC 方向的夹角，角 β 是从 PC 方向顺时针转到 PA 方向的夹角，角 γ 是从 PA 方向顺时针转到 PB 方向的夹角。

仿权公式计算后方交会计算的算例见表 6-19。

表 6-19　后方交会计算算例(仿权公式)

计算者　杨××
检查者　张××

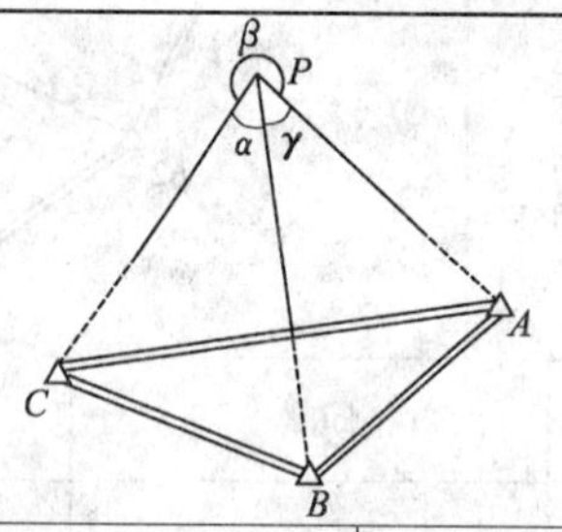

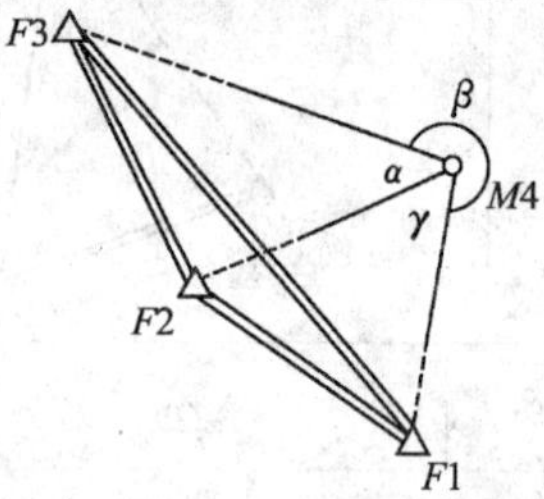

点　名		X/m		Y/m		观测角/°′″		角之余切	
A	F1	x_A	**1 406.593**	y_A	**2 654.051**	α	46-37-26	$\cot\alpha$	0.944 864
B	F2	x_B	**1 659.232**	y_B	**2 355.537**	β	262-16-17	$\cot\beta$	0.135 714
C	F3	x_C	**2 019.396**	y_C	**2 264.071**	γ	51-06-17	$\cot\gamma$	0.806 762
计算	$\angle A$	17-17-09	$\cot A$	3.213 429		p_A	0.440 807	x_P	1 869.204
	$\angle B$	144-29-29	$\cot B$	−1.401 503		p_B	−0.650 526	y_P	2 735.224
	$\angle C$	18-13-22	$\cot C$	3.037 447		p_C	0.448 293		
						Σ	0.238 574		

注:表格中,黑体字为已知数据,下划线字表示是原始观测数据。

6.3.3.2　危险圆问题

后方交会求解未知点时，一个需要特别注意的问题就是危险圆。以三个已知点为圆周点所决定的圆称为危险圆。凡位于危险圆上的未知点 P，无论采用何种计算公式，其结果均无解。

如图 6-23 所示，P 点若选在已知 $\triangle ABC$ 的外接圆的圆周上时，观测角 α、β 在圆周上任何一处，其角值均不变。也就是说，同一组 α、β 角值可以算得无限个 P 点坐标，这在计算过程中的表现就是无解。

140

以仿权公式为例,若 P 点位于 $\triangle ABC$ 的外接圆的圆周上,观测角与已知角有如下的关系:

$$\angle A = \alpha, \angle B = \beta - 180°, \angle C = \gamma$$

故

$$p_A = \frac{1}{\cot A - \cot \alpha} = \infty$$

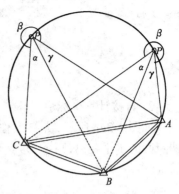

图 6-23　危险圆

所以,在实际测量中,为保证求解未知点 P 的惟一性,P 点不能布设在危险圆上,同时为保证未知点的定位精度,未知点 P 也不能靠近危险圆,一般规定未知点 P 离开危险圆的距离不小于该圆半径的 1/5。

在求解坐标前,预先判断 P 点离开危险圆的方法主要有:①图解法,即用较准确的观测略图判断。②解析法,即要求 $\alpha + \beta + \angle C$ 不得在 $160° \sim 200°$ 之间。

6.3.3.3　检核方法

与前面所述的前方交会和侧方交会相同,为了防止外业工作中的 α、β 角观测错误或内业计算中的已知点坐标抄写错误,需要有一个多余的观测作为检核。常用的方法是在未知点 P 上加测一个已知控制点的方向,从而在 P 点可以有 3 个独立的水平角。检核的方法有两种:①将 4 个已知点分为两个独立的 3 点组(两组中,有且仅有两个已知点相同),分别作两次独立的后方交会计算,将计算出的 P 点坐标进行比较,看是否满足限差的要求。②如同侧方交会一样,取图形结构较好的 3 个已知点计算 P 点的坐标,第三个角用作检核角 ε,按(6-37)式计算 $\Delta \varepsilon$ 的值,再用 P 点的横向位移允许值作为检核条件。

6.3.4　测边交会

如图 6-24a 所示,A、B 为两个已知点,P 为待定坐标点。通过测定已知点和待定点之间的水平距离 D_{AP}、D_{BP},来求解点 P 的坐标。这一方法称为测边交会,或距离交会。

常用的测边交会计算方法有以下两种:

1. 测边交会化为前方交会法

如图 6-24a 所示,在 $\triangle ABP$ 中,根据点 A、B 的坐标,可以求得 A、B 点间的水平距离 D_{AB},记为 c。同时又观测了水平距离 D_{AP}、D_{BP},分别记为 b、a。则按三角形的三边长度 a、b、c,用余弦定理计算出 α、β 角值,然后再根据 A、B 点的坐标及 α、β 角,用前方交会的公式计算出 P 点的坐标。

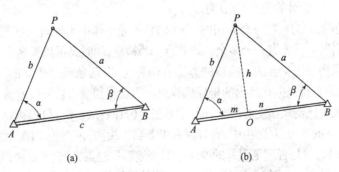

(a)　　　　　　　(b)

图 6-24　测边交会

(a)测边交会化为前方交会;(b)直接计算坐标法

141

$$\begin{cases} \alpha = \arccos \dfrac{b^2 + c^2 - a^2}{2bc} \\ \beta = \arccos \dfrac{a^2 + c^2 - b^2}{2ac} \end{cases} \quad\quad (6\text{-}42)$$

2. 直接计算坐标法

如图 6-24b 所示,从 P 点作 AB 边的垂线,垂足为 O,得辅助线段 PO。若用 $D_{i,j}$ 表示 i、j 两点间的水平距离,则令 $D_{P,O} = h$,$D_{A,O} = m$,$D_{B,O} = n$。从而在 $\triangle APO$、$\triangle BPO$ 中,有:

$$\cot\alpha = \frac{m}{h}, \cot\beta = \frac{n}{h}$$

将上两式带入前方交会余切式(6-36),则有:

$$\begin{cases} x_P = \dfrac{n x_A + m x_B - h(y_A - y_B)}{n + m} \\ y_P = \dfrac{n y_A + m y_B + h(x_A - x_B)}{n + m} \end{cases} \quad\quad (6\text{-}43)$$

式中,h、m、n 可以由下面的式子求出。

在 $\triangle ABP$、$\triangle AOP$ 中,分别有:

$$\cos\alpha = \frac{c^2 + b^2 - a^2}{2cb}, \cos\alpha = \frac{m}{b}$$

故得到

$$m = \frac{c^2 + b^2 - a^2}{2c}$$

$$n = c - m = \frac{c^2 + a^2 - b^2}{2c}$$

同样,在 $\triangle APO$、$\triangle BPO$ 中,有:

$$h = \sqrt{b^2 - m^2} = \sqrt{a^2 - n^2}$$

使用直接计算坐标法时,应注意以下两点:①点 A、B、P 是按逆时针方向排列的;②在公式中,$\angle A$、$\angle B$、$\angle C$ 所对的边分别记为 a、b、c。

与前面所述的前方交会、后方交会相同,为了防止外业工作中出现边长观测错误或内业计算中的已知点坐标抄写错误,需要有一个多余的观测点作为检核,同时又可以提高 P 点坐标的精度。在测边交会中,通常采用三边交会法。检核的方法有两种:①取两条近似正交的边计算坐标,而取第三条测边作为检核。若设根据计算出的坐标反算出的边长与测量边长的较差值为 ΔD,则对于地形控制点,当 ΔD 不大于比例尺精度的两倍,即:$\Delta D \leqslant 2 \times 0.1 M (\text{mm})$ 时,可以确认成果合格。②将三条测边分为两个独立的两边组(两组中,有且仅有 1 条测边相同),分别作两次独立的计算,将计算出的 P 点坐标进行比较,看是否满足限差的要求。对于地形控制点,一般要求两组算得的点位较差不大于两倍的比例尺精度。当成果合格时,取两组坐标的平均值作为 P 点坐标。

直接坐标法计算测边交会的算例见表 6-20。

表 6-20 测边交会计算算例

计算者 杨××
检查者 张××

示意图						实地观测图			m

点	名		X		Y		观测边		第一组计算
A	F1	x_A	**2 019.396**	y_A	**2 264.071**	a	<u>469.679</u>		
B	F2	x_B	**1 406.593**	y_B	**2 654.051**	b	<u>494.512</u>		
计算		c	726.369	n	346.703	x_P	1 869.204		
		m	379.666	h	316.852	y_P	2 735.223		

点	名		X		Y		观测边		第二组计算
A	F1	x_A	**2 019.396**	y_A	**2 264.071**	a	<u>433.863</u>		
B	F2	x_B	**1 659.232**	y_B	**2 355.537**	b	<u>494.512</u>		
计算		c	371.597	n	110.038	x_P	1 869.185		
		m	261.559	h	419.677	y_P	2 735.217		

检核	点位偏差 e	$\sqrt{\delta_x^2 + \delta_y^2} = \sqrt{19^2 + 6^2} \approx 20mm \leqslant 100mm$		
	坐标平均值	x_P 1 869.195	y_P 2 735.220	测图比例尺 1:500

注:表格中,黑体字为已知数据,下划线字表示是原始观测数据。

6.3.5 两点后方交会

当用全站仪进行两点后方交会时,若设仪器在未知点 P 设站,依据全站仪定义的观测程序,输入已知点 A、B 的坐标,然后分别瞄准 A、B 点,测出 P 点到 A、B 点的水平距离 D_{PA}、D_{PB},以及水平角 $\angle APB$,利用全站仪内置的程序即可计算出位置点的坐标。

如果输入 A 或 B 点的高程,以及 A、B 点的目标高(棱镜高)和 P 点的仪器高,即可计算并显示出 P 点的高程。

全站仪可以用多个已知点进行后方交会(最多可用 10 余个已知点),只要测量各方向间的夹角,便可由全站仪的内置程序计算出 P 点的多组坐标值,最后可自动用最小二乘法进行平差,得到最后的结果。

由于全站仪的种类较多,各厂家仪器的观测程序和计算方法也不尽相同,因此使用时要详细阅读说明书。

6.4 三、四等水准测量

三、四等水准测量,除用于国家高程控制网的加密外,还常用作小地区的首级高程控制。

三、四等水准网应从附近的国家一、二等水准点引测高程。三、四等水准路线应尽量以附合路线布设在两高等水准点之间,在没有条件布设成闭合或附合路线时,也可布设成支水准路线。对于三、四等闭合或附合路线来说,其长度分别不应大于 45km、15km。水准点密度可根据实际需要来定,一般在 1~2km 左右应埋设普通水准标石或临时水准点标志。常用的混凝土普通水准标石和墙脚水准标石,如图 6-25 所示。

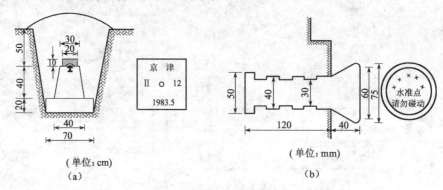

图 6-25　水准点标志

(a)混凝土普通水准标石;(b)墙脚水准标石

三、四等水准测量应使用不低于 DS₃ 级水准仪,标尺可使用双面尺、单面整尺或因瓦尺,通常使用的是双面尺,两根标尺黑面的底数均为 0,红面的底数一根为 4.687m,一根为 4.787m。

如某规范中对三、四等水准测量高差闭合差的规定如表 6-21 所示。

表 6-21　某规范对三、四等水准测量高差闭合差的规定

等　级	每千米高差中误差/mm	附合路线长度/km	水准尺	水准仪型号	往返较差或环线闭合差/mm	
					平原丘陵	山　区
三等	±6	45	双面	DS_3	$\leqslant \pm 12\sqrt{L}$	$\leqslant \pm 15\sqrt{L}$
			因瓦	DS_1、DS_{05}		
四等	±10	15	双面单面	DS_3	$\leqslant \pm 20\sqrt{L}$	$\leqslant \pm 25\sqrt{L}$
			因瓦	DS_1		

注:L 为水准路线长度,以 km 为单位。

对视线长度和读数误差的限差规定如表 6-22 所示。

表 6-22　某规范对视线长度和读数误差的限差规定

等　级	视线长度/m	视线高度	前后视距差/m	前后视距累计差/m	黑红面读数差/mm	黑红面高差之差/mm
三等	80	三丝能读数	3.0	6.0	2.0	3.0
四等	100	三丝能读数	5.0	10.0	3.0	5.0

1.观测方法

采用双面水准尺三丝读数法,测站的操作程序如下:

(1)用圆水准器整平仪器。

(2)将望远镜照准后视标尺黑面(此时,后视尺可以用标尺上的圆水准器使标尺竖立),用

144

微倾螺旋使符合水准器气泡两端的影像准确符合,消除视差,读取下、上丝读数①、②及中丝读数③;(带圆圈的数字代表在表6-23中观测和记录顺序)。

（3）照准前视尺黑面,使符合气泡符合,读取下、上丝读数④、⑤及中丝读数⑥。

（4）转动前视尺面,照准前视尺红面,读取中丝读数⑦。

（5）转动后视尺面,照准后视尺红面,使符合气泡符合,读取中丝读数⑧。

这种"后—前—前—后"的观测顺序,主要是为了抵消水准仪与水准尺下沉产生的误差。四等水准测量每站的观测顺序也可以为"后—后—前—前",即"黑—红—黑—红"。

表中各次中丝读数③、⑥、⑦、⑧是用来计算高差的,因此,在每次读取中丝读数前,都要注意使符合气泡符合,即使符合气泡的两个半像严密重合。

2．测站的计算、校核与限差

（1）视距计算

后视距离⑨＝100×（①－②）

前视距离⑩＝100×（④－⑤）

前、后视距差⑪＝⑨－⑩,三等水准测量,不得超过±3m;四等水准测量,不得超过±5m。

前、后视距累计差,本站⑫＝前站⑫＋本站⑪,三等不得超过±6m,四等不得超过±10m。

表6-23　三(四)等水准测量观测手簿

测自A至B　日期2003年10月15日　仪器编号:BL-S3002

开始7时05分　天气晴、微风　观测者:张××

结束8时34分　成像清晰稳定　记录者:杨××

测站编号	点　号	后尺	下丝	前尺	下丝	方向及尺号	水准尺中丝读数		K+黑－红	平均高差	备注
			上丝		上丝		黑面	红面			
		后视距离		前视距离							
		前后视距差		累计差							
		①		④		后 前 后-前	③ ⑥ ⑮	⑧ ⑦ ⑯	⑭ ⑬ ⑰	⑱	
		②		⑤							
		⑨		⑩							
		⑪		⑫							
1	A—转1	1.587 1.213 37.4 -0.2		0.755 0.379 37.6 -0.2		后01 前02 后-前	1.400 0.567 +0.833	6.187 5.255 +0.932	0 -1 +1	+0.832 5	
2	转1—转2	2.111 1.737 37.4 -0.1		2.186 1.811 37.5 -0.3		后02 前01 后-前	1.924 1.998 -0.074	6.611 6.786 -0.175	0 -1 +1	-0.074 5	
3	转2—转3	1.916 1.541 37.5 -0.2		2.057 1.680 37.7 -0.5		后01 前02 后-前	1.728 1.868 -0.140	6.515 6.556 -0.041	0 -1 +1	-0.140 5	
4	转3—转4	1.945 1.680 26.5 -0.2		2.121 1.854 26.7 -0.7		后02 前01 后-前	1.812 1.987 -0.175	6.499 6.773 -0.274	0 +1 -1	-0.174 5	
5	转4—B	0.675 0.237 43.8 +0.2		2.902 2.466 43.6 -0.5		后01 前02 后-前	0.466 2.684 -2.218	5.254 7.371 -2.117	-1 0 -1	-2.217 5	

校核计算：$\sum ⑨ - \sum ⑩ = 182.6 - 183.1 = -0.5$，末站 ⑱ $= -0.5$

$$\frac{1}{2}\left(\sum ⑮ + \sum ⑯ - 0.100\right) = 1/2[-1.774 + (-1.675) - 0.100] = -1.7745$$

$$\sum ⑱ = -1.7745$$

(2)黑、红面读数差

前尺　⑬ $= ⑥ + K_1 - ⑦$

后尺　⑭ $= ③ + K_2 - ⑧$

K_1、K_2 分别为前尺、后尺的红黑面常数差。三等不得超过 $\pm 2mm$，四等不得超过 $\pm 3mm$。

(3)高差计算

黑面高差　⑮ $= ③ - ⑥$

红面高差　⑯ $= ⑧ - ⑦$

检核计算　⑰ $= ⑭ - ⑬ = ⑮ - ⑯ \pm 0.100$，三等不得超过 3mm，四等不得超过 5mm。

高差中数　⑱ $= \frac{1}{2}(⑮ + ⑯ \pm 0.100)$

上述各项记录、计算见表 6-23。观测时，若发现本测站某项计算值超限，应立即重测本测站。只有各项限差均检查无误后，方可搬站。

3．每页计算的总校核

在每测站校核的基础上，应进行每页计算的校核。

$$\sum ⑮ = \sum ③ - \sum ⑥$$

$$\sum ⑯ = \sum ⑧ - \sum ⑦$$

$$\sum ⑨ - \sum ⑩ = 本页末站 ⑫ - 前页末站 ⑫$$

$$\sum ⑱ = \frac{1}{2}\left(\sum ⑮ + \sum ⑯\right) \text{测站数为偶数}$$

$$\sum ⑱ = \frac{1}{2}\left(\sum ⑮ + \sum ⑯ \pm 0.100\right) \text{测站数为奇数}$$

4．水准路线测量成果的计算、校核

三、四等附合或闭合水准路线高差闭合差的计算、调整方法与普通水准测量相同。当测区范围较大时，要布设多条水准路线。为了使各水准点高程精度均匀，必须把各线段连在一起，构成统一的水准网。对水准网观测数据，采用最小二乘原理进行平差，从而求解出各水准点的高程。

6.5　电磁波测距三角高程测量

当地形高低起伏较大，不便于进行水准测量时，可应用三角高程测量的方法测定两点间的高差而求得未知点的高程。该方法较水准测量精度低，可用于一些常规任务的高程控制及碎部测量。

6.5.1　三角高程测量的原理

如图 6-26 所示，S 为测站点，其高程为 H_S，T 为待定目标点，D_{ST} 为测站至目标点的平距，Z_{ST} 为仪器至目标点的天顶距，i 为仪器高，t 为目标高，则 S 点到 T 点的高差计算公式为：

$$h_{ST} = D_{ST} \cdot \tan\alpha + i - t \qquad (6\text{-}44)$$

其中,竖直角 α 为:

$$\alpha = 90° - Z_{ST} \qquad (6\text{-}45)$$

则所求 T 点的高程为:

$$H_T = H_S + h_{ST} = H_S + D_{ST} \cdot \tan\alpha + i - t \quad (6\text{-}46)$$

事实上,在全站仪测量中,可以直接得到仪器中心到棱镜中心的高差 h',其值即为公式(6-44)中的 $D_{ST} \cdot \tan\alpha$。

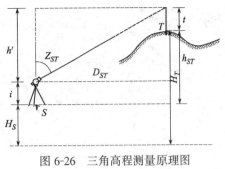

图 6-26　三角高程测量原理图

6.5.2　地球曲率和大气折光对高差的影响

式(6-44)、式(6-46)是在假设地球表面为水平面(即把水准面当作水平面),认为观测视线是直线的条件下得到的。当地面上两点间的距离较近时(一般在 300m 内)是适用的。如果两点间的距离大于 300m,则就要考虑到地球曲率的影响,应进行曲率改正,称为球差改正;同时,观测视线受大气垂直折光的影响而成为一条向上凸起的弧线,应进行大气垂直折光差改正,称为气差改正;这两项改正合称为球气差改正,简称两差改正。

若记两差改正值为 f,则其值为:

$$f = (1 - k) \cdot \frac{D_{ST}^2}{2R} \qquad (6\text{-}47)$$

式中　k——大气折光系数(一般取值为 0.14);

　　　R——地球半径。

考虑了两差改正的高差计算公式为:

$$h_{ST} = D_{ST} \cdot \tan\alpha + i - t + (1 - k) \cdot \frac{D_{ST}^2}{2R} \qquad (6\text{-}48)$$

在大多数全站仪中,k 值可以选择或设置,通过全站仪的内置程序,可以极大地改正球、气差的影响。由于式(6-47)是经验式,实际大气的影响是较复杂的,因此在三角高程测量中,常常采用对向观测,取对向观测所得高差之差的平均值,以抵消两差的影响。

6.5.3　三角高程测量的计算

三角高程测量的往测或返测高差按式(6-48)计算。由对向观测所求得往、返测高差(经两差改正)之差 $f_{\Delta h}$ 的容许值对于四等光电测距三角高程测量来说一般为:

$$f_{\Delta h 容} = \pm 40 \sqrt{D_{ST}} (\text{mm}) \qquad (6\text{-}49)$$

式中,D_{ST} 为两点间的水平距离,以 km 为单位。

如图 6-27 所示的三角高程测量控制网略图,在 A、B、C、D 四点间进行了三角高程测量,构成了闭合线路。已知 A 点的高程为 450.56m,已知数据及观测数据注于图 6-27 上,并列表进行计算,如表 6-24 及表 6-25 所示。

由对向观测所求得高差平均值,计算闭合或附合线路的高差闭合差 f_h 的容许值对于四等光电测距三角高程测量来说同四等水准测量的要求,在山区为:

$$f_{h 容} = \pm 25 \sqrt{\sum D_i} (\text{mm}) \qquad (6\text{-}50)$$

147

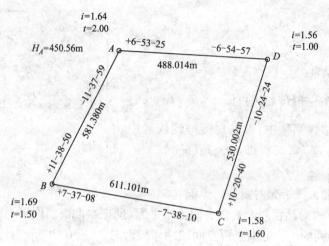

图 6-27 三角高程测量控制网略图

式中 D_i——相邻两点之间的边长。

表 6-24 电磁波三角高程测量高差计算

起算点	A		B		…
待求点	B		C		…
往返测	往	返	往	返	…
观测高差 h'	−119.69	+119.84	81.74	−81.93	…
仪器高 i	1.64	1.69	1.69	1.58	…
棱镜高 t	1.50	2.00	1.60	1.50	…
两差改正 f	0.02	0.02	0.02	0.02	…
单向高差	−119.53	+119.55	+81.85	−81.83	…
平均高差	−119.54		+81.84		…

表 6-25 三角高程测量高差调整及高程计算

点 号	水平距离 /m	计算高差 /m	改正值 /m	改正后高差 /m	高 程 /m
1	2	3	4	5	6
A					450.56
	581.380	−119.54	−0.01	−119.55	
B					331.01
	611.101	+81.84	−0.01	+81.83	
C					412.84
	530.002	+97.35	−0.01	+97.34	
D					510.18
	488.014	−59.62	0.00	−59.62	
A					450.56
$\sum$	2 210.497	+0.03	−0.03	0	
高差闭合差 及 容许闭合差	$f_h = +0.03\text{m}$ $f_{h容} = \pm 25\sqrt{2.21} = \pm 0.037\text{m}$				

148

6.6 全站仪在控制测量中的应用

全站仪是集电子经纬仪和测距仪于一体的整体式电子测量仪器,它不仅可以同时测角、测距,而且还能够自动显示、记录、传输、存储数据,并对数据进行处理,全站仪真正地实现了测量工作的自动化。通过全站仪,可以在野外直接测得点的坐标和高程,也可以将观测值直接传输到野外的电子手簿、平板电脑或笔记本电脑中,在现场实现计算及图形显示。在当前的实际工程应用中,和水准仪一样,它是普遍使用的常规测量仪器之一。

全站仪基本组成包括电子经纬仪、光电(如红外光、激光等)测距仪、微处理器和数据自动记录装置(如记录模块、PCMCIA 卡等)、数据传输接口等。全站仪的各部件及其名称如图4-29所示。

第 4 章第 6 节概括地论述了徕卡 TPS 1100 全站仪的系统功能和应用程序,在本节中,就以徕卡全站仪中的导线测量应用程序为例,说明一下全站仪在控制测量中的应用。

在徕卡 TPS 1100 系列仪器的导线测量中,利用方向和距离等数据,程序可连续地计算测站坐标和配置水平度盘。对于一个已知点来说,由观测值确定的坐标偏差可立即求出并显示出来。这些坐标和方向的偏差都没有进行平差,这就是说,导线程序所进行的计算是按支导线来解算的。数据存储在 PCMCIA 卡上,可在以后利用适当的软件程序来处理。

以单边附合导线为例,仪器中程序的操作过程如下:

1. 在主菜单状态下选择导线测量菜单(TRAVERSE)。如图 6-28a 所示,为导线测量应用程序的主菜单。导线测量菜单中提供了如下的几个功能:①设站。当将仪器设置到未知坐标的导线点上时,选择此功能。②旁支导线点。当在主导线的某导线点上有旁支导线时,选择此功能。③闭合点输入。当导线测量进行到最后一个测站,观测的前视点是已知点时,选择此功能。④新导线。当开始一条新的导线测量时,选择此功能。⑤结束导线测量程序。

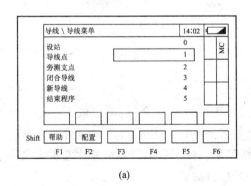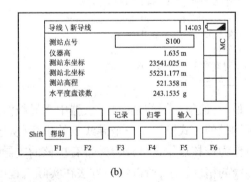

图 6-28　导线程序菜单示例

(a)导线测量主菜单;(b)新导线菜单

2. 选择"新导线"功能(直接按数字键 4 ,或用方向键将光标条移到新导线栏,并按回车)。如图 6-28b 所示,为新导线菜单。在新导线程序对话框中,输入测站点号、仪器高、目标点号、目标高、测站坐标并配置起始方位角(该方位角可以任取下面的三种中的一种:①默认系统的设置;②输入后视点坐标,并对后视点进行观测,从而配置度盘;③直接输入)。然后,瞄准第一个未知坐标导线点进行观测(水平角度、水平距离和高差)。

3. 回到导线主菜单,并选择"设站"功能。仪器确认此前观测的目标点为本次观测的测站,输入仪器高、目标点号、目标高,并对后视点及前视未知导线点进行观测。

4．同上一步,直至观测到最后一个测站。

5．回到导线主菜单,选择"闭合点输入",输入单边附合导线的最后一个已知导线点的坐标,此时屏幕将显示出导线略图。

6．回到导线主菜单,选择"结束导线测量程序",退出导线测量。

当观测结束后,程序将产生一个日志文件存储于 PCMCIA 卡中。如上所述,一个典型的单边附合导线的日志文件如下所示。

```
LeicaVIPTraverseV.2.10
仪器：          TCM1800,No.43000
用户模式：      User1
测量文件：      FILE01.GSI
程序启动：      2002.2.33.10:25
后视点：        500
测站：          Pt.1
                E = -0.679 9m,N = 9.546 5m,H = 400.066 2m,hi = 1.530 0m
测站:Pt.2
        E = -13.460 2m,N = 10.522 8m,H = 600.176 0m,hi = 1.650 0m
测站:Pt.3
        E = -26.512 3m,N = 16.872 1m,H = 401.265 0m,hi = 1.610 0m
最后的导线点:501
                E = -77.994 9m,N = 25.036 7m,H = 400.188 1m
闭合点:501
        E = -78.011 6m,N = 24.999 6m,H = 400.188 1m
导线点数：      4
导线长度：      82.784 8m
水平闭合差：    0.040 7m
垂直闭合差：    0.000 0m
y 坐标闭合差：  -0.016 7m
x 坐标闭合差：  -0.037 1m
相对精度：      83 596
```

最后,值得一提的是,对于仪器中无导线测量程序的全站仪来说,可以依次在导线点上用坐标测量的方式测出下一个导线点的坐标(从已知起始导线点开始),并将最后的一个已知导线点作为校核点。这可视为是带有检核的支导线测量。由于目前仪器的精度常常大大高于图根导线的精度要求,所以这一方法在实际工程中是可行的。

6.7　GPS 及其在控制测量中的应用

GPS(全球定位系统),是英文 Navigation System Timing and Ranging/Global Positioning System(授时与测距导航系统/全球定位系统)的简称。该系统是由美国国防部于 1973 年组织研制,历时 20 年,于 1993 年建设完成,主要为军方提供导航与定位服务的系统。GPS 利用卫星发射的无线电信号进行导航定位,具有全球性、全天候、高精度、快速实时的三维导航、定位、测速和授时功能。

除了军事上的应用,GPS 系统还大规模地应用于民用领域。自 1986 年 GPS 开始系统地引入我国,便因其定位速度快、成本低、不受天气影响、观测点间无需通视、不需建标、仪器轻巧、操作方便等优点,逐步在测绘工作中推广开来。

6.7.1　GPS 系统的组成

GPS 定位系统主要由空间卫星部分(卫星星座)、地面监控部分(地面部分)和用户设备部分(GPS 接收机)三部分组成,如图 6-29 所示。

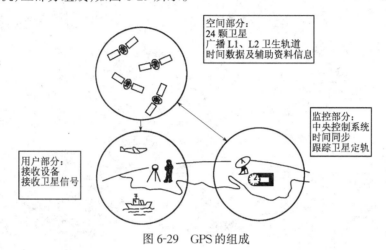

空间部分:
24 颗卫星
广播 L1、L2 卫生轨道
时间数据及辅助资料信息

监控部分:
中央控制系统
时间同步
跟踪卫星定轨

用户部分:
接收设备
接收卫星信号

图 6-29　GPS 的组成

1. 空间卫星部分

如图 6-30 所示,GPS 卫星星座由 24 颗卫星组成,其中有 21 颗工作卫星,3 颗备用卫星。卫星分布在 6 个近圆形轨道面内,每个轨道上有 4 颗卫星。卫星轨道面相对于地球赤道面的倾角为 55°,各轨道面升交点赤经相差 60°,轨道平均高度为 20 200km。卫星运行周期为 11h 58min。在世界任何地区,任何时候至少可以同时接受 4 颗卫星信号,最多可以接受到 11 颗卫星信号。每颗卫星上装有 4 台高精度的原子钟(2 台铯钟、2 台铷钟),称为卫星钟,以提供高精度的时间标准。

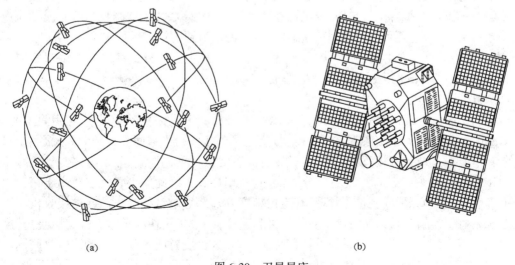

(a)　　　　　　　　　　　　　　　(b)

图 6-30　卫星星座
(a)24 颗卫星;(b)卫星主体

151

GPS 卫星的主要功能是:接收存储或执行地面监控站传来的导航信号和控制信号,连续不断地发送导航定位的 GPS 信号,以导航电文提供自身的现时位置及其他卫星的概略位置。

2.地面监控部分

如图 6-31 所示,地面监控部分由分布在世界各地的五个地面站组成。按功能可分为监测站、主控站和注入站三种。

图 6-31　地面监控站

监测站设在科罗拉多、阿松森群岛、迭哥伽西亚、卡瓦加兰和夏威夷,其主要任务是完成对 GPS 卫星信号的连续观测,并将收集的数据和当地气象观测资料,经处理后传送到主控站。

主控站设在美国科罗拉多空间中心。它不仅协调管理地面监控系统,还负责将监测站的观测资料联合处理,推算卫星星历、卫星钟差和大气修正参数,并将这些数据编制成导航电文送到注入站。另外它还可以调整偏离轨道的卫星,使之沿预定轨道运行或启用备用卫星

注入站设在阿松森群岛、迭哥伽西亚、卡瓦加兰。其主要任务是将主控站编制的导航电文,通过直径为 3.6m 的天线注入给相应的卫星。

3.用户设备部分

用户设备是指 GPS 卫星接收机。其主要任务是捕获卫星信号,跟踪并锁定卫星信号;对接收的卫星信号进行处理,测量出 GPS 信号从卫星到接收机天线间传播的时间;接收卫星发射的导航电文,实时计算接收机天线的三维位置、速度和时间。

GPS 接收机种类很多,按用途可分为:①测地型接收机。此类接收机主要用于精密大地测量、工程测量、地壳形变测量等领域,其定位精度高。②导航型接收机。此类接收机主要用于运动载体的导航,它可以实时给出载体位置和速度,一般采用伪距单点定位,其定位精度不高。③授时型接收机。其作用是提供精密时标,如天文台授时或一些工业系统的时间同步控制等。④姿态测量型。这类接收机可提供载体的航偏角、俯仰角和滚动角,主要用于船只、飞机及卫星的姿态测量。

GPS 接收机主要由 GPS 接收机天线、GPS 接收机主机和电源三部分组成,如图 6-32 所示。

图 6-32　GPS 接收机

6.7.2　GPS 定位原理

GPS 定位系统的基本观测量是距离,定位原理是空间距离交会,如图 6-33 所示。

在待定点上安置好 GPS 接收机天线,测定卫星到接收机天线中心的距离,该距离是由卫星发送的测距码信号到达 GPS 接收机天线中心的传播时间乘以光速所得。

由于测定中存在卫星钟误差、接收机钟误差、电离层延迟及对流层折射等影响,因此接收机测定的信号传播时间有误差,从而测定的距离也就有误差,故而这个距离值称为伪距,用 $\tilde{\rho}$ 表示,则有:

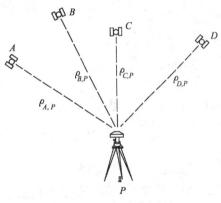

$$\rho = \tilde{\rho} + c(\delta_t^i + \delta_t) + \delta_\rho^I + \delta_\rho^T \qquad (6\text{-}51)$$

图 6-33　GPS 定位原理

式中　c——光速;

δ_t^i——第 i 颗卫星的信号发射瞬间的卫星钟误差改正数,由卫星导航电文中给出;

δ_t——信号接收时刻的接收机钟误差改正数,不能直接得到,一般作为未知参数;

δ_ρ^I——电离层延迟改正值,一般用公式加以改正;

δ_ρ^T——对流层延迟改正值,一般用公式加以改正;

ρ——第 i 颗卫星到接收机的实际几何距离。

而根据卫星坐标及接收机天线中心坐标,可以计算出卫星到接收机的几何距离如下:

$$\rho = \left[(X_S - x)^2 + (Y_S - y)^2 + (Z_S - z)^2 \right]^{\frac{1}{2}} \qquad (6\text{-}52)$$

式中　X_S、Y_S、Z_S——卫星坐标,根据卫星导航电文求得;

x、y、z——待定的接收机天线中心坐标。

对比式(6-51)和式(6-52)可知:

153

$$\left[(X_S - x)^2 + (Y_S - y)^2 + (Z_S - z)^2 \right]^{\frac{1}{2}} = \tilde{\rho} + c(\delta_t^i + \delta_t) + \delta_\rho^I + \delta_\rho^T$$

该式中,有四个未知数,分别为接收机天线中心坐标(x,y,z)和接收机钟误差改正数δ_t。因此,用户至少需要同时观测 4 颗卫星,测得 4 个伪距,从而求解出 4 个未知数,得到接收机天线中心的坐标并进而求出地面待定点的坐标(地面待定点与天线中心的经纬度相同,而高程上相差一个天线高值)。

6.7.3 伪距测量与载波相位测量

1. 伪距测量

相对于下面叙述的载波相位测量而言,伪距测量方法简单、可靠,不需考虑信号失锁对实时定位可能产生的影响,但由于时间延迟不能测得很准确,因此用伪距测量来进行定位的精度不高。

2. 载波相位测量

载波相位测量能够提供精确的卫星到接收机天线中心的距离值。它是通过测定卫星载波信号在发射时的相位与接收时的相位之差来间接求得距离的。

载波相位测量能够及时地测定信号从发射到接收时的不足一个整周期(2π)的相位差,但不能确定在此过程中载波相位信号传播的整周期数,因此需要应用特别的算法来进行计算。

6.7.4 GPS定位方法

GPS定位的方法有多种,根据接收机的运动状态可分为静态定位和动态定位,根据定位的模式又可分为绝对(单点)定位和相对定位(差分定位),按数据的处理方式可分为实时定位和后处理定位。

1. 静态定位和动态定位

所谓静态定位是指待定点相对于周围固定点没有可觉察的运动,或者说运动非常缓慢,以致在一次观测时间内觉察不出来。静态定位通过大量的重复观测来提高精度,一般在毫米级到厘米级的范围,是一种高精度定位的方法,常用于大地测量、精密工程测量、地震监测等。而动态定位则是指待定点相对于周围固定点有可觉察的运动,这时待定点往往是位于运动载体上。动态定位可以测定待定点不同时刻的位置,从而确定运动物体的轨迹,动态定位多余观测量少,定位精度低。根据运动载体的速度不同,动态定位往往又分为低(低速)动态定位和高(速)动态定位。

2. 单点定位和相对定位

单点定位又称为绝对定位。在一个待定点上,用一台接收机独立跟踪 GPS 卫星,从而测定待定点(天线相位中心)的绝对坐标。由于单点定位受卫星星历误差、大气延迟误差等影响较大,所以定位精度较低,一般只能达到几十米的精度。单点定位主要用于船舶、飞机导航及海洋勘探等精度要求不高的行业中。

相对定位又称为差分定位,是应用两台或多台接收机同步跟踪相同的卫星,以确定各台接收机之间的相对位置(三维坐标差或基线向量)。只要给定一个测站的坐标,即可求出其他点的坐标。由于各台接收机同步观测相同的卫星,因此有不少误差(如卫星钟的钟误差、卫星星历误差、卫星信号在大气中传播的误差等)是大体相同的,在相对定位过程中可以有效地予以消除或减弱,从而大幅度地提高定位精度。相对定位方法在工程应用中目前已非常普遍。

3. 实时定位和后处理定位

对 GPS 信号的处理，从时间上可划分为实时处理和后处理。实时处理就是一边接收卫星信号一边进行计算，实时地解算出接收机天线所在的位置、速度等信息；后处理是指把卫星信号记录在一定的数据载体(如接收机内存、记录模块或 PCMCIA 卡)上，回到室内统一进行数据处理以进行定位。

一般说来，静态定位多采用后处理，而动态定位多采用实时处理。

在 GPS 刚引入测量工作中时，其主要的应用方向在于大地控制测量、大型工程测量等大范围、高精度的测量领域，那时所进行的工作方式主要是静态测量。但随着快速静态测量、准动态测量、动态测量尤其是实时动态测量工作方式的出现，GPS 在测绘领域中的应用便开始深入到各项细部的测量工作之中，其实时、精确、灵活、高效的特点使其在常规测量中日益显示出其自身的优越性。

由于 GPS 测量所涉及到的理论、方法、模型和应用等内容范围很广且专业性较强，因此，本节介绍的重点在于小区域控制测量。目前 GPS 已开始应用于古树的保护工作，在北京香山公园古树普查中，应用 GPS 对所有的古树进行了定位测量。相信在不远的将来，随着 GPS 应用的不断普及，它将能够应用于园林工程的测量中。

6.7.5　GPS 小区域控制测量

GPS 小区域控制测量是指应用 GPS 技术建立小区域控制网。常规的小区域控制形式有全站仪导线网、经纬仪三角网等。GPS 控制网的建立可以采用静态的测量方法，也可以采用动态的测量方法，这可以由应用的精度要求而定；同样，其数据处理可以采用后处理的方法，也可以采用实时处理的方法，这可以由应用的工作要求而定。

一般说来，GPS 控制网的建立与应用与常规地面测量方法建立控制网相类似，按其工作性质可以分为外业工作和内业工作。外业工作主要包括选点、建立测站标志、野外观测以及成果质量检核等；内业工作主要包括 GPS 控制网的技术设计、数据处理及技术总结等。也可以按照 GPS 测量实施的工作程序大体分为 GPS 网的技术设计、仪器检验、选点与建立标志、外业观测与成果检核、GPS 网的平差计算以及技术总结等若干阶段。

下面，以 GPS 静态相对定位方法为例，简要地说明一下 GPS 控制的实施过程。

6.7.5.1　GPS 控制网的技术设计

GPS 控制网的技术设计是建立 GPS 网的第一步，其原则上包括以下的几个方面。

1. 充分考虑建立控制网的应用范围

应根据工程的近期、中长期的需求确定控制网的应用范围。

2. 采用的布网方案及网形设计

GPS 网的布设应视其目的，作业时卫星状况，预期达到的精度，成果可靠性以及效率综合考虑，按照优化设计原则进行。

适当地分级布设 GPS 网，可以使全网的结构呈长短边相结合的形式，与全网均由短边构成的全面网相比，可以减少网的边缘处误差的积累，也便于 GPS 网的数据处理和成果检核分阶段进行，但由于 GPS 测量有许多优越性，所以也并不要求 GPS 网按常规控制网分许多等级布设。

GPS 网形设计是指根据工程的具体要求和地形情况，确定具体的布网观测方案。通常在进行 GPS 网设计时，需要顾及测站选址、仪器设备装置与后勤交通保障等因素；当观测点位、接收机数量确定后，还需要设计各观测时段的时间及接收机的搬站顺序。GPS 网一般由一个或若干个独立观测环组成,也可采用路线形式。

3.GPS 测量的精度标准

国家测绘局 1992 年制定的我国第一部《GPS 测量规范》将 GPS 的测量精度分为 A～E 五级,以适应于不同范围、不同用途要求的 GPS 工程,表 6-26 列出了规范对不同级别 GPS 控制网精度的要求。GPS 测量的精度标准通常用网中相邻点之间的距离中误差来表示,其形式为:

$$\sigma = \pm \sqrt{a^2 + (b \cdot d)^2} \tag{6-53}$$

式中　σ——距离中误差(mm);

　　　a——固定误差(mm);

　　　b——比例误差系数(ppm);

　　　d——相邻点间的距离(km)。

表 6-26　规范对不同级别 GPS 控制网精度的要求

级　　别	固定误差 a/mm	比例误差 b/ppm
A	≤5	≤0.1
B	≤8	≤1
C	≤10	≤5
D	≤10	≤10
E	≤10	≤20

4.坐标系统与起算数据

GPS 测量得到的是 GPS 基线向量,其坐标基准为 WGS-84 坐标系,而实际工程中,往往需要的是属于国家坐标系或地方独立坐标系中的坐标。为此,在 GPS 网的技术设计中,必须说明 GPS 网的成果所采用的坐标系统和起算数据。

在将 WGS-84 坐标转换到地方坐标时,所进行的坐标变换一般包含了以下的过程:

(1)WGS-84 空间直角坐标系转换到国家坐标系(或地方坐标系)中的空间直角坐标系;

(2)将转换后的空间直角坐标变换为地理坐标;

(3)对地理坐标进行必要的投影,转化为所使用的投影坐标(如高斯直角坐标);

(4)若地方坐标系只是普通的平面直角坐标系,则应建立投影坐标系与地方坐标系的转换关系。

要进行上述的工作,一般应了解以下的几个参数:

(1)至少 3 个已知国家坐标系(或地方独立坐标系)坐标的点;

(2)所采用的参考椭球体,一般是以国家坐标系的参考椭球为基础;

(3)坐标系的中央子午线的经度值;

(4)纵、横坐标的加常数;

(5)坐标系的投影面高程及测区平均高程异常值;

(6)起算点的坐标。

在实际工作中,若难以找到以上参数的资料,也可以通过分析计算的方法处理。

5.GPS 点的高程

为了得到 GPS 点的正常高,应使一定数量的 GPS 点与水准点重合,或者对部分 GPS 点联测水准。若需要进行水准联测,则在进行 GPS 布点时应对此加以考虑。

6.7.5.2 选点与建立点位标志

由于 GPS 观测站之间不要求相互通视,而且网形结构灵活,所以选点工作较常规测量要简便得多,根据测量任务的目的和测区状况、精度和密度的要求等,收集有关布网任务与测区的资料(包括测区小比例地形图,已有各类大地点、站的资料等),以便恰当地选定 GPS 点的点位。在选定 GPS 点点位时,应遵守以下几点原则:

1. 周围应便于安置接收设备,便于操作,视野开阔,视场内周围障碍物的高度角一般应小于 15°。

2. 远离大功率无线电发射源(如电视台、微波站等),其距离不小于 400m;远离高压输电线,其距离不小于 200m。

3. 点位附近不应有强烈干扰卫星信号接收的物体,并尽量避开大面积水域。

4. 交通方便,有利于其他测量手段扩展和联测。

5. 地面基础稳定,易于点的保存。

为了较长期地保存点位,GPS 控制点一般应设置具有中心标志的标石,精确地标志点位,点的标石和标志必须稳定、坚固。最后,应绘制点之记、测站环视图和 GPS 网图,作为提交的选点技术资料。

6.7.5.3 GPS 测量的外业工作

外业测量是指利用 GPS 接收机采集来自 GPS 卫星的电磁波信号。在进行外业工作前,应对所选定的接收机进行严格的检验并根据作业计划对 GPS 接收机的相应参数进行设置(如项目名称、数据采样间隔、截止高度角等)。GPS 外业测量过程大致可分为天线安置、观测作业、外业成果记录和野外观测数据的检查等。外业观测应严格按照技术设计时所拟定的观测计划进行实施,这是顺利完成观测任务的保证。

1. 天线安置

天线的精确安置是实现精密定位的前提条件之一。一般情况下,天线应尽量利用三脚架安置在标志中心的垂线方向上,直接对中;天线的圆水准泡必须居中;天线定向标志线应指向正北(顾及当地地磁偏角的影响,定向误差不应大于 ±5°)。

天线安置后,应在各观测时段的前后各量取天线高一次。两次量高之差不应大于 3mm。取平均值作为最后天线高。若互差超限,应查明原因,提出处理意见,记入观测记录。

2. 观测作业

观测作业的主要任务,是捕获 GPS 卫星信号并对其进行跟踪、接受和处理,以获取所需的定位和观测数据。

接收机操作的具体方法步骤,可参见仪器使用说明书。实际上,目前 GPS 接收机的自动化程度相当高,一般仅需简单的按键操作,即可自动完成观测数据记录。

3. 观测记录与测量手簿

观测记录由 GPS 接收机自动形成,并记录在存储介质(如 PCMCIA 卡等)上,其内容有:GPS 卫星星历及卫星钟误差参数;伪距观测值、载波相位观测值、相应的 GPS 时间。至于测站的信息,包括测站点点号、时段号、近似坐标、天线高等,通常是由观测人员在观测过程中输入接收机。

测量手簿在观测过程中由观测人员填写,不得测后补记。手簿的内容包括天气状况、气象元素、观测人员等内容。

6.7.5.4 成果检核与数据处理

当外业观测工作完成后,一般当天即将观测数据下载到计算机中,并计算 GPS 基线向量,基线向量的解算软件一般采用仪器厂家提供的软件。当然,也可以采用通用数据格式的第三方软件或自编软件。

当完成基线向量解算后,应对解算成果进行检核,常见的有同步环和异步环的检测。根据规范要求的精度,剔除误差大的数据,必要时还需要进行重测。

当进行了数据的检核后,就可以将基线向量组网进行平差了。平差软件可以采用仪器厂家提供的软件,也可以采用通用数据格式的第三方软件或自编软件。目前,国内用户采用的网平差软件主要是国内研制的软件,比较著名的有:武汉测绘科技大学的 GPSADJ、同济大学的 TJGPS 及南方公司的 Gpsadj 等软件。网平差一般至少都包含以下的两个计算过程:①在 WGS-84 大地坐标系中的三维无约束平差;②GPS 网的二维约束平差。通过平差计算,最终得到各观测点在指定坐标系中的坐标,并对坐标值的精度进行评定。

最后,需要说明的是,各种数据处理软件(包括随机的厂方软件),都必须要经相关的业务技术主管部门检验和鉴定,批准后方可用于相应级别的正式生产作业。

习　题

1. 进行控制测量的目的是什么? 平面控制测量和高程控制测量各有哪几种形式?

2. 已知 A、B、C 三点的坐标列于表 6-27,试计算边长 AB、AC 的水平距离 D、象限角 R、坐标方位角 α。

表 6-27

点　名	x 坐标/m	y 坐标/m	AB 边	AC 边
A	44 967.766	23 390.405	$D_{AB}=$	$D_{AC}=$
B	44 955.270	23 410.231	$R_{AB}=$	$R_{AC}=$
C	45 022.862	23 367.244	$\alpha_{AB}=$	$\alpha_{AC}=$

3. 导线的布设形式有哪几种,其各有什么特点?

4. 怎样衡量导线的精度? 导线测量需要一定精度的依据是什么?

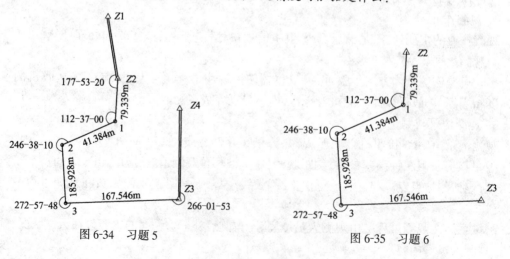

图 6-34　习题 5　　　　　　　　　　图 6-35　习题 6

158

5．如图 6-34 所示之附合导线，已知点的坐标为：Z1（4 836.631，7 701.535）、Z2（4 714.412，7 710.072）、Z3（4 444.038，7 845.818）、Z4（4 700.907，7 845.253），单位为 m。观测数据注于图上，问该观测数据是否超限？若不超限，则求出未知点 1、2、3 的坐标。

6．如图 6-35 所示之无定向附合导线，已知点的坐标为：Z2（4 714.412，7 710.072）、Z3（4 444.038，7 845.818），单位为 m。观测数据注于图上，若设相对误差的限差为 1/2 000，试问该观测数据是否超限？若不超限，则求出未知点 1、2、3 的坐标。

7．试述导线查错的过程。

8．如图 6-36 所示，已知 A、B 点的平面坐标为：A（2 567.987，3 012.567）、B（2 512.839，2 892.908），为求 P 点的平面坐标，观测了图中两个水平角，试计算 P 点的平面坐标。

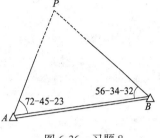

图 6-36　习题 8

9．何谓危险圆？如何避免危险圆的影响？

10．试完成表 6-28 的三角高程测量计算。

表 6-28

起算点	A	
待定点	B	
往返测	往	返
水平距离 D/m	530.002	530.002
竖直角 α/° ′ ″	$+10-20-40$	$-10-24-24$
$D\tan\alpha$		
仪器高/m	1.58	1.56
棱镜高/m	1.00	1.60
两差改正 f/m		
单向高差 h/m		
往返平均高差 $\bar{h}$/m		

11．徕卡 TPS 1100 导线应用程序计算出的结果与此前叙述的导线计算有何不同点，试以附合导线为例说明之。

12．GPS 定位系统由哪几部分组成？各部分的作用是什么？

13．GPS 系统的定位原理是什么？如何确定地面点的位置？

14．GPS 定位方式有哪几种？简述 GPS 技术在园林工程中应用的前景。

第7章　地形图测绘

地面上的各种固定物体,如房屋、道路、河流和田地等称为地物,地表面的高低起伏的形态,如高山、丘陵、洼地等称为地貌。地物和地貌合称为地形。

地形图的测绘是遵循"先控制后细部"的原则进行的。根据测图目的及测区的具体情况建立平面及高程控制,然后根据控制点进行地物和地貌的测绘。通过实地施测,依据一定的数学法则,将地面上各种地物的平面位置按一定比例尺,用规定的符号缩绘在图纸上,并注有代表性的高程点,这样形成的图称为平面图。如果既表示出各种地物,又用等高线表示出地貌的图,称为地形图。

7.1　地形图基本知识

7.1.1　地形图比例尺

测绘地形图时,不可能把地球表面的形状和物体按其真实的大小描绘在图纸上,而必须按一定的倍数缩小后,用规定的符号表示出来。图上某一线段的长度与相应实地水平距离之比,称为比例尺。

1. 比例尺种类

比例尺有两种表示方法,即数字比例尺和直线比例尺。

(1)数字比例尺

用分子为 1 的分数表示的比例尺,称为数字比例尺。设图上直线长度为 d,相应于地面上的水平长度为 D,则比例尺的公式为:

$$\frac{d}{D} = \frac{1}{M} \tag{7-1}$$

式中分母 M 为缩小的倍数。例如:地面上两点的水平长度为 1 000m,在地图上以 0.1m 的长度表示,则这张图的比例尺为 0.1/1 000 = 1/10 000,或记为 1:10 000。

(2)直线比例尺

一般说来,在图上注有数字比例尺外,还同时有用线段表示的比例尺,或称图示比例尺。主要是为了直接而方便地进行换算,并消除图纸伸缩对距离的影响。以一定长度的线段和数字注记表示的比例尺,称为直线比例尺。如图 7-1 所示为 1:2 000 的比例尺。其制作方法是:在图上绘一直线,等分为若干段,并以 2cm 或 1cm 为一个基本单位,将左边一个基本单位再分为 10 等份,在右分点上注记 0,自 0 起向左及向右的各分点上,均注记相应的水平距离,即制成直线比例尺。

使用时将两脚规张开,量取图上两点间的长度,再移到直线比例尺上,右脚针尖对准 0 右边适当的分划上,使左脚针尖落在 0 左边的基本单位内,并读取左边的尾数。图 7-1 中,可读得相应的实地水平距离 $D = 46$m。

图 7-1 1:2 000 直线比例尺

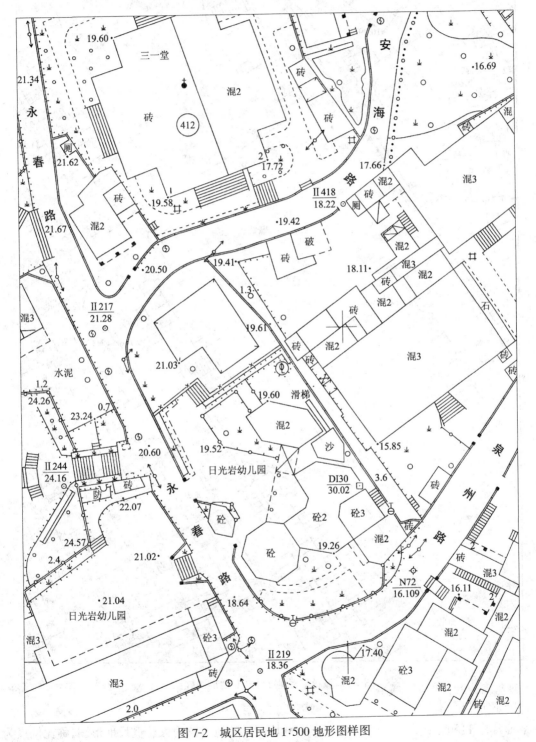

图 7-2 城区居民地 1:500 地形图样图

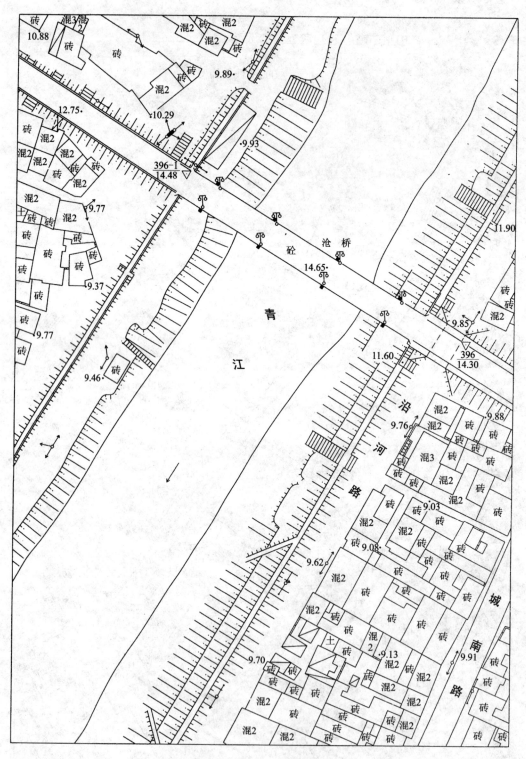

图 7-3 城镇居民地 1:1 000 地形图样图

2. 比例尺分类

通常称 1:500、1:1 000、1:2 000、1:5 000 比例尺的地形图为大比例尺地形图;称比例尺为

162

1:1万、1:2.5万、1:5万、1:10万的地形图为中比例尺地形图;称1:20万、1:50万、1:100万的地形图为小比例尺地形图。我国规定1:1万、1:2.5万、1:5万、1:10万、1:20万(现已为1:25万)、1:50万、1:100万比例尺的地形图为国家基本比例尺地形图。在园林工程中,几乎只使用大比例尺地形图,绝少使用中、小比例尺地形图。图7-2为1:500地形图样图,图7-3为1:1 000地形图样图,两幅地形图的内容主要是以城区平坦地物为主。

3. 比例尺精度

在正常情况下,人眼在图上能分辨的两点间最小距离为0.1mm,因此,实地平距按比例尺缩绘在图纸上时,不能小于0.1mm。相当于图上0.1mm的实地水平距离,称为比例尺精度。它等于0.1mm与比例尺分母 M 的乘积。不同比例尺的相应精度见表7-1。

表7-1 不同比例尺的相应精度

比 例 尺	1:500	1:1 000	1:2 000	1:5 000	…
比例尺精度/m	0.05	0.10	0.20	0.50	…

应用比例尺精度,在以下两个方面可参考决定:

(1)按量距精度选用测图比例尺。设在图上需要表示出0.5m的地面长度,此时应选用不小于0.1mm/500=1/5 000的测图比例尺。

(2)根据比例尺确定量距精度。设测图比例尺为1/5 000,实地量距精度需到0.1mm×5 000=0.5m,过高的精度在图上将无法表示出来。

7.1.2 大比例尺地形符号与地形图图式

为了便于测绘和使用地形图,需要制定统一的符号式样和规范。地形图图式就是由国家测绘主管部门组织编制的地物和地貌的符号集。我国当前使用的、最新的大比例尺地形图图式是中华人民共和国国家质量监督检验检疫总局、中国国家标准化管理委员会于2007年8月30日发布,2007年12月1日实施的《国家基本比例尺地图图式 第1部分:1:500、1:1000、1:2000地形图图式》(GB/T 20257.1—2007)。该地形图图式是国家标准,但由于地物地貌的类别很多,上述的地形图图式不可能囊括所有的地物地貌符号,因此,在一些专业领域(如石油部门等)也制定有行业使用的地形图图式,用来作为国家地形图图式的补充。表7-2所示为上述国家地形图图式中的一些常用符号。

表7-2 常用地物、地貌和注记符号

编 号	符 号 名 称	1:500 1:1 000	1:2 000
1	一般房屋 混——房屋结构 3——房屋层数	混 3	1.6 ⊠ 2
2	简单房屋	▱	
3	建筑中的房屋	建	
4	破坏房屋	破	
5	棚房	45° 1.6	

编　号	符　号　名　称	1:500　1:1 000	1:2 000
6	架空房屋	砼4 □∷1.0 砼 砼4	
7	廊房	混 3 ∷1.0	∷1.0
8	柱廊 a. 无墙壁的 b. 一边有墙壁的	a. b. ∷1.0	
9	门廊	混 5 ∷1.0	
10	檐廊	砼 4	
11	悬空通廊	砼4 砼4	
12	建筑物下的通道	砼 3	
13	台阶	0.6∷ 1.0 ∷1.0	
14	门墩 a. 依比例尺的 b. 不依比例尺的	a. 1.0 b.	
15	门顶	1.0	
16	支柱(架)、墩 a. 依比例尺的 b. 不依比例尺的	a. 0.6∷□∷1.0　□　○ b. 1.0　1.0	
17	打谷场、球场	球	
18	旱地	1.0∷⊥ ⊥ 2.0 10.0 ⊥ ⊥∷10.0	
19	花圃	1.6∷↓ ↓ 1.6 10.0 ↓ ↓∷10.0	

编　号	符　号　名　称	1：500　1：1 000	1：2 000
20	人工草地		
21	菜地		
22	苗圃		
23	果园		
24	有林地		
25	稻田、田埂		
26	灌木林 a. 大面积的 b. 独立灌木丛 c. 狭长的		
27	等级公路 2——技术等级代码 (G301)——国道路线编号	2(G301)	
28	等外公路		
29	乡村路 a. 依比例尺的 b. 不依比例尺的		

165

编　号	符　号　名　称	1:500　1:1 000	1:2 000
30	小路		
31	内部道路		
32	阶梯路		
33	三角点 凤凰山——点名 394.468——高程		
34	导线点 Ⅰ16——等级、点名 84.46——高程		
35	埋石图根点 16——点号 84.46——高程		
36	不埋石图根点 25——点号 62.74——高程		
37	水准点 Ⅱ京石 5——等级、点名、点号 32.804——高程		
38	GPS 控制点 B14——级别、点号 495.267——高程		
39	加油站		
40	照明装置 a. 路灯 b. 杆式照射灯		
41	假石山		
42	喷水池		
43	纪念碑 a. 依比例尺的 b. 不依比例尺的		

166

编　号	符　号　名　称	1:500　1:1 000	1:2 000
44	塑像 a.依比例尺的 b.不依比例尺的	a.	b.　1.0 ⫶ 4.0 2.0
45	亭 a.依比例尺的 b.不依比例尺的	a.	b.　3.0 1.6 ⫶ 3.0 1.6
46	旗杆		1.6 4.0 ⫶ 1.0 ⫶ 1.0
47	上水检修井		⊖ ⫶ 2.0
48	下水(污水)、雨水检修井		⊕ ⫶ 2.0
49	电信检修井 a.电信入口 b.电信手孔	a. b.	⊗ ⫶ 2.0 ⊠ ⫶ 2.0 2.0
50	电力检修井		⊙ ⫶ 2.0
51	污水箅子		⊖ ⫶ 2.0　　2.0 ⊞ ⫶ 1.0
52	消火栓		1.6 2.0 ⫶ ⊖ ⫶ 3.6
53	水龙头		2.0 ⫶ ⊤ ⫶ 3.6
54	独立树 a.阔叶 b.针叶	a.　1.6 2.0 ⫶ ⊕ ⫶ 3.6 1.0	b.　1.6 ⫶ 3.6 1.0
55	围墙 a.依比例尺的 b.不依比例尺的	a.　10.0 b.　10.0　0.6 0.3	
56	栅栏、栏杆	10.0　　1.0	
57	篱笆	10.0　　1.0	
58	活树篱笆	6.0　　1.0　0.6	
59	铁丝网	10.0　　1.0	
60	电杆及地面上的配电线	4.0　　1.0	

编　号	符　号　名　称	1:500　1:1 000	1:2 000
61	电杆及地面上的通信线	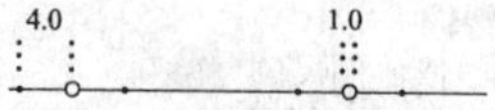	
62	陡坎 a. 未加固的 b. 已加固的	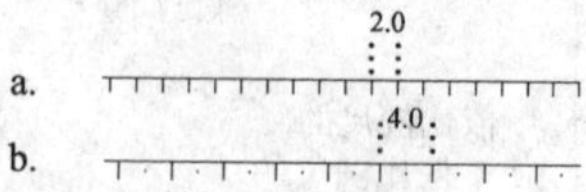	
63	散树、行树 a. 散树 b. 行树	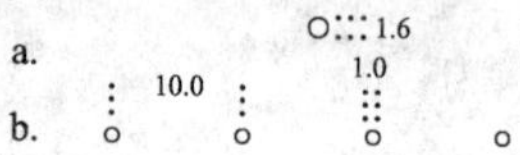	
64	地类界、地物范围线	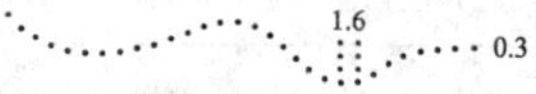	
65	等高线 a. 首曲线 b. 计曲线 c. 间曲线	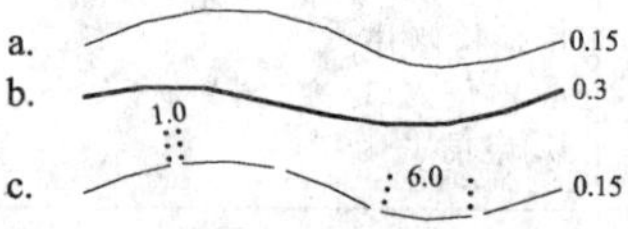	
66	等高线注记	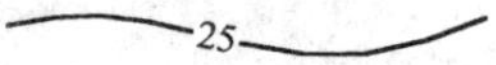	
67	一般高程点及注记 a. 一般高程点 b. 独立性地物的高程		

地形图图式中的符号有三类:地物符号、地貌符号和注记符号。

1. 地物符号

地形图上用来表示房屋、道路、河流、水井等固定物体的符号称为地物符号。根据地物大小及描绘方法不同,地物符号又可分为以下几种:

(1)比例符号

有些地物的形状和大小可以按测图比例尺缩绘到图纸上,再配特定的符号说明,这种符号称为比例符号。如房屋、运动场、湖泊等,这些符号与实地地物的形状相似。如表 7-2 中的从编号 1 到编号 32(除编号 14b、16b、26b 及 26c、29b、30 以外)及 41、43a、44a、45a、54a 都是比例符号。

(2)非比例符号

有些地物无法将其形状和大小按比例尺缩绘到图纸上,只能用规定的符号表示其中心位置,这种符号称为非比例符号。如导线点、独立树、水塔、烟囱等。表 7-2 中的从编号 33 到编号 53(除编号 41、43a、44a、45a 以外)及 14b、16b、26b、61a 都是非比例符号。

(3)半比例符号

对于一些线状延伸的地物,其长度按测图比例尺缩绘,而宽度不能按比例缩绘,这种符号称为半比例符号。如小路、通讯线及管道等。表 7-2 中的从编号 54 到编号 62(除编号 54a、61a 以外)都是半比例符号,另外,编号 26c、29a、30 也是半比例符号。

2．地貌符号

地形图上表示地貌的符号主要是等高线。因为等高线不仅能表示地面的起伏形态，而且还能科学地表示出地面的坡度和地面点的高程和山脉走向。一些特殊地貌则用等高线配合特殊符号来表示，如冲沟、梯田等。等高线分为首曲线、计曲线和间曲线。在计曲线上注记等高线的高程（编号 66）；有时在谷地、鞍部、山头及斜坡方向不易判读的地方和凹地的最高、最低一条等高线上，绘制与等高线垂直的短线，称为示坡线，用以指示斜坡下降方向。

3．注记符号

为了表示地物的种类和特性，如在图上用数字表示房屋的层数、高程、水的流速，用文字表示地名、建筑物名称，用箭头表示的水流方向等称为注记符号，它主要是地物和地貌的辅助性注记符号。

7.1.3 等高线

等高线是地面上高程相等的相邻点所连成的闭合曲线，它是表示地貌的最常用方法。

1．等高线表示地貌的原理

地面是起伏不平的，有高山、丘陵等等，这个高低不平、形状各异的地貌是怎样表示在平面图上的呢？如图 7-4 所示，有一座山，假想从山底到山顶，按相等间隔把它一层层的水平切开后，便呈现各种形状的截口线。然后将各截口线垂直投影到平面上，并按测图比例缩绘于图纸上，就得到用等高线表示该地貌的图形。由此可见，等高线表示地貌的原理是：从底到顶，相等高度，层层水平，地面截口，垂直投影。

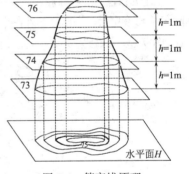

图 7-4 等高线原理

2．等高距和等高线平距

等高距是相邻两等高线间的高差，以 h 表示。如图 7-4 中所示的水平截面间的垂直距离。同一幅地形图中等高距是相同的。等高线平距是相邻等高线之间的水平距离。因为同一幅图上等高距是一个常数，所以，等高线多，山就高；等高线少，山就低；等高线密，坡度陡；等高线稀，坡度缓。等高线的弯曲形状和相应实地地貌形状保持水平相似关系。

根据等高线原理可知：等高距越小，显示地貌就越详细。但等高距过小，图上的等高线就过于密集，就会影响图面的清晰。因此，在测绘地形图时，如何确定等高距是根据测图比例尺与测区地面坡度来确定的。《城市测量规范》中对等高距的规定见表 7-3。

表 7-3 等高距表　　　　　　　　　　　　　　　　　　　　　m

比 例 尺	平 地	丘 陵 地	山 地
1:500	0.5	0.5	1.0
1:1 000	0.5	1.0	1.0
1:2 000	1.0	1.0	2.0

3．典型地貌等高线表示方法

地貌尽管千姿百态，变化多端，但归纳起来不外乎由山丘、盆地、山脊、山谷、鞍部等典型地貌所组成，如图 7-5 所示。

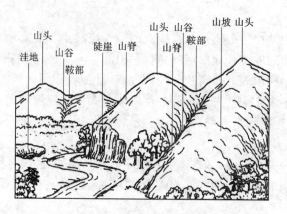

图 7-5　地貌的基本形状

(1)山丘和盆地

隆起而高于四周的高地叫山丘,高大的山丘称山峰。山的最高部分称为山顶,山的侧面部分称为山坡。四周高,中间低的地形称为盆地(面积小的称洼地)。

山丘和盆地的等高线均为一组闭合曲线。在地形图上区分山丘和盆地的方法是:凡是内圈等高线的高程注记大于外圈者为山丘。如果没有高程注记,则用示坡线表示。图 7-6a 为山丘,图 7-6b 为盆地。

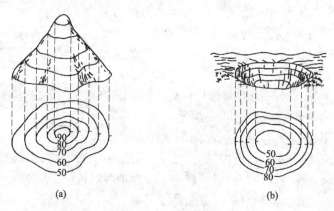

图 7-6　山丘与盆地
(a)山丘;(b)盆地

(2)山脊和山谷

从山顶沿着一个方向延伸凸起的高地称为山脊。山脊的最高棱线称为山脊线,即分水线。两山脊之间的条形低凹部分称为山谷。山谷最低点的连线称为集水线或山谷线。山脊等高线表现为一组凸向低处的曲线;山谷的等高线则表现为一组凸向高处的曲线。如图 7-7 所示。

(3)鞍部

山脊上相邻两个山顶之间的形似马鞍状的低凹部位称为鞍部。鞍部是两个山头和两个山谷相对交会的地方。鞍部等高线的特点是在一圈大的闭合曲线内,套有两组小的闭合曲线,亦可视为两个山头和两个山谷等高线对称的组合而成,如图 7-8 所示。

170

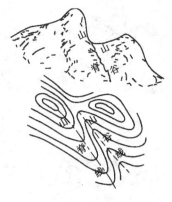

图 7-7　山脊线和山谷线

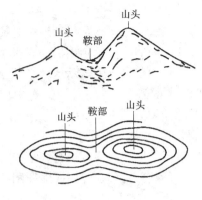

图 7-8　鞍部

（4）陡崖和悬崖

近于垂直的山坡称陡崖（或峭壁、或绝壁），上部凸出下部凹进的陡崖称为悬崖。这种地貌的等高线出现相交。这种特殊地貌常用等高线配合特殊符号表示，如图 7-9 所示。

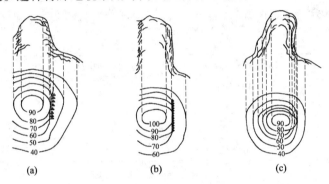

图 7-9　陡崖与悬崖

(a)石质陡崖；(b)土质陡崖；(c)悬崖

4．等高线的特性

（1）等高性。同一条等高线上各点高程相等，但高程相等的点不一定在同一等高线上。

（2）闭合性。等高线为连续闭合曲线。如不能在本幅内闭合，必定在图幅外闭合。只有在遇到符号表示的悬崖及陡坎处中断。

（3）非交性。除了悬崖或绝壁外，等高线在图上不能相交或相切。

（4）正交性。山背和山谷处等高线与山背线和山谷线正交。

（5）密陡疏缓性。同一幅图内，等高线愈密，坡度愈陡；等高线愈稀，坡度愈缓。

5．等高线的分类

（1）首曲线

即按规定等高距描绘的等高线，亦称基本等高线。大比例尺地形图上首曲线的线划直径为 0.15mm 的实线，其上不注记高程。

（2）计曲线

亦称加粗等高线，为便于读图，从高程起算面起，每隔四条首曲线（即基本等高距的 5 倍）用粗线绘出，其上注有高程。

(3)间曲线

用基本等高线不足以表示局部地貌特征时,可以按 1/2 基本等高距用虚线加绘半距等高线,称为间曲线,间曲线可仅画出局部线段,可不闭合。

首曲线与计曲线是图上表示地貌必须描绘的曲线,而间曲线视需要而定,实际工作中应用较少。等高线的分类如图 7-10 所示。

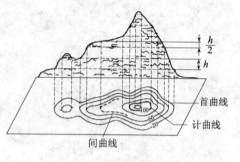

图 7-10　等高线分类

7.1.4　地形图的分幅与编号

各种比例尺的地形图都应进行统一的分幅与编号,以便进行测绘、管理和使用。地形图的分幅方法分为两大类,一类是按经纬线分幅的梯形分幅法,另一类是按坐标格网分幅的矩形分幅法。

梯形分幅法适用于中、小比例尺的地形图,例如 1:100 万比例尺的图,一幅图的大小为经差 6°,纬差 4°,编号采用横行号与纵行号组成。由于中小比例尺地形图在园林工程中很少使用,故本书不再详述。这里重点介绍适用于大比例尺地形图的矩形分幅法,它是按统一的直角坐标格网划分的。图幅大小如表 7-4 所示。

表 7-4　大比例尺图的图幅大小

比　例　尺	图幅大小/cm×cm	实地面积/km²	每平方公里的幅数
1:5 000	40×40	4	1/4
1:2 000	50×50	1	1
1:1 000	50×50	0.25	4
1:500	50×50	0.062 5	16

矩形分幅时,大比例尺地形图的编号方法主要有:

1. 图幅西南角坐标公里数编号法

例如图 7-11a 所示 1:5 000 图幅西南角的坐标 $x=32.0km$,$y=56.0km$,因此,该图幅编号为"32－56"。编号时,对于 1:5 000 取至 1km,对于 1:1 000、1:2 000 取至 0.1km,对于 1:500 取至 0.01km。

2. 以 1:5 000 编号为基础的编号法

如图 7-11 所示,以 1:5 000 地形图西南坐标公里数为基础图号,后面再加罗马数字Ⅰ、Ⅱ、Ⅲ、Ⅳ组成。一幅 1:5 000 地形图形可分成 4 幅 1:2 000 地形图,其编号分别为 32-56-Ⅰ、32-56-Ⅱ、32-56-Ⅲ及 32-56-Ⅳ。一幅 1:2 000 地形图又分成 4 幅 1:1 000 地形图,其编号为 1:2 000 图幅编号后再加罗马数字Ⅰ、Ⅱ、Ⅲ、Ⅳ。1:500 地形图编号按同样方法编号。注意罗马数字Ⅰ、Ⅱ、Ⅲ、Ⅳ排列均是先左后右,不是顺序排列。

3. 流水编号法

带状测区或小面积测区,可按测区统一顺序进行标号,一般从左到右,从上到下用数字 1,2,3,4,… 编定,如图 7-11b 所示。其中"郭店"为测区名。

4. 行列编号法

行列编号是指以代号(如 A、B、C、D、…)为横行,由上到下排列;以数字 1、2、3、…为代号的纵列,从左到右排列来编定,先行后列,如图 7-11c 所示。

采用国家统一坐标系时,图廓间的公里数根据需要加注带号和百公里数。如:$X:^{43}27.8$,$Y:^{374}57.0$。

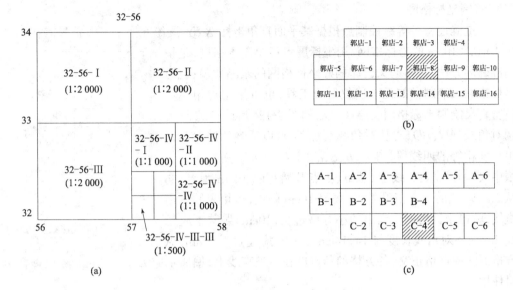

图 7-11　大比例尺地形图的分幅和编号
(a)按西南角坐标公里数编号与矩形分幅编号法;(b)流水编号法;(c)行列编号法

7.2　大比例尺地形图的传统测绘方法

遵循"由整体到局部,先控制后碎部"的测量工作原则,在控制测量工作结束后就可根据图根控制点测定地物、地貌特征点平面位置和高程,并按规定的比例尺和符号缩绘成地形图。

7.2.1　测图前的准备工作

在测图前,要做好抄录所需用的控制点的平面及高程成果、检验校正仪器、划分图幅、展绘控制点和准备测图板等工作。

1. 图幅的划分

当测区较大,一个图幅不能全部测完时,要把整个测区分成几个图幅进行施测。大比例尺(1:500~1:2 000)地形图的分幅大小是 50cm×50cm(或 50cm×40cm)。分幅较多时,为了使用和接图的方便要适当进行编号。

具体分幅前,根据测区图根控制点的坐标,展绘一张测区控制点分布图。展绘时可在方格纸上进行,比例尺应较测图比例尺小一些,以便在一张不太大的图纸上,能对测区控制点的分布情况一目了然,控制点图西南角的坐标是根据控制点最小的 x、y 值来决定的。控制点的位置确定后要确定出测区范围线以便分幅。

2. 图纸选择

采用透明聚酯薄膜作为图纸,其厚度为 0.05~0.10mm,打毛后半透明的聚酯薄膜常温下变形小,不影响测图精度,且柔韧结实、耐湿,玷污后可洗,便于野外作业,着墨后透明度好,可直接复晒蓝图或制版印刷。但具有易燃的特点,所以要注意防火。膜片是透明图纸,测图前在膜片与测图板之间衬以白纸。透明膜片与图板用铁夹或胶带纸固定。

小区域大比例尺测图时,往往测区范围只有一两幅图。可用白纸作为图纸。将图纸裱糊在图板上。

3. 绘制坐标格网

为了准确地将各等级控制点根据其平面直角坐标 X、Y 展绘在图纸上。首先需在图纸上绘出 10cm×10cm 的坐标格网。用坐标展点仪绘制方格网,是快速而准确的方法;也可购买已印刷好坐标格网的聚酯薄膜;也可用坐标格网尺绘制。如无上述仪器或工具,也可采用对角线法用精密直尺绘制坐标格网。绘图方法如图 7-12 所示,先在纸上画两对角线 AC、BD,再从对角线交点 O 点以适当的线段 Oa,量出长度相等的四线段,得 a、b、c、d 四点,以控制图廓线位于图纸中央。在 ab、dc 线上,从 a、d 点开始每隔 10cm 刺点;同样从 ad、bc 线的 a、b 点开始,也每隔 10cm 刺点,将相应的点连成直线,就得坐标格网。画出的小方格边长(10cm)误差不应超过 0.2mm,各对角线长度与 14.14cm 之差不应超过 0.3mm,纵横方格网线应严格正交,各方格的角点应在一条直线上,偏离不应大于 0.2mm,经检查合格后方可使用。

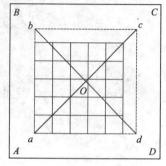

图 7-12　对角线法绘制方格网

4. 展绘控制点

坐标格网绘制合格后,应根据展绘点坐标的最大值与最小值,来确定坐标格网左下角的起始坐标应为多少,并在图上标注纵横坐标值,然后按照控制点的坐标把各控制点展绘在图纸上。如图 7-13 所示,设 $x_7 = 525.04$m,$y_7 = 619.64$m,根据方格网上所注坐标,控制点在方格 $abcd$ 内。自 a、d 两点分别在线段 ab、dc 上,依比例尺量取 $525.04 - 500 = 25.04$m,得 g、h 两点;再自 a、b 两点分别在 ad、bc 线段上量取 $619.64 - 600 = 19.64$m,得 e、f 两点,连接 e、f 和 g、h,其交点即为控制点,同法绘制 1、2、3…点。在点的右侧画一短横线,横线上面注记点号,横线下面注记点的高程(见表 7-2 图例)。

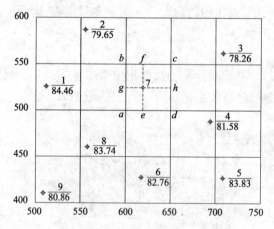

图 7-13　控制点展绘

最后还要对展绘点进行检查。其方法是用比例尺量出相邻控制点间的距离是否与成果表上或与控制点反算的距离相符,其差在图上不得超过 0.3mm,否则重新展点。刺孔不得大于图上 0.1mm。

174

7.2.2 碎部点点位的测定

7.2.2.1 碎部点的选择

碎部点应选择地物和地貌特征点,即地物和地貌的方向转折点和坡度变化点。恰当地选择碎部点,将地物地貌正确地缩绘在图上,是保证成图质量和提高测图效率的关键之一。

1.地貌特征点的选择

地貌通常用等高线表示,但在地面上等高线并不像地物轮廓那样明显可见,再加上地面起伏,形态千差万别,所以地貌特征点的选择比较困难。从几何的观点来分析,复杂的地貌可看成是由许多不同方向和不同坡度的面所组成的多面体。相邻面的相交棱线构成地貌的骨架线,测量上称为地性线,如山脊线、山谷线和山脚线就是最明显的例子。地性线的起止点及其转折点(方向和坡度变换点)即为地貌特征点。如果将这些特征点的平面位置和高程测定了,这些地性线就测绘出来了,由这些地性线所形成的面随之而定,从而地貌也就得到客观显示。

2.地物特征点的选择

地物可大致分为点状地物、线状地物和面状地物三种。点状地物系指不能在图上表示其轮廓或按常规无法测定其轮廓的地物,如水井、电线杆、独立树等。点状地物的中心位置即为其特征点。线状地物是指宽度很小,不能在图上表示,仅能用线条表示其长度和位置的地物,如小路、小溪等。对成直线的线状地物,起止点即为其特征点。如果起止点相距较远,注意选中间点作校核;对成折线和曲线的线状地物,其特征点除起止点外,还包括转折点和弯曲点,曲线地物要注意隔适当的距离选点,使连成的物体不致失真。面状地物指能够在图上以完整轮廓表示的地物,如房屋、田地、果园、池塘等。轮廓的转折点、弯曲点即为面状地物的特征点。

7.2.2.2 碎部点点位的测定方法

1.极坐标法

极坐标法是在测站点上安置仪器,测定所求点方向与已知方向间的角度,量出测站点至所求点的距离,以确定碎部点位置的一种方法。如图 7-14 所示,A、B 为已知控制点,要测定 a 点,在 A 点安置仪器测定水平角 β,从 A 点量一距离 D 便是 a 点。

2.方向交会法

方向交会法(又称角度交会法),是分别在两个已知测站点上对同一个碎部点进行方向交会以确定碎部点位置的一种方法。如图 7-15 所示,A、B 为已知控制点,要测定 m 点,分别在 A、B 点安置仪器测定角 α、β,两方向线相交便得 m 点的位置。此法适于测绘量距困难地区的地物点。注意交会角应在 $30°\sim150°$ 之间。

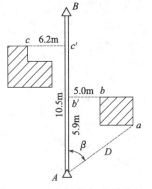

图 7-14　极坐标法与直角坐标法

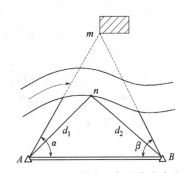

图 7-15　方向交会法与距离交会法

3. 距离交会法

距离交会法是测定两个测站点到同一碎部点的距离来确定待定点的平面位置的方法。如图7-15所示，A、B为已知控制点，要测定n点，分别量测A到n和B到n的距离d_1、d_2，即可交会出n点的位置。

4. 直角坐标法

如图7-14所示，在测碎部点b、c时，可由b、c点向控制边AB作垂线得垂足b'、c'，若量得A点至垂足的纵距$Ab' = 5.9$m，$Ac' = 10.5$m，量得b、c点至垂足的垂距为$bb' = 5.0$m，$cc' = 6.2$m，则根据两距离即可在图上定出点位。此法适于碎部点距导线较近的地区。

7.2.3　测图仪器简介

常用的测图仪器有大平板仪、中平板仪、小平板仪、经纬仪（见第3章）、光电测距仪（见第4章）、全站仪（见第4章）等。本节重点介绍大、中、小平板仪的构造及平板仪安置。

1. 大平板仪的构造

大平板仪由平板、照准仪和若干附件组成，如图7-16所示。平板部分由图板、基座和三脚架组成。基座用中心固定螺旋与三脚架连接。平板可在基座上转动，有制动螺旋与微动螺旋进行控制。

照准仪由望远镜、竖盘和直尺组成。有望远镜与竖盘，可采用光学的方法直读目标的竖角，与视距尺配合可作视距测量。用直尺可在平板上画出瞄准的方向线。

对点器可使平板上的点与相应的地面点安置在同一铅垂线上。定向罗盘用于平板的粗略定向。圆水准器用于整平平板。

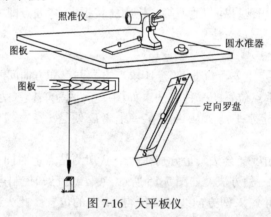

图7-16　大平板仪

2. 中平板仪的构造

中平板仪与大平板仪大致相同，主要不同点在于照准仪，如图7-17所示中平板仪的照准仪。照准仪虽有望远镜与竖盘，但竖盘不是光学玻璃度盘，而是一个竖直安置的金属盘，与罗盘仪相同，非光学方法直读竖角，精度很低。

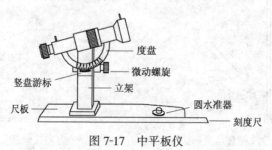

图7-17　中平板仪

3．小平板仪的构造

由照准器、图板、三脚架和对点器组成,如图7-18所示。与大、中平板仪最大的不同就是照准的部分,仅仅是一个瞄准目标用的照准器,靠近眼晴一端称接目觇板(有3个孔眼),朝向目标端称接物觇板(中间有一根丝)。直尺上有水准器,作为整平平板之用。长盒罗盘作为粗略定向之用。

4．平板仪的安置

平板仪测量实质上是在图板上图解画出缩小的地面上图形,图板方位要与实地相同,因此,在测站上不仅要对中、整平,并且要定向。对中、整平、定向,这三步工作互相有影响。为了做好安置工作,首先初步安置,然后精确安置。

(1)初步安置

用长盒罗盘将平板粗略定向,移动脚架目估使平板大致水平,再移动平板使平板概略对中。

(2)精确安置

与初步安置步骤正相反。

①对中:使用对点器,对中允许误差为$0.05mm \times M$(M为测图比例尺分母)。

②整平:用圆水准器或照准仪直尺上的水准器。

③定向:它的目的是使图上的直线与地面上相应的直线在同一个竖面内。精确定向应使用已知边定向,如图7-19所示,将照准器紧靠图上的已知边ab,转动图板,当精确照准地面目标B时,把图板固定住。

图7-18　小平板仪

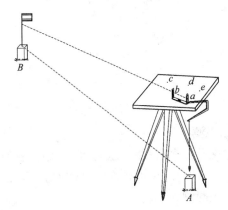

图7-19　平板仪的安置

7.2.4　碎部测量的方法

碎部测量的方法有多种,现介绍较常用的几种。这些方法各有其优缺点,应结合人力、现有仪器和天气等情况,因地制宜地采用。

测定碎部点的平面位置和高程,依所用仪器的不同,可分为经纬仪测绘法、光电测距仪测绘法、平板仪测绘法、经纬仪配合平板仪测绘法等几种。在此着重介绍经纬仪测绘法。

7.2.4.1　经纬仪测图法

此法是将经纬仪安置在测站上,测定测站到碎部点的角度、距离和高差。绘图板安置在旁边,它是根据经纬仪所测数据进行碎部点展绘,并注明高程,然后对照实地描绘地物、地貌。具体操作方法如下：

1. 安置仪器

如图 7-20a 所示，安置经纬仪于测站 A 点上，量取仪器高 i，记入手簿。绘图员将图板在 A 点旁边准备好。经纬仪望远镜瞄准另一控制点 B，在盘左位置，使水平度盘读数为 $0°00'00''$，作为碎部点定位的起始方向。绘图员将图上 A、B 点连线，以作为绘图的起始方向线。当定向边较短时，也可用坐标格网的纵线作为起始方向线，方法是将经纬仪照准 B 点，使水平度盘的读数为 AB 边的坐标方位角。有时，为了检查展绘控制点的精确度，也实测一下该控制点的水平度盘读数和水平距离，并用下述的方法在图纸上展绘，以比较与此前用坐标值展绘的控制点是否符合。若两次展绘的偏差小于图上 $0.2\sim0.3$mm，则说明控制点展绘正确。

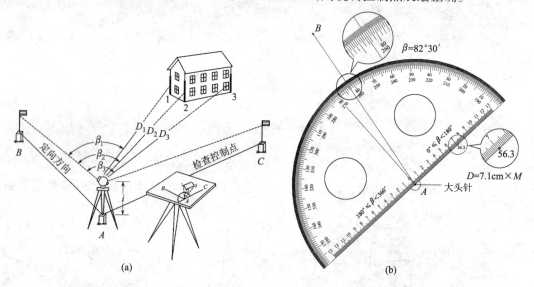

图 7-20　经纬仪测图法

(a)经纬仪配合量角器测图原理；(b)使用量角器展绘碎部点示例

2. 观测

跑尺员依次将视距尺立在地物或地貌特征点上。跑尺之前，跑尺员应先弄清施测范围和实地情况，选定跑尺点。跑尺应有次序、有计划，要使观测、绘图方便，使自己跑的路线最短，而又不至于漏测碎部点。

转动照准部，瞄准碎部点所立视距尺，调竖盘水准管微动螺旋使气泡居中，读取上中下三丝的读数及竖盘读数，最后读水平度盘读数，即得水平角 β。同法观测其他碎部点。

将每个碎部点测得的数据依次记入手簿中相应栏内，见表 7-5（具体计算可参见表 4-2）。如遇特殊的碎部点，还要在备注栏中加以说明，如房屋、道路等。

表 7-5　碎部测量记录手簿

碎部点	尺 读 数			尺间隔	竖盘读数	竖角 α	水平距离/m	高差 $\pm h$	水平角 β	碎部点高程/m	备注
	中丝	下丝	上丝								
1	1.420	1.800	1.040	0.760	93°28′	+3°28′	75.72	+4.59	275°25′	60.91	
2	2.400	2.775	2.025	0.750	93°00′	+3°00′	74.79	+2.94	305°30′	59.26	房角

178

根据观测数据,用计算器按视距公式可求得平距和高差,并根据测站的高程,算出碎部点的高程。

3. 展绘碎部点

如图 7-20b 所示,用大头针将量角器(其直径大于 20cm)的圆心插在图上的测站点处(如 A 点),转动量角器,将量角器上等于 β 角的刻划对准起始方向线,则量角器的零方向便是碎部点的方向。根据计算出的平距 D 和测图比例尺定出碎部点的位置,必要时在点的旁边注记高程(如 56.3m)。在测图过程中,应随时检查起始方向,经纬仪测图归零差不应大于 4′。为了检查测图质量,仪器搬到下站时,应先观测前站所测的某些明显碎部点,以便检查由两站测得该点的平面位置和高程是否相等。如相差较大,则应查明原因,纠正错误。

此法操作简单、灵活,不受地形限制,边测边绘,工效较高,适用于各类地区的测图工作。此外,如遇雨天或测图任务紧时,可以在野外只进行经纬仪观测,然后依据记录和草图在室内进行展绘。这时,由于不能在室外边测边绘,观测和绘图的差错不易及时发现,也容易出现漏测和重测现象。

7.2.4.2 小平板仪配合经纬仪测绘法

该法的特点是将小平板仪安置在测站点上,通过照准器确定测站至碎部点的方向,而将经纬仪安置在测站旁,测定经纬仪至碎部点的距离与高差,最后用方向距离交会的方法定出碎部点在图上的位置,如图 7-21 所示。

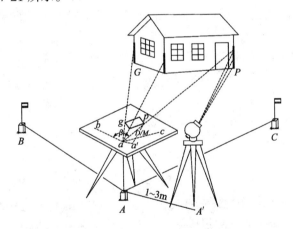

图 7-21 小平板测图

施测步骤如下:

1. 安置小平板仪

小平板仪安置在测站点上,进行对点、整平和定向。对点时要用对点器。整平是用照准器上的水准器,当在两个互相垂直定方向气泡居中时,表示测图板水平。定向是使图板处于正确方位,用长盒罗盘可作粗定向,精确定向必须使用已知边定向,使图上已知边与相应实地边长在同一竖面内,操作时照准器直尺靠已知边 ab,松开图板螺旋,转动图板,使照准器瞄准地面点 B,然后固定图板。对点、整平、定向三步工作互相有影响,需反复调试才行。为了检查图板定向是否正确,通常再瞄准地面控制点 C,并比较图上展绘的 c 点与该瞄准方向的偏差,若偏差值小于 0.2～0.3mm,则说明定向正确。

2. 安置经纬仪

经纬仪安置在测站旁 1～3m 处，通视较良好的地点，进行整平和量出仪器高 i（则站 A 标桩顶至望远镜横轴中心的竖直距离，量至厘米）。

为了将经纬仪位置标定在小平板上，此时要用小平板的测斜照准器直尺边贴靠测站点 a，然后瞄准经纬仪中心或所悬挂的垂球线，用铅笔绘出该方向线，在此方向线上量取测站点 A 至经纬仪中心的水平距离，按测图比例尺标出经纬仪在图上的位置 a'。

3. 观测

观测时，各施测人员的工作如下：

（1）持尺员：在碎部点上竖立视距尺。

（2）经纬仪观测员：经纬仪整置后，瞄准视距尺，读取上中下丝的尺上读数，把竖盘指标自动归零开关打开（老式 J_6 级仪器要使竖盘指标水准管气泡居中），读竖盘读数。

（3）记录计算员：根据上、下丝读数计算尺间隔，根据读竖盘读数计算竖角值。然后按公式计算平距 D 及高差 h，最后计算测点高程。

（4）掌板员：将测斜照准器的直尺边紧靠测站点所立小针，瞄准视距尺绘出方向线，如图 7-21 所示的 ap 线，然后以经纬仪的点位 a' 为圆心，以平距 D 为半径（按测图比例尺缩小的长度）画弧与 ap 相交于 p 点，即为所测碎部点的图上位置，随即以针刺出其点位，并将高程注记于点的右旁。

掌板员在测绘过程中要时常检查和防止平板变向，注意相邻测点的位置和高程是否与实地相符，遇不符的要及时通知司经纬仪者及时重测修正。还应注意掌握测点的疏密程度，如漏失主要碎部点，应指挥立尺员补测。立尺不能到达的主要碎部点，可用图解交会法测定。认为图上应增设测站的地方，应指挥立尺员进行选设。

在第一站测完，进行第二站施测时，首先应检查前一站所测绘主要地物地貌是否正确，可用照准仪瞄方向的方法来检查。

7.2.4.3 光电测距仪测图法

光电测距仪测绘法与经纬仪测绘法基本相同。不同之处是用光电测距仪来代替经纬仪视距法。

先在测站上安置测距仪，量取仪器高，后视另一控制点进行定向，使水平度盘读数为 $0°00'00''$。立尺员将测距仪的单棱镜装在专用的测杆上，并读出棱镜标志中心在测杆上的高度 v，可使 $v = i$。立尺时棱镜面向测距仪立于碎部点上。观测时，瞄准棱镜的标志中心，测出斜距 D'，竖直角 α，读出水平度盘读数，并记录。

将 D' 输入计算器，计算平距 D，根据光电三角高程测量计算公式得高差 $h = D'\sin\alpha + i - v$，并计算碎部点的高程 H，将碎部点展绘在图板上。

7.2.5 地貌和地物的勾绘

当图板上测绘出若干碎部点之后，应随即勾绘铅笔原图。

1. 地貌的勾绘

地貌勾绘时要连接有关的地貌特征点，在图纸上轻轻地用铅笔勾出一些地性线，实线表示山谷线，虚线表示山脊线（图 7-22a），然后在两相邻点间按地貌特征点高程内插等高线（图 7-22b）。由于地貌特征点是选在地面坡度变化处，所以相邻两地貌点可认为在同一坡度上。内插等高线时，可按高差与平距成正比关系处理，可求出等高线在两地貌点间应通过的位置。同理依次在相邻的高程点间确定出整米的高程点。最后根据实际地貌情况，把高程相同的相邻点用光滑曲线连接起来,勾绘成等高线图,如图 7-22c 所示。在内插等高线时应注意保留地貌特征点的高程。

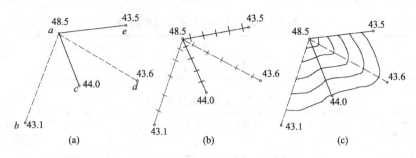

图 7-22 地貌的勾绘
(a)地貌特征点的连接;(b)高程点内插;(c)等高线勾绘

2. 地物的勾绘

地物的勾绘比较简单,如能按比例大小表示的地物,应随测随绘,即把相邻点连接起来。对道路、河流的弯曲部分则逐点连成光滑曲线;如水井、地下管道等地物,可在图上先绘出其中心位置,在整饰图面时再用规定的符号准确地描绘出来。

7.3 地形图的拼接与检查

7.3.1 地形图的拼接

当采用分幅测图时,在相邻图幅的接边处,由于测量和绘图的误差,使地物轮廓线和等高线都不会完全吻合,如图 7-23 所示。4.0-2.5、4.5-2.5 两幅图上、下相接,衔接处的道路、房屋、等高线等都有偏差,因此,有必要对它们进行改正。

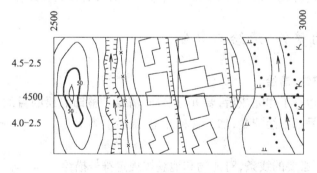

图 7-23 地形图拼接

为了图的拼接,规定每幅图的四周图边应测出图廓外 1cm,使相邻图幅有一条重叠带,便于拼接检查。对于使用聚酯薄膜所测的图纸,只需将相邻图幅的边缘重叠,坐标格网对齐,就可检查接边处的地物和等高线的偏差情况。如测图用的是裱糊图纸,则需用一条宽 4～5cm,长度与图边相应的透明纸条,先蒙在图幅Ⅰ的东拼接边上,用铅笔把坐标网线、地物、等高线描在透明纸上,然后把透明纸条按网格对准蒙在图幅Ⅱ的西拼接边上,并将其地物和等高线也描绘上去,就可看出相应地物和等高线的偏差情况。如遇图纸伸缩,应按比例改正,一般可按图廓格网线逐格地进行拼接。

图的接边限差,不应大于规定的碎部点平面、高程中误差的$2\sqrt{2}$倍。在大比例尺测图中,关于碎部点(地物点与等高线内插点)的中误差规定如表7-6和表7-7所示。

表7-6 等高线内插点的高程中误差

地形类别	平　地	丘　陵	山　地	高山地
高程中误差(等高距)	1/3	1/2	2/3	1

表7-7 地物点点位中误差

地区类别	建筑区、平地及丘陵区	山地及旧街坊
地物点点位中误差/mm	0.5	0.75

若接边差小于表7-6及表7-7的规定,则可平均配赋该误差,并据此改正相邻图幅的地物、地貌位置,但应注意保持地物、地貌相互位置和走向的正确性。若超过限差,则应到实地检查纠正。

7.3.2　地形图检查验收

1. 自检

每幅图测完,先在图板上检查地物、地貌位置是否正确,符号是否按图式规定表示,等高线是否有矛盾处,地物地貌是否有遗漏。自检后,带着图板到实地巡视,检查图板所绘内容与实地是否相符,发现问题立即更正。

2. 验收检查

对地形图验收,一般先巡视检查,并将可疑处记录下来,再用仪器到实地检查。通常仪器检测碎部点的数量为测图量的10%。检查方法可用重测方法,即与测图的相同方法,亦可变换测量方法。

无论使用哪种方法检查,应将检查结果记录下来。最后计算出检查点的平面位置平均最大误差值及平均中误差值。以此作为评估测图质量的主要依据。检查中发现个别点有超过限差时,应就地改正。若被检查点平均中误差超过规定值时需补测、修测或重测。

7.4　地形图的整饰、清绘与复制

7.4.1　地形图的整饰、清绘

地形图拼接和检查工作完成后,要进行整饰、清绘。整饰清绘的目的,是按照有关图式规定把地物和地貌符号都描绘清楚,加上各种注记,最后上墨。

1. 图的整饰

(1)擦掉一切不必要的线条,对地物和地貌按规定符号描绘。

(2)文字注记应该在适当的位置,既能说明注记的地物和地貌,又不遮盖符号。字头一律朝北,等高线高程注记应使字脚表示斜坡降落方向,字体要端正清楚。注记常用字体有宋体、仿宋体、等线体、耸肩体和斜体等几种。一般居民地名用宋体或等线体,山名用长等线体,河流、湖泊用左斜体。

(3)画图幅边框,注出图名、图例、比例尺、测图单位和日期等图面辅助元素。

2. 图的清绘

清绘是在整饰的铅笔原图上,按照原来线划符号注记位置用绘图小钢笔上墨,使底图成为完整、清洁的地形原图。一般清绘次序为:①内图廓线;②注记;③控制点、方位标及独立地物;

④居民地、墙、道路;⑤水系及其建筑物;⑥植被及地类界;⑦地貌;⑧图幅整饰。

3. 清绘聚酯薄膜为底图的地形图注意事项

聚酯薄膜与白纸不同,在清绘时要注意下述几点:

(1)外业测图中图面容易脏污,既不易着墨,又易掉墨。因此着墨前先把图面冲洗干净,晾干后才可清绘。墨汁要用特制的,用一般墨水加2%的重铬酸铵效果也很好。

(2)薄膜毛面容易沾染油污,每次清绘前一定要把手洗干净,图面要用纸压盖,仅露作业部分,若部分地方沾染油污时,可以用橡皮轻擦,或用无水乙醇擦拭。

(3)清绘时墨线干燥较慢,应注意不要碰着,线划接头时一定要等先画好的线划干了之后再连接。绘图笔移动速度要均匀,过慢则线划易粗,过快线划细而不黑,用直线笔绘图时落笔要快,停笔稍向前抬,这样绘出的线划才整齐一致。上墨有错,可用刀片刮改。

7.4.2 地形图的复制

1. 方格网法

在原图和复制图上用铅笔绘制同数目的格网,格子的大小视图上复杂程度及精度要求而定。在对应格内,把原图上各要素转绘到复制图上。此法可把原图缩小或放大,操作简单,不需要特制工具,但精度较差。

2. 晒图法

晒图前,用透明纸将原图透绘成透明纸底图。将底图覆盖于涂有感光液的晒图纸上,经过曝光、显影及定影,即成与底图大小样式完全一样的复制图。如原图是聚酯薄膜,可以直接当底图晒图,无需重新描绘透明底图,减少工序。

晒图,主要是用熏图法,熏图是用重氮感光纸晒制,晒图方法是将透明底图与感光纸放在镜框里严密接触,在阳光下进行曝光,曝光时间夏天3~5s,冬天20~25s,感光纸在未曝光前为浅黄色,曝光时图的空白部分变成灰白色或白色,即曝光已足。曝光后将感光图纸投入充满氨气的熏图箱或熏图筒内,利用氨气熏蒸定影。比较先进的熏图方法是用电光晒图机,它用电光曝光,开动电钮,自动旋转,连晒带熏,效率高,且不受天气的限制。

3. 制版印刷法

把聚酯薄膜的着墨底图,经过复照、制版、然后印刷,这是复制质量最好的一种方法。这种方法适用于批量印刷,它需要一套专门的设备和技术。制版印刷工艺较复杂,可去专业印刷厂进行。

4. 静电复印法

静电复印是一种先进的复制方法。随着大型工程复印机的出现,复印的图幅大小也可由一般的 B_5 纸到零号图纸,也可把原图放大或缩小,复印法比熏图法速度快,效果好。制作的原图内的图名、图例、各种标记及其他图面元素可用计算机设计,激光打印机打印,然后粘贴上去,这样做的图纸比较接近单色印刷图,工艺质量显著提高。

7.5 大比例尺数字化测图的方法

7.5.1 数字化测图概述

数字化测图是近20年来发展起来的一种全新的地形图测绘方法。从广义上讲,数字化测图应包括:①利用电子全站仪或其他测量仪器进行野外数字化测图;②利用手扶数字化仪或扫描数字化仪对传统方法测绘的原图的数字化;③借助解析测图仪或立体坐标量测仪对航空摄影、遥感相片进行数字化测图等技术。利用上述技术将采集到的地形数据传输到计算机,并由功能齐全的成图软件进行数据处理、成图显示,再经过编辑、修改、生成符合国标的地形图,最后将地形数据和地形图分类建立数据库,并用数控绘图仪或打印机完成地形图和相关数据的输出。上述以计算机为核心,在外连输入、输出硬件设备和软件的支持下,对地形空间数据进行采集、传输、处理编辑、入库管理和成图输出的整个系统,称之为自动化数字测绘系统,其主要系统配置见图7-24。数字化测绘不仅仅是利用计算机辅助绘图,减轻测绘人员的劳动强度,保证地形图绘制质量,提高绘图效率,更具有深远意义的是:由计算机进行数据处理,并可以直接建立数字地面模型和电子地图,为建立地理信息系统提供了可靠的原始数据,以供国家、城市和行业部门的现代化管理,以及工程设计人员进行计算机辅助设计(CAD)使用,提供地图数字图像等信息资料已成为政府管理部门和工程设计,建设单位必不可少的工作,正越来越受到各行各业的普遍重视。

数字化测图是一种先进的测量方法,与白纸测图相比具有明显的优势,目前已逐渐成为测图的主流方法。它具有自动化程度高,现势性强,整体性强,适用性强,精度高的特点。如图7-25所示,为北京清华山维公司研制的电子平板软件EPSW的主界面。图7-26为用该软件测绘的1:500地形图。

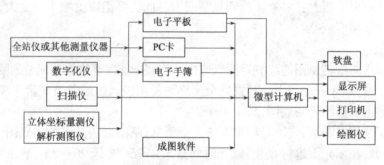

图7-24　数字化测图系统框图

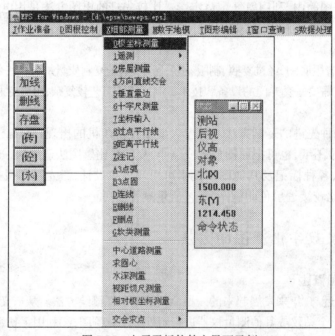

图7-25　电子平板软件主界面示例

184

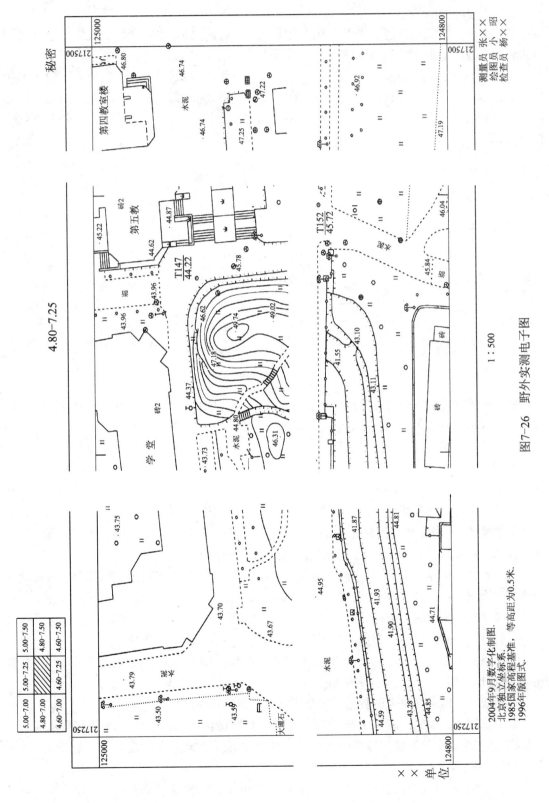

图7-26 野外实测电子图

2004年9月数字化制图.
北京独立坐标系.
1985国家高程基准. 等高距为0.5米.
1996年版图式.

1：500

测量员 张××
绘图员 小 昭
检查员 杨××

×× 单位

7.5.2 野外数字化数据采集方法

1. 数据采集的作业模式

数字化测图的野外数据采集作业模式主要有野外测量记录,室内计算机成图的数字测记模式和野外数字采集,便携式计算机实时的电子平板测绘模式。

图 7-27 为利用电子全站仪在野外进行数字地形测量数据采集的示意图,也可采用普通测量仪器施测,手工键入实测数据,从图中可看出,其数据采集的原理与普通测量方法类似,所不同的是全站仪不但可测出碎部点至已知点间的距离和角度,而且还可直接测算出碎部点的坐标,并自动记录。

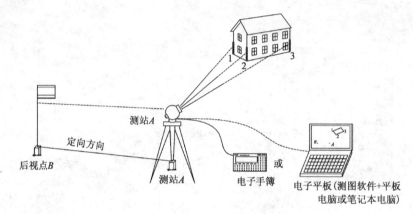

图 7-27　全站仪野外测图

为了便于碎部点数据的计算机软件自动处理(自动识别、检索、连接、自动调用图式符号、输出到地理信息系统等)及绘图人员的手工处理数据(交互编辑等),必须对仪器实测的每一个碎部点给予一个确定的地形信息编码。

2. 地形信息的编码

(1)地形信息编码的原则

由于数字化测图采集的数据信息量大、内容多、涉及面广,数据和图形应一一对应,构成一个有机的整体,它才具有广泛的使用价值。因此,必须对其进行科学的编码。编码的方法是多种多样的,但不管采用何种编码方式,应遵循的一般原则基本相同。

①一致性。即非二义性,要求野外采集的数据或测算的碎部点坐标数据,在绘图时能惟一地确定一个点,并在绘图时符合图式规范。

②灵活性。要求编码结构充分灵活,适应多用途数字测绘的需要,在地理信息管理和规划、建筑设计等后续工作中,为地形数据信息编码的进一步扩展提供方便。

③简易实用性。尊重传统方法,容易为野外作业和图形编辑人员理解、接受和记忆,并能正确、方便地使用。

④高效性。能以尽量少的数据量容载尽可能多的外业地形信息。

⑤可识别性。编码一般由字符、数字或字符与数字结合而成,设计的编码不仅要求能够被人识别,还要求能被计算机用较少的机时加以识别,并能有效地对其管理。

(2)编码方法

在遵循编码原则的前提下,应根据数据采集使用的仪器、作业模式及数据的用途统一设计

186

地形信息编码。目前,国内数字化测图系统的软件品种较多,所采用的地形信息编码的方法也很多,实际工作中可参阅有关测图软件说明书。在此介绍一种目前国内应用较广的编码方法,该方案总的编码形式由三部分组成,无论编码方法怎样不同,但总的形式不变,码长为8位,见表7-8。

表7-8　编码表

1	2	3	4	5	6	7	8
地形要素码(3位)			信息Ⅰ(4位连接码)				信息Ⅱ(1位线型码)

①地形要素码。地形要素码用语标识碎部点的属性。该码基本上根据《地形图图式》中符号的分类来定义。如定义百位码为信息类代码(0～9),十位和个位码为信息元代码。例如代码327表示路灯,其中百位的3表示其在《地形图图式》中的分类是第3类,为独立地物类;后两位的27表示是独立地物类中的第27个。通过这种方法,可以将《地形图图式》中所有的符号予以识别。

②信息Ⅰ编码。该编码的功能是控制地形要素的绘图动作,描述某测点与另一测点之间的相对关系,又称为连接码。如定义前两位为测点号,后两位表示连接点号(00表示断点)。如1110表示是测点号为11。其与点号为10的点存在连接关系。

③信息Ⅱ编码。该编码常用来表示连线的形式,如0表示非连接,1表示直线连接,2表示曲线连接,3表示圆弧连接等,故该码又称为线型码。

一个典型的地形测图信息的编码如图7-28所示。

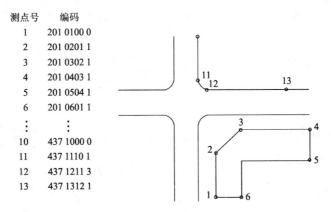

测点号	编码
1	201 0100 0
2	201 0201 1
3	201 0302 1
4	201 0403 1
5	201 0504 1
6	201 0601 1
⋮	⋮
10	437 1000 0
11	437 1110 1
12	437 1211 3
13	437 1312 1

图7-28　地形测图信息的编码

3. 碎部测量的步骤

(1)测图准备工作

野外数字化测图前,必须按规范检验所使用的测量仪器,如电子全站仪的轴系关系是否满足要求;水平角、竖直角和距离测量的精度是否小于限差;光学对中器及各种螺旋是否正常;反射棱镜常数的测定和设置等。还需要安装、调试好所使用的电子手簿(或便携机)及数字化测图软件,并通过数据接口传输或按菜单提示键盘输入图根控制点的点号、平面坐标(x,y)和高程(H)。

(2)测站设置与检校

将电子全站仪安置在测站点上,经对中、整平后量取仪器高,连接电子手簿或便携式计算机,启动野外数据采集软件,按菜单提示键盘输入测站信息,如测站点点号、后视点点号、检核点点号及测站仪器高等。根据所输入的点号即可提取相应控制点的坐标,并反算出后视方向的坐标方位角,以此角值设定全站仪的水平度盘起始读数。然后用全站仪瞄准检核点反光镜,测量水平角、竖直角及距离,输入反光镜高度。即可自动算出检核点的三维坐标,并与该点已知信息进行比较,若检核不通过则不能继续进行碎部测量。

(3)碎部点的信息采集

数字化测图野外数据的采集方式可根据实测条件和测区具体情况来选择,常用的方法有极坐标测量,此外,还有方向直线交会、垂直量边、交会定点等,如图7-25中"细部测量"菜单下各子菜单所表示。这其中,极坐标法即传统测图方法中的经纬仪单点测绘法,特别适用于大范围开阔地区的碎部点测定工作,在实际野外作业时,完成好测站设置和检核后,即可用全站仪瞄准选定的碎部点反光镜,使全站仪处于测量状态;同时按照电子手簿或便携机的菜单提示输入碎部点信息,如镜站高度 v(多数可设置成默认值)和前述碎部点地形信息编码等,并控制全站仪自动测量其水平角(实测角值即为测站点至待测碎部点间的坐标方位角)、竖直角和距离。经过测图软件的自动处理,即可迅速算出待定点的三维坐标,以数据文件的形式存储或在便携机屏幕上显示点位。其平面坐标计算方法等同于支导线计算,高程计算方法等同于三角高程测量计算。至于其他测量碎部点的方法,此处不再详述。

7.5.3 数字地面模型的建立

数字地面模型(DTM,digital terrain model)作为对地形特征点空间分布及关联信息的一种数字表示方式,现已广泛应用于工程、天文气象等众多学科领域。在测绘领域,由于 DTM 能依据野外测定的离散地形点三维坐标 (x,y,H),组成地面模型,以数字的形式表述地面高低起伏的形态,并能利用 DTM 提取等高线,形成等高线数据文件和跟踪绘制等高线,这就使得地形图测绘实现数字化成为可能。建立数字地面模型的方法是将实地采集的地物和地貌特征点的三维坐标,经过检索处理后,由计算机识别碎部点的地形信息编码,将相应地物特征点自动连成地物轮廓线,将地貌特征点连成地性线,并组成规则方格网或非规则三角网等建模形式的地面高程模型,以便根据任意点的平面坐标用内插法求得该点的高程,从而绘制等高线,绘制断面图,或直接提供给道路、管线等工程的设计和城镇建筑规划设计使用。

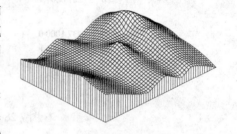

根据碎部点三维地形数据采集方式的不同,可采用不同的方法建立数字地面模型,常用的方法有密集正方形格网法和不规则三角形格网法两种。图 7-29 为采用正方形格网法建立的 DTM 的透视图。至于建

图 7-29　用规则方格网法建立 DTM 透视图

立 DTM 的具体算法和过程,自动追踪插绘等高线的方法和过程等,可参阅有关专业书籍,这里不再详述。

7.5.4 地形图的处理与输出

绘制出清晰、准确、符合标准的地形图是大比例尺数字化地形测量工作的主要目的之一,因此对图形的处理与输出也就成为数字化测图系统中不可缺少的重要组成部分,野外采集的地物与地貌特征点信息,经过数据处理之后形成了图形数据文件,其数据是以高斯直角坐标的形式存放的,而图形输出无论是在显示器上显示图形,还是在绘图仪上自动绘图,都存在一个

坐标转换问题,另外,还有图形的截幅、绘图比例尺的确定、图式符号注记及图廓整饰等内容,都是计算机绘图不可缺少的内容。

1. 图形截幅

因为在数字化地形测量中野外数据采集时采用全站仪等设备自动记录或手工键入实测数据、信息等,并未在现场成图,因此,对所采集的数据范围应按照标准图幅的大小或用户确定的图幅尺寸,进行截取。对自动成图来说,这项工作就称为图形截幅。

图形截幅的基本思路是,首先根据四个图廓点的高斯平面直角坐标,确定图幅范围;然后,对数据的坐标项进行判断,将属于图幅矩形框内的数据,以及由其组成的线段或图形等,组成该图幅相应的图形数据文件,而将图幅以外的数据以及由其组成的线段或图形,仍保留在原数据文件中,以供相邻图幅提取。图形截幅的原理和软件设计的方法很多,常用的有四位码判断截幅、二位码判断截幅和一位码判断截幅等方法,详见有关书籍。

2. 图形的显示与编辑

要实现图形屏幕显示,首先要将用高斯平面直角坐标形式存放的图形定位,并将这些数据转换成屏幕坐标。高斯平面直角坐标系 x 轴向北为正,y 轴向东为正;对于一幅地形图来说,向上为 x 轴正方向,向右为 y 轴正方向。而计算机显示器则以屏幕左上角为坐标系原点(0,0),x 轴向右为正,y 轴向下为正,(x, y)坐标值的范围则以屏幕的显示方式决定。因此,只需将高斯坐标系的原点平移至图幅左上角,在按顺时针方向旋转 90°,并考虑两种坐标系的变换比例,即可实现由高斯直角坐标向屏幕坐标的转换。有了图形定位点的屏幕坐标,就可充分利用计算机语言中各种基本绘图命令并将其有机结合,编制程序,自动显示图形。

对在屏幕上显示的图形,可根据野外实测的草图或记录的信息进行检查,若发现问题,用程序可对其进行屏幕编辑和修改,同时按成图比例尺完成各类文字注记、图式符号以及图名图号、图廓等成图要素的编辑。经检查和编辑修改成为准确无误的图形,软件能自动将其图形定位点的屏幕坐标再转换成高斯坐标。连同相应的信息编码保存在图形数据文件中(原有误的图形数据自动被新的数据所代替)或组成新的数据文件,供自动绘图时调用。

3. 绘图仪自动绘图

野外采集的地形信息经数据处理、图形截幅、屏幕编辑后,形成了绘图数据文件,利用这些绘图数据,即可由计算机软件控制绘图仪自动输出地形图。

绘图仪作为计算机输出图形的重要设备,其基本功能是将计算机中以数字形式表示的图形描绘到图纸上,实现数(x, y 坐标串)—模(矢量)的转换。绘图仪有矢量绘图仪和扫描绘图仪两大类。当用扫描数字化仪采集的栅格数据绘制地形图时,常使用扫描绘图仪。矢量绘图仪依据的是矢量数据或称待绘点的平面(x, y)坐标,常使用绘图笔画线,故矢量绘图仪常称为笔式绘图仪。

矢量绘图仪一般可分为平台式绘图仪和滚筒式绘图仪两种。平台式绘图仪因其具有性能良好的 x 导轨和 y 导轨、固定光滑的绘图面板,以及高度自动化和高精度的绘图质量,故在数字化地形图测绘系统中应用最为普及,但绘图速度较慢。滚筒式绘图仪的图纸装在滚筒上,前后滚动作为 x 方向,电机驱动笔架作为 y 轴方向,因此图纸幅面在 x 轴方向不受限制,绘图速度快,但绘图精度相对较低。

利用绘图仪绘制地形图,同样存在坐标系的转换问题,一般绘图仪坐标系的原点在图板中央,横轴为 x 轴,纵轴为 y 轴。当绘图仪通过 RS—232C 标准串行口与微机连通后,用启动程序启动绘图仪,再经初始化命令设置,其坐标原点和坐标单位将被确定。绘图仪一个坐标单位等于 0.025mm,即 1mm＝40 个绘图单位。

实际绘图操作时,用户通过软件可自行定义并设置坐标原点和坐标单位,以实现高斯坐标系向绘图坐标系的转换,称为定比例。通过定比例操作,用户可根据实际需要来缩小或者扩大绘图坐标单位,以实现不同比例尺和不同大小图幅的自动输出。

如前所述,要使绘图仪自动完成地形图的输出,必须要编制既能自动提取图形数据,又能驱动绘图仪,控制其抬笔、落笔和走笔等动作的绘图软件。具体绘图软件可在 AutoCAD 环境下用 AutoLSP 语言编写,亦可用其他计算机语言编写,如 C 语言、FORTRAN 语言和 BASIC 语言等,在此不再详述。

关于绘图仪的详细使用方法,请参阅仪器使用说明书和其他有关书籍。

7.6 普通地形图的数字化

从现有地形图上采集数据,将现有地形图数字化,实现图—数转换并存入计算机,经补测和修测地形图所需的要素后,由计算机综合处理,再通过绘图仪绘制地形图。这种从地形图上采集地形数据的方法称为普通地形图的数字化。它可以充分利用原有测绘成果的资料,发挥已有普通测绘仪器的作用,达到数字化测图的目的,比较经济、实用,但图的精度有所损失。我国现阶段数字化测图及其应用领域中,普通地形图的数字化同样是一种常用的、行之有效的方法。

将图形信息转换成数字信息并输入计算机的设备称为数字化仪,又称为图数转换仪。根据其工作原理,数字化仪分为手扶跟踪数字化仪和扫描数字化仪。在大比例尺地形图数字化工作中,应用较普遍的手扶式跟踪数字化仪。

7.6.1 手扶跟踪数字化仪及其应用

1. 手扶跟踪数字化仪的原理

如图 7-30 所示,手扶跟踪数字化仪主要有鼠标器、数字化板和微处理器组成。鼠标器实际上是一个数据采集器,其表面有若干个按键用于控制鼠标器的操作,底面有一个十字丝,用于精确对准底图上的待测点。数字化板由 x 导线栅格阵列和 y 导线栅格阵列组成,当鼠标器受到 3kHz 正弦信号激励,而发射一个低频正弦交流信号时,利用电磁耦合的作用,把鼠标器在数字化板上的位移量转换成 x,y 坐标,实现了模(矢量)—数(x,y 坐标串)的转换。

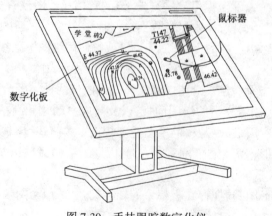

图 7-30 手扶跟踪数字化仪

190

因此,若将地形图贴放在数字化板上的有效部位,由鼠标器的十字丝精确地对准地形图上的待测点,按鼠标器上的有关按钮,并逐点操作直至完成全图的数据采集,从而实现图形向数字的转换。而采集的数据,则通过 RS—232C 标准串行接口传输到微型计算机内,供后期处理和成图时调用。

目前常用的手扶式跟踪数字化仪,其采点方式有五种:即点式、开关流式、连续式、步进式和增量式。详见有关操作手册。

手扶跟踪数字化仪的主要技术指标是分辨率和精确度。分辨率是能区分相邻两点的最小间隔,一般为 0.01~0.1mm;精确度是指量测坐标值与原图坐标值的符合精度,通常可达到0.1~0.2mm。影响图形数字化采集精度的主要因素有仪器本身的硬件误差、人为的采样误差、图纸伸缩变形及定位误差等。

2. 图形数字化

利用数字化仪对地形图进行数字化数据采集,均是在微机控制下,按数字化采集应用软件的要求执行各项操作。为了保证图形数字化工作的顺利进行,在数字化具体实施之前必须做好一些准备工作。

(1)检查原图。避免各图形要素的遗漏和重复,保证原图满足数字化成图的要求。

(2)拟定编码方案。图形和数据的关系应一一对应,因此必须按一定的信息编码原则,拟定编码方案,保证在数字化时输入的各图形要素特征码准确无误。

(3)定位。即坐标系的选择,通常以数字化板有效范围的左下角或原图内图廓的左下角为坐标原点,有利于数据的处理和与实际高斯坐标系统的转换。

(4)确定数字化方式。数字化时,通常只取图形的特征点(如起点、终点、拐点、极值点和独立地物的特征点),因此以选择点方式最为常见,这对于提高采集数据的质量,压缩数据的数量均有益处。

做好上述工作之后,即可进行图形数字化的实施,具体步骤如下:

(1) 将原图放在数字化板的中央部位并置平,用透明胶纸贴紧,尽量使原图图廓线与数字化板上的标志线平行。若底图图幅大于数字化仪板面的有效范围,可将原图分块数字化,分块幅面的接边和所采集的坐标值应统一,这些均由系统软件处理。

(2)检查鼠标器和数字化板、数字化板和微机的接口,然后打开数字化仪电源开关,使数字化仪在微机软件的控制之下,初始化并进入运行准备状态。

(3)首先对图幅的四个图廓点进行数字化,一般按照左下、右下、右上、左上的顺序,即从左下角开始逆时针方向依次采集四个图廓点,并将坐标以文件的形式单独存盘。

(4)按图形地形要素的类别依次采集特征点,例如要数字化某种要素时(如道路、水域、建筑物等),首先要输入该要素的特征码,然后在依次采集该要素中的各个特征点,在数字化另一地形要素时,同样要先输特征码后采点。

(5)全图数字化结束后,应再次数字化四个图廓点,以检核数字化成果的质量。

需要注意的问题是:利用原图数字化采集的数据,应考虑图纸伸缩变形和平面坐标的转换。平面坐标的转换是根据数字化四个图廓点的坐标和键盘输入的相应点的高斯平面直角坐标的对应关系,求出坐标系的平移和旋转参数,最后使两坐标统一。对图纸的伸缩变形,则可应用式(7-2)编程,求解出改正系数,对每个采样点实施纠正。

$$Q_x = (L_{x_0} - L_x)/L_{x_0} \atop Q_y = (L_{y_0} - L_y)/L_{y_0}} \quad\quad\quad (7\text{-}2)$$

式中　L_{x_0},L_{y_0}——图廓线 x,y 方向上的理论长度,在数字化时,利用输入的图廓点坐标值可求得;

L_x,L_y——图廓线数字化时算得的实际长度;

Q_x,Q_y——图纸在 x,y 方向上的伸缩改正系数。

在软件处理时,一般规定当图廓实际尺寸与理论尺寸相差 $\pm 0.3mm$ 以上时,则需进行图纸伸缩变形的计算与纠正。

7.6.2　扫描数字化仪及其应用

扫描数字化仪简称扫描仪,它可以将图形、图像(如线划地形图、黑白或彩色的遥感和航测像片等),快速、高精度地扫描数字化后输入计算机,经图像处理软件分析和人机交互编辑后,生成可供使用的图形数据。相对于手扶数字化仪来说,扫描仪的优势在于数字化自动化程度高,操作人员的劳动强度小,在同等图形条件下数字化的精度高。可以预见,随着社会对数字地图的需求量越来越大,地形图扫描软件更加成熟,扫描数字化仪将逐步取代手扶数字化仪,而成为大比例尺地形图数字化的主流。

1. 扫描仪简介

目前应用的扫描仪多数为电荷耦合器件(CCD)阵列构成的光电式扫描仪,基本工作原理是用低功率激光光源经过光学系统照射原图,使光线反射到 CCD 感光阵列,CCD 阵列产生的时序电子信号(影像)经过处理,将其分解成离散的象元,得到原图的数字化信息,传递给控制其运行的计算机,做进一步数据处理或直接应用。

扫描仪的种类很多,按照色彩辐射分辨率划分,有黑白扫描仪和彩色扫描仪;按照仪器的结构划分,可分为滚筒式和平台式扫描仪。扫描数字化仪的分辨率通常用象元大小(一般为 $10 \sim 100 \mu m$)或每英寸(in)的点数(dpi)来表示。一般扫描仪的分辨率均在 300dpi/in 以上。扫描仪执行扫描任务时,通常均与计算机相连,受计算机扫描软件控制。操作者仅需安放好原件,接通电源,按动几个按钮,即可完成扫描工作。扫描仪自动将扫描数据传输到计算机并在屏幕上显示原件图形,详见有关扫描仪使用说明书。

对于文字、图形或图像,通过扫描仪获取的数据形式是相同的,都是扫描区域内每个象素的灰度或色彩值,属于栅格数据。对这些数据的解释(如区别特定的物体和背景、识别文字等)需要专门的算法和相应的处理程序。在大比例尺地形图数字化中,需将扫描数字化仪获得的栅格数据自动转换成矢量数据,将图形特征点的影像转换成测量坐标。

由此可见,通过扫描仪生成的地形图要能精确地由绘图仪输出,方便地提供给规划设计、工程 CAD 和 GIS 使用,关键问题是必须具有功能完善、方便使用的地形图扫描矢量化软件,方能快捷地完成扫描栅格数据向图形矢量数据的转换。

2. 扫描栅格数据及其矢量化

利用扫描仪得到的地形图信息(或图像、文字等信息)是按栅格数据结构的形式存储的,相当于将扫描范围的地形划分为均匀的网格,每个网格作为一个象元,象元的位置由所在的行列号确定,象元的值即扫描得到的该点色彩灰度的等级(或该点的属性类型代码),称为象素。图 7-31 是扫描栅格数据表示点、线、面实体的示意图。图中代码 4 为点信息(如独立地物等),代码1、2可形成线信息(如1代表公路轴线,2代表河流中线等),代码8则代表某面状信息(例如绿地等)。

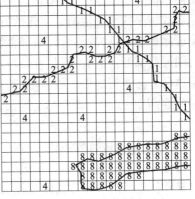

图7-31 扫描栅格数据表示点、线、面的方法

一幅地形图的象素排列形同一个矩阵,便于计算机识别和显示,是一种最直观且较为简单的空间数据结构,特别适用于同摄影测量和遥感像片数字化数据的结合。

但作为扫描底图的大比例尺地形图,均为黑白两色线划图,进行数字化的主要目的是能方便地提取地物地貌特征点的三维坐标,及各类地物实体的空间位置、长度、面积等信息,以供使用,或用计算机控制绘图仪自动绘图。因此,大比例尺地形图数字化最简单、最实用的数据形式是通过记录坐标的方式,用点、线、面等基本信息要素来精确表示各类地形实体,这种数据结构称为矢量数据结构,如前所述,手扶跟踪数字化仪采集的数据形式就是矢量数据结构。如图7-32a所示,一条曲线是通过一系列带有 x, y 坐标的采集点给出的,点位越密,表示的曲线越精确,计算机绘图时可以通过软件自动计算并拟合,绘制出平滑曲线。

图7-32b是同一条曲线的扫描栅格数据的表示方法(阴影表示象元)。由图中可看出,要想在计算机屏幕上显示、绘图仪自动绘制该曲线,或求算曲线上某点的坐标、曲线的长度等信息,必须首先通过对扫描栅格数据的细化处理,提取图形的构图骨架(即中心线,图7-32b中为曲线实体)。再经过计算机软件计算,跟踪处理,将栅格图像数据(中心线)转换成用一系列坐标表示其图形要素的矢量数据。这一转换过程就成为扫描图形的矢量化。如果扫描底图存在污点,线条不光滑,图面不清晰,再受到扫描系统分辨率的限制,就有可能给扫描出来的图形带来多余的斑点、孔洞、毛刺和断点等噪声(误差或缺陷)。所以一般在细化和矢量化之前,应利用专门的计算机算法对栅格数据进行噪声和边缘的平滑处理,除去这些噪声,以防矢量化的误差和失真。此外,由于存在图纸的变形及扫描变形的影响,使得扫描后的图像产生某种程度的失真,因此,需要对图形进行纠正。这项工作称为数据的预处理。

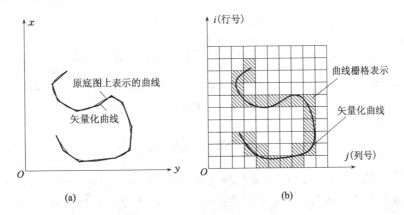

图7-32 一条曲线的两种表示方法
(a)用数字化仪的矢量化表示方式;(b)用扫描栅格数据的表示方法

由于大比例尺地形图的线划分布比较复杂,地物繁多,相互交叉,且有众多的文字符号、注记等地形要素,一般扫描数字化软件难以做到全自动跟踪矢量化。通常均采用自动跟踪和人

193

机交互编辑相结合的方法完成地形图的矢量化,这一过程是在图形扫描数据经预处理、细化后显示在计算机屏幕上,利用鼠标器效仿手扶跟踪地图数字化的方法,将图形特征点的坐标转换成测量坐标系,故称为扫描屏幕数字化。由于在屏幕上可以对图形局部开窗放大,因此可获得较高的数字化坐标精度。采用这种方法进行地形图数字化,其作业效率比手扶跟踪地图数字化要高 2～3 倍。图7-33是地形图扫描数字化的原理框图。图 7-34 是进行交互式矢量化时的示意图,在扫描后的栅格图中,对一个塑像进行数字化,此时鼠标上已激活了一个矢量化的符号,此时只要将鼠标移到塑像底座的中心,点击放置即可。因其软件设计的具体方法涉及较深的数学、数据结构和计算机知识,在此不再详述,可参阅有关专业书籍。

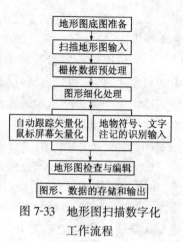

图 7-33 地形图扫描数字化工作流程

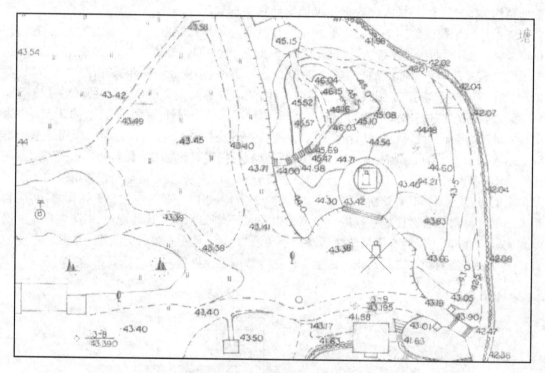

图 7-34 交互式扫描矢量化示意

习 题

1. 何谓比例尺?数字比例尺、图示比例尺各有什么特点?什么是比例尺精度?

2. 地物在地形图上如何表示?地貌在地形图上如何表示?举例说明。

3. 何谓等高线、等高距和等高线平距?等高距、等高线平距与地面坡度之间的关系如何?

4. 简述等高线的特性?

5. 试用等高线绘出山丘与盆地、山背与山谷、鞍部等地貌,它们各有什么特点?

6. 测图前的准备工作有哪些?

194

7. 简述经纬仪测绘法测图的主要步骤。

8. 什么是数字化测图？它有哪些优点？

9. 简述野外数字化数据采集的步骤和常用方法。

10. 什么是 DTM？简述其建立的基本原理和用途。

11. 图形数字化仪和扫描仪主要有哪几种类型？简述地形图数字化的基本步骤。

12. 根据数字化测绘的作业流程,简述其应用软件系统的基本组成。

第8章 地形图的应用

地形图是空间信息的载体,用地图符号语言来传递信息,地形图包含丰富的自然资源、人文地理和社会经济信息,直观地反映各种自然地理要素和社会经济要素的空间位置、分布特征、分布范围、数量、质量特征、动态变化以及各种地理事物之间相互联系和制约的关系。地形图作为客观环境信息的载体和信息传输的工具,具有文字和数字形式所不具备的直观性、一览性、量算性和综合性的特点,这就决定了地形图的独特功能和广泛的用途。它还是编纂其他专题地图的基础。

地形图是国民经济建设、科学研究和国防现代化建设中不可缺少的图面资料。如农业区划、国土整治与开发、土地资源调查与监测、水利工程的规划与施工、森林资源清查、公园的规划设计、环境保护、城乡规划等都是以地形图作为重要的基础资料,从地形图上通过识读和量算获得必要的数据和信息。因而正确地认识和应用地形图是各专业技术人员必备的基础知识和基本技能。

8.1 地形图识读的基本知识

要正确识读地形图,就必须了解地形图的基本内容:数学要素、地理要素和辅助要素等。

8.1.1 地形图的基本内容

1. 数学要素

数学要素指构成地形图的数学基础的各元素,是使地形图具有必要精度的保障,如地形图的投影与分幅编号、平面直角坐标网、经纬网、测量控制点、比例尺、图廓、邻带坐标网重叠等。

2. 地理要素

借助地形图符号系统反映地形图上的各种地理事物,称为地形图的地理要素,是地形图的主要内容,如水系、地貌与土质、植被、居民地、交通线、境界线等。

3. 辅助要素

辅助要素又称为整饰要素,指便于识图和用图的注记、辅助图表、说明资料等。用以增强图的表现力和提高其使用价值。

(1)图上注记

地形图上的文字和数字称为地形图注记。用来补充说明地形图各基本要素尚不能显示的内容,可分为名称注记、说明注记、数字注记3种。

(2)说明资料

为了充分反映地形图上的特性和用图方便而布置在图廓外的各种说明注记和数字注记,统称为说明资料,是地形图的辅助要素之一。

①图名、图号、接图表和密级。图名,是以本幅图内的最著名的地名来命名。图号,用以说明本幅图的编号,注在图名下方。接图表,用以说明本幅图与其相邻图幅的拼接关系,由9个

小方格组成,中间有斜线的代表本图幅。密级,其作用是按保密等级保管和使用地形图。

②行政区域资料。行政区域资料用以说明本图幅范围内的行政归属,注在北图廓外图号的下面。

③坐标系与高程系。地形图的坐标系用于说明测量地形图控制点水平位置所依据的坐标系统。目前的地形图上有1954年北京坐标系和1980年国家大地坐标系。而高程系统有1956年黄海高程系与1985年国家高程基准。

④其他说明资料。基本等高距用以说明图上相邻两条基本等高线的高程差,图式版本用以说明测制本地形图是依据哪个机关制定的哪种版本的图式。

成图方法和日期,用于分析地形图的精确性和现势性,出版机关用于说明地形图的测制出版单位,可供分析地形图质量时参考。

(3)量图图解

为便于在图上进行某些量测而在其图廓外设置的各种图解,称为量图图解。

①坡度尺。如图8-1所示,是在地形图上量测地面坡度和倾角的图解工具,它按下列关系制成:

$$d = \frac{h}{M}\cot\alpha \quad 或 \quad i = \frac{h}{dM} \tag{8-1}$$

式中　　M——测图比例尺分母值;

　　　　α——地面倾角;

　　　　d——等高线平距(2~6条);

　　　　i——地面坡度;

　　　　h——等高距。

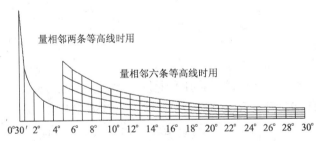

图8-1　坡度尺

以不同的坡度值代入上式,可算出不同 α 角所对应的 d 值,绘成平滑的曲线即成坡度尺。在坡度尺上可以量测相邻2~6条等高线间的坡度。

②直线比例尺。直线比例尺绘制于数字比例尺的下方,利用该尺可直接进行图上与相应实地水平距离的换算,此法可消减图纸的伸缩误差,如图7-1所示。

③三北方向线。如图8-2所示,为了量测目标的方位角或在实地标定地形图的方向,在1:2.5万~1:10万地形图上绘有三北方向线,即真子午线、磁子午线、坐标纵线,

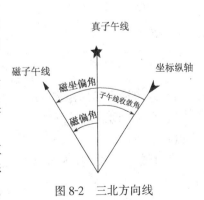

图8-2　三北方向线

并使真子午线垂直于南图廓。偏角值的大小用数字注记在相应的偏角内,使用地形图时,可借助偏角值进行方位角换算或在地形图定向时修正磁针用。

4.地貌的识别方法

在地形图上凡是最小的闭合小圆圈一般都是山顶,以山顶为准,等高线向外凸出的是山脊,向里凹入的就是山谷,两个山顶之间,两组等高线凸弯相对的就是鞍部,若干个山顶与鞍部连接的凸棱部分就是山脊。从山顶到山脚的倾斜部分称为斜坡。

根据等高线表示地貌的原理和特点,结合特殊地貌符号,再考虑到自然习惯(如等高线上高程注记的字头总是朝上坡方向,示坡线指向下坡)进行判读,地貌就清楚了。

要想从曲折繁多的等高线中分辨清整个地貌状况,一般先分析它的水道系统。在地形图上根据河流的位置找出最大的集水线,称一等集水线;在一等集水线的两侧可找出二等集水线,同样可找到三等集水线。这些集水线就是一系列山谷线,它们相互联系成网状结构,形似树枝。在集水线间必有明显或不明显的山脊将其分开,这些山脊也是相互联系而形成网状结构的,其延长线就是山脊线或山脉,中间通过的有闭合小圆圈的地方就是山顶。这样识别地貌比较简便,可对地形图上整个地貌状况有比较完整的了解,再结合其他特殊地貌的位置,就可找出地貌的分布规律。

8.1.2 地形图的分幅与编号

为了便于测绘、管理和应用地形图,需将大区域的地形图划分为尺寸适宜的若干单幅图,称为地形图分幅。为了便于贮存、检索和使用地形图,按一定的方法给予各分幅地形图惟一的代号,称为地形图编号。我国地形图的分幅与编号统一采用了梯形分幅法和矩形分幅法。关于梯形分幅法和矩形分幅法,可参阅本书7.1.4节。

8.2 地形图的室内应用

8.2.1 量测点的坐标

欲求图 8-3 中 K 点的平面直角坐标,过 K 点分别作平行于 X 轴和 Y 轴的两个线段 ab 和 cd。然后量出 aK 和 cK 并按比例尺计算其实地长度,设 $aK=22.75\text{m}$、$cK=18.40\text{m}$,则 $x_K=323\,050+22.75=323\,072.75\text{m}$,$y_K=486\,300+18.40=486\,318.40\text{m}$。

若精确计算该点坐标,首先应量网格,看是否等于理论长度,并考虑图纸伸缩的影响。如图 8-3 所示 K 点的坐标应按下式计算:

$$x_K = 323\,050 + \frac{aK}{ab} \times 50\text{m}$$

$$y_K = 486\,300 + \frac{cK}{cd} \times 50\text{m}$$

8.2.2 求算两点间的距离

1.求两点间的水平距离

(1)解析法

设所量线段为 AB,先求出端点 A、B 的直角坐标 (x_A,y_A) 和 (x_B,y_B),然后按距离公式计算线段长度 D_{AB},即:

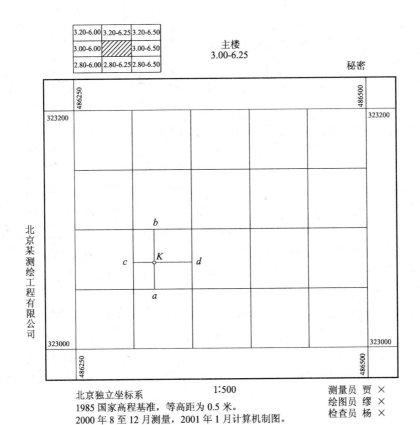

北京某测绘工程有限公司

北京独立坐标系
1985 国家高程基准,等高距为 0.5 米。
2000 年 8 至 12 月测量,2001 年 1 月计算机制图。
1996 年版图式。

1:500

测量员 贾 ×
绘图员 缪 ×
检查员 杨 ×

图 8-3　点位平面坐标的量算

$$D_{AB} = \sqrt{(x_B - x_A)^2 + (y_B - y_A)^2} \tag{8-2}$$

(2)图解法

用三棱尺(或精密直尺)量出线段的图上长度 d(一般量测两次,校差小于 0.2mm 时取平均值),用 $d \times M$(M 为地形图比例尺的分母)即计算出实地水平距离 D。

(3)普通分规法

用卡规在图上直接卡出线段的长度,再与图上的直线比例尺比量,即得其水平距离。

(4)曲线仪量距离

在图上量测较长且曲率不太大的曲线时,可用曲线仪进行量测。曲线仪(图 8-4)由手柄、字盘和测轮三部分组成。量测时,首先转动测轮使指针归零,读取始读数,然后,将测轮对准曲线起点,按曲线仪读数增长方向由起点沿曲线徐徐滚至终点,并在相应比例尺的刻划上读出终读数,终始两读数之差,即为所量曲线的长度。该长度以千米为单位。

用曲线仪量测曲线的精度较低(误差约为 1/50),曲线越短精度越低,故不宜用于精度要求较高的量测。

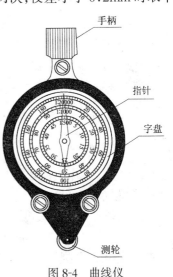

图 8-4　曲线仪

（5）用线绳测量

可用一伸缩变形很小的线绳，沿曲线放平并与曲线吻合，标绘两端点，拉直后量算其长度，按比例尺换算成水平距离。

（6）用一条连续的折线代替曲线（如在 AutoCAD 环境下的数字化图），用折线的长度来代替曲线。

2. 求两点间的倾斜距离

已知实地倾斜线的长度 D'，可由两点间的水平距离 D 及其高差 h 确定，按下式计算：

$$D' = \sqrt{D^2 + h^2} \tag{8-3}$$

从图上量算的距离，不论是直线距离还是弯曲距离，都是两点间的水平距离。但地形的起伏会使距离拉长，为了尽量接近实际情况，要加一改正数，究竟要加多少呢？由于沿线平均坡度不易求出，根据测绘经验，应用时常按平坦地区加 $10\% \sim 15\%$，丘陵地区加 $15\% \sim 20\%$，山地加 $20\% \sim 30\%$。这只是个实验平均数，有时比此数大或小，使用时要注意。

8.2.3 求算点的高程

若所求点恰好位于等高线上，则该点高程等于所在等高线的高程。

若所求点处于两条等高线之间，则可用一阶内插法求出其高程。如图 8-5 所示，按平距与高差的比例关系求得。为求 B 点的高程，可过 B 点引一直线与两条等高线尽可能垂直，且与两等高线交于 m、n，分别量 mn、mB 之长，则 B 点高程 H_B 可按下式计算：

$$H_B = H_m + \frac{mB}{mn} \cdot h \tag{8-4}$$

设 m 点的高程 H_m 为 38m；等高距 h 为 1m。量得 $mn = 14\text{mm}$，$Mb = 9\text{mm}$，B 点高程为：

$$H_B = 38 + \frac{9}{14} \times 1 = 38.64\text{m}$$

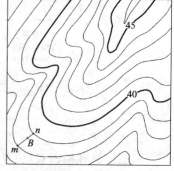

图 8-5 确定点的高程

8.2.4 确定地面坡度

1. 按公式计算坡度

地面某线段对其水平投影的倾斜程度就是该线段的坡度。设线段的坡度为 i，坡度角为 α，其水平投影长度为 D，端点间的高差为 h，则线段的坡度 i 为：

$$i = \tan\alpha = \frac{h}{D} \tag{8-5}$$

在地形图上量出线段的长度及其端点间的高差，便可算出该线段的坡度。坡度可用坡度角表示，也可用百分率或千分率表示。

2. 用坡度尺量算坡度

使用坡度尺可在地形图上分别测定 $2 \sim 6$ 条相邻等高线间任意方向线的坡度（图 8-6）。方法如下：先用两角规量取图上 $2 \sim 6$ 条等高线间的宽度，然后到坡度尺上比量，在相应垂线下边就可读出它的坡度，要注意量几条在坡度尺上比几条。

3. 求某地区的平均坡度

首先按该区域地形图等高线的疏密情况,将其划分为若干同坡小区;然后在每个小区内绘一条最大坡度线,按前述方法求出各线的坡度作为该小区的坡度;最后取各小区的平均值,作为该地区的平均坡度。

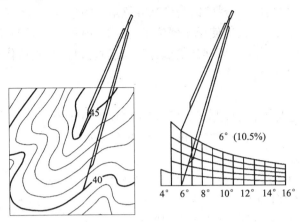

图 8-6　用坡度尺量测坡度

8.2.5　确定直线的方向

1.图解法

欲求图 8-7 中线段 *AB* 的坐标方位角,其步骤如下:

(1)通过 *A*、*B* 两点连一条直线(若两点在同一方格内,应将连线延长与坐标纵线相交)。

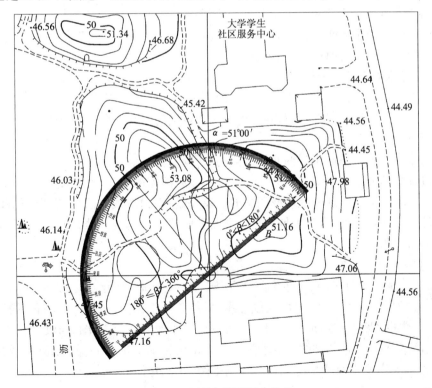

图 8-7　用量角器量测方位角

（2）当坐标方位角小于180°时，将量角器置于坐标纵线的右方。圆心对准 AB 连线与坐标纵线的交点，零分划线朝北，并使量角器度盘上的0°刻划线与坐标线重合（若使用逆时针刻划的量角器，如上一章中测图用的量角器，则应将0°刻划线与 AB 连线重合）。

（3）两点连线通过量角器的分划，即为坐标方位角。图中量得方位角为51°00′。

当坐标方位角大于180°时，应使量角器位于坐标纵线的左方，使量角器的0°分划线朝南，读出方位角后再加180°。欲求线段 AB 的磁方位角或真方位角，则可依磁偏角 δ 和子午线收敛角 γ 按有关公式进行换算。

2．解析法

欲求线段 AB 的坐标方位角，先求出两端点 A、B 的直角坐标值 (X_A, Y_A) 和 (X_B, Y_B)，然后根据坐标反算公式。计算出坐标方位角 α_{AB}。见本书公式（6-3）。

8.2.6　选定最短路线

进行线路设计时，往往需要在坡度 i 不超过某一数值的条件下选定最短的路线，如图8-8所示，已知图的比例尺为1:1 000，等高距 h = 1m，需要从山脚边 A 点至山顶修一条坡度不超过2%的道路，此时路线经过相邻两等高线间的水平距离 $D = h/i = 1/2\% = 50m$，D 换算为图上距离 d，则 d = 50mm，然后将两脚规的两脚调至50mm，自 A 点作圆弧交28m 等高线于 1 点，再自 1 点以 50mm 的半径作圆弧交28m 等高线于 2 点，如此进行到 5 点所得的路线符合坡度的规定要求。如果某两等高线间的平距大于 50mm，则说明该段地面小于规定的坡度，此时该段路线就可以向任意方向铺设。

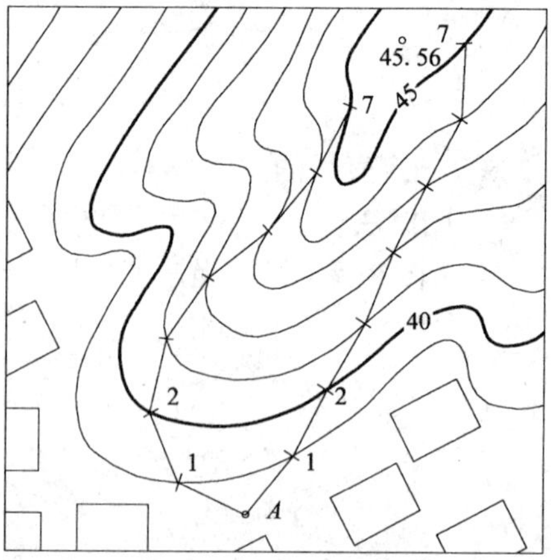

图 8-8　选定最短路线

8.2.7　确定汇水周界

森林公园的规划，小流域综合治理，修建公路，修建山塘、水库、道路和桥涵等工程，要了解有多大范围的雨水汇合于欲修的山塘或水库内，该范围的面积称汇水面积。

降雨时山地的雨水是向山脊的两侧分流的，所以山脊线就是地面上的分水线，因此某水库或河道周围地形的分水线所包围的面积就是该水库或河道的汇水面积（图 8-9）。要确定汇水面积可以从地形图上已设计的坝址或涵闸的一端开始，沿山脊线，经过一系列的山顶和鞍部，连续勾出该流域的分水线，直到坝址的另一端而形成的一条闭合曲线，即汇水面积的边界线，然后求出汇水面积。

8.2.8　绘制纵断面图

如果需要了解某一方向地面起伏的情况，则可以根据地形图绘出该方向的断面图，如图8-10a所示，在地形图上连接 A、B 两点成直线，与各等高线相交，各交点的高程即各等高线的高程，而各交点的平距可在地形图上用比例尺量得。作地形断面图（图8-10b）时，先在毫米方格纸上绘出两条相互垂直的轴线，以横轴 AD 表示平距，以纵轴 AH 表示高程。然后在地形图上量取 A 点至各交点及地形特征点 a，b 的平距，并把它们分别转绘在横轴上，以相应的高程作为纵坐标，得到各交点在断面上的位置，连接这些点，即得到 AB 方向上的地形断面图。为了能较明显地表示出地形的变化，断面图的高程比例尺往往比水平距离比例尺大5～10倍。

在电子地形图上绘制断面图更加简单、快捷。先调出电子地形图,输入断面的两端点坐标,利用纵断面图的程序,即可绘制断面图。

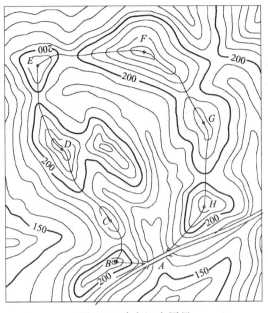

图 8-9　确定汇水周界

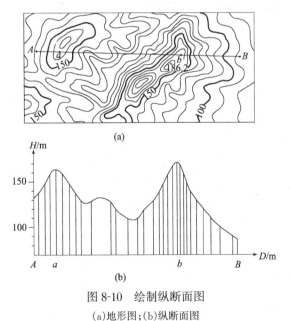

(a)

(b)

图 8-10　绘制纵断面图

(a)地形图;(b)纵断面图

8.3　地形图的野外应用

地形图是野外调查的工作底图和基本资料,任何一种野外调查工作都必须利用地形图。所以野外用图也是地形图应用的主要内容,识读地形图是用图者必备的技能。在野外使用地形图需按准备、定向、定站、对照、填图的顺序进行。

8.3.1 准备工作

1. 器材准备

调查工作所需的仪器、工具和材料,一般包括测绘器具(如量距尺、三角板、三棱尺、量角器等),量算工具(如求积仪、透明方格片、计算器)等。

2. 资料准备

根据调查地区的位置范围与调查的目的和任务,确定所需地形图的比例尺和图号,准备近期地形图以及与之匹配的最新航片。

3. 技术准备

对收集的各种资料进行系统的整理分析,供调查使用。在室内阅读地形图和有关资料,了解调查区域概况,明确野外调查的重点地区和内容,确定野外工作的技术路线、主要站点和调研对象。

8.3.2 地形图的定向

在野外使用地形图,首先要进行地形图定向。地形图定向就是使地形图上的东南西北与实地的方向一致,就是使图上线段与地面上的相应线段平行或重合。常用方法如下:

1. 用罗盘仪定向

借助罗盘仪定向,可依磁子午线标定,也可按坐标纵线或真子午线标定,方法如下:

先将罗盘仪的度盘零分划线朝向北图廓(图 8-11a),并使罗盘仪的直边与磁子午线吻合,转动地形图使磁针北端对准零分划线,这时地形图的方向便与实地的方向一致了。

也可将罗盘仪的度盘零分划线朝向北图廓(图 8-11b),使罗盘仪的直边与某一坐标纵线吻合或使罗盘仪的直边与东或西内图廓线吻合(图 8-11c),然后转动地形图使磁针北端对准磁坐偏角值,则地形图的方向即与实地的方向一致了。因为偏角有东偏和西偏之别,所以在转动地形图时要注意转动的方向,其规则是:东偏向西(左)转,西偏向东(右)转。

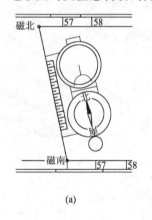
(a)

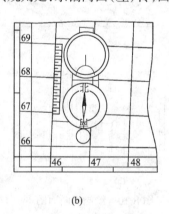
(b)

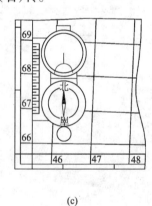
(c)

图 8-11　用罗盘仪定向

(a)依磁子午线定向;(b)依坐标纵轴(方里网)定向;(c)依真子午线(内图廓)定向

2. 用直长地物定向

当站点位于直线状地物(如道路、渠道等)上时,先将照准仪(或三棱尺、铅笔)的边缘,吻合在图上线状符号的直线部分上,然后转动地形图,用视线瞄准地面相应线状物体,这时地形图即已定向。

204

3．按方位物定向

当用图者能够确定站立点在图上的位置时，可根据三角点、独立树、水塔、烟囱、道路交点、桥涵等方位物作地形图定向：先将照准仪(或三棱尺、铅笔)吻合在图上的站点和远处某一方位物符号的定位点的连线上，然后转动地形图，当照准线通过地面上的相应方位物中心时，地形图即已定好方向。

8.3.3 确定站立点在图上的位置

利用地形图进行野外调查时，随时需要找到调查者在地形图上的位置。主要方法有：

1．比较判定法

按照现地对照的方法比较站点四周明显地形特征点在图上的位置，再依它们与站立点的关系来确定站点在图上的位置。站点应尽量设在利于调绘的地形特征点上，这时，从图上找到该特征点的符号定位点，就是站立点在图上的位置。

2．截线法

若站点位于线状地物(如道路、堤坝、渠道、陡坎等)上或在过两明显特征点的直线上。这时，在该线状地物侧翼找一个图上和实地都有的明显地形点，将照准工具切于图上该物体符号的定位点上，以定位点为圆心转动照准工具瞄准实地这个目标，照准线与线状符号的交点即为站点在图上的位置。

3．后方交会法

用罗盘仪标定地形图方向，选择图上和实地都有的两个或三个同名目标，在图上一个目标的符号定位点上竖插一根细针，使直尺紧靠细针转动，照准实地同名目标，向后绘方向线，用同样方法照准其他目标，画方向线，其交点就是站点的图上位置。

8.3.4 地形图与实地对照

确定了地形图的方向和站点的图上位置后，再将地形图与实地地物、地貌进行对照读图，即依照图上站点周围的地理要素，在实地上找到相应的地物与地貌。图与实地对照的方法是：由左向右，由近及远，由点而线，由线到面。先对照主要明显的地物地貌，再以它为基础依相关位置对照其他一般的地物地貌。例如，作地物对照，可由近而远，先对照主要道路、河流、居民地和突出建筑物等，再按这些地物的分布情况和相关位置逐点逐片地对照其他地物。

如作地貌对照，可根据地貌形态，山脊走向，先对照明显的山顶、鞍部，然后从山顶顺岭脊向山麓、山谷方向进行对照。若因地形复杂某些要素不能确定时，可用照准工具的直边切于图上站点和所要对照目标的符号定位点上，按视线方向及距站点的距离来判定目标物。

目标地物到站点的实地距离可用简易测量方法，如步测、目测或手持 GPS 测距的方法测定。

8.3.5 调绘填图

在对站点周围地理要素认识的基础上可以着手调绘填图。所谓调绘填图就是将调查对象用规定的符号和注记填绘在地形图上。例如把新建的电站、公路、水库、土地利用类型界线或地貌类型界线等点、线、面状地物填绘到地形图上去。将地面上各种形状的物体填绘到图上，就是确定这些物体图形特征点的图上位置，这些特征点统称为碎部点。直接利用地形图来调绘，确定碎部点的图上平面位置应尽量采用比较判定法，当用该法不能定位时，可视具体情况用极坐标法、直角坐标法、距离交会法、前方交会法(详见第 7 章)。

在野外调绘中,仅用一种方法是不够的,一般以比较判定法为主,再根据实地情况与其他方法配合填图。

8.4　面积量算

计算面积的方法很多,主要有解析法、图解法、控制法和求积仪法等几种。

8.4.1　解析法

利用闭合多边形顶点坐标计算面积的方法,称为解析法,如图 8-12 所示。其优点是计算面积的精度高。四边形 $ABCD$ 各顶点坐标分别为:$A(X_1, Y_1)$,$B(X_2, Y_2)$,$C(X_3, Y_3)$,$D(X_4, Y_4)$。四边形的面积 S 等于四个梯形的面积代数和。

多边形相邻点 X 坐标之差是相应梯形的高,相邻点 Y 坐标之和的一半是相应梯形的中位线。故四边形 $ABCD$ 的面积为:

$$S = \frac{1}{2}\left[(X_1 - X_2)(Y_1 + Y_2) + (X_2 - X_3)(Y_2 + Y_3) - (X_1 - X_4)(Y_1 + Y_4) - (X_4 - X_3)(Y_4 + Y_3)\right]$$

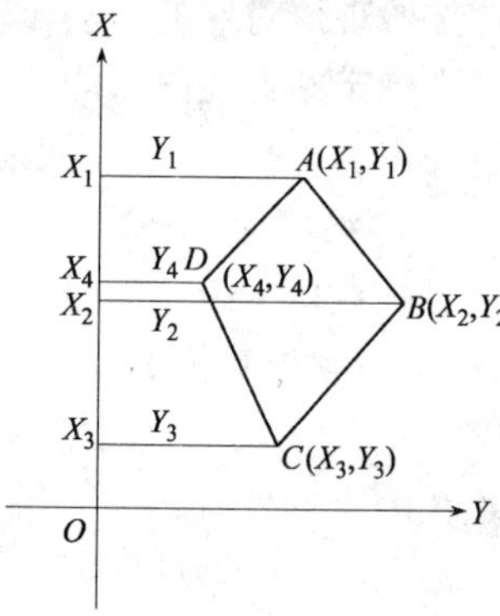

将上式化简并将图形扩充至 n 个顶点的多边形,可写成如下一般式:

图 8-12　解析法求算面积

$$S = \frac{1}{2}\sum_{i=1}^{n} X_i(Y_{i+1} - Y_{i-1}) \tag{8-6}$$

或推导出另一种形式:

$$S = \frac{1}{2}\sum_{i=1}^{n} Y_i(X_{i-1} - X_{i+1}) \tag{8-7}$$

若用程序型计算器,应用以上两个公式编制程序,计算两个结果,准确迅速,还可以比较校核。

8.4.2　图解法

1. 几何图形法

地形图上所测的面积图形是多边形时,可把它分成若干三角形、梯形等简单几何图形,分别计算面积,求其总和,再乘上比例尺分母的平方即可。

为了提高量测精度,所量图形应采用不同的分解方法计算两次,两次结果符合精度要求($\leqslant 1/100$),取平均值作为最后结果。

2. 透明方格纸法

地形图上所求的面积范围很小,其边线是不规则的曲线,可采用透明方格法(图 8-13)。在透明方格纸或透明膜片上做好边长 1mm 或 2mm 的正方形格网。测量面积时,将透明方格纸覆盖在图上并固定。统计出曲线图形内的整方格数 a_1,目估不完整的方格数 a_2,加起来即为总和 a,再乘上该比例尺图一个方格的面积,即得所求图形的面积 S,即:

$$S = a \cdot M^2 \tag{8-8}$$

式中 M 为比例尺分母。方格法简单易行,适用范围广,量测小图斑和狭长图形面积的精度比求积仪高。

3. 平行线法

平行线法是在透明模片上制作相等间隔的平行线(图 8-14),间隔 h 可采用 $2mm$。量测时把平行线模板放在欲量测的图形上,整个图形被平行线切成许多等高的梯形,设图中梯形的中线分别为 $L_1, L_2, \cdots, L_n$,量取其长度,则面积 S 为:

$$S = h(L_1 + L_2 + \cdots + L_n) = h \sum_{i=1}^{n} L_i \tag{8-9}$$

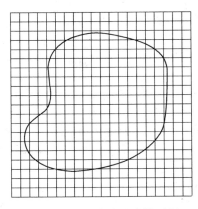

图 8-13 透明方格法求算面积

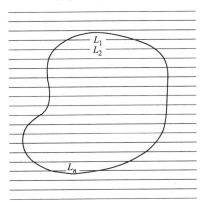

图 8-14 平行线法求算面积

8.4.3 求积仪法

用机械的或电子的测定装置来测定图纸上任意曲线图形的面积,这种装置称为求积仪。前者称为机械式求积仪,后者称为数字式电子求积仪。

1. 机械求积仪法

(1)机械求积仪构造

求积仪主要分为三部分(图 8-15):极臂、描迹臂和一套计数机件。

极臂的一端有一个重锤,锤下有一支小针,借以固定在图纸上,称为"极点"。极臂的另一端有球头短柄,插入描迹臂的圆孔内,把极臂和描迹臂结合起来。

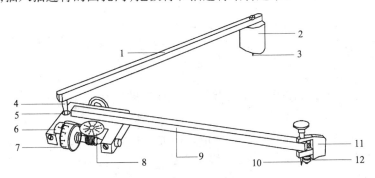

图 8-15 机械求积仪构造

1—极臂;2—重锤;3—短针;4—短柄;5—结合套;6—游标;
7—记数轮;8—记数盘;9—描迹臂;10—描迹针;11—手柄;12—小圆柱

207

描迹臂的一端有一个描迹针,描迹针旁边有一支撑描迹针的小圆柱和一手柄。用制动螺旋和微动螺旋可调节描迹臂长。描迹臂长是指描迹针尖端至球头短柄转轴的距离。

(2)读数设备

在描迹臂的另一端装有一套计数机件(图 8-16)。它是求积仪最重要的部件。它包括测轮、游标和计数圆盘。当描迹臂移动时,测轮随着转动。当测轮转动一周时,计数圆盘转动一格。计数圆盘共分 10 格,由 0~9 注有数字。测轮分成 10 等份,每一等份又分成 10 小格。在测轮旁附有游标,可直接读出测轮上一小格的 1/10。因此,可读出四位数字。首先从计数圆盘上读得千位数,然后在测轮上读取百位数和十位数,最后按游标读取个位数,图中读数为 5 415。

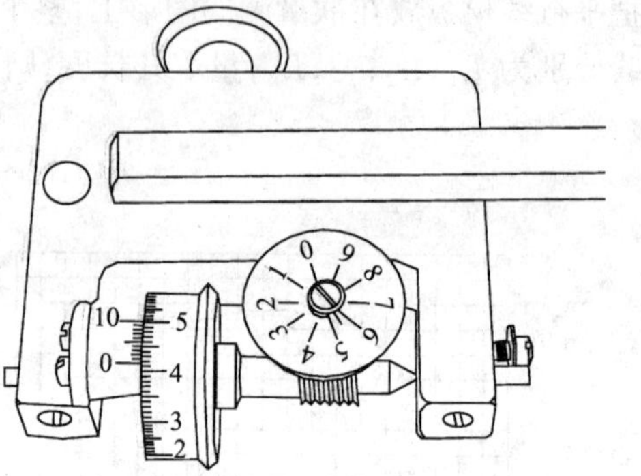

图 8-16　机械求积仪读数设备

(3)使用方法

使用求积仪量算面积时,如果图形面积不大,可将极点放在图形外,定好描迹臂长度和极点位置。把描迹针放在图形轮廓线上的某点 P 上,作一记号,在计数器上读取起始读数 n_1。然后,使描迹针以顺时针方向平稳而准确地沿着图形的轮廓线绕行,最后回到起点 P,读取终止读数 n_2,则面积可按下式计算:

$$S = C(n_2 - n_1) \tag{8-10}$$

式中　C——一定描迹臂长的求积仪分划值。C 值可从求积仪的说明书中查得,亦可通过对已知面积的量算,反求而得。求面积时必须反复细心量测数次,求其平均数作为该图形的面积。量测的精度一般要求不大于 1/300。

例如在 1:2 000 比例尺图上,求某花园面积,起始读数 $n_1 = 2\ 434$,终止读数 $n_2 = 7\ 684$,从求积仪附表中查得 1:2 000 比例尺 C 值为 40m^2,该果园实地面积为:

$$S = 40 \times (7\ 684 - 2\ 434) = 210\ 000 \text{m}^2$$

若待测的面积很大,可以把图形分成若干小块,分别测定,再求得总面积,也可以将极点放在图形内,操作方法与前述相同。当极点在图形内时,图形面积按下式计算:

$$S = C(n_2 - n_1) + Q \tag{8-11}$$

式中　Q——加常数。Q 的值可以在仪器说明书中查取。

(4)求积仪 C 值的求法

当用求积仪求面积时,如仪器盒中没有 C 值表或者即使有,也已经发生了变化,也需进行 C 值检验。

检验方法是,在图纸上选择一个千米网格或精确绘制一网格,记下该网格的实地面积 S,用求积仪测定该网格边界的起始读数 n_1,终止读数 n_2,则 C 值为:

$$C = \frac{S}{n_2 - n_1} \tag{8-12}$$

2. 电子求积仪

电子求积仪是用微处理器控制的数字化面积测量仪器。图 8-17 是日本 SOKKIA(索佳)公司生产的 KP-90N 动极式电子求积仪,各部件的名称如图中所注。仪器是在机械装置动极、动极轴、跟踪臂等的基础上,增加了电子脉冲记数设备和微处理器,能自动显示面积值,具有面积分块测定后相加和多次测定取平均值,面积单位换算,比例尺设定等功能。面积测量的相对误差为 2‰。此外,仪器的分辨能力为 $10mm^2$。

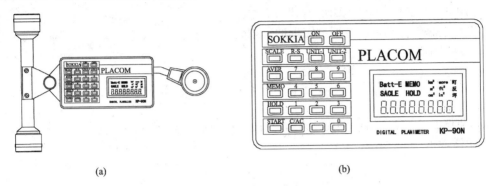

(a)   (b)

图 8-17 电子求积仪
(a)求积仪正面;(b)求积仪面板

(1)面积量算前的准备工作

将图纸固定在平整的图板上。安置求积仪时,使垂直于动极轴的中线通过图形中心,然后用描迹针沿图形的轮廓线转一周,以检查动极是否能平滑移动,必要时重新安装动极轴位置。

(2)面积量算的方法

KP-90N 电子求积仪量算面积的步骤为:

①打开电源。按 ON 键。

②选择面积显示单位。可供选择的有:公制(km^2、m^2、cm^2)、英制(acre、ft^2、in^2)和日本制(町、反、坪)。每按一次 UNIT-1 键,可以按公制→英制→日本制的顺序循环选择。决定了单位制式后,每按一次 UNIT-2 键,则在已选定的单位制式内循环,如选择的是公制,则在 km^2→m^2→cm^2 内循环。

③设定比例尺。在非测量状态下,设置比例尺,例如图的比例尺为 1:500,则先按 SCALE 键,输入"500",再按 SCALE 键两次,确认输入。

④简单测量(一次测量)。在大致垂直于动极轴的图形轮廓线上选取一点作为量测起点,将描迹针对准起点,按 START 键,蜂鸣器发出音响,描迹针正确沿轮廓线按顺时针方向移动,直至回到起点,按 MEMO 键结束,此时屏幕上显示的数字即是实地面积值。

⑤若对某一图形重复量测,在每次量测终了按 MEMO 键,进行存储,最后按 AVER 键,显示面积平均值。

关于 KP-90N 电子求积仪的详细的说明,请参见相关使用手册。

实验证明,在一般情况下,量测特小面积($\leqslant1cm^2$)应首选方格法,其次是平行线法;量测小面积($1\sim10cm^2$)宜用平行线法或求积仪复测法;量测大面积($10\sim100cm^2$)宜用求积仪法;量测多边形图形($1\sim5$ 边形)面积最好采用图解法;若有电子求积仪,量测较大面积,应首选电子求积仪。

8.4.4 控制法

当整个图形面积为已知或已用高精度的方法求得后,欲量测图形内各局部图形面积时,可用控制法。即用整体的已知面积去控制各局部面积的量测(图8-18),图形 $ABCD$ 的面积 S 是已知的,欲量测图形内各部分的面积 S_1、S_2、S_3,具体步骤如下:

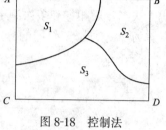

图 8-18 控制法

1. 用求积仪先量测出整个图形的分划数 γ;
2. 再用求积仪分别量出各部分图形的分划数 γ_1、γ_2、γ_3;
3. 计算量测误差

$$\Delta\gamma = \sum_{i=1}^{n} \gamma_i - \gamma \tag{8-13}$$

若相对误差 $\Delta\gamma/\gamma \leqslant 1/1\,000$,说明量测合格,否则重新量测。

4. 计算求积仪单位分划值:

$$C = S/\sum \gamma \tag{8-14}$$

5. 计算各部分面积:

$$S_1 = C \cdot \gamma_1, S_2 = C \cdot \gamma_2, S_3 = C \cdot \gamma_3$$

6. 测算出的各部分面积的总和应等于整个图形的已知面积,即 $S_1 + S_2 + S_3 = S$,若因计算中的凑整误差使上式两端不等,则将误差分配到较大的一块图形之中。

用控制法量测面积,可以消除图纸变形的不利影响,而且求积仪单位分划值 C 不必预先测定,描迹臂长可视图形情况任意安置,也不必进行平差计算,又能达到控制目的,还提高了工作效率和量测面积的精度。

8.5　地形图在平整场地中的应用

在建园过程中,地形改造除挖湖堆山,还有许多大大小小的各种用途的场地需要平整。园林中的场地包括铺装的广场,建筑地坪及各种文体活动场所和较平缓的种植地段,如草坪等。平整场地的工作是将原来高低不平的、比较破碎的地形按设计要求整理成平坦的或具有一定坡度的场地。在平整场地的过程中,主要的工作是土方计算。它不仅为设计提供必要的信息,而且也是进行工程投资预算和施工组织设计等项目的重要依据。

土方量的计算工作,就其精确程度,可分为估算和计算。在规划阶段,土方量的计算不需过分精确,只需要毛估即可。而在设计施工图时,土方量的计算则要求比较精确。

在进行土方量估算时,常常用一些规则的几何形体(如圆锥、圆台、棱锥、棱台、球冠等)来近似地代替一些地形单体(如山丘、池塘等)的实际形状,从而简化土方量的计算。而常用的土方精确计算的方法主要有方格法和断面法。其中断面法可以分为垂直断面法、水平断面法(等高线法)及成角断面法。

8.5.1 方格法

该方法适用于地形起伏不大或地形变化比较规律的地区。其工作程序是:

1. 在附有等高线的地形图上作方格网控制施工场地,方格的边长取决于所要求的计算精度、地形图比例尺和地形变化的复杂程度。在园林工程中,一般取 20～40m。

2．在地形图上用内插法求出各方格顶点(顶点)的原地面高程(或把方格网各顶点测设到地面上,用水准测量的方法测出各顶点的高程,然后标注于图上)。

3．依据设计意图(如填挖土方量平衡)确定方格各顶点的设计高程(标高)。

4．在方格的顶点上,根据原地面高程和设计标高,求出填挖高度(施工标高)。

5．土方计算。

【例 8-1】如图 8-19 所示为某场地 1:1 000 地形图,假设要求将原地面按照填挖平衡的原则改造成水平面,试计算填挖方量。

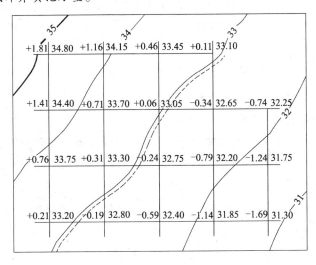

图 8-19　平整为水平场地方格法土方计算

【解】

①在地形图上绘制方格网并计算各方格顶点地面高程

如图 8-19 所示,取方格边长为 20m(图上 2cm),打方格网,并内插求出各顶点高程,注记于各顶点的右上方。

②计算填挖平衡下的设计高程

先将每一方格顶点的高程相加除以 4,得到各方格的平均高程 H_i,然后再将每个方格的平均高程相加除以方格总数 n,即得到填挖平衡的设计高程 H_0,其计算公式为:

$$H_0 = \frac{\sum\limits_{i=1}^{n} H_i}{n} \tag{8-15}$$

也可按照使用的方格网的角点(1 个方格的顶点),边点(两个方格的共用顶点),拐点(3 个方格的共用顶点)和中点(4 个方格的共用顶点)高程的使用次数展开为:

$$H_0 = \frac{1}{4n} \left(\sum H_{角} + 2\sum H_{边} + 3\sum H_{拐} + 4\sum H_{中} \right) \tag{8-16}$$

如图 8-19 所示,将各顶点的高程代入式(8-16),求得 H_0 为 32.99m。

在地形图上内插等高线 32.99(虚线)即为不挖不填线。

③计算挖、填高度

将各方格顶点的地面高程减去设计高程即得其填、挖高度，其值标注于各方格顶点的左上方，如图8-19所示。当地面高程大于设计高程时，为挖，反之为填。

④ 计算挖、填土方量

挖、填土方量要分别计算，不得正负抵消。计算方法是：

$$角点 \quad 挖(填)高 \times \left(\frac{1}{4}\right) 方格面积$$

$$边点 \quad 挖(填)高 \times \left(\frac{2}{4}\right) 方格面积$$

$$拐点 \quad 挖(填)高 \times \left(\frac{3}{4}\right) 方格面积$$

$$中点 \quad 挖(填)高 \times \left(\frac{4}{4}\right) 方格面积$$

按上述公式分别计算挖、填方工程量。

【例8-2】如图8-20所示，某公园为了满足游人游园活动的需要，拟将某块地面平整成三坡向两面坡的T字形广场，要求广场具有1.5%的纵坡和2%的横坡，土方就地平衡，试求其设计高程及填挖土方量。

【解】①确定方格网并计算各方格顶点地面高程

根据场地具体情况(如本例中按正南正北方向)以实地长度20m为方格的边长作方格控制网。如有较精确的地形图，可用内插法直接求得各顶点的地面高程，若没有较精确的地形图，则将各方格顶点测设到地面上，同时用仪高法水准测量的方法测出各顶点的高程并将其标注于图纸上。标注的方法见图8-21。

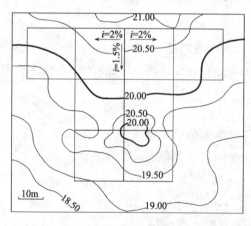

图8-20 某公园广场方格网

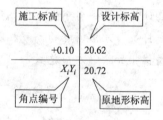

图8-21 方格网标注位置图

②确定填挖平衡设计下的平整标高

平整标高又称为计划标高。平整在土方工程的含意就是把一块高低不平的地面在保证土方平衡的前提下，挖高垫低使地面成为水平面。这个水平地面的高程就是平整标高，如上例中的设计高程即为平整标高。

应用公式(8-15)或公式(8-16)可求出平整标高，如本例中，可求出平整标高 H_0 为20.06m。

③求定设计标高

由于地面需要平整成三坡向两面坡的场地,所以各方格顶点的设计高程都不相同,但其高差与平距之比等于所设计的坡度。为便于理解,将图8-20按所给的条件画成立体图,见图8-22。

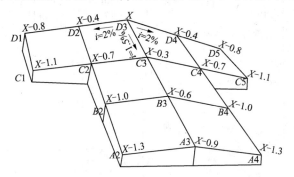

图8-22　数学代入法求 H_0 示例

为了求定各方格顶点的设计标高,可采用数学代入法和几何等高线法。在园林工程中,常用的方法是数学代入法。下面,就用数学代入法求各方格顶点的设计标高。

上图中 D3 点最高,假设其设计标高为 x,则依据给定的坡向、坡度和方格边长,可以立即算出其他各方格顶点的假设设计标高。以点 D2 为例,点 D2 在 D3 的下坡,距离 $L = 20\text{m}$,设计坡度 $i = 2\%$,则点 D2 和点 D3 之间的高差为:

$$h = i \cdot L = 0.02 \times 20 = 0.4\text{m}$$

所以点 D2 的假设设计标高为 $x - 0.4\text{m}$。同法计算出所有方格顶点的假设设计标高,并将其标注于图8-22上。

应用公式(8-15)或公式(8-16),可求出用假设设计标高算出的场地平均高程 $H_0' = x - 0.675\text{m}$。

在土方填挖平衡的条件下,H_0' 应等于用实地方格顶点高程计算出的场地平均高程相同,也就是:$H_0' = H_0$。根据②中计算出的 H_0,可得:

$$x = H_0 + 0.675 = 20.735 \approx 20.74\text{m}$$

求出 D3 点的设计标高后,就可以依次求出其他方格顶点的设计标高,如图8-23所示。根据这些设计标高计算出的填方量和挖方量将保持平衡(在实际计算中,由于数据保留位数及计算公式的近似性,往往会造成填、挖方量有较小的不符)。

④求施工标高

施工标高=原地形标高−设计标高,施工标高数值"+"号表示挖,"−"号表示填。计算出的施工标高见图8-23。

⑤求零点线

所谓零点是指不填不挖的点,相邻零点的连线就是零点线,它是填方和挖方区的分界线,因而零点线成为土方计算的重要依据之一。

在相邻两顶点之间,若施工标高值一为"+"数,一为"−"数,则它们之间有零点存在。其位置可通过高程内插法求出[内插公式见公式(8-4)],只不过此时已知的是高程,而欲求的是平距。

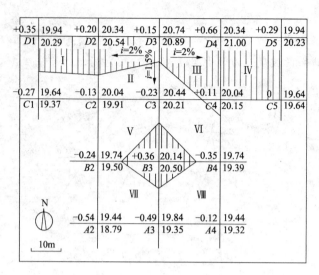

图 8-23　某公园广场填挖方区域图

⑥土方计算

零点线为计算提供了填、挖方的面积,而施工标高又为计算提供了填挖方的高度。依据这些条件,便可选择适当的公式求出各方格的土方量。

由于零点线切割方格的位置不同,形成各种形状的棱柱体,表 8-1 中列出了各种常见的棱柱体及其计算公式。

表 8-1　棱柱体计算土方量公式

序号	填挖情况	平面图式	立体图式	计算公式	
1	四点全为填方(或挖方)时			$\pm V = \dfrac{a^2 \times \sum h}{4}$	(8-17)
2	两点填方两点挖方时			$\pm V = \dfrac{a(b+c) \times \sum h}{8}$	(8-18)
3	三点填方(或挖方)一点挖方(或填方)时			$\mp V = \dfrac{b \times c \times \sum h}{6}$	(8-19)
				$\pm V = \dfrac{(2a^2 - b \times c) \times \sum h}{10}$	(8-20)
4	相对两点为填方(或挖方)余二点为挖方(或填方)时			$\mp V = \dfrac{b \times c \times \sum h}{6}$	(8-21)
				$\mp V = \dfrac{d \times e \times \sum h}{6}$	(8-22)
				$\pm V = \dfrac{(2a^2 - b \times c - d \times e) \times \sum h}{12}$	(8-23)

214

在本题中,方格Ⅳ四个顶点的施工标高值全为"+"号,是挖方,用公式(8-17)计算:

$$V_{Ⅳ} = \frac{a^2 \times \sum h}{4} = \frac{400}{4} \times (0.66 + 0.29 + 0.11 + 0) = 106\text{m}^3$$

方格Ⅰ中两点为挖方,两点为填方,用公式(8-18)计算:

$$\pm V_{Ⅰ} = \frac{a(b+c) \times \sum h}{8}$$

$$a = 20\text{m}, b = 11.25\text{m}, c = 12.25\text{m}; \Delta h = \frac{\sum h}{4} = \frac{0.55}{4}$$

$$+ V_{Ⅰ} = \frac{20(11.25 + 12.25) \times 0.55}{8} = 32.3\text{m}^3$$

$$- V_{Ⅰ} = \frac{20(8.75 + 7.75) \times 0.4}{8} = 16.5\text{m}^3$$

同样的方法可求出各个方格的土方量,并将计算结果逐项填入土方量计算表,见表8-2。

表8-2　土方计算表

方格编号	挖方/m³	填方/m³	备　　注
$V_Ⅰ$	32.3	16.5	
$V_Ⅱ$	17.6	17.9	
$V_Ⅲ$	58.5	6.3	
$V_Ⅳ$	106.0	—	
$V_Ⅴ$	8.8	39.2	
$V_Ⅵ$	8.2	31.2	
$V_Ⅶ$	6.1	88.5	
$V_Ⅷ$	5.2	60.5	
Σ	242.7	260.1	缺土 17.4m³

　　土方量计算的方法除应用上述公式计算外,还可使用"土方工程量计算表"或"土方量计算图表"(也称为诺莫图),具体的计算过程可参见相关的书籍。

8.5.2　断面法

　　断面法是以一组等距(或不等距)的相互平行的截面将拟计算的地块、地形单体(如山、池、岛等)和土方工程(如堤、沟渠、路堑、路槽等)分截成"段",分别计算这些"段"的体积,再将各段的体积累加,从而求得总的土方量。在地形变化较大的地区,可以用断面法来估算土方。

　　断面法的计算公式如下:

$$V = \frac{S_1 + S_2}{2} \times L \tag{8-24}$$

式中　S_1、S_2——两相邻断面上的填土面积(或挖土面积);

　　　　L——两相邻断面的间距。

　　此法的计算精度取决于截取断面的数量,多则精,少则粗。

　　断面法根据其取断面的方向不同可分为垂直断面法、水平断面法(等高线法)及与水平面成一定角度的成角断面法。本书介绍前两种方法。

1. 垂直断面法

如图 8-24 所示之 1:1 000 地形图局部，$ABCD$ 是计划在山梁上拟平整场地的边线。设计要求：平整后场地的高程为 67m，AB 边线以北的山梁要削成 1:1 的斜坡。分别估算挖方和填方的土方量。

根据上述的情况，将场地分为两部分来讨论。

(1) $ABCD$ 场地部分

根据 $ABCD$ 场地边线内的地形图，每隔一定间距（本例采用的是图上 10cm）画一垂直于左、右边线的断面图，图 8-25 即为 A-B、1-1 和 8-8 的断面图（其他断面省略）。断面图的起算高程定为 67m，这样一来，在每个断面图上，凡是高于 67m 的地面和 67m 高程起算线所围成的面积即为该断面处的挖土面积，凡由低于 67m 的地面和 67m 高程起算线所围成的面积即为该断面处的填土面积。

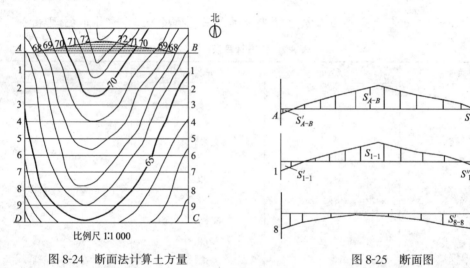

图 8-24　断面法计算土方量　　　　　图 8-25　断面图

分别求出每一断面处的挖方面积和填方面积后，根据公式(8-24)即可计算出两相邻断面间的填方量和挖方量。例如：A-B 断面和 1-1 断面间的填、挖方为：

$$V_{填} = V'_{填} + V''_{填} = \frac{S'_{A-B} + S'_{1-1}}{2} \times L + \frac{S''_{A-B} + S''_{1-1}}{2} \times L \tag{8-25}$$

$$V_{挖} = \frac{S_{A-B} + S_{1-1}}{2} \times L \tag{8-26}$$

式中　S'、S''——断面处的填方面积；

　　　S——断面处的挖方面积；

　　　L——A-B 断面和 1-1 断面间的间距。

同法可计算出其他相邻断面间的土方量。最后求出 $ABCD$ 场地部分的总填方量和总挖方量。

(2) AB 线以北的山梁部分

首先按与地形图基本等高距相同的高差和设计坡度，算出所设计斜坡的等高线间的水平

216

距离。在本例中,基本等高距为1m,所设计斜坡的坡度为1:1,所以设计等高线间的水平距离为1m,按照地形图的比例尺,在边线 AB 以北画出这些彼此平行且等高距为1m的设计等高线,如图 8-24 中 AB 边线以北的虚线所示。每一跳斜坡设计等高线与同高的地面等高线相交的点,即为零点。把这些零点用光滑的曲线连接起来,即为不填不挖的零线。

为了计算土方,需画出每一条设计等高线处的断面图,如图 8-26 所示,画出了 68-68 和 69-69两条设计等高线处的断面图。在画设计等高线处的断面图时,其起算高程要等于该设计等高线的高程。有了每一设计等高线处的断面图后,即可根据公式(8-24)计算出相邻两断面的挖方。

最后,第一部分和第二部分的挖方总和即为总的挖方。

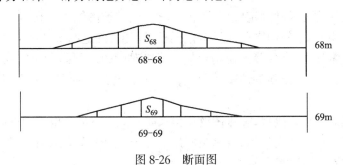

图 8-26　断面图

2. 等高线法(水平断面法)

当地面高低起伏较大且变化较多时,可以采用等高线法。此法是先在地形图上求出各条等高线所包围的面积,乘以等高距,得各等高线间的土方量,再求总和,即为场地内最低等高线 H_0 以上的总土方量 $V_总$。如要平整为一水平面的场地,其设计高程 $H_设$ 可按下式计算:

$$H_设 = H_0 + \frac{V_总}{S} \tag{8-27}$$

式中　H_0——场地内的最低高程,一般不在某一条等高线上,需根据相邻等高线内插求出;

　　　$V_总$——场地内最低高程 H_0 以上的总土方量;

　　　S——场地总面积,由场地外轮廓线决定。

当设计高程求出以后,后续的计算工作可按方格法或断面法进行。为使计算得的土方量更符合实际,可以缩短方格边长和断面的间距。

若在数字地形图上,利用数字地面模型,计算平整场地的挖、填方工程量,则更为方便。先在场地范围内按比例尺设计一定边长的方格网,提取各方格顶点的坐标,并插算各点相应的高程,同时,给出或算出设计高程,求算各点的挖、填高度,按照挖、填范围分别求出挖、填土(石)方量,这种方法比在地形图上手工画图计算更为快捷。

8.6　电子地图及应用

8.6.1 电子地图概念

电子地图是一个地图制作和应用的系统,是一种数字化的地图。电子地图可以存放在数字存储介质上,如磁带、软盘等。地图图形可以显示在计算机屏幕上,也可以随时打印输出到纸面上。地图显示出来的内容是动态的、可调整的,用图者可进行交互式操作。电子地图一般均带有一个使用方便的、供用图者操作的界面。不同的电子地图系统具有相对统一的操作界面,例如具有相似的鼠标操作方式和相似的功能提示图标,使用者能触类旁通。电子地图大多连接着属性数据库,或者连接多媒体信息,能作查询、计算、统计和分析。电子地图图形不限于二维矢量图形,往往是将矢量和栅格联合使用,用先进的计算机图形技术和计算机动画技术反映多维地图信息。

8.6.2 电子地图的优点

电子地图与纸质介质的地图相比,具有以下优点。

1. 交互性

纸质地图一旦印刷完成即固定成型,不再变化。电子地图则是使用者在不断与计算机对话过程中动态生成出来的,使用者可以指定地图显示范围,设定地图显示比例尺和自由组织地图上出现的地物要素种类、个数等。使用者与计算机对话的过程称为交互式操作。使用者每发布一个指令,即能生成一张新的地图。因此,电子地图比纸质地图更具有灵活性。

2. 无级缩放

纸质地图都具有一定比例尺,一张图的比例尺是一成不变的。电子地图则不然,在一定限度内可以任意无级缩放和开窗显示,以满足应用的需要。这就好比使用者拿着放大镜在查看地图,而且放大倍数还能任意调解。

3. 无缝

纸质地图受纸张幅面大小的限制,图幅总是有一定范围,一个地区可能需要多张图幅才能容纳。计算机屏幕虽然一般比地图纸张要小,但是电子地图却能"漫游"和"平移"。能一次性容纳一个地区的所有地图内容,不需要地图分幅,所以是无缝的,这样能避免由地图分幅和接边引起的误差。

4. 动态载负量调整

载负量是信息载体上信息的密度,地图载负量一般为地图上地物的密度。地图载负量小,是指地图上地物太稀疏,使得地图所具有的信息量不够;地图载负量大,是指地图上地物太密集,使得地图杂乱难读。所以纸张地图在比例尺固定后,必须经过地图概括处理,使得地图上出现的内容保持一定的密度。电子地图因为可以无级缩放,所以一般带有自动载负量调整系统,能动态调整地图载负量,使得屏幕上显示的地图保持适当的载负量,以保证地图的易读性。

5. 多维化

纸质地图常常是二维矢量的图形,如果要反映三维分布的地图信息,例如地形、气压分布等,经典的方法是采用等高线、等值线等方法。电子地图除了也能显示等高线和等值线外,还可直接生成三维立体影像,甚至还能在地形三维影像上叠加遥感影像,能很逼真地再现或者模拟真实的地面情况。其他一些传统的地图要素,例如政区界线、地物标注等也能被三维投影后,叠加显示到三维图像上。这些三维地图图像都能交互式地由使用者任意缩放和移动观测,这是纸质地图很难完成的。此外,运用计算机动画技术,还产生以下两种新的地图形式:

(1)飞行地图。能模拟乘坐在飞行器上,按一定高度和路线所观测到的三维图像,高度和飞行路线可以自行设定。

(2)演进地图。能够连续显示地物的演变过程,非常直观。

6. 信息丰富

由于受到比例尺、图幅范围和载负量的限制,纸质地图能反映的信息量有限,只能利用地图符号的结构、色彩和大小来反映地物的属性。电子地图能反映的信息量则大得多,它除了具备各种地图符号,还能配合外挂数据库来使用和查询。计算机屏幕采用多窗口技术,在交互式操作中,使用者随时可以查询地物的信息,将信息在额外的窗口中显示出来,阅毕再移去属性窗口,继续地图操作,从而大大丰富了地图所表现的内容。

7. 共享性

数字化使信息容易复制、传播和共享。电子地图能够大量无损失复制,并且能通过计算机网络传播。存放在 CD-ROM、DVD-ROM 上的地图目前已经相当普及。在 Internet 上也有了地图库,使用者能迅速方便地查找到世界上很多国家和地区各种类型的地图。

8. 计算、统计和分析功能

在纸质地图上可以进行一些比较简单的量算和分析,但一般比较费时,精度也不易保证。用电子地图进行计算、统计和分析则非常便捷。

8.6.3 电子地图的应用举例

电子地图的功能与特点,决定了电子地图的应用范围,作为信息时代的新型地图产品,电子地图不仅具备了地图的基本功能,在应用方面还有其独到之处。它可以科学而形象地表示和传递地理环境信息,作为人们快速了解、认识和研究客观世界的重要工具,因而广泛地应用于经济建设、教学、科研、军事指挥等领域;电子地图是和计算机系统融为一体的,因此可使其充分利用计算机信息处理功能,挖掘地图信息分析的应用潜力,进行空间信息的定量分析;它可以利用计算机的图形处理功能,制作一些新的地图图形,例如地图动画、电子沙盘等;电子地图是在计算机环境中制作的,可以随时修改变化的信息、更改内容,缩短制作地图的周期,为用户分析地图内容和利用地图表达信息提供了方便。

1. 在地图量算和分析中的应用

在地形图上量算坐标、角度、长度、距离、面积、体积、高度、坡度、密度、梯度、强度等是地图应用中常遇到的作业内容。这些工作在纸质地图上实施时,需要使用一定的工具和手工处理方法,通常操作比较繁琐、复杂,精度也不易保证。但在电子地图上,可通过直接调用相应的算法,操作简单方便,精度仅取决于地图比例尺。生产和科研部门经常利用地图进行问题的分析研究,若利用电子地图则更能显示其优越性。

2. 在规划管理中的应用

规划管理需要大量信息和数据支持,地图作为空间信息的载体和最有效的表达方式,在规划管理中是必不可少的。规划管理中使用的地图不仅能覆盖其规划管理的区域,而且应具有与使用目的相适宜的比例尺和地图投影,内容现实性较强,并具有多级比例尺的专题地图。电子地图检索调阅方便,可进行定量分析,实时生成、修改和更新信息,能保证规划管理分析所用资料的现势性,利于辅助决策,完全能符合现代化规划管理对地图的要求。此外,电子地图也可作为标绘专题信息的底图,利用统计数据快速生成专题地图。

3. 在军事指挥中的应用

在军队自动化指挥系统中,指挥员研究战场环境和下达命令将通过电子地图的系统与卫星联系,从屏幕上观察战局变化,指挥部队行动。作为现代武装力量的编调,在现代的飞机、舰船、汽车甚至作战坦克上,都装有电子地图系统,可随时将自己所在的位置实时显示在电子地图上,供驾驶人员观察、分析和操作。目前各种军事指挥辅助决策系统中的电子地图,都具有地形显示、地形分析和军事态势标绘的功能。

4. 在其他领域中的应用

电子地图的应用领域十分广泛,各种与环境有关的信息系统,都可以利用电子地图:天气预报电子地图和气象信息处理系统相连接,是标志气象信息分析处理结果的一种形式。国家防汛指挥中心使用电子地图进行防汛抗洪指挥等。

随着信息社会的到来,社会生活中用计算机处理地图将成为不可缺少的手段,因此电子地图是一个发展迅速、运用日益普及的新领域,有着广泛的应用前景。

习　题

1. 在教学用地形图上做以下习题:

(1)求任意一山顶的地理坐标、高斯直角坐标值。

(2)以图上某一条路线为运动路线,分析在运动中所看到的山体特征、地理景观、地域文化、建筑等的特征。

(3)以某山顶为站立点,试述所观察到的周围山顶、鞍部、山脊、沟谷、河流、山坡、山脚、植被。

2. 简述地形图野外应用的方法及其特点,地形图野外应用应当注意什么?

3. 在地形图上量测面积的方法有哪些? 有什么优缺点?

4. 何谓三北方向图? 图中哪一条方向线应画成南北方向线? 试绘图说明三北方向线之间夹角的名称。

5. 地形图上坡度尺的纵横坐标分别表示什么? 如何使用坡度尺?

6. 试比较在图上求某直线坐标方位角的两种方法(图解法与解析法)。

7. 平整土地时,有时需要将地面平整为具有一定坡度的斜面,试说明设计的步骤。

8. 简述利用地形图进行平整土地的步骤及内容。

9. 已知某四边形 $ABCD$ 的四个角点的坐标分别为: $A(375.12, 120.51)$、$B(480.63, 257.45)$、$C(250.78, 425.92)$、$D(175.72, 210.83)$,单位:米。试用解析法求四边形 $ABCD$ 的面积,并进行校核计算。

第9章　测设的基本工作

9.1　测设工作概述

在建筑场地上根据设计图纸所给定的条件和有关数据,为施工做出实地标志而进行的测量工作,称为测设(又称放样)。测设工作与测图工作恰好相反,它是在地面尚无点的标志,而只有设计数值的情况下,根据控制网,把图纸上设计的建(构)筑物平面位置和高程放样到实地上去,以便进行施工。测设工作也应遵循"由整体到局部,先控制后碎部"的原则。

测设工作具有下述特点:

(1)测设精度由测设对象决定。如高层建筑的测设精度应高于低层建筑,工业建筑的测设精度应高于民用建筑等。

(2)测设与施工进度有密切关系。若不能及时配合施工,将会直接影响施工进度。

(3)测设对工程质量影响很大,测设成果的精度必须符合设计和工程质量要求。施测时必须严格遵守技术规范和操作规程,采用多种方法对内、外业工作进行检查与校核。

(4)测设环境复杂,测量标志容易被破坏或移位,因此设置点位时要熟悉总平面图和施工平面布置图,把点位设置在稳定、安全、醒目、便于使用和保存的地方。

(5)施工测量通常是先计算好放样数据而后实地放样,所以施测前必须熟悉控制测量成果,熟悉设计图纸,计算好放样数据并仔细检查校正仪器。

测设必须求出设计建(构)筑物与控制网或原有建筑物的相互关系,即求出其间的角度、距离和高程,这些资料称为测设数据。测设基本工作不外乎是在地面上测设已知水平距离、水平角度和高程。本章除着重介绍这三项基本工作的测设方法外,还将介绍点的平面位置、设计坡度线以及圆曲线的放样方法。

9.2　角度、距离和高程的测设

9.2.1　测设已知水平角度

测设已知水平角是根据已知水平角的角值 β,以及在地面上已给定该角的一条起始边 OA,用经纬仪在地面上标出该角的另一条边 OB,使 $\angle AOB$ 的水平角值恰好等于设计的水平角值,以作施工之依据。

按精度要求的不同,有两种测设已知水平角度的方法。

1. 一般方法(盘左盘右分中法)

如图 9-1 所示,设 OA 为地面上的已知方向,β 为设计的角度,现在要在地面上确定另一设计方向 OB。

放样时,经纬仪安置在 O 点,对中、整平。在盘左时,瞄准 A 点,并置水平度盘读数为

0°00′00″。然后转动照准部，使水平度盘读数为 β，在视线方向上指挥另一手执标杆(或测钎)者左右移动，当标志恰好在十字丝的竖丝上时，在地面上标定出 B' 点；然后纵转望远镜，用盘右位置重新瞄准 A 点，读出水平度盘读数，在读数值上再加上 β，转动照准部，当水平度盘指标指在该数值时，再在视线方向上标定出 B'' 点。由于存在视准轴误差与观测误差，B' 与 B'' 点往往不重合，取其中点 B，则∠AOB 即为 β，方向 OB 就是要求标定于地面上的设计方向。

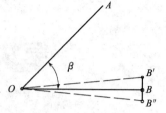

图9-1 一般方法测设已知水平角度

2．精确方法

当测设精度要求较高时，可用此法。如图 9-2 所示，可先用一般方法按角值 β 用盘左和盘右测设出 OB' 方向的 B' 点。然后用测回法(测回数根据测设精度要求而定)测量出∠AOB' 的角值 β'。用钢尺量出 OB' 之长度，从图 9-2 中可知：

$$BB' = OB' \cdot \Delta\beta''/\rho'' \qquad (9\text{-}1)$$

其中

$$\Delta\beta = \beta - \beta' \qquad (9\text{-}2)$$

以 BB' 为依据改正点位 B'，即得所需方向 OB。

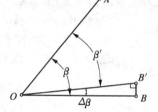

图9-2 精确方法测设
已知水平角度

改正时，若 $\beta>\beta'$，$\Delta\beta$ 为正值时，作 OB' 的垂线，从 B' 起向外量取支距 $B'B$，以标定 B 点；反之，向内量取 $B'B$ 以定 B 点，则角∠AOB 即为所要测设的 β 角。

9.2.2 测设已知水平距离

在施工放样中，经常要把房屋轴线(或边线)的设计长度在地面上标定出来，这项工作称为测设已知距离。

测设已知距离不同于测量未知距离，在现场测设时，线段的起点和方向是已知的，它是由这个已知点起，沿指定方向量出设计的水平距离，从而定出第二点。现将测设已知距离的方法分述如下：

1．一般方法

如图 9-3 所示，设 A 为地面上已知点，$D_设$ 为设计的水平距离，要在地面的 AB 方向上测设出水平距离 $D_设$ 以定出 B 点。

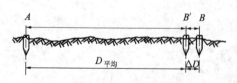

图9-3 一般方法测设已知距离

可将钢尺的零点对准 A 点，沿 AB 方向拉平钢尺，往测初定出 B' 点，然后从 B' 点返测回 A 点，取往返结果的平均值 $D_{平均}$。$D_{平均}$ 就是初定的 AB' 线段的准确距离，其差值为 $\Delta D = D_设 - D_{平均}$。

如果设计距离 $D_设 > D_{平均}$，则向外延长量 ΔD，打木桩 B，即为所求的点。如果 $D_设 < D_{平均}$，则应向内量 ΔD，打木桩 B。

在精度要求较低时，也可直接从 A 点沿给定方向测设两次，当两次的较差在规定范围时，取其平均值作为测设点 B。

2．精确方法

若要求测设精度较高，应按钢尺量距的精密方法进行测设。在实地测设已知距离与在地面丈量两点间距离的过程正好相反。

(1)当所测设的距离小于一整尺段长度时

应根据已知水平距离 $D_设$,结合尺长改正数、温度变化和地面高低,进行尺长、温度和倾斜改正。算出在地面上应量出的实际距离 D。其计算公式为:

$$D = D_设 - \Delta D_d - \Delta D_t - \Delta D_h \tag{9-3}$$

式中　ΔD_d——尺长改正数;

　　　ΔD_t——温度改正数;

　　　ΔD_h——倾斜改正数。

【例 9-1】已知图上设计距离 $D_设 = 29.910\ 0\mathrm{m}$,所用钢尺名义长度为 $l_0 = 30.000\mathrm{m}$,经检定该钢尺实际长度 29.995 m,钢尺检定时的温度为 20℃,测设时温度 $t = 28.5$℃,钢尺的膨胀系数 $\alpha = 1.25 \times 10^{-5}$,测得 AB 的高差 $h = 0.385\mathrm{m}$。试计算测设时在地面上应量出的距离 D。

【解】首先计算各项改正数

①尺长改正数

$$\Delta D_d = \frac{l - l_0}{l_0}D = \frac{29.995\ 0 - 30.000}{30.000} \times 29.910\ 0 = -0.005\ 0\mathrm{m}$$

②温度改正数

$$\Delta D_t = \alpha(t - t_0)D = 1.25 \times 10^{-5} \times (28.5 - 20) \times 29.910\ 0 = 0.003\ 2\mathrm{m}$$

③倾斜改正数

$$\Delta D_h = -\frac{h^2}{2D} = -\frac{0.385^2}{2 \times 29.910\ 0} = -0.002\ 5\mathrm{m}$$

因此实地丈量距离 D 为:　$D = D_设 - \Delta D_d - \Delta D_t - \Delta D_h$

$$= 29.910\ 0 - (-0.005\ 0) - 0.003\ 2 - (-0.002\ 5)$$

$$= 29.914\ 3\mathrm{m}$$

从起点 A 开始,沿给定方向用钢尺量 29.914 3m 定出 B 点,则 AB 的水平距离即为设计距离 29.910 0m。

(2)当所测设的距离大于一整尺段时

应先量出各段的地面长度,并根据尺长改正数、温度变化和地面高低,对除最后一段外的各长度进行尺长、温度和倾斜改正,算出它们的精确长度之和。然后依此推算出最后一段距离应在地面量的长度。

具体作业步骤如下:

①将经纬仪置于 A 点(图 9-4),标出已知方向线,沿该方向概量并在地面上打下带有铁皮顶的尺段桩和终点桩,桩顶刻十字标志。

②用水准仪测出各相邻桩顶之间的高差。

③按精密量距的方法,测出除最后一段外的各尺段的距离,并加尺长改正 Δl_d、温度改正 Δl_t 和高差改正 Δl_h。分别计算出每尺段的长度及各尺段的长度之和,得到最后结果 D_0。

④用设计长度 D 减去 D_0,得出余长 q,即 $q = D - D_0$。按式(9-3)计算出余长段应测设的距离 q'。

$$q' = q - \Delta l'_d - \Delta l'_t - \Delta l'_h$$

式中　$\Delta l'_d$、$\Delta l'_t$、$\Delta l'_h$ 为余长 q 的三项改正。

⑤根据 q' 在地面上测设余长段,并在终点桩上作出标志,即为所测设的终点 B,若终点超过了原打的终点桩时,应另打终点桩。

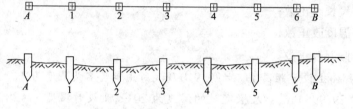

图9-4　精确方法测设已知距离

【例9-2】用名义长度为 $l_0 = 30.000$m 的钢尺测设水平距离,拟测设的水平距离为 $D = 80.000$m,概量后打上两个整尺段桩和一个终点桩。经测量得两个整尺段的数据分别为:$l_1 = 29.995$m,$t_1 = 4℃$,$h_1 = 0.250$m;$l_2 = 29.993$m,$t_1 = 5℃$,$h_2 = -0.212$m;余长数据为 $l_3 = 20.050$m,$h_3 = 0.115$m。经检定该钢尺实际长度 $l' = 29.997\ 0$m,钢尺检定时的温度为 $20℃$,钢尺的膨胀系数 $\alpha = 1.25 \times 10^{-5}$。试计算测设时在地面上应量出的余长长度,测设余长时 $t_3 = 7℃$。

【解】①先按精密量距的方法,计算出第一和第二尺段的实际地面长度。

第一尺段的长度:

$$
\begin{aligned}
D_1 &= l_1 + \frac{l' - l_0}{l_0} l_1 + \alpha(t_1 - t_0) \cdot l_1 + \left(\frac{-h_1^2}{2l_1}\right) \\
&= 29.995 + (-3.0 \times 10^{-3}) + (-6.0 \times 10^{-3}) - 1.0 \times 10^{-3} \\
&= 29.985\ 0\text{m}
\end{aligned}
$$

第二尺段的长度:

$$
\begin{aligned}
D_2 &= l_2 + \frac{l' - l_0}{l_0} l_2 + \alpha(t_2 - t_0) \cdot l_2 + \left(\frac{-h_2^2}{2l_2}\right) \\
&= 29.993 - 3.0 \times 10^{-3} - 5.6 \times 10^{-3} - 0.7 \times 10^{-3} \\
&= 29.983\ 7\text{m}
\end{aligned}
$$

两整尺段的长度为　$D_0 = 29.985\ 0 + 29.983\ 7 = 59.968\ 7$m

余长应为　　　　　$q = D - D_0 = 80.000 - 59.968\ 7 = 20.031\ 3$m

②再根据【例9-1】的方法,计算该余长在 $t_3 = 7℃$ 时,应在地面丈量的长度:

$$
\begin{aligned}
q' &= q - \Delta l'_d - \Delta l'_t - \Delta l'_h \\
&= 20.031\ 3 - (-2.0 \times 10^{-3}) - (-3.0 \times 10^{-3}) + 0.3 \times 10^{-3} \\
&= 20.036\ 6\text{m}
\end{aligned}
$$

沿余长的测设方向,在地面量出 20.036 6m,标志于桩顶上,此时测设得水平距离为 80.000m。

　3.用全站仪测设

224

测设时，将全站仪安置在已知点上，瞄准给定方向，测出气象要素(如气温和气压)，输入仪器，仪器将自动进行各项气象改正。启动仪器的水平距离测量和自动跟踪键，一人手持反光棱镜杆，只要观测者指挥手持反光棱镜杆者沿已知方向线前后移动棱镜，观测者即能从显示屏上测到瞬时水平距离。当显示值达到待测设的水平距离时，以桩定之。再仔细进行观测，稍移反光棱镜，使显示值等于待测设的水平距离，在木桩上标定即可，为了检核应进行重复测量。

9.2.3 测设已知设计高程

测设已知高程是根据已知高程的水准点，将设计高程测设到实地上，并设置标志作为施工的依据。如建筑物室内第一层地坪的高程(±0标高)的测设、房屋其他各部位的设计高程的测设、道路工程线路中心设计高程的测设等。

1. 测设 ±0 标高线

如图 9-5 所示，为了要将某建筑物 ±0 标高线(其高程为 $H_{设}$)测设到现有建筑物墙上，现安置水准仪于水准点 R 与某现有建筑物 A 之间，水准点 R 上立水准尺，水准仪观测得后视读数 a，此时视线高程 $H_{视}$ 为：$H_{视} = H_R + a$。另一根水准尺由前尺手扶着使其紧贴建筑物墙 A 上，则该前视尺应读数 $b_{应}$ 为：$b_{应} = H_{视} - H_{设}$。此操作，前视尺上下移动，当水准仪在尺上的读数恰好等于 $b_{应}$ 时，紧靠尺底在建筑物墙上画一横线，此横线即为设计高程位置，即 ±0 标高线。为求醒目，再在横线下用红油漆画一"▲"，并在横线上注明"±0 标高"。

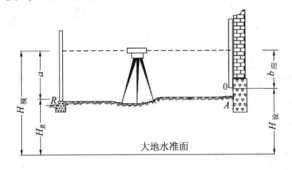

图 9-5 测设已知高程

建筑工地上惯用的另一种方法是用一根约 2m 的木杆代替水准尺，用在杆上划线的方法代替前、后视读数。具体作法是先算出室内地坪 ±0 标高与已知水准点的高差 h，安置好水准仪，在已知水准点上立木杆，观测者指挥司尺员在木杆上划出十字丝横丝的位置如 a，然后依据所计算的高差 h 在木杆上划出另一横线 b(水准点高程大于 ±0 设计高程，则横线 b 在横线 a 的上面，反之在下面)，司尺员在欲测设 ±0 标高线的墙面上、下移动木杆，当十字丝横丝对准木杆的横线 b 时，沿木杆的底部划一水平线，即为室内地坪 ±0 标高线。此法也可用于其他位置高程的测设。

2. 高程上下传递法

若待测设高程点的设计高程与水准点的高程相差很大，如测设较深的基坑标高或向上测设高层建筑物的标高，则可利用悬吊钢尺进行引测，将地面水准点的高程传递到在坑底或高楼上所设置的临时水准点上，然后再根据临时水准点测设其他各点的设计高程。

图 9-6 是将地面水准点 A 的高程传递到基坑临时水准点 B 上。

在坑边木杆上悬挂经过检定的钢尺，零点在下端，并挂 10kg 重锤，为减少摆动，重锤放入盛废机油或水的桶内，在地面上和坑内分别安置水准仪，瞄准水准尺和钢尺读数(见图 9-6 中

a、b、c 和 d），则：

$$H_B + b = H_A + a - (c - d)$$

即

$$H_B = H_A + a - (c - d) - b \tag{9-4}$$

H_B 求出后，即可以临时水准点 B 为后视点，测设坑底其他各待测设高程点的设计高程。

图 9-7 是将地面水准点 A 的高程传递到高层建筑物上，方法与上述相仿，任一层上临时水准点 B_i 的高程为：

$$H_{B_i} = H_A + a + (c_i - d) - b_i \tag{9-5}$$

H_i 求出后，即可以临时水准点 B_i 为后视点，测设第 i 层高楼上其他各待测设高程点的设计高程。

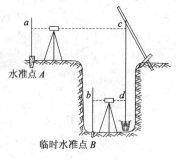
图 9-6　高程向下传递

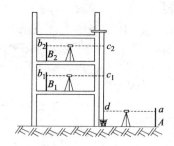
图 9-7　高程向上传递

9.3　点的平面位置的测设

9.3.1　用一般仪器测设

施工之前，需将图纸上设计的建（构）筑物的平面位置测于实地，其实质是将该房屋各轴线的交点（例如各转角点）在地面上标定出来，作为施工的依据。放样时，应根据施工控制网的形式、控制点的分布、建（构）筑物的大小、放样的精度要求及施工现场条件等因素，选用合理的、适当的方法。常用的方法有直角坐标法、极坐标法、距离交会法、角度交会法等。

1. 直角坐标法

所谓的直角坐标法测设点的平面位置，是指用已知坐标差 Δx、Δy 测设点位。当根据建筑方格网或矩形控制网放样时，采用此法准确、简便，但要求地势便于量距。

如图 9-8 所示，A、B、C、D 为某厂房矩形控制网四角点，设计车间四角点 1、2、3、4 的坐标值已知，且车间轴线分别平行于该矩形控制网。现在以根据 B 点测设点 1 为例，说明其放样步骤：

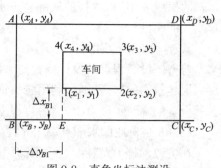
图 9-8　直角坐标法测设

(1)先算出 B 与点 1 的坐标差:

$$\Delta x_{B1} = x_1 - x_B, \quad \Delta y_{B1} = y_1 - y_B$$

(2)在 B 点安置经纬仪,瞄准 C 点,在此方向上用钢尺量 Δy_{B1} 得 E 点。

(3)在 E 点安置经纬仪,瞄准 C 点,用盘左、盘右位置两次向左测设 90°角,在两次平均方向 $E1$ 上从 E 点起用钢尺量 Δx_{B1},即得车间角点 1。

(4)同法,从 C 点测设点 2,从 D 点测设点 3,从 A 点测设点 4。

(5)检查车间的四个角是否等于 90°,各边长度是否等于设计长度,若误差在允许范围内,即认为放样合格。

2. 极坐标法

极坐标法所测设点的位置由一个角度和控制点到该点的距离来决定。此法适用于测设距离较短,并便于量距的场地。

如图 9-9 所示,测设前必须根据施工控制点(例如导线点 A、B)及测设点 P 的坐标,按坐标反算公式求出 AP 方向的坐标方位角 α_{AP} 和水平距离 D_{AP},再根据坐标方位角求出水平角 $\beta = \alpha_{AP} - \alpha_{AB}$。计算公式如下:

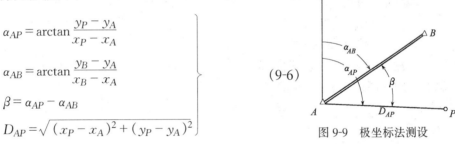

$$\left.\begin{aligned}
\alpha_{AP} &= \arctan \frac{y_P - y_A}{x_P - x_A} \\
\alpha_{AB} &= \arctan \frac{y_B - y_A}{x_B - x_A} \\
\beta &= \alpha_{AP} - \alpha_{AB} \\
D_{AP} &= \sqrt{(x_P - x_A)^2 + (y_P - y_A)^2}
\end{aligned}\right\} \tag{9-6}$$

图 9-9 极坐标法测设

求出放样数据 β、D 以后,即可安置经纬仪于控制点 A,按 9.2.1 中所述第二种方法测设 β 角,以定出 AP 方向。在 AP 方向上,从 A 点起用钢尺测设水平距离 D_{AP},定出 P 点的位置。

设计建筑物上各点测设之后,应按设计建筑物的形状、尺寸检核角度和长度误差,若在允许范围内,才认为放样合格。

3. 角度交会法

角度交会法是根据两个或两个以上已知角度的方向线交会出点的平面位置。此方法适用于待定点距控制点距离较远,地形复杂且量距困难的地区。一般应第三个方向进行检核,以免发生错误。

如图 9-10 所示,A、B、C 为三个控制点,其坐标已知,P 为待放样点,其设计坐标亦为已知。先用坐标反算公式求出 α_{AP}、α_{BP} 和 α_{CP},然后由相应坐标方位角之差,求出放样数据 β_1、β_2、β_3 与 β_4,并按下述步骤放样。

用经纬仪先定出 P 点的概略位置,在概略位置处打一个顶面积约为 $10\text{cm} \times 10\text{cm}$ 的大木桩。然后在大木桩的顶面上精确放样。由仪器指挥,用铅笔在顶面上分别在 AP、BP、CP 方向上各标

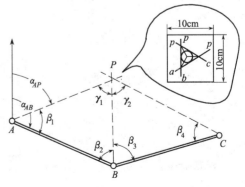

图 9-10 角度交会法

定两点(见小图中 a、p；b、p；c、p)，将各方向上的两点连起来，就得 ap、bp、cp 三个方向线，三个方向线理应交于一点，但实际上由于放样等误差，将形成一个误差三角形。一般规定，若误差三角形的最大边长不超过 3～4cm 时，则取误差三角形重心(三角形中垂线的交点)作为 P 点的最后位置。

应用此法放样时，宜使交会角 γ_1、γ_2 在 30°～120° 之间，最好使交会角 γ 近于 90°，以提高交会点的精度。

4.距离交会法

距离交会法是根据两段或两段以上的已知距离交会出点的平面位置。在便于量距地区，且边长较短时(交会距离不应超过一钢尺长)，宜用此法。

如图 9-11 所示，由已知控制点 A、B、C 测设房屋角点 1、2，根据控制点的已知坐标及 1、2 点的设计坐标，反算出放样数据：D_1、D_2、D_3 和 D_4。测设时分别以 A、B、C 点为圆心，用钢尺以已知距离 D_1、D_2、D_3 和 D_4 为半径画弧。D_1 和 D_2 的交点即为点 1，D_3 和 D_4 的交点即为点 2。

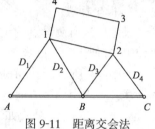

图 9-11　距离交会法

最后量点 1 至点 2 的长度，与设计长度比较作为校核。

9.3.2　用全站仪测设

1.点的极坐标法放样

如图 9-12 所示，欲测设的 M 点距测站 G 的距离 D_{GM} 为已知，GM 与已知边 GF 的夹角为 β，在应用程序模式下，选择点放样，测设方法如下：

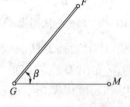

图 9-12　极坐标法放样

(1)在测站点 G 安置全站仪，开机、自检后，照准已知点 F，使水平度盘置零。

(2)输入距离 D_{GM} 和水平角 β。

(3)转动照准部使水平读数为 0°00′00″，这时望远镜的方向应是 GM 方向。

(4)指挥棱镜在此方向移动，当水平距离读数为 0 时，说明 M 点的平面位置已正确。

(5)此点高程测设的方法是：测定该点的实际高程，通过实际高程与欲测设高程之差，确定出测设点 M 的高程位置。

上述做法也可以 0°00′00″ 读数照准 F，再旋转照准部使读数为 β，这方向即为 GM 方向，指挥棱镜在这方向上移动，当水平距离读数为 D_{GM}，此时 M 点的平面位置已正确。

2.点的三维坐标法放样

全站仪按三维坐标测设点位，测设步骤如下：

(1)安置仪器后，将仪器置于测设模式，输入测站点的坐标、仪器高、后视点的坐标或后视边的方位角，再输入待测设点的三维坐标。

(2)使望远镜照准棱镜，按坐标测设功能键，则可显示当前棱镜位置与设计测设点的位置的坐标差值。

(3)根据坐标差值，逐渐多次移动棱镜位置，直至使坐标 x、y 的差值为零时，说明测设点的平面位置已正确，上下移动棱镜使高程之差也为零，测设点 M 的位置即确定了。

9.4 已知坡度的测设

在修筑道路、敷设排水管道等工程中,经常要测设已知设计坡度的直线。已知坡度直线的测设工作,实际上就是每隔一定距离测设一个符合设计高程的位置桩,使之构成已知坡度线。

如图9-13所示,A和B为设计坡度线的两端点,若已知A点设计高程为H_A,设计坡度$i_{AB} = -1\%$,则可求出B点的设计高程$H_B = H_A + i_{AB} \cdot D_{AB} = H_A - 0.01D_{AB}$。测设时,每隔一定距离$d$(一般取$d = 10m$)打一木桩,用水准仪(当坡度平缓时用水准仪,坡度较大时则要用经纬仪)设置倾斜视线的测设步骤如下:

(1)先根据附近的水准点,将设计坡度线两端点的设计高程H_A、H_B测设于地上,并打木桩。

(2)将水准仪安置在A点上,并量取仪器高i,安置时使一个脚螺旋在AB方向上,另两个脚螺旋的连线大致与AB方向线垂直。

(3)旋转AB方向上的脚螺旋和微倾螺旋,使视线在B点标尺上所截取的读数等于仪器高i,此时水准仪的倾斜视线与设计坡度线平行。当中间各桩点1、2、3上的标尺读数都为i时,则各桩顶的连线就是要测设的设计坡度线。

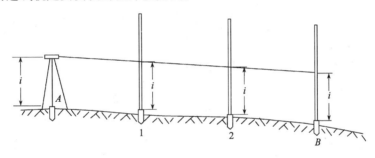

图9-13 已知坡度测设

若各桩顶的标尺实际读数为$b_i (i = 1, 2, 3)$,则各桩的填挖数按下式计算:

$$填挖数 = i - b_i$$

上式中,$i = b_i$时,不填不挖;$b_i < i$时,需挖;反之需填。

9.5 曲线的测设

线路的平面线型是由直线、平曲线所组成的。当路线由一个方向转到另一个方向时,必须用曲线来连接。曲线的形式较多,其中圆曲线(又称单曲线)是最常用的一种平曲线。

圆曲线是指具有一定半径的圆弧线。圆曲线的测设工作一般分两步进行,先定出曲线上起控制作用的起点(直圆点 ZY)、中点(曲中点 QZ)、终点(圆直点 YZ),如图9-14所示,称为圆曲线主点的测设;然后在主点基础上进

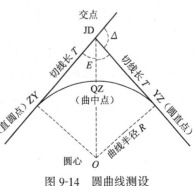

图9-14 圆曲线测设

行加密,定出曲线上其他各点,称为圆曲线细部测设,从而完整地标定出曲线的位置。

9.5.1 圆曲线主点的测设

1. 主点测设元素的计算

在进行曲线主点的测设之前,应根据实测的路线偏角 Δ 和设计半径 R(根据公路的等级和地形状况确定)计算出圆曲线的主要素,即切线长 T、曲线长 L、外矢距 E 和切曲差 D。

$$\left.\begin{aligned}
\text{切线长} \quad & T = R \cdot \tan\frac{\Delta}{2} \\[2mm]
\text{曲线长} \quad & L = R \cdot \frac{\Delta}{\rho} \\[2mm]
\text{外矢距} \quad & E = \frac{R}{\cos\dfrac{\Delta}{2}} - R = R\left(\sec\frac{\Delta}{2} - 1\right) \\[2mm]
\text{切曲差} \quad & D = 2T - L
\end{aligned}\right\} \tag{9-7}$$

【例 9-3】已知 JD_6 的桩号为 K5 + 178.64,偏角为 $\Delta = 39°27'$(右偏),设计圆曲线半径为 $R = 120\text{m}$,求各测设元素。

【解】按式(9-7)可以求得:

$$T = 120\tan\frac{39°27'}{2} = 43.03\text{m}$$

$$L = 120 \times \frac{2\,367'}{3\,437'.75} = 82.62\text{m}$$

$$E = 120\left(\sec\frac{39°27'}{2} - 1\right) = 7.48\text{m}$$

$$D = 2 \times 43.025 - 82.624 = 3.44\text{m}$$

也可以采用按照上述函数关系式编制的"圆曲线函数表"查得。

2. 圆曲线主点里程的计算

一般情况下,交点的里程由中线丈量求得,由此可以根据交点的里程桩号及圆曲线测设元素推求出圆曲线各主点的里程桩号。其计算公式为:

$$\left.\begin{aligned}
& \text{直圆点(ZY)里程} = \text{JD 里程} - T \\
& \text{曲中点(QZ)里程} = \text{ZY 里程} + L/2 \\
& \text{圆直点(YZ)里程} = \text{QZ 里程} + L/2
\end{aligned}\right\} \tag{9-8}$$

为了避免计算错误,可用下列公式检验:

$$\text{YZ 里程} = \text{JD 里程} + T - D \tag{9-9}$$

在上例中,JD_6 的桩号为 K5 + 178.64,按式(9-8)可计算出:

JD_6 桩号	K5 + 178.64
$-T$	43.03
ZY 桩号	K5 + 135.61
$+L/2$	41.31

230

$$\begin{array}{ll} \text{QZ 桩号} & \text{K5} + 176.92 \\ + L/2 & \underline{\phantom{\text{K5} +} 41.31} \\ \hline \text{YZ 桩号} & \text{K5} + 218.23 \end{array}$$

按式(9-9)进行检核计算:

$$\text{YZ 桩号} = \text{K5} + 178.64 + 43.03 - 3.44 = \text{K5} + 218.23$$

两次计算 YZ 桩号的数值相同,证明计算结果无误。

3. 圆曲线主点的测设

(1)测设曲线的起点(ZY)与终点(YZ)

将经纬仪安置于交点 JD 桩上,分别以路线方向定向,自 JD 点起分别向后、向前沿切线方向量出切线长 T,即得曲线的起点 ZY 和终点 YZ。

(2)测设曲线的中点(QZ)

后视曲线的终点,测设角度 $\dfrac{180° - \Delta}{2}$ 得分角线方向,沿此方向从交点 JD 桩开始,量取外矢距 E,即得曲线的中点 QZ。

9.5.2　圆曲线细部测设

在一般情况下,当地形条件较好、曲线长度不超过 40m 时,只要测设出曲线的三个主点即能满足工程施工的要求。但当地形变化复杂、曲线较长或半径较小时,就要在曲线上每隔一定的距离测设一个加桩,以便把曲线的形状和位置详细地表示出来,这个过程称为曲线的细部测设。

曲线的细部测设中加桩一般采用整桩号法,即将曲线上靠近曲线起点(ZY)的第一个桩的桩号凑成整数桩号,然后按整桩距 l_0 向曲线的终点(YZ)连续设桩。由于地形条件、精度要求和使用仪器的不同,细部点的测设主要有以下几种方法。

1. 切线支距法(直角坐标法)

切线支距法是以曲线的起点(ZY)或终点(YZ)为坐标原点,通过曲线上该点的切线为 X 轴,以过原点的半径方向为 Y 轴,建立直角坐标系,从而测定各加桩点的方法,如图 9-15 所示。

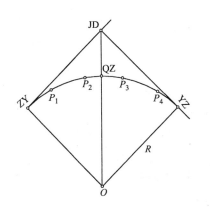
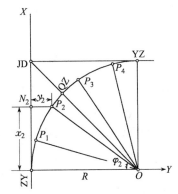

图 9-15　切线支距法

(1)计算公式

通常情况下,采用整桩号测设曲线的加桩,曲线上某点 P_i 的坐标可依据曲线起点至该点的弧长 l_i 计算。设曲线的半径为 R,l_i 所对的圆心角为 φ_i,则计算公式为:

$$\left.\begin{array}{l} \varphi_i = \dfrac{l_i}{R}\left(\dfrac{180°}{\pi}\right) \\[2mm] x_i = R\sin\varphi_i \\[2mm] y_i = R\left(1-\cos\varphi_i\right) \end{array}\right\} \tag{9-10}$$

在实际工作中,P_i 点的坐标也可以通过 R 和 l_i 为引数,查"曲线测设表"而得。

【例 9-4】已知 JD 的桩号为 K8 + 745.72,偏角为 $\Delta = 53°25'20''$(右偏),设计圆曲线半径为 $R = 50\text{m}$,取整桩距为 10m。根据公式计算或查"圆曲线函数表"可知主点测设元素为:$T = 25.16\text{m}$,$L = 46.62\text{m}$,$E = 5.97\text{m}$,$D = 3.70\text{m}$。

按式(9-10)计算可得表 9-1。

为了保证测设的精度,避免 y 值(垂线)过长,一般应自曲线的起点和终点向中点各测设曲线的一半。表 9-1 中就是由 ZY 点和 YZ 点分别向 QZ 点计算的。

表 9-1　圆曲线直角坐标法详细测设参数计算表 m

已　知参　数	转角:$\Delta = 53°25'20''$(右偏) 交点里程:JD 里程 = K8 + 745.72		设计半径:$R = 50$ 整桩间距:$L_0 = 10$			
曲　线元　素	切线长:$T = 25.16$ 外矢距:$E = 5.97$		曲线长:$L = 46.62$ 切曲差:$D = 3.70$			
主　点里　程	ZY 点里程:ZY 里程 = K8 + 720.56 QZ 点里程:QZ 里程 = K8 + 743.87		YZ 点里程:YZ 里程 = K8 + 767.18 JD 点里程:JD 里程 = K8 + 745.72			
主　点名　称	桩　号	各桩点至 ZY 或 YZ 点的曲线长	X	Y	各点间弦长	备　注
ZY	K8 + 720.56	0.00	0.00	0.00		
	+ 730	9.44	9.38	0.89	9.43	
	+ 740	19.44	18.95	3.73	9.98	
QZ	K8 + 743.87	23.31	22.47	5.34	3.87	
	+ 750	17.18	16.84	2.92	6.13	
	+ 760	7.18	7.16	0.51	9.98	
YZ	K8 + 767.18	0.00	0.00	0.00	7.17	

(2)测设步骤

测设时,将圆曲线以曲中点(QZ)为界分成两部分进行。

①根据曲线加桩的详细计算资料,用钢尺从 ZY 点(或 YZ 点)向 JD 方向量取 x_1、x_2…横距,得垂足 N_1、N_2…点,用测钎作标记。

②在各垂足点 N_1、N_2…处,依次用方向架(或经纬仪)定出 ZY 点(或 YZ 点)切线的垂线,分别沿垂线方向量取 y_1、y_2…纵距,即得曲线上各加桩点 P_i。

③检验方法:用上述方法测定各桩后,丈量各桩之间的弦长进行校核。如不符或超过容许范围,应查明原因,予以纠正。

此法适合于地势比较平坦开阔的地区。使用的仪器工具简单,而且它所测定的各点位是相互独立的,测量误差不会积累,是一种较精密的方法。测设时要注意垂线 y 不宜过长,垂线愈长,测设垂线的误差就愈大。

2. 偏角法(极坐标法)

偏角法是一种类似于极坐标的放样方法。它是利用曲线起点(或终点)的切线与某一段弦之间的弦切角 Δ_i(称为偏角)以及弦长 C_i 来确定 P_i 点的位置的一种方法,如图 9-16 所示。

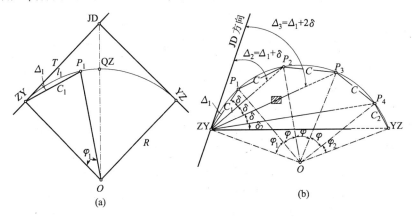

图 9-16　偏角法

(1)计算公式

偏角法计算公式的依据是弦切角等于该弦所对圆心角的一半以及圆周角等于同弧所对圆心角的一半。

一般偏角法也是采用整桩号测设曲线的加桩。曲线上里程桩的间距一般较直线段密,按规定为 5m、10m、20m 等,在实际工作中,由于排桩号的需要,圆曲线首尾两段弧不是整数,分别称为首段分弧 l_1 和尾段分弧 l_2,所对应的弦长分别为 C_1 和 C_2。中间为整弧 l_0,所对应的弦长均为 C。

图 9-16a 中,ZY 点至 P_1 点为首段分弧,测设 P_1 点的数据可从图 9-16b 得出。弧长 l_1 所对的圆心角 φ_1 可由下面的公式计算:

$$\varphi_1 = \frac{l_1}{R}\left[\frac{180°}{\pi}\right]$$

故首段分弧圆周角为:

圆周角:
$$\delta_1 = \frac{\varphi_1}{2} = \frac{l_1}{R}\left[\frac{90°}{\pi}\right] \tag{9-11}$$

弦长:
$$C_1 = 2R\sin\delta_1 \tag{9-12}$$

P_4 点至 ZY 点为尾段分弧,弧长为 l_2,圆心角为 φ_2,圆周角为 δ_2。同理可知:

圆周角:
$$\delta_2 = \frac{\varphi_2}{2} = \frac{l_2}{R}\left[\frac{90°}{\pi}\right] \tag{9-13}$$

弦长:
$$C_2 = 2R\sin\delta_2 \tag{9-14}$$

圆曲线中间部分,相邻两点间为整弧 l_0,整弧 l_0 所对的圆心角均为 φ,相应的圆周角均为 δ,即:

圆周角： $$\delta = \frac{\varphi}{2} = \frac{l_0}{R}\left[\frac{90°}{\pi}\right] \qquad (9\text{-}15)$$

弦长： $$C = 2R\sin\delta \qquad (9\text{-}16)$$

故各细部点的偏角：

P_1 点： $\Delta_2 = \Delta_1$

P_2 点： $\Delta_2 = \dfrac{\varphi_1 + \varphi}{2} = \Delta_1 + \delta$

P_3 点： $\Delta_3 = \dfrac{\varphi_1 + 2\varphi}{2} = \Delta_1 + 2\delta$

$\cdots$

YZ 点： $\Delta_{\text{YZ}} = \dfrac{\varphi_1 + n\varphi + \varphi_2}{2} = \Delta_1 + n\delta + \delta_2 = \dfrac{\alpha}{2}$（用于检核）

偏角法测设圆曲线是连续进行,其测设的偏角是通过累计而得,称为各测设点之"累计偏角",又称为"总偏角"。作为计算的检验,累计偏角应为 $\alpha/2$。

偏角法测设数据除可按以上公式计算外还可在测设曲线表中查到。

【例 9-5】已知 JD 的桩号为 K5 + 135.22,偏角为 $\Delta = 40°21'10''$（右偏）,设计圆曲线半径为 $R = 100\text{m}$,取整桩距为 20m。根据公式计算或查"圆曲线函数表"可知主点测设元素为：$T = 36.75\text{m}$, $L = 70.43\text{m}$, $E = 6.54\text{m}$, $D = 3.07\text{m}$。

采用偏角法由曲线起点(ZY)向终点(YZ)测设,根据以上公式,可得数据计算表 9-2。

表 9-2　圆曲线偏角法详细测设参数计算表

已　知参　数	转角：$\Delta = 40°21'10''$（右偏）交点里程：JD 里程 = K5 + 135.22			设计半径：$R = 100\text{m}$整桩间距：$L_0 = 20\text{m}$		
曲　线元　素	切线长：$T = 36.75\text{m}$外矢距：$E = 6.54\text{m}$			曲线长：$L = 70.43\text{m}$切曲差：$D = 3.07\text{m}$		
主　点里　程	ZY 点里程：ZY 里程 = K5 + 098.47QZ 点里程：QZ 里程 = K5 + 133.68			YZ 点里程：YZ 里程 = K5 + 168.90JD 点里程：JD 里程 = K5 + 135.22		

主　点名　称	桩　号	相邻桩间曲线长/m	相邻桩间对应的圆周角 δ /° ′ ″	由 ZY 点切线方向至各桩的累计偏角 Δ /° ′ ″	相邻桩间弦长/m	备　注
ZY	K5 + 098.47			0　00　00		
		1.53	0　26　18		1.53	
	+ 100			0　26　18		
		20.00	5　43　46		19.97	
	+ 120			6　10　04		
		13.68	3　55　08		13.67	
QZ	K5 + 133.68			10　05　12		检核：20′10′36″ ≈ $\alpha/2$
		6.32	1　48　38		6.32	
	+ 140			11　53　50		
		20.00	5　43　46		19.97	
	+ 160			17　37　36		
		8.90	2　32　59		8.90	
YZ	K5 + 168.90			20　10　35		

(2)测设步骤

①将经纬仪安置于曲线起点 ZY(或终点 YZ)上,以度盘 0°00′00″照准路线的交点 JD。

②转动照准部,正拨(按顺时针方法)测设 Δ_1 角(0°26′18″),由测站点沿视线方向量弦长

$C_1(1.53\text{m})$钉桩,则得曲线上第一点 $P_1(\text{K}5+100)$的位置。

③然后测设 $P_2(\text{K}5+120)$点之累计偏角 $\Delta_2(6°10'04'')$,将钢尺端零点对准 P_1 点,以钢尺读数为 $C(19.97\text{m})$处交于视线方向,即距离与方向相交,则定出曲线上第二点 P_2 点。依此类推,定出其他中间各点,并钉以木桩。

④最后,测设至曲线终点,视线应恰好通过曲线终点 YZ。P_{n-1}点至曲线终点的弦长应为 $C_2(8.90\text{m})$,测设得出的曲线终点点位与原定终点点位之差,其纵向闭合差不应超过 $\pm L/1\,000$(L 为曲线长),横向误差不应超过 $\pm 10\text{cm}$,否则应进行检查,改正或重测。

偏角法是一种测设精度高、实用性强、灵活性大的常用方法,它可在曲线上的任意一点或交点 JD 处设站。但由于距离是逐点连续丈量的,前面点的点位误差必然会影响后面测点的精度,点位误差是逐渐累积的。如果曲线较大,为了有效地防止误差积累过大,可在曲线中点 QZ 处进行校核,或分别从曲线起点、终点进行测设,在中点处进行校核。

在测设过程中如果遇到障碍阻挡视线,如图 9-17b 所示,测设 P_3 点时,视线被房屋挡住,则可将仪器搬至 P_2 点,水平度盘置 $0°00'00''$,照准 ZY 点,倒转望远镜,转动照准部使度盘读数为 P_3 点的偏角值,此时视线处于 P_2P_3 的方向线上,由 P_2 点在此方向上量弦长 C 即得 P_3 点。

3. 光电测距仪极坐标法

当用光电测距仪或全站仪测设圆曲线时,由于其测设距离受地形条件限制较小,精度高、速度快,可以采用极坐标法直接、独立地测设各点,因此,正在逐渐地被广泛使用。

和偏角法一样,极坐标法也可以采用整桩号测设曲线的加桩。利用式(9-11)和式(9-12)等分别求出各加桩点的偏角 Δ_1,Δ_2,$\cdots$,Δ_n 以及测站点至各加桩点的弦长 C_1,C_2,$\cdots$,C_n。

测设时,如图 9-17 所示,将仪器安置在 ZY 点,以度盘 $0°00'00''$照准路线的交点 JD。转动照准部,依次测设 Δ_i 角和相应的弦长 C_i,钉桩,即可分别得到曲线上各点。

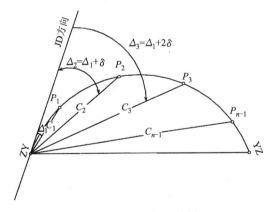

图 9-17　极坐标法放样

极坐标法既发挥了偏角法测设曲线精度高、实用性强、灵活性大,可在曲线上的任意一点或交点 JD 处设站的优点,同时,点位误差又不会逐渐积累,极大地提高了工作效率和测设速度。

习 题

1. 测设与测绘有何区别？测设工作具有哪些特点？

2. 在地面上要设置一段 28.000m 的水平距离 AB，所使用的钢尺方程式为 $l_t = 30 + 0.005 + 1.2 \times 10^{-5}(t - 20°) \times 30$m。测设时钢尺的温度为 12℃，所施于钢尺的拉力与检定时的拉力相同。概量后测得 AB 两点间桩顶的高差 $h = +0.40$m，试计算在地面上需要量出的长度。

3. 叙述在实地测设某已知角度一般方法(盘左盘右分中法)的步骤。

4. 在地面上要求测设一个直角，先用一般方法测设出 $\angle AOB$，再测量该角若干测回，取平均值为 $\angle AOB = 90°00'30''$，已知 OB 的长度为 100m，试计算改正该角值的垂距，改正的方向是向内还是向外？

5. 利用高程为 7.531m 的水准点，测设高程为 7.831m 的室内 ±0.000 标高。假设水准尺立在水准点上时，水准仪的水平视线读数为 1.600，求前视尺上应有的读数为多少？此时尺子底部对着墙面画一条线，即为 ±0.000 标高的位置。

6. 如图 9-18 所示，水准点 BM_A 的高程为 17.500m，欲测设基坑水平桩 C 使其高程为 14.000m。设 B 点为基坑边的转点，将水准仪安置在 A、B 两点之间，后视读数为 0.756m，前视读数为 2.625m；将水准仪再搬入基坑设站，用水准尺或钢尺在 B 点向坑内立倒尺(即尺的零点在 B 端)，其后视读数为 2.555m；最后在 C 点处再立倒尺。问在 C 点处前视尺上读数应为多少，尺底才是欲测设的高程线？

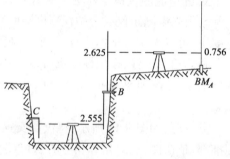

图 9-18 习题 6

7. 用水准仪测设已知坡度线时，安置仪器有何要求？

8. 地面点 A 的高程为 $H_A = 65.342$m，AB 的距离为 50m，欲测设 AB 两点间的坡度为 +1% 的直线，如何用水准仪在实地测设，试绘图说明。

9. 测设点的平面位置有哪几种方法，各适合于什么情况。

10. 已知 $\alpha_{MN} = 279°15'30''$，已知点 M 的坐标为 $x_M = 13.89$m，$y_M = 87.02$m；若要测设坐标为 $x_A = 45.78$m，$y_A = 84.98$m 的 A 点，试计算仪器安置在 M 点用坐标法测设 A 点所需数据。

11. 根据 A、B 两个已知控制点，欲在 A 点用极坐标法测设 1 点的平面位置，已知坐标如下：$x_A = 500.000$m，$y_A = 1\,000.000$m，$x_B = 304.291$m，$y_B = 1\,247.210$m，$x_1 = 644.284$m，$y_1 = 1\,107.658$m。试求：(1)按各点坐标绘出测设略图；(2)在 A 点测设 1 点的放样数据 β、D；(3)简述测设步骤。

12. 已知某一路线的交点 JD_5 处右转角为 $\Delta = 65°18'42''$，其桩号为 K9 + 387.34，中线测量时确定圆曲线半径为 $R = 150$m，试计算圆曲线元素 T、L、E、D，并求出三个主点桩号，并简单叙述三个主点的测设步骤。

13. 以题 12 中的数据为基础，按整桩距 $L_0 = 10$m，试计算用切线支距法和偏角法详细测设整个曲线的数据，并简述其测设步骤。

第10章　园林建筑工程测量

10.1　园林工程施工测量概述

　　园林工程是指在园林、城市绿地、风景名胜区及保护区中除大型建筑工程以外的室外工程,主要包括土方工程、给水及排水工程、水景工程、园路工程、假山工程、园林建筑设施工程、种植工程、园林供电工程。这其中,大型建筑工程是指大型建筑物的建造,如宾馆、会议中心、度假中心等。土方工程是指园林中的地形改造工程,包括凿水筑山、场地平整、挖沟埋管、开槽铺路等。给水及排水工程是指园林中生活用水(如餐厅、茶室、卫生设备等的用水)、养护用水(如植物灌溉、动物笼舍冲洗、夏季广场园路的喷洒用水等)、造景用水(如喷泉、瀑布、跌水、湖泊等各种水体的用水)、消防用水等水资源的供给及使用过后的排放。水景工程是指园林中水系规划、小型水闸、驳岸、护坡、水池、喷泉等与水景相关的工程。园路工程是指园林中的道路工程,包括主园路、次园路、游步道、园桥等。假山工程是指人工造山和置石工程。园林建筑设施工程是指园林中的小型建筑工程,包括游憩设施(亭、廊、榭、厅、阁、斋、轩、舫、下沉广场、园椅、园凳、园桌、景墙、雕塑及小型古建筑物等)、服务设施(餐厅、酒吧、摄影部、售票房等)、公共设施(电话、导游牌、路标、停车场、标志物、果皮箱、饮水站等)、管理设施(大门、围墙、办公室、变电站等)。种植工程是指园林中的植物栽种工程,包括植树、栽花、铺草等(种植工程是绿化工程的前期部分,绿化工程还包括后期的养护管理部分)。园林供电工程是指园林中的照明、游乐设施等的电力供应工程。除了上述这些与土建(土方、给排水、水景、假山、园林建筑设施)、绿化(种植)和电力(供电)等专业相关的工程外,随着技术和经济的不断发展,人们需求不断地提高,园林工程的范围将不断地扩大,如园区的录像监控系统、火灾自动报警系统、背景音乐及紧急广播系统、电话网络、Internet网络、大屏幕显示系统、紧急求助系统等智能化系统及热力、燃气等公用基础设施地下管网系统等。

　　在园林工程的施工过程中,测量放线工作作为服务于整体工程中的一项专业工作,其实施是在工程的"施工组织计划"下进行的,因此,放线工作不可能独立于其他的专业工作,而必须随着园林工程的建设程序开展,并注意与其他专业工作的配合。就测量放线工作自身而言,在实施前,应做好以下的准备工作:①熟悉设计图纸。按图施工的原则确定了施工测量的依据是施工设计图纸。因此,在实际施工前应熟悉和校核施工设计图及有关资料,了解设计意图和施工内容,明确放线的定位条件及各种园林地物地貌在图中的具体位置及放线方法。②现场交底。在工程现场接受设计人员的设计交底,落实定位条件及用地的基本情况。③制定施工测量方案。根据设计要求、定位条件、现场地形和施工方案等因素制定施工测量方案,同时在工程"施工组织计划"下确定方案的实施进度。④仪器及数据的准备。在实际测设前,首先应对工程中所使用的仪器和工具进行检查检验,必要时进行相应的参数设置或仪器校正,以确保仪器处于正常的工作状态之中;其次当定位条件多于必要的起始条件时(如定位条件为已知坐标控制点时,给定的平面坐标点多于两个或高程控制点多于一个),应对起始数据进行实测检核;最后在施工测量方案的控制下,确定具体的放线数据及关键测设点位的检查数据。

10.2 控制测量

园林工程施工放线是各项园林工程的第一道工序,而在施工放线中,控制测量又是测量工作的第一道工序。尤其是在大中型的园林工程中,遵守"从整体到局部,先控制后碎部"的原则既很重要也很必要。这不仅是因为定位精确度的要求,同时也因为在实际工程中,各单项工程常常由不同的建设单位组织实施,因此统一的控制就显得非常重要。在统一的控制下进行放线,不仅可以保证放线的质量,而且各单位可以同时展开工作,若不在统一的控制下各单位各自为阵进行放线,则会给工程带来非常大的质量隐患,如由于绿化施工方的疏漏,可能引起栽植树木和绿地定位的整体偏差,造成不必要的返工,从而延误工期,带来经济损失。

控制测量实施的基础是施工设计所给定的施工定位条件。这些定位条件可以有以下的几种形式:①建筑红线(又称为建筑线,是由城市建设规划主管部门根据城市控制点或原有的建筑物在地面上划定的建筑用地和道路用地的边界线);②用地范围内的特征点和特征线(如主要建筑的轴线),如图10-1所示;③已知坐标的控制点等。在用地现场,进行设计交底并对给定的定位条件进行确认后,根据工程的定位精度要求,进行相应精度等级的控制网布设。

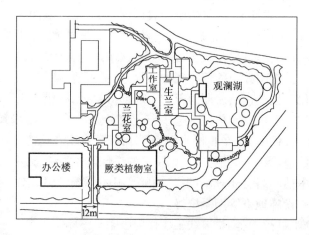

图 10-1 依据已有建筑物定位

施工控制网包括平面控制网和高程控制网,它为园林工程提供统一的坐标系统。平面控制网的布设,应根据设计总平面图和施工地区的地形条件、已有测量控制点的情况而定。对于地形起伏较大的山岭地区,可采用三角测量或导线测量的方式建网;对于地势平坦但通视较困难或定位目标分布较散杂的地区,可采用导线网;对于通视良好、定位目标密集且分布较规则的平坦地区,可采用规则的矩形格网,即施工方格网,如图10-2所示;对于较小范围的地区,可采用施工基线,如图10-3所示,施工基线常常与工程的主轴线平行,同时为了检查基线的正确性,基线的点数不少于三个。高程控制网的布设,如无特殊的情况,一般都选择水准控制网。控制点的密度应以能够为各单项工程提供完整的放线基础为宜。

施工方格网和施工基线的布设应采用直角坐标测设的方法(详见本章10.4.1),通过顺时针或逆时针拨出相互垂直的直线,同时通过在直线方向精确测距的方法进行布设,其测设精度应满足布设控制网的要求,同时能够保证后续碎部测设的精度要求。布设施工方格网时,一般是先布设外围的格网轴线,然后再确定内部的格网轴线,这与本章10.5节中叙述的测设建筑物外轮廓轴线的思路完全相同。需要注意的是,布设完施工方格网或施工基线后,必须进行校核,以确保其正确性。

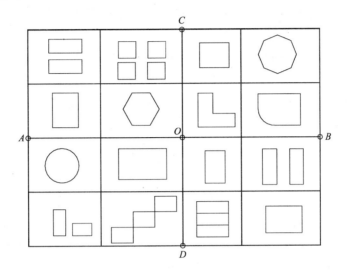

图 10-2　施工方格网

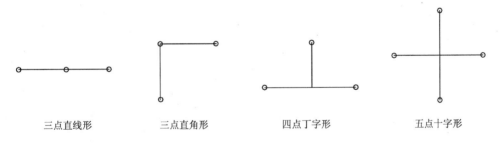

三点直线形　　　三点直角形　　　四点丁字形　　　五点十字形

图 10-3　施工基线

10.3　园林建筑物测设概述

园林建筑物是指园林中与游憩、服务、管理等功能相关的小型建筑物,如亭、台、阁等。园林中的大型建筑物如度假酒店等不属于园林建筑物的范围,其设计和施工往往由专业的建筑设计单位和施工单位实施,而不是由园林工程设计和施工单位实施。园林建筑物测设的目的是将设计的园林建筑物,按照其平面位置和标高在实地标定出来,其测设方法与大型建筑物的测设有相似之处,但也有自身的特点。

园林建筑物的平面测设工作一般分为以下的三个步骤:①建筑物定位;②建筑物基础测设;③建筑物测设。

10.4 园林建筑物定位

把设计图上园林建筑物外轮廓轴线的交点(又称为角桩)标定在实地上的工作,称为建筑物定位。如图10-1所示,将厥类植物室的四个角点 A、B、C、D 点测设在地面上。外轮廓轴线的交点,不仅是确定建筑物形状、位置和朝向的关键点,也常常是进行建筑物细部放样的基准控制点。因此,确定外轮廓轴线交点的定位工作非常重要。

园林建筑物主要是根据施工平面控制点(或红线桩点)进行定位,在小规模的园林工程中,常常也利用原有的地物进行定位。

10.4.1 根据控制点进行定位

如前所述,施工平面控制网可以是三角网、导线网、施工方格网或施工基线,这几种形式各有其相应的应用场合。但不论是哪一种控制形式,它们有一个共同点,即在实地都已存在确定的控制点点位。因此,利用控制点进行定位的实质是:根据现有控制点点位及其相互之间的位置关系,选择相应的测设方法来进行建筑物的定位。

1. 直角坐标法

当建筑物的外轮廓轴线平行或垂直于施工基线、施工方格网或相邻的导线边时,常采用直角坐标法定位。该法测设数据计算简便,测设之角度均为90°,施测方便,精度亦高,是园林建筑物定位常用的方法。

【例10-1】如图10-4所示,点 O、A、B、C 为施工方格网的四个平面控制点,E、F、G、H 为建筑物的四个角点,其坐标值见表10-1。

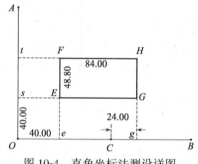

图 10-4　直角坐标法测设详图

表 10-1　点位坐标

控制点号	纵坐标 x/m	横坐标 y/m	角点点号	纵坐标 x/m	横坐标 y/m
O	400.000	600.000	E	440.00	640.00
A	600.000	600.000	F	488.80	640.00
B	400.000	950.000	G	440.00	724.00
C	400.000	700.000	H	488.80	724.00

【解】(1)计算测设数据

$$EG = FH = 724.00 - 640.00 = 84.00\text{m}$$
$$EF = GH = 488.80 - 440.00 = 48.80\text{m}$$
$$Oe = 640.00 - 600.00 = 40.00\text{m}$$
$$Cg = 724.00 - 700.00 = 24.00\text{m}$$
$$eE = gG = 440.00 - 400.00 = 40.00\text{m}$$

(2)绘制测设详图。将测设数据注于图中的相应位置,形成测设详图,如图10-4所示。

(3)测设步骤

①设置辅助点 e、g

在 O 点安置经纬仪,以 B 点定向,沿经纬仪视准轴方向先测设水平距离 $Oe=40.00\text{m}$,标定 e 点;再测设水平距离 $Cg=24.00\text{m}$,标定 g 点。

②桩钉角桩 E、F

在 e 点安置经纬仪,以 B 点定向,逆时针转动(反拨)经纬仪 $90°$,沿视准轴方向先测设水平距离 $eE=40.00\text{m}$,桩钉 E 点(在 E 点打上木桩,并在桩面上钉一小钉表示 E 点的点位);再测设水平距离 $EF=48.80\text{m}$,桩钉 F 点。

③桩钉角桩 G、H

在 g 点安置经纬仪,以 B 点定向,反拨经纬仪 $90°$,沿视准轴方向先测设水平距离 $gG=40.00\text{m}$,桩钉 G 点;再测设水平距离 $GH=48.80\text{m}$,桩钉 H 点。

④检测

一般是先检测最弱角,再检测最弱边。本例最弱角为 $\angle HFE$、$\angle FHG$,最弱边为 FH。分别实测最弱角,其值与设计值 $90°$ 的较差应小于限差。实测最弱边 FH,其值与设计值之相对误差应符合要求。同时,也应按相同的方法检测边长 EG。

对于园林建筑,角度检测不符值一般不大于 $\pm60''$,边长检测值与设计值的相对精度一般不应低于 $1/2\ 000$。

(4)注意事项

①绘制测设详图时,应使其与实地方位基本一致。

②选用长边定向,提高角度测设的精度。如在设置辅助垂足点 e、g 点时,应用 B 点定向而非采用 A、C 点。

③尽量利用控制成果,丈量距离时就较近的控制点进行丈量。如设置 g 点时,测设水平距离 Cg,而非测设 eg。

④选择最佳测设方案。如图 10-4 所示,设置辅助点 e、g 点,而非 s、t 点。这样,可以减弱测设误差的影响,有利于保证测设精度。

2.极坐标法

极坐标法是一种通用的测设点位的方法。相对于直角坐标法而言,极坐标法测设适应性强,使用更为灵活方便;而且其操作步骤较少,从而省时省力;只是极坐标法测设数据计算要稍繁琐。

【例 10-2】如图 10-5 所示,A、B 为已知坐标导线点,E、F、G、H 为建筑物的四个角点,其坐标值见表 10-2。

图 10-5 极坐标法测设详图

表 10-2 点位坐标

控制点号	纵坐标 x/m	横坐标 y/m	角点点号	纵坐标 x/m	横坐标 y/m
			E	440.00	640.00
A	324.678	616.323	F	488.80	640.00
B	423.654	799.660	G	440.00	724.00
			H	488.80	724.00

【解】(1)计算测设数据

由表 10-2 的角点点位坐标可知,待建建筑物的轴线呈矩形,其边长为:

$$EG = FH = 724.00 - 640.00 = 84.00\text{m}$$
$$EF = HG = 488.80 - 440.00 = 48.80\text{m}$$

G 点到 E 点的方位角为：$\alpha_{GE} = 270°00'00''$

由 A、B、G 的坐标，采用第 6 章中的坐标反算公式(6-3)，可以计算出 B 点到 A 点的坐标方位角 α_{BA} 及 B 点到 G 点的坐标方位角 α_{BG} 和水平距离 D_{BG}，分别为：

$$\alpha_{BA} = 241°38'14''$$
$$\alpha_{BG} = 282°11'28''$$
$$D_{BG} = 77.406\text{m}$$

根据计算出的坐标方位角，可以计算出测设 G、E 点的测设角度分别为：

$$\beta_{ABG} = \alpha_{BG} - \alpha_{BA} = 40°33'14''$$
$$\beta_{BGE} = \alpha_{GE} - \alpha_{GB} = 167°48'32''$$

(2)绘制测设详图

将测设数据注于图中相应位置，以便于进行测设，如图 10-5 所示。

(3)测设步骤

①桩钉角桩 G

在 B 点安置经纬仪，以 A 点作为后视定向点，顺时针拨动(正拨)经纬仪 $40°33'14''$，并沿经纬仪视准轴方向测设水平距离 77.406m，桩钉角桩 G。

②桩钉角桩 E、H

在 G 点安置经纬仪，以 B 点作为后视定向点，正拨 $167°48'32''$，并沿经纬仪视准轴方向测设水平距离 84.00m，桩钉角桩 E。然后，以 E 点定向，正拨 $90°$，并沿经纬仪视准轴方向测设水平距离 48.80m，桩钉角桩 H。

③桩钉角桩 F

在 E 点安置经纬仪，以 G 点作为后视定向点，反拨 $90°$，并沿经纬仪视准轴方向测设水平距离 48.80m，桩钉角桩 F。

④检测

对最弱角、最弱边进行检测。检测的方法和过程与上述"直角坐标法"相类似。

(4)注意事项

①绘制测设详图时，应使其与实地方位基本一致。

②选用长边定向，提高角度测设的精度。

③尽量利用控制成果，丈量距离时就较近的控制点进行丈量。如本例中，使用 B 点测设 G 点，而不测设 H 或 E 点。同样的理由，也不采用 A 点测设 E 点。

④正反方位角相差 $180°$，切勿搞错方向。同样，也不要搞错正拨反拨的方向。

⑤当采用钢尺测设距离时，最好不要测设长距离(如超过两个尺段)。但若采用测距仪测设距离，则距离可以不受限制。

3. 角度交会法

角度交会法又称为方向线交会法，当测设点离控制点距离较远，地形复杂，测设距离不便时，可采用角度交会法。如有条件，宜采用两台仪器交会。

【例 10-3】 如图 10-6 所示，A、B 为已知坐标导线点，E、F、G、H 为建筑物的四个角点，其坐标值见表 10-2。

【解】 (1)计算测设数据(由于角度的计算方法与上例相同，故本例直接给出角度结果)

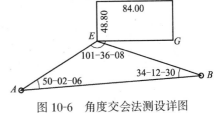

图 10-6　角度交会法测设详图

由表 10-2 的角点点位坐标可知，待建建筑物的轴线呈矩形，其边长为：

$$EG = FH = 724.00 - 640.00 = 84.00\text{m}$$
$$EF = HG = 488.80 - 440.00 = 48.80\text{m}$$

E 点到 G 点的方位角为：$\alpha_{EG} = 90°00'00''$

由 A、B、E 的坐标，采用第 6 章中的坐标反算公式(6-3)，可以计算出 A 点到 E 点、A 点到 B 点及 B 点到 E 点的坐标方位角，并进而求得水平角度：

$$\beta_{BAE} = 50°02'06''$$
$$\beta_{ABE} = 34°12'30''$$
$$\beta_{AEG} = 101°36'08''$$

(2)绘制测设详图

将测设数据注于图中相应位置，以便于进行测设，如图 10-6 所示。

(3)测设步骤

①桩钉角桩 E

在 A 点安置经纬仪，以 B 点定向，反拨 $50°02'06''$ 得方向线 AE，在 B 点安置经纬仪，以 A 点定向，正拨 $34°12'30''$ 得方向线 BE，AE 与 BE 的交点即为测设点 E，桩钉角桩 E。

②桩钉角桩 G、F、H

其法与上述"极坐标法"相类似，此处省略。

③检测

对最弱角、最弱边进行检测。检测的方法和过程与上述"直角坐标法"相类似。

(4)注意事项

除了与上述"极坐标法"中相似的注意点外，还应注意以下几点：

① 交会角(β_{BEA})的值会影响交会精度，一般不宜小于 30°或大于 150°，最好在 90°左右。

②为提高交会的精确性，常常采用三个已知角度来进行交会，如图 9-11 所示。当误差三角形边长在允许范围内时，则取其重心作为测设点的最终位置。

4．距离交会法

在便于量距的平坦场地，当测设的距离较短时(如交会距离不应超过钢尺的一个尺段)，可以采用距离交会法。

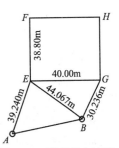

图 10-7　距离交会法测设角桩位置

【例 10-4】 如图 10-7 所示，A、B 为已知坐标导线点，E、F、G、H 为建筑物的四个角点，其坐标值见表 10-3。

243

表 10-3　点位坐标

控制点号	纵坐标 x/m	横坐标 y/m	角点点号	纵坐标 x/m	横坐标 y/m
			E	440.00	640.00
A	403.565	625.432	F	478.80	640.00
B	410.623	672.846	G	440.00	680.00
			H	478.80	680.00

【解】(1)计算测设数据

由表 10-3 的角点点位坐标可知,待建建筑物的轴线呈矩形,其边长为:

$$EG = FH = 680.00 - 640.00 = 40.00\text{m}$$
$$EF = HG = 478.80 - 440.00 = 38.80\text{m}$$

由 A、B、E、G 的坐标,采用第 6 章中的坐标反算公式(6-3),可以算得如下的距离:

$$D_{AE} = 39.240\text{m}$$
$$D_{BE} = 44.067\text{m}$$
$$D_{BG} = 30.236\text{m}$$

(2)绘制测设详图

将测设数据注于图中相应位置,以便于进行测设,如图 10-7 所示。

(3)测设步骤

①桩钉角桩 E

使用两把钢尺,甲、乙两人各持一把钢尺,将其零点分别对准 A、B 点,丙同时拉住这两把钢尺,在对准 A 点的钢尺上找出读数 39.240m,在对准 B 点的钢尺上找出读数 44.067m,将这两把钢尺同时拉直、拉平、拉稳,则这两个读数的对齐处即为 E 点的位置,并予以桩钉。

②桩钉角桩 G

与上述桩钉角桩 E 相似,根据 B、G 及 E、G 间的距离,测设出 G 点的位置,并予以桩钉。

③桩钉角桩 F、H

根据已测设的 E、G 点,采用直角坐标法分别测设 F、H 点,并桩钉之。

④检测

对最弱角、最弱边进行检测。检测的方法和过程与上述"直角坐标法"相类似。

5. 方向角极坐标法

方向角极坐标法是特殊的极坐标法。在测设时,设置经纬仪度盘 0°方向与施工平面坐标系的纵轴 X 轴平行,这样,只要计算出相应于测设点的测设边的方位角而无需计算水平角度即可进行测设。在已知测站点上,通过对已知后视点的定向,即可对经纬仪的水平度盘进行配置,从而使度盘的方向读数等于该方向的方位角,实现方向角极坐标法测设。如以"极坐标法"测设中的图 10-5 为例,在 B 点设站,以 A 点为后视定向点,配置水平度盘读数为 241°38′14″($\alpha_{BA} = 241°38′14″$),即可实现方向角极坐标法测设。在同一个测站需要测设若干待定点时,采用方向角极坐标法既简单易行又准确可靠。

10.4.2　根据原有地物进行定位

在小规模的园林工程中,作业区可能已存在一座主体建筑物,此时给定的待测设园林建筑

244

物的定位条件常常是与主体建筑物的相对几何关系;或者,在新建的街心公园中,给定的定位条件是已有交通道路的中心线;或者,给定的定位条件是已有的某个构筑物。这些定位条件直接给出待测设建筑物与原有地物的几何关系,而不涉及坐标系统。当然,我们可以自定义一个独立的平面直角坐标系,把这些几何关系表述到其中;当然,我们也可以根据这些几何条件,直接进行定位。

1. 根据已有建筑物定位

【例10-5】如图10-8所示,在某古刹中,欲复建被毁的东配殿。东配殿是一座矩形古建,东西长8.4m,南北长12.6m,其与现存主殿的位置关系是:其外墙轴线与主殿外墙相互平行,其中,东西向的轴线间距为4.8m,南北向轴线间的距离为2.4m。

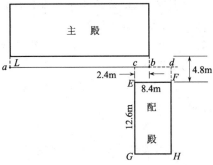

【解】(1)计算测设数据

以距主殿南墙距离L(应根据挖槽深度和土质情况而定,如设为2m)作平行线ab,则ab与东配殿北墙的距离为(4.8−L)m。

(2)绘制测设详图

将测设数据标注于图中的相应位置,得到测设详图,如图10-8所示。

图 10-8 根据建筑物定位的测设详图

(3)测设步骤

①测设辅助点 a、b

用顺小线法分别沿主殿西墙和东墙向南延长水平距离L,并标定a、b点。

②测设垂足 c、d

在测站a安置经纬仪,以b点定向,从b点沿经纬仪视准轴方向往a点回量2.4m,标定为c点;再从b点沿经纬仪视准轴方向向东测设水平距离6.0m,并标定为d点。

③桩钉角桩 E、G

以c点为测站安置经纬仪,以a点定向,反拨90°,沿经纬仪视准轴方向先测设水平距离(4.8−L)m,桩钉角桩E;再从E点沿视准轴方向测设水平距离12.60m,桩钉角桩G。

④桩钉角桩 F、H

以d点为测站安置经纬仪,同上一步骤进行测设,桩钉角桩F、H。

⑤ 检测

对最弱角和最弱边进行检测,实测值与设计值之差应小于规定的限差。在本例中,最弱角为β_{EGH}、β_{FHG},最弱边为D_{GH}。

2. 根据道路中心线定位

【例10-6】如图10-9所示,两条道路相互垂直,街心公园中的一雕塑底座为矩形,其边分别与道路中心线平行。间距分别为14.00m和8.00m。

【解】(1)计算测设数据

如图10-9所示,测设角度均为90°,测设距离分别为14.0m、8.00m、1.00m、1.20m。

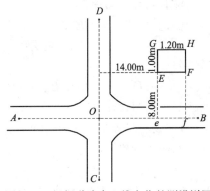

图 10-9 根据道路中心线定位的测设详图

(2)绘制测设详图

将测设数据标注于图中的相应位置,得到测设详图,如图10-9所示。

(3)测设步骤

①确定道路中心线

量取道路宽度,取其中点作为道路中心线上的点。确定道路中心点 A、B、C、D,从而得到道路中心线 AB 与 CD。

②确定道路中心线交点 O

分别以 A、C 点为测站安置仪器,以 B、D 点为定向点,交会标定交点 O。在 O 点安置经纬仪,实测水平角 $\angle BOD$,检核两条中心线的垂直性。若不垂直,则以两条道路中的较主要道路的中心线为准,对另一条中心线进行调整。

③测设垂足 e

在 O 点安置经纬仪,以 B 点为定向点,沿经纬仪视准轴方向先测设水平距离 $D_{Oe} = 14.00\text{m}$,标定 e 点。

④桩钉角桩 E、G

在 e 点设站,以 O 点为定向点,正拨 $90°$,沿经纬仪视准轴方向先测设水平距离8.00m,标定角桩 E;然后,在该方向继续测设距离 $D_{EF} = 1.00\text{m}$,标定角桩 G。

⑤桩钉角桩 F、H

分别以 E、G 点为测站,同上一步骤进行测设,桩钉角桩 F、H(由于距离较短,用距离交会法更为方便,测设数据为 D_{EF}、$D_{FG} = 1.56\text{m}$ 及 D_{GH}、$D_{EH} = 1.56\text{m}$)。

(4)检测

由于距离较短,所以,只要对最弱边 D_{FH} 进行检查。

3. 根据构筑物定位

【例10-7】如图10-10a所示,待定园林建筑物为一矩形建筑物,边长分别为 12.00m、16.00m,其位置与已有构筑物既不平行也不垂直。由设计条件知:$D_{BM} = 15.00\text{m}$,$D_{ME} = 20.00\text{m}$,$\angle BME = 45°$。

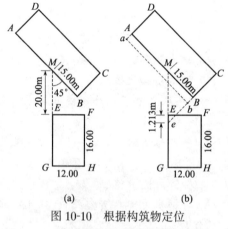

图10-10 根据构筑物定位
(a)位置关系;(b)测设详图

【解】(1)计算测设数据

延长直线 CB 与 ME 延长线交于点 e,则在等腰直角三角形 BMe 中,

$$D_{Be} = 15.00\text{m}, \quad D_{Me} = 21.213\text{m}$$

于是得:$D_{Ee} = 1.213\text{m}$,$D_{eG} = 14.787\text{m}$

(2)绘制测设详图

将测设数据标注于图10-10b相应位置,便得到测设详图。

(3)测设步骤

①标定辅助点 a、b

用顺小线法沿已有构筑物的外墙 DA 及 CB 延长2.00m,分别得到辅助点 a、b,标定该辅助点。

②标定辅助点 e

以 b 点为测站,以 a 点为定向点,反拨 90°,沿经纬仪视准轴方向测设距离 13.00m($D_{be}=D_{Be}-2=13.00$m),得到辅助点 e,标定该辅助点。

③桩钉角桩 E、G

在 e 点安置仪器,以 M 点为定向点,沿经纬仪视准轴方向测设距离 $D_{Ee}=1.213$m,桩钉 E 点;正拨经纬仪 180°,沿经纬仪视准轴方向测设距离 $D_{eG}=14.787$m,桩钉 G 点。

④桩钉角桩 F、H

分别以 E、G 点为测站,以 M 点为定向点,正拨 90°,测设距离 12.00m,分别桩钉 F、H 点。

(4)检测

分别对最弱角和最弱边进行检测,本例中,最弱边为 D_{FH},最弱角为 $\angle EFH$、$\angle FHG$。

(5)说明

本例除了可以采用上面的测设方法外,也可以采用距离交会法测设 E 点。根据计算出的 B、E 点间的距离和已知的 M、E 点间的距离,交会定出 E 点。然后再用极坐标的方法定位其他的角桩。

10.5 园林建筑物的测设

在建筑物定位之后,定位出的外轮廓轴线即为建筑物的细部测设提供了平面控制的基础。外轮廓轴线确定后,可以通过距离的测设定位建筑物内部轴线与外轮廓轴线的交点,并桩钉,称为边桩;进而,可以详细测设建筑物内部各轴线交点的位置,并桩钉,称为中心桩。再根据各桩点的位置和基础设计平面图标注的尺寸确定基槽开挖边界线。

在基槽开挖的过程中,各轴线的桩点将被破坏。所以,为了方便地恢复各轴线的位置,一般都把轴线延长到安全地点,并做好标志。延长轴线的方法有两种:轴线控制桩法和龙门板法。由于控制桩和龙门板是进行施工放样的控制基础,因此必须进行验桩。

10.5.1 测设轴线控制桩

如图 10-11 所示,轴线控制桩又称为引桩或保险桩,一般设置在基槽边线外 2～3m,不受施工干扰而又便于引测的地方。当现场条件许可时,也可以在轴线延长线两端的固定建筑物上直接作标记。

为了保证轴线控制桩的精度,最好在轴线测设的同时标定轴线控制桩。若单独进行轴线控制桩的测设,可采用经纬仪定线法或者顺小线法。

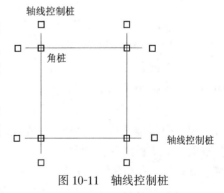

图 10-11 轴线控制桩

10.5.2 测设龙门板

如图 10-12 所示,在园林建筑的施工测量中,为了便于恢复轴线和抄平(即确定某一标高的平面),可在基槽外一定距离钉设龙门板。

钉设龙门板的步骤如下:

1. 钉龙门桩

在基槽开挖线外 1.0～1.5m 处(应根据土质情况和挖槽深度等确定)钉设龙门桩,龙门桩要钉得竖直、牢固,木桩外侧面与基槽平行。

2．测设±0标高线

根据建筑场地水准点,用水准仪在龙门桩上测设出建筑物±0标高线,其若现场条件不允许,也可测设比±0稍高或稍低的某一整分米数的标高线,并标明之。龙门桩标高测设的误差一般应不超过±5mm。

3．钉龙门板

沿龙门桩上±0标高线钉龙门板,使龙门板上沿与龙门桩上的±0标高对齐。钉完后应对龙门板上沿的标高进行检查,常用的检核方法有仪高法、测设已知高程法等。

4．设置轴线钉

采用经纬仪定线法或顺小线法,将轴线投测到龙门板上沿,并用小钉标定,该小钉称为轴线钉。投测点的容许误差为±5mm。

5．检测

用钢尺沿龙门板上沿检查轴线钉间的间距,是否符合要求。一般要求轴线间距检测值与设计值的相对精度为1/2 000～1/5 000。

6．设置施工标志

以轴线钉为准,将墙边线、基础边线与基槽开挖边线等标定于龙门板上沿。然后根据基槽开挖边线拉线,用石灰在地面上撒出开挖边线。

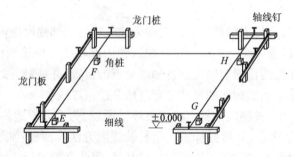

图10-12　龙门桩与龙门板

龙门板的优点是标志明显,使用方便,可以控制±0标高,控制轴线以及墙、基础与基槽的宽度等,但其耗费的木材较多,占用场地且有时有碍施工,尤其是采用机械挖槽时常常遭到破坏,所以,目前在施工测设中,较多地采用轴线控制桩。

10.5.3　基础施工测量

10.5.3.1　基槽(或基坑)开挖的抄平放线

施工中基槽是根据所设计的基槽边线(灰线)进行开挖的,当挖土快到槽底设计标高时,应在基槽壁上测设离基槽底设计标高为某一整数(如0.500m)的水平桩(又称腰桩),如图10-13所示,用以控制基槽开挖深度。

基槽内水平桩常根据现场已测设好的±0标高或龙门板上沿高进行测设。例如,槽底标高为－1.500m(即比±0低1.500m),测设比槽底标高高0.500m的水平桩。将后视水准尺置于龙门板上沿(标高为±0),得后视读数$a=0.685$,则水平桩上皮的应有前视读数$b=±0+a-(-1.500+0.500)=0.685+1.000=1.685m$。立尺于槽壁上下移动,当水准仪视线中丝读数为1.685m时,即可沿水准尺尺底在槽壁打入竹片(或小木桩),槽底就在距此水平桩上沿往下

0.5m 处。施工时常在槽壁每隔 3m 左右以及基槽拐弯处测设一水平桩,有时还根据需要,沿水平桩上表面拉上白线绳,或在槽壁上弹出水平墨线,作为清理槽底抄平时的标高依据。水平桩标高容许误差一般为 ±10mm。

当基槽挖到设计高度后,应检核槽底宽度。如图 10-14 所示,根据轴线钉,采用顺小线悬挂垂球的方法将轴线引测至槽底,按轴线检查两侧挖方宽度是否符合槽底设计宽度 a、b。当挖方尺寸小于 a 或 b 时,应予以修整。此时可在槽壁钉木桩,使桩顶对齐槽底应挖边线,然后再按桩顶进行修边清底。

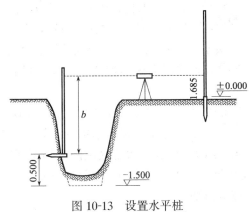

图 10-13 设置水平桩

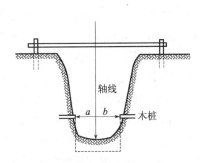

图 10-14 检核槽底宽度

10.5.3.2 基础施工的抄平放线

1. 控制垫层施工标高

基槽挖土完成后,在槽底敷设垫层。垫层标高的控制可以采用水平线控制法,即沿基槽水平桩上表面,在槽壁弹出一条水平墨线,该线既用作清理槽底也作为控制垫层标高的依据;也可以采用槽底桩顶控制法,即采用测设已知高程方法,用水准仪抄平,在槽底设置小木桩,使桩顶高程等于垫层顶面的设计标高,通常小木桩间距为 3m 左右。此外,还可根据 ±0 水准点,如龙门板上沿标高,直接控制基础垫层标高。若垫层需要支模,则可采用测设已知高程的方法,直接在模板上标定标高控制线。

2. 基础放线

(1)测设外部轮廓轴线。当垫层施工结束后,根据轴线控制桩或龙门板上的轴线钉,将外部轮廓轴线投测到垫层上。投测时,可采用经纬仪定线法或用顺小线悬挂垂球,如图 10-15 所示。

(2)测设内部轴线。按设计图纸上所标注的尺寸,沿已弹出的外部轮廓轴线测设水平距离,标定各轴线的交点,再沿内部轴线的两个端点在垫层上弹出墨线,标定各内部轴线。

(3)测设基础边线。按设计图纸中基础边线的宽度,由内部轴线向两侧测设设计距离标定基础边界点,并沿相应边界点弹墨线,从而在垫层上标定基础边线。若采用龙门板,也可以直接按龙门板上的基础

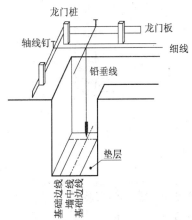

图 10-15 基础轮廓轴线放线

边线标志弹线。在弹基础边线时,同时也把墙砖垛、管道穿墙孔洞位置弹出,以便施工。基础

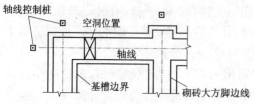

图 10-16　基础砌砖线一角

砌砖线的一角如图 10-16 所示。

因为基础放线是整个墙体施工的基础,所以保证基础放线的正确性非常重要,要认真检核,杜绝差错。

10.5.3.3　基础墙标高控制

在垫层上弹出轴线和基础边线后,便可砌筑基础墙(±0 以下的墙体)。基础墙的高度是利用基础皮数杆来控制的。基础皮数杆是一根木杆,如图 10-17a 所示,其上标明了 ±0 的高度,并按照设计尺寸,画有每皮砖和灰缝厚度,以及防潮层的位置与需要预留洞口的标高位置等。立皮数杆时,先在立杆处打一木桩,按测设已知高程的方法用水准仪抄平,在桩的侧面抄出高于垫层某一数值(如 10cm)的水平线。然后,将皮数杆上高度与其相同的一条线与木桩上的水平线对齐并用大铁钉把皮数杆与木桩钉在一起,作为砌墙时控制标高的依据。

当基础墙砌到 ±0 标高下一皮砖时,要测设防潮层标高(图 10-17b),容许误差为 ≤±5mm。有的防潮层是在基础墙上抹一层防水砂浆,也作为墙身砌筑前的抹平层。为使防潮层顶面高程与设计标高一致,可以在基础墙上相间 10m 左右及拐角处做防水砂浆灰墩,按测设已知高程的方法用水准仪抄平灰墩表面,使灰墩上表面标高与防潮层设计高程相等,然后,再由施工人员根据灰墩的标高进行防潮层的抹灰找平。

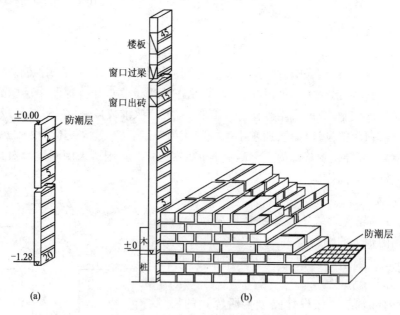

(a)　　　　　　　　　　(b)

图 10-17　皮数杆

(a)基础皮数杆;(b)墙身皮数杆

10.5.4　墙体施工测量

10.5.4.1　墙体定位

在基础层施工完成后,要进行 ±0 以上的施工抄平放线工作,方法与基础施工时类似。利用轴线控制桩或龙门板上的轴线和墙边线标志,用经纬仪定线法或顺小线悬挂垂球的方法将轴线投测到基础面防潮层上,投点容许误差为 ±5mm。然后用墨线弹出墙中线和墙边线。检

250

查外墙轴线交角是否等于90°,符合要求后,把墙轴线延伸并画在基础墙的立面上,同时用红三角形将其标定,如图10-18所示,作为向上投测轴线的依据。此外,也把门、窗和其他洞口的边线在外墙基础立面上画出。

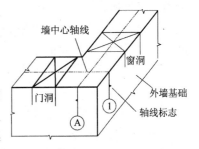

图10-18 砌筑过程中轮廓轴线放线

10.5.4.2 墙体标高控制

在砌墙体时,先在基础上根据控制桩或龙门板上的轴线弹出墙的边线和门洞的位置,并在建筑物的转角和墙边每隔10～15m树立一根皮数杆(图10-17b),采用里脚手架时立在墙外侧,采用外脚手架时立在内侧,为使皮数杆稳定,可加钉斜撑。立墙身皮数杆的方法与基础皮数杆类似,先在立杆处打一木桩,使墙身皮数杆与木桩上±0标高线对齐、钉牢即可。用水准仪在木桩上测设±0标高线的容许误差为±3mm。

当墙的边线在基础上弹出后,就可以根据墙的边线和皮数杆砌墙。在皮数杆上每一层砖和灰缝的厚度都已标出,并且在皮数杆上还画出了门、窗及梁板面等的位置和标高,因此在砌墙时门、窗和楼板面等的标高,都是用皮数杆来控制的。

图10-19 托线板

当墙砌到窗台时,应在外墙面上根据房屋的轴线量出窗的位置,以便砌墙时预留窗洞的位置。墙的竖直用托线板进行校正,如图10-19所示。把托线板的侧面紧靠墙面,看托线板上的垂球是否与板上的墨线对准,如果有偏差,可以校正砖的位置。

当砖墙砌筑至一步架高时,宜随即按测设已知高程的方法用水准仪在墙内进行抄平,测设 +0.50m 水平线(称为首层 +50 标高线),并弹出墨线。+50标高线,在首层标高为 +0.50m,在以上各层为各层设计标高加0.50m,这条标高线是既可作为层高及过梁标高的依据,也是室内装饰施工,做地坪、剔脚线、窗台等的标高依据。

在一层砌砖完成之后,根据室内 +50 标高线,用钢尺向墙上端测设垂距,通常是测设出比搁置楼板板底设计标高低 0.10m 的标高线,并在墙上端弹出墨线,控制找平层顶面标高,以保证吊装的楼板板面平整,便于地面抹平的施工。

首层楼板搁置灌缝后,便可进行二层的抄平放线。此后各层的抄平放线方法都与首层类似,其差异主要在于如何把首层的轴线和标高传递到各层施工面。

10.5.4.3 轴线投测与标高传递

在多层建筑的施工中,需要进行轴线的投测与标高的传递工作。

1. 轴线投测

轴线投测是指将首层轴线沿竖直方向投影到二层及二层以上楼层的地坪上,从而建立该层面轴线控制的测设工作。通常,用吊锤法和经纬仪正倒镜取中法投测轴线。

吊锤法是用悬挂锤球的铅垂线传递轴线。在楼板或柱顶边缘悬挂锤球,当锤球尖对准基础墙立面上的红色三角形轴线标志(图10-18)时,按铅垂线在施工面标定轴线端的投影位置。同样标定轴线另一端的投影位置,将两投影点相连,即得到定位轴线。

如图10-20所示,在轴线控制桩或轴线钉上安置经纬仪,正镜,以基础墙立面上的轴线标志定向,抬升望远镜物镜端,沿经纬仪视准轴方向在施工面上标定一点;倒镜,再标定一点,取这两点的中点作为轴线端的投影位置。同样标定轴线另一端的投影位置,将两投影点相连,即得到定位轴线。

当把轴线投测到楼板上后,应用钢尺实测其间距离,丈量值与设计值之相对精度不应低于1/2 000~1/5 000,合格后方可在楼板上进行弹线。

为了保证投点精度,投测前应仔细地检校经纬仪,尤其应使照准部水准管垂直于竖轴;投测时应仔细地安置仪器,严格整平。同时,应设法减少竖直角,仪器与建筑物之间的距离应大于建筑物的高度。当用全站仪进行投测时,可使用电子气泡来进行整平,对于要求垂直精度特别高(如≤1/10 000)的工程,可使用水准仪来进行轴线投测。

2. 标高传递

标高传递是指将建筑物的相对高程系统传递到不同的工作面上。常用的楼层标高传递有两

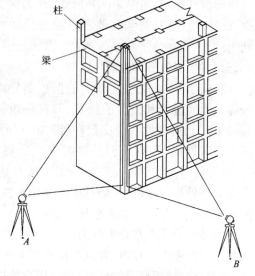

图 10-20　经纬仪正倒镜取中法

种:①皮数杆法,即每层砌好后,以首层皮数杆起,逐层向上衔接。②钢尺直接测设法,即通过悬吊钢尺,沿墙角自±0标高线起用检定过的钢尺直接向上测设,把高程传递上去。

10.5.5　园林建筑测设的特点

与通常的工业与民用建筑相比,园林建筑的结构与构造比较简单,测设和施工都较为简便。过去,通常以砖、木结构为主,现在多用钢筋混凝土结构,或用预制的构件及石、竹等材料。因此,在测设过程中,应根据材料和结构形式的不同,选择相应的测设方法和步骤。如在广场的铺石工程中,要求地面石材(1.2m×0.3m)的接缝应保持错列对齐,如图 10-21 所示,此时,应根据石材的尺寸,在广场的边界隔一定的距离定位出接缝线边点,并在相应的边点间拉线,以控制铺装时的误差积累,从而保证广场地面的美观。

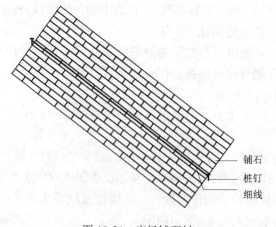

铺石
桩钉
细线

图 10-21　广场铺石材

10.5.6　任意形状园林建筑物测设

在园林建筑中,一些亭、台、阁、水榭等的平面形状为了表现某种艺术性或为了适应周围的

252

环境,往往设计为规则的几何图形(如圆弧形、椭圆形、双曲线、抛物线、螺旋线、正多边形、反向曲线等),有时,受地形的限制,建筑物的平面形状也可能设计为不规则的图形。这些建筑物的定位往往要根据几何曲线的数学表达式或点位的坐标,以及施工现场的放线条件及给定的定位条件,选择适当的测设方法,计算测设数据,绘制测设详图,桩钉各特征点的平面位置。

10.5.6.1　圆弧形建筑物

圆弧形建筑物的定位除可采用上一章讲述的切线支距法和偏角法外,还可以采用如下的一些方法。

1. 画弧拨角法

当圆弧的半径较小时,可采用简单易行的画弧拨角法。

【**例 10-8**】某建筑平面呈四分之一圆形,其定位条件如图 10-22 所示,半径 $R = 12.60\text{m}$,进深 $L = 5.60\text{m}$, $l = 18.60\text{m}$。

【**解**】测设步骤:

①确定道路中心线交点 O

与【例 10-6】中的方法相同,此处省略。

②标定建筑物圆心 P

按设计条件,采用极坐标法,将圆心 P 标定于实地。

③桩钉内圆轴线角点

以 P 点为圆心,按设计半径 12.60m 画弧。同时,在 P 点安置经纬仪,以 O 点定向,按设计水平角 22°30′ 拨角,测设各开间的辐射形轴线,依次桩钉特征点1、2、3、4、5。

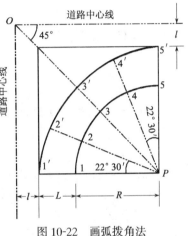

图 10-22　画弧拨角法

④桩钉外圆轴线角点

与桩钉内轴线角点方法相同,依次桩钉特征点 1′、2′、3′、4′ 和 5′。

⑤对同一个圆弧上相邻角点的距离进行检查,看是否超限。

2. 拱高等分法

当弧的半径较大,画弧不便时,可采用拱高等分法。

【**例 10-9**】如图 10-23a 所示,某建筑弧形轴线 EDF 的弦长 $D_{EF} = 2d_0$,拱高 $D_{AD} = h_0$。

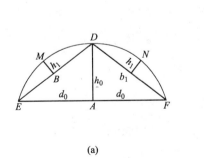 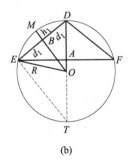

(a) 　　　　　　　　　　(b)

图 10-23　拱高等分法

(a)二等分点;(b)四等分点

【**解**】测设步骤:

①桩钉弧的二等分点

由于已知测设数据弦长 $D_{EF} = 2d_0$,弧的拱高 $D_{AD} = h_0$,所以在 EF 弦的中点 A 测设垂距 h_0,桩钉弧的中点 D。由于 E、D 点间的距离:

$$D_{ED} = \sqrt{d_0^2 + h_0^2} \qquad (10\text{-}1)$$

所以,可通过实测 E、D 间的距离,求其与设计值之间的相对误差来检验测设的精度。

②桩钉弧的四等分点

如图 10-23b 所示,令弧的半径为 R,由相似三角形 $\triangle EDA$ 和 $\triangle TED$ 对应边成比例可得:

$$\frac{D_{ED}}{2R} = \frac{h_0}{D_{ED}}$$

$$R = \frac{D_{ED}^2}{2h_0}$$

将式(10-1)代入上式,得:

$$R = \frac{d_0^2 + h_0^2}{2h_0}$$

设 $D_{ED} = 2d_1$,则 ED 弦的拱高 h_1 为:

$$h_1 = R - D_{OB} = R - \sqrt{R^2 - d_1^2} \qquad (10\text{-}2)$$

因此,在弦 ED 和弦 FD 的中点 B、C 测设垂距 h_1,桩钉弧的四等分点 M、N。

实测点 E、M 间和 F、N 间的水平距离,求其值与设计值的相对误差,以检核测设的精度。

③用上述的方法等分加密,测设八等分、十六等分点……,直至加密点的间距满足施工要求为止。连接各等分点,便得到所要求的弧形轴线。

3. 直角坐标法

当弧的半径较大,圆心在建筑区外较远难以标定时,可以采用计算特征点,采用直角坐标法。

【例 10-10】如图 10-24a 所示,所设计的圆弧形兽舍,内弧半径 R 为 100m,每间的内弦长为 4m,进深为 12m,共 10 间。在建筑物定位时,需要桩钉 1、2、…、11、1′、2′…、11′ 等轴线角点,现以测设右半侧内弧轴线角点为例,说明直角坐标法测设的方法。

【解】因每间的弦长为 4m,圆弧半径为 100m,所以每间弦长所对的圆心角(图 10-24b)为:

$$\theta = 2 \cdot \arcsin\frac{4/2}{100} = 2°17'31''$$

若取 $O6$ 方向为 x 轴,则点 5 的坐标为:

$$\begin{cases} x_5 = R \cdot \cos\theta = 99.920\text{m} \\ y_5 = R \cdot \sin\theta = 3.999\text{m} \end{cases}$$

而点 1 的坐标为:

$$\begin{cases} x_1 = R \cdot \cos 5\theta = 98.006\text{m} \\ y_1 = R \cdot \sin 5\theta = 19.868\text{m} \end{cases}$$

同理,可依次计算出其他各角点的坐标。

测设步骤:

①桩钉轴线端点

按设计条件测设圆弧两端点 1 与 11,并桩钉之。

②桩钉弦的中点并检核

桩钉轴线端点 1 和 11 连线的中点 O_1,实测点 1 和 O_1 间的距离,其值与设计值的相对误差应符合精度要求。

③标定轴线中点和测站点

在 O_1 点安置经纬仪,以端点 1 或 11 定向,测设 90°;沿经纬仪视准轴方向依次测设水平距离 $O_16=R-x_1$,$O_1O_5=x_5-x_1$,$O_1O_4=x_4-x_1$,$O_1O_3=x_3-x_1$,…,逐个标定中点 6 与 O_5、O_4、O_3、…各测站点。

④桩钉细部特征点

依次在 O_5、O_4、O_3、…各测站点安置经纬仪,分别测设垂距 y_5、y_4、y_3、…,逐个桩钉 5、4、3…各角点并检核其间的距离是否超过限差。

⑤依次连接轴线角点,便得到所要求的弧形轴线。

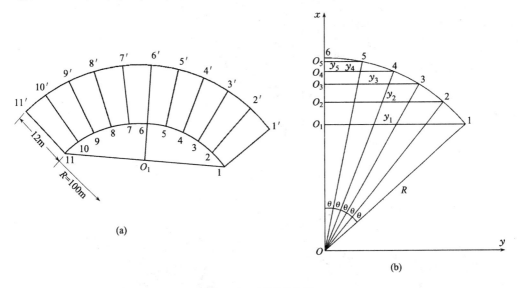

(a)

(b)

图 10-24　直角坐标法

(a)设计示意图;(b)放样示意图

10.5.6.2　任意形状的园林建筑测设

对于具有规则几何形状的园林建筑物,可以根据该几何图形的特点(如上面提及的例10-8和例10-9),进行测设数据的计算,此时测设数据不涉及到平面坐标,而是纯粹的几何量(距离和角度);也可以将图形纳入到某一个平面直角坐标系中,通过计算特征点的坐标,进而进行测设(如上面提及的例10-10)。比较说来,前一种方法的计算相对简单,数据直观,为园林施工放线人员所常用;而后一种方法则可以较方便地解决各种复杂几何图形(如双曲线、抛物线等)的测设工作。因此,用解析的手段解决任意形状建筑物的测设问题是一个通用的方法。目前,园林工程设计图一般都是在 AutoCAD 环境下进行设计,因此施工放线人员在计算机中量取坐标和距离、角度等数值就非常方便。这样不仅可以简化测设数据的计算,而且为我们选择不同的测设方法提供了可能。事实上,园林建筑物测设的方法是多样的,应根据现场条件、所使用的仪器条件及测设的精度要求选择适当的方法。

下面,列举几种测设一个正六角亭角点的方法,并通过比较,说明园林建筑测设的灵活性。

【例 10-11】如图 10-25 所示,荷花亭是设计在湖边,半靠水面,半靠岸边的正六角亭。亭子附近有导线点 C、D,现欲测设亭子的六个特征点 T_1、T_2、T_3、T_4、T_5、T_6。

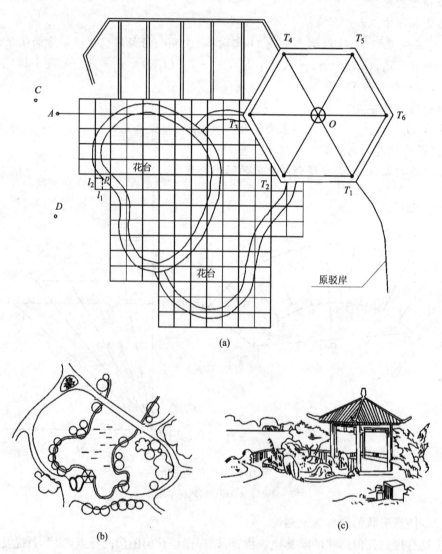

(a)

(b)   (c)

图 10-25　荷花亭

(a)平面图;(b)位置图(总平面图);(c)透视图

1. 传统小平板测设方法

根据总平面图,先由附近控制点 C、D 或明显地物点在实地初步定出亭子的中心点 O 和一主轴线 OA,然后把平面图(图 10-25a)固定在小平板仪的图板上,安置在 O 点,用 O 点对中,以 OA 定向,然后把测斜照准仪直尺一端对准图上 O 点,移动另一端对准亭子轮廓点 T_1,

256

沿瞄准方向在地面量取从 O 点到 T_1 点的相应实地距离定出特征点在实地的点位。用同样的方法定出亭子的其他 5 个特征点,特别是靠近岸边的几个点(如 T_1、T_4),然后观察一下,亭子的位置是否合适,有无偏于水面或地面,如认为不合适,则重新调整 O 点和 OA 轴线,重新测设一下亭子的特征点。

2. 普通经纬仪 + 钢尺(皮尺)测设方法

根据总平面图,先由附近控制点 C、D 在实地采用直角坐标法或极坐标法定出亭子的中心点 O 及亭子的一个角点(如 T_3),然后丈量点 O 与角点之间的距离,与设计值比较,看其相对误差是否小于限差的要求。合格后,用皮尺拉出一个正三角形(如此时 O 与角点之间的距离为 2.25m,则一人手持尺子 0 刻划和 6.75m 处,一人手持 2.25m 处,一人手持 4.50m 处,绷直,形成一正三角形),将该正三角形的一角与 O 点对齐,一角与已定位出的角点对齐,则剩下的一个角所对应的即为亭子的一个角点。用该方法可以将亭子的所有角点(特征点)定位出来。

3. 全站仪测设方法

根据亭子中心 O 点的坐标、亭子边长及 T_3、O、T_6 的连线垂直于纵轴 x 可求得角点 T_3、T_6 的坐标,应用三角公式计算出其他角点的坐标。再根据已知导线点的坐标,计算出各角点的极坐标测设数据。在导线点 D 安置全站仪,以另一导线点 C 定向,根据角度值和距离测设出各角点的坐标,并对相邻角点距离值进行检核。

当然,施工放线人员也可以将导线点的坐标输入到设计图中(注意,由于 AutoCAD 图形坐标系是右旋坐标系,所以输入导线点坐标时,应将 x、y 的值对调),并将导线点连接成线段,然后将拟作为测站的导线点与亭子的角点分别连成线段,通过 AutoCAD 中的标注功能(或查询功能),即可得到所需要的极坐标测设数据。

比较这三种方法,可以知道:

(1)传统方法简便易行,几何直观性强,所需要的设备也比较的简单;但定位精度低,甚至测图绘图的误差都将对测设造成影响。在本例中,由于亭子的边长较小,因此,这个问题并不是致命性的。在较大的建筑物测设过程中,该方法是不可以用的。

(2)普通方法是目前常用的方法,其特点是易于实施,且定位精度较好,图形的内符合精度较高;但要求施工现场地面平整,在测设线路上无障碍物,且若导线点距亭子较远,则测设的工作效率将大大降低。

(3)全站仪法工作效率很高且测设精度很高;但仪器较昂贵,且需要放线人员有较高的计算能力。

10.5.7　园林建筑附属构筑物的测设

园林建筑的附属构筑物如花台、水池等,其测设也可以采用类似于前面所叙述的建筑物测设方法。但由于附属构筑物通常都有着比较复杂的曲线边界(为了观赏和游憩的需要),加之定位精度要求不高,因此,若采用前面的这些建筑物测设的方法(即计算测设数据,使用经纬仪测设定位),势必造成测设工作量较大,工作效率较低。历史地看来,测设方法主要有三种:①传统的小平板测设方法;②地面格网法;③计算测设数据,使用经纬仪测设定位。尤其对于简单形状的构筑物(如矩形的水池,圆形的花台等),采用第三种方法不仅可以保证定位精度,而且也比较简明。

传统的小平板测设方法在上一节中已有叙述。在测设时,由于地形绘图和图上量距的误差都会对测设造成影响(以 1:500 的设计图为例,图上 0.2mm 的误差就会造成实地 10cm 的偏差),因此现在的测设工作中,已很少采用这一方法了,而更多地是采用地面格网法。

所谓地面格网法是指先在设计图纸上打好方格,然后将图纸上的方格按比例(设计图的比例)在实地打出相应的方格,以方格线为控制格网,将图上量得的点的数据按比例在实地标定出来。如图 10-25 所示,设花台上一点 p 距离左边的格网线的距离为 l_1、距离下边的格网线的距离为 l_2,则在实地测设时,只要从相应的格网线分别量取 $M \cdot l_1$、$M \cdot l_2$ 的距离即可。其中 M 为比例尺分母。实际上,地面格网法也是一种直角坐标法,只不过距离控制得更细了。

需要特别说明的是,在大型园林工程中,对这些附属构筑物的定位精度要求往往会比中小型的工程高(如定位误差不超过 3~5cm),因此,此时还是有必要采用类似与建筑物测设的方法进行定位。

10.6　地下管道施工测量

公园地下管道工程主要包括给水、排水、热力及煤气管道等。为了合理地敷设各种管道,首先进行规划设计,确定管道中线的位置并给出定位的数据,即管道的起点、转向点及终点的坐标、高程。然后将图纸上所设计的中线测设于实地,作为施工的依据。管道施工测量的主要任务,是根据工程进度的要求向施工人员随时提供中线方向和标高位置。

10.6.1　准备工作

1. 熟悉图纸和现场情况

施工前要收集管道测设所需要的管道平面图、断面图、附属构筑物图以及有关资料,熟悉和核对设计图纸,了解精度要求和工程进度安排等,还要深入施工现场,熟悉地形,找出各桩点的位置。

2. 校核中线

若设计阶段地面上标定的中线位置就是施工时所需要的中线位置,且各桩点完好,则仅需校核一次,不重新测设。若有部分桩点丢损或施工的中线位置有所变动,则应根据设计资料重新恢复旧点或按改线资料测设新点。

3. 加密水准点

为了在施工过程中便于引测高程,应根据设计阶段布设的水准点,于沿线附近每隔约150m 增设临时水准点。

10.6.2　地下管道中线测设

1. 测设施工控制桩

在施工时,中线上的各桩将被挖掉,应在不受施工干扰、便于引测和保存点位处测设施工控制桩,用以恢复中线;测设地物位置控制桩,用以恢复管道附属构筑物的位置,如图 10-26 所示。中线控制桩的位置,一般是测设在管道起止点及各转点处中心线的延长线上,附属构筑物控制桩则测设在管道中线的垂直线上。

2. 槽口放线

管道中线控制桩定出后,就可根据管径大小、埋设深度以及土质情况,决定开槽宽度,并在地面上钉上边桩,然后沿开挖边线撒出灰线,作为开挖的界限。如图 10-27 所示,若横断面上坡度比较平缓,开挖宽度可用下列公式计算:

$$B = b + 2mh \qquad\qquad (10\text{-}3)$$

式中　b——槽底宽度；

　　　h——中线上的挖土深度；

　　　m——管槽放坡系数。

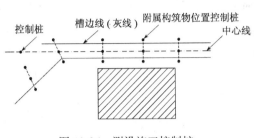

图 10-26　测设施工控制桩

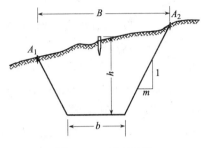

图 10-27　槽口放线

10.6.3　地下管道施工测量

管道的埋设要按照设计的管道路中线和坡度进行,因此施工中应设置施工测量标志,以使管道埋设符合设计要求。

10.6.3.1　龙门板法

龙门板由坡度板和高程板组成,如图 10-28 所示。沿中线每隔 $10\sim20\mathrm{m}$ 以及检查井处应设置龙门板。中线测设时,根据中线控制桩,用经纬仪将管道中线投测到坡度板上,并钉小钉标定其位置,此钉叫中线钉。各龙门板中线钉的连线标明了管道的中线方向,在连线上挂垂球,可将中线投测到管槽内,以控制管道中线。

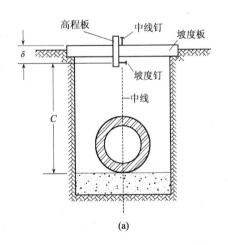

(a)

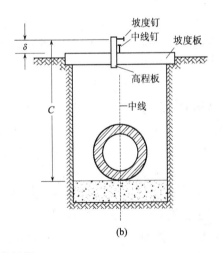

(b)

图 10-28　龙门板

(a)调整数为负;(b)调整数为正

为了控制管槽开挖深度,应根据附近的水准点,用水准仪测出各坡度板顶的高程。根据管道设计坡度,计算出该处管道的设计高程,则坡度板顶与管道设计高程之差,就是从坡度板顶向下开挖的深度,通称下反数。下反数往往不是一个整数,并且各坡度板的下反数都不一致,施工、检查都很不方便,因此,为使下反数成为一个整数 C,必须计算出每一坡度板顶向上或向

下量的调整数 δ，如图 10-28 所示，计算公式为：

$$\delta = C - (H_顶 - H_底) \qquad (10\text{-}4)$$

式中　$H_顶$——坡度板顶的高程；

　　　$H_底$——龙门板处管底或垫层底高程；

　　　　C——坡度钉至管底或垫层底的距离，即下反数；

　　　　δ——调整数。

根据式(10-4)计算出各龙门板的调整数，进而确定坡度钉在高程板上的位置。若调整数为负，表示自坡度板顶往下量 δ 值，并在高程板上钉上坡度钉，如图 10-28a 所示；若调整数为正，表示自坡度板顶往上量 δ 值，并在高程板上钉上坡度钉，如图 10-28b 所示。

坡度钉定位之后，根据下反数及时测出开挖深度是否满足设计要求，是检查欠挖或避免超挖的最简便方法。

测设坡度钉时，应注意以下几点：

(1)坡度钉是施工中掌握高程的基本标志，必须准确可靠。为了防止误差超过限值或发生差错，应该经常校测，在重要工序施工(如浇混凝土基础、稳管等)之前和雨雪天之后，一定要做好校核工作，保证高程的准确。

(2)在测设坡度钉时，除校核本段外，还应联测已建成管道或已测设好的坡度钉，以防止因测量误差造成各段无法衔接的事故。

(3)在地面起伏较大的地方，常需分段选取合适的下反数，在变换下反数处，一定要特别注明，正确引测，避免错误。

(4)为了便于施工中掌握高程，每块龙门板上都应写上有关高程和下反数，供随时取用。

(5)如挖深超过设计高程，绝不允许加填土，只能加厚垫层。

现举例说明坡度钉设置的方法。如表 10-4 所示，先将水准仪测出的各坡度板顶高程列入第 5 栏内。根据第 2 栏、第 3 栏计算出各坡度板处的管底设计高程，列入第 4 栏内。如 0+000 高程为 42.800m(图 10-28)，坡度 $i = 0.3\%$，$0+000 \sim 0+010$ 之间距离为 10m，则 0+010 的管底设计高程为：$42.800 + 10i = 42.800 - 0.030 = 42.770$m。同法可以计算出其他各处管底设计高程。第 6 栏为坡度板顶高程减去管底设计高程，如 0+000 为：$H_{板顶} - H_{管底} = 45.437 - 42.800 - 0.030 = 42.770$m。其余类推。为了施工检查方便，选定下反数 C 为 2.500m，列在第 7 栏内。第 8 栏是每个坡度板顶向下量(负数)或向上量(正数)的调整数为：$\delta = 2.500 - 2.637 = -0.137$m。图 10-28 就是 0+000 处管道高程施工测量的示意图。

高程板上的坡度钉是控制高程的标志，所以坡度钉钉好后，应重新进行水准测量，检查是否有误。施工中容易碰到龙门板，尤其在雨后，龙门板可能有下沉现象，因此还要定期进行检查。

表 10-4　坡度钉测设手簿

板　号	距　离	坡　度	管底高程 $H_{管底}$	板顶高程 $H_{板顶}$	$H_{板顶} - H_{管底}$	选定下反数 C	调整数 δ	坡度钉高程
1	2	3	4	5	6	7	8	9
0+000			42.800	45.437	2.637		-0.137	45.300

板 号	距 离	坡 度	管底高程 $H_{管底}$	板顶高程 $H_{板顶}$	$H_{板顶} - H_{管底}$	选定下反数 C	调整数 δ	坡度钉高程
0+010	10		42.770	45.383	2.613		−0.113	45.270
0+120	10		42.740	45.364	2.624		−0.124	45.240
0+030	10	−0.3%	42.710	45.315	2.605	2.500	−0.105	45.210
0+040	10		42.680	45.310	2.630		−0.130	45.180
0+050	10		42.650	45.246	2.596		−0.096	45.150
0+060	10		42.620	45.268	2.648		−0.148	45.120

10.6.3.2　平行轴腰桩法

当现场条件不便采用龙门板法时,对精度要求较低的管道,可用本法测设施工控制标志。

开工之前,在管道中线一侧或两侧设置一排平行于管道中线的轴线桩,桩位应落在开挖槽边线以外,如图10-29所示。平行轴线离管道中线为 a,各桩间距离以10~20m为宜,各检查井位也相应地在平行轴线上设桩。

为了控制管底高程和中线,在槽沟坡上(距槽底约1m左右)打一排与平行轴线桩相对应的桩,这排桩称为腰桩,如图10-30所示。在腰桩上钉一小钉,并用水准仪测出各腰桩上小钉的高程,小钉高程与该处管底设计高程之差 h,即为下反数。施工时只需用水准尺量取小钉到槽底的距离,与下反数比较,便可检查是否挖到管底设计高程。

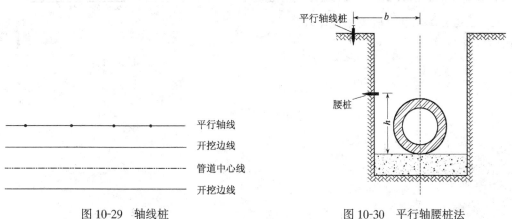

图10-29　轴线桩　　　　　　　　　　图10-30　平行轴腰桩法

腰桩法施工和测量都比较麻烦,且各腰桩的下反数不一,容易出错。为此,先选定到管底的下反数为某一整数,并计算出各腰桩的高程。然后再测设出各腰桩。并用小钉标明其位置,此时各桩小钉的连线与设计坡度平行,并且小钉的高程与管底设计高程之差为一常数。

习　　题

1.园林工程施工测量的主要任务是什么?

2.园林工程施工测量之前应做好哪些准备工作?

3.园林工程中,控制网的形式有哪几种? 各适用于什么情况?

4.园林建筑物的定位有哪几种方法?

5.测设园林建筑物的方法有哪些? 简述各方法的作业步骤。

6. 园林建筑物基础施工测量包括哪些内容？如何进行基础施工测量？

7. 在多层建筑的施工过程中,如何进行标高的传递？

8. 如何进行圆弧型建筑物的测设？如何进行不规则园林建筑及园林小品的测设？

9. 简述园林地下管道施工测量的过程。

10. 如表 10-5 所示,已知管道起点 0＋000 的管底高程为 41.28m,管道坡度为 1% 的下坡,在表中计算出各坡度板处的管底设计高程,并按实测的板顶高程选定下反数 C,再根据选定的下反数计算出各坡度板顶高程的调整数 δ 和坡度钉的高程。

表 10-5　坡度钉测设手簿

桩　号	距　离 /m	坡　度	管底设计高程 $H_{底}$ /m	板顶高程 $H_{顶}$ /m	$H_{顶}－H_{底}$ /m	选定下反数 C /m	调整数 δ /m	坡度钉高程 /m
1	2	3	4	5	6	7	8	9
0＋000			41.28	43.870				
0＋020				43.660				
0＋040				43.385				
0＋060				43.294				
0＋080				42.952				
0＋100				42.843				
0＋120				42.611				

11. 管道施工测量中的腰桩起什么作用？

第 11 章　园路工程测量

11.1　园路概述

园路是贯穿园林的交通网络,是联系若干个景区和景点的纽带。它组织交通与导游,并构成园林风景。

园林道路从结构上来分主要有三种类型:①路堑型(也称街道式),路面低于两侧地面,其结构如图 11-1a 所示;②路堤型(也称公路式),路面高于两侧地面,其结构如图 11-1b 所示;③特殊型,包括步石、汀步、磴道、攀梯等,其结构如图 11-1c 所示。

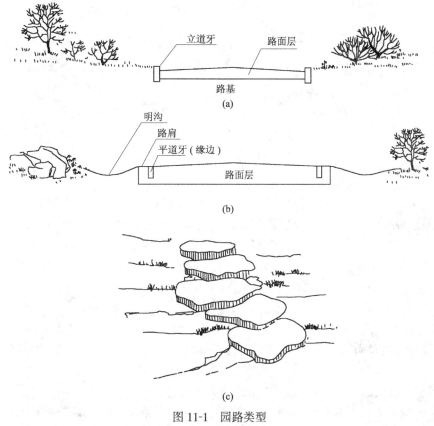

图 11-1　园路类型
(a)路堑型园路;(b)路堤型园路;(c)特殊型园路

园路按其功能可划分为:①主园路。主园路在风景区中又称主干道,是贯穿景区所有游览区,起骨干作用的园路。主园路常作导游线,同时也满足少量园务运输车辆通行的要求。其宽度视公园性质和游人容量而定,一般为 3.5~6.0m。②次园路。次园路又称次干道,是主干道的分支,是贯穿各功能分区、联系重要景点和活动场所的道路,宽度一般为2.0~3.5m。③小路。小路又称步游道,是各景区内连接各景点,深入各个角落的游览小路。其宽度一般为1~2m,有些游览小路宽度为0.6~1m。

园林道路的走向和线形,不仅受到地形、地物、水文、地质等因素的影响和制约,更重要的是要满足园林功能的需要,如串联景点、组织景观、扩大视野等。道路的平面线形是由直线和曲线组成,如图11-2a所示,曲线包括圆曲线、复曲线等。直线道路在拐弯处应由曲线连接,最简单的曲线就是具有一定半径的圆曲线。在道路急转弯处,可加设复曲线(即由两个不同半径的圆曲线组成)或回头曲线。道路的剖面(竖向)线形则由水平线路、上坡、下坡,以及在变坡处加设的竖曲线组成,如图11-2b所示。

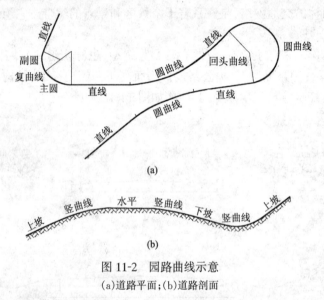

图 11-2　园路曲线示意
(a)道路平面;(b)道路剖面

园林道路的施工测量是为道路的规划、设计、施工和运营服务的,其主要工作包含:勘察选线、中线测量、纵横断面测量及道路、路基和边坡的放样等。园林道路工程的施工测量,同样遵循"先整体后局部,先控制后测量"的原则。

11.2　园路设计的准备工作

1. 实地勘查

熟悉设计场地及周围的情况,对园路的客观环境进行全面的认识。勘查时应注意以下的几点:

(1)了解拟测线路现场的地形地貌情况,并核对图纸。

(2)了解拟测线路土壤、地质情况、地下水位、地表积水情况,原因及范围。

(3)了解拟测线路内原有建筑物、道路、河池及植物种植的情况,要特别注意保护大树和名贵树木。

(4)了解地下管线(包括煤气、供电缆、电话、给排水等)的分布情况。

(5)了解园外道路的宽度及公园出入口处园外道路的标高。

2. 涉及的有关资料

(1)公园的原地形图,比例尺 1:500、1:1 000、1:2 000 等。

(2)公园设计图,包括地形设计(即竖向设计)、建筑、道路规划、种植设计等图纸和说明书。图纸比例为 1:500 或 1:1 000。要明确各段园路的性质、交通量、荷载要求和园景特色。

(3)搜集水文地质的勘测资料及现场勘查的补充资料。

11.3 道路中线测量

道路中线即道路的中心线,用于标志道路的平面位置。道路中线测量是将道路中心线具体测设到地面上。道路中线的平面线形由直线和曲线组成,如图 11-3 所示,中线测量包括:测设中线各交点(JD)和转点(ZD)、量距和钉桩、测量转点上的转角(Δ)、测设曲线等。

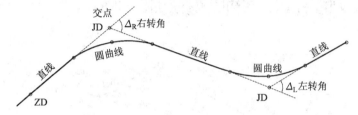

图 11-3 道路中线测量

图 11-3 中的 JD、ZD 为公路测量符号。测量符号可采用英文(包括国家标准或国际通用)字母或汉语拼音字母。一条公路宜使用一种符号。《公路勘测规范》对公路测量符号有统一规定,常用符号列于表 11-1。

表 11-1 公路测量符号

名　　　称	中　文　简　称	汉语拼音或国际通用符号	英　文　符　号
交点	交点	JD	I.P.
转点	转点	ZD	T.P.
导线点	导点	DD	R.P.
水准点		B.M.	B.M.
圆曲线起点	直圆	ZY	B.C.
圆曲线中点	曲中	QZ	M.C.
圆曲线终点	圆直	YZ	E.C.
公里标		K	K
转角		Δ	
左转角		Δ_L	
右转角		Δ_R	
平、竖曲线半径		R	R
曲线长(包括缓和曲线)		L	L
圆曲线长		L_C	L_C
平、竖曲线切线长		T	T
平、竖曲线外距		E	E
方位角		θ	

11.3.1 路线交点和转点的测设

路线的交点(包括起点和终点)是详细测设中线的控制点。一般先在初测的带状地形图上进行纸上定线,然后将图上确定的路线交点位置标定到实地。定线测量中,当相邻两交点互不通视或直线较长时,需要在其连线上测定一个或几个转点,以便在交点测量转角和直线量距时作为照准和定线的目标。直线上一般每隔200~300m设一转点,另外在路线与其他道路交叉处以及路线上需设置桥、涵等构筑物处,也要设置转点。

11.3.1.1 交点的测设

由于定位条件和现场情况不同,交点测设方法也需灵活多样,工作中应根据实际情况合理选择测设方法。

1. 根据与地物的关系测设交点

如图 11-4a 所示,JD_{23} 的位置已经在地形图上选定,可事先在图上量出 JD_{23} 到两房角和电线杆的距离,在现场根据相应的地物,用距离交会法测设出 JD_{23}。

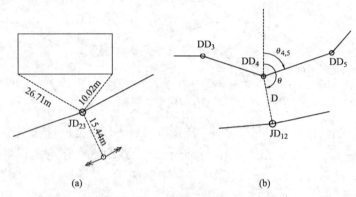

图 11-4　测设交点

(a)根据地物测设交点;(b)根据导线点测设交点

2. 根据导线点和交点的设计坐标测设交点

按导线和交点的设计坐标,计算出有关测设数据,按极坐标法、角度交会法或距离交会法测设交点。如图 11-4b 所示,根据导线点 DD_4、DD_5 和交点 JD_{12} 的坐标,计算出 DD_4 到 DD_5 导线边的坐标方位角 $\theta_{4,5}$ 和 DD_4 到 JD_{12} 的平距 D 和方位角 θ,按极坐标法测设 JD_{12}。

11.3.1.2 转点的测设

当两交点间距离较远但尚能通视或已有转点需要加密时,可采用经纬仪直接定线或经纬仪正倒镜分中法测设转点。当相邻两交点互不通视时,可用下述方法测设转点。

(1)两交点间设转点

如图 11-5a 所示,JD_5、JD_6 为相邻而互不通视的两个交点,ZD' 为初步确定的转点。今欲检查 ZD' 是否在两交点的连线上,可置经纬仪于 ZD',用正倒镜分中法延长直线 JD_5—ZD' 至 JD_6'。设 JD_6' 与 JD_6 的偏差为 f,用视距法测定 a、b,则 ZD' 应横向移动的距离 e 可按下式计算:

$$e = \frac{a}{a+b} \cdot f \tag{11-1}$$

将 ZD' 按 e 值移至 ZD,再将仪器移至 ZD,按上述方法逐渐趋近,直至偏差 f 符合要求为止。

(2)延长线上设转点

如图 11-5b 所示,JD_8、JD_9 互不通视,可在其延长线上初定转点 ZD′。将经纬仪置于 ZD′,用正、倒镜照准 JD_8,并以相同竖盘位置俯视 JD_9,得两点后取其中点得 JD_9′。若 JD_9′ 与 JD_9 重合或偏差值 f 在容许范围内,即可将 JD_9′作为交点。否则应重设转点,量出 f 值,用视距法测出 a、b,则 ZD′ 应横向移动的距离 e 的计算式为:

$$e = \frac{a}{a-b} \cdot f \tag{11-2}$$

将 ZD′ 按 e 值移至 ZD。再将仪器移至 ZD,按上述方法重复,直至偏差 f 符合要求为止。

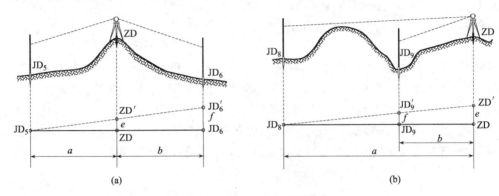

图 11-5 不通视点间测设转点
(a)两交点间设转点;(b)延长线上设转点

11.3.2 路线转角的测定

在路线的交点处应根据交点前、后的转点或交点,测定路线的转角,通常测定路线前进方向的右角 β 来计算路线的转角,如图 11-6 所示。

当 $\beta < 180°$ 时为右偏角,表示线路向右偏转;当 $\beta > 180°$ 时为左偏角,表示线路向左偏转。转角的计算公式为:

$$\begin{cases} \Delta_R = 180° - \beta \\ \Delta_L = \beta - 180° \end{cases} \tag{11-3}$$

在 β 角测定以后,直接定出其分角线方向 C,如图 11-6 所示,在此方向上钉临时桩,以作此后测设道路的圆曲线中点之用。

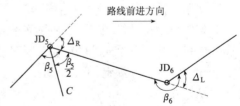

图 11-6 路线转角的定义

11.3.3 里程桩的测设

路线中线上设置里程桩的作用是:①标定路线中线的位置的长度;②作为施测路线纵、横断面的依据。设置里程桩的工作主要是定线、量距和打桩。距离测量可以用钢尺或测距仪,对于次要园路可以用皮尺。

里程桩分为整桩和加桩两种。如图 11-7 所示,每个桩的桩号表示该桩距路线起点的里程。如某加桩距路线起点的距离为 1 234.56m,则其桩号记为 $K1 + 234.56$,如图 11-7a 所示。

整桩是由路线起点开始,每隔 10m、20m 或 50m 的整倍数桩号而设置的里程桩。加桩分为地形加桩、地物加桩、曲线加桩和关系加桩,如图 11-7b、c 所示。

地形加桩是指沿中线地面起伏突变处、横向坡度变化处以及天然河沟处等所设置的里程桩。地物加桩是指沿中线有人工构筑物的地方(如桥梁、涵洞处,路线与其他公路、铁路、渠道、高压线等交叉处,拆迁建筑物处,土壤地质变化处)加设的里程桩。曲线加桩是指曲线上设置的主点桩,如圆曲线起点(简称直园点 ZY)、圆曲线中点(简称曲中点 QZ)、圆曲线终点(简称圆直点 YZ)。关系加桩是指路线上的转点(ZD)桩和交点(JD)桩。

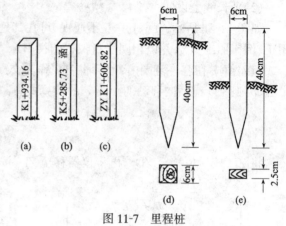

图 11-7 里程桩

(a)(b)(c)里程桩桩号标注;(d)里程桩;(e)指示桩

钉桩时,对于交点桩、转点桩、距路线起点每隔 500m 处的整桩、重要地物加桩(如桥、隧位置桩)以及曲线主点桩,均应打下断面为 6cm×6cm 的方桩(图 11-7d),桩顶钉以中心钉,桩顶露出地面约 2cm,并在其旁边钉一指示桩(图 11-7e 为指示交点桩的板桩)。交点桩的指示桩应钉在圆心和交点连线外离交点约 20cm 处,字面朝向角点。曲线主点的指示桩字面朝向圆心。其余里程桩一般使用板桩,一半露出地面,以便书写桩号,字面一律背向路线前进方向。

11.4 路线圆曲线测设

11.4.1 圆曲线的测设

当路线由一个方向转到另一个方向时,必须用曲线来连接。曲线的形式较多,其中圆曲线(又称单曲线)是最常用的一种平面曲线。圆曲线的测设分两步进行,先测设曲线的主点(ZY、QZ、YZ),再依据主点测设曲线上每隔一定距离的里程桩,详细标定曲线位置。

当地形变化不大,曲线长度小于 40m 时,测设曲线的三个主点已能满足设计和施工的需要。如果曲线较长,地形变化大,则除了测定三个主点外,还需要按照一定的桩距 l,在曲线上测设整桩和加桩。测设曲线的整桩和加桩称为圆曲线的详细测设。

《公路勘测规范》规定,平曲线上中桩,宜采用偏角法、切线支距法和极坐标法测设。关于这三种测设方法及圆曲线主点测设方法的数据计算及步骤,详见第 9 章第 5 节。

关于复曲线(由两个或两个以上不同半径的同向圆曲线直接连接而成,用于道路急转弯处的曲线),其测设方法可参考圆曲线的测设。至于其他更为复杂的曲线,如缓和曲线(在直线与圆曲线之间加设的一段平面曲线,其曲率半径 ρ 从 ∞ 渐变到圆曲线的半径 R,同时使线路内外侧高差从 0 渐变到某值 h 的曲线)等,在园路中极少采用。本书就不再讲述了。

11.4.2 遇障碍时的圆曲线测设

由于地形条件的限制,如交点、曲线起点不能安置仪器,视线受阻等,使圆曲线的测设不能按一般方法进行时,必须根据现场具体情况,因地制宜,采取相应的措施。

11.4.2.1 虚交点法测设圆曲线主点

在地形复杂地段,往往因角点 JD 位于河流、深谷、峭壁等处,不能安置仪器测定转角 β,而

用另外两个转折点 A、B 来替代,形成所谓虚交点,如图 11-8 所示。此时只能通过间接测量的方法进行转角测定、曲线元素计算和主点测设。有时因偏角和曲线半径较大,交点远离曲线,使得切线和外距过长,这时虽然定出交点和测出转角,但曲线测设仍有困难,也可作虚交处理。

按虚交点测设圆曲线的方法如图 11-8 所示,设交点落入河中,为此在设置曲线的外侧,沿切线方向选择两个辅助点 A、B。在 A、B 点分别安置经纬仪,测算出偏角 α_A、α_B,并用钢尺往返丈量 A、B 间的距离 D_{AB},其相对误差不得超过 $1/2\,000$。

根据 $\triangle ABP$ 的边角关系,可以得到:

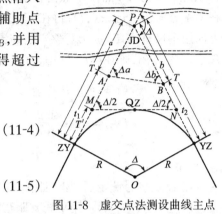

$$\alpha = \alpha_A + \alpha_B \tag{11-4}$$

$$\begin{cases} a = D_{AB} \cdot \dfrac{\sin\alpha_B}{\sin(180° - \alpha)} = D_{AB}\dfrac{\sin\alpha_B}{\sin\alpha} \\ b = D_{AB} \cdot \dfrac{\sin\alpha_A}{\sin(180° - \alpha)} = D_{AB}\dfrac{\sin\alpha_A}{\sin\alpha} \end{cases} \tag{11-5}$$

图 11-8　虚交点法测设曲线主点

根据偏角 α 和已定的半径 R,可算得 T、L。由 a、b、T 即可计算辅点 A、B 离曲线起点、终点的距离 t_1、t_2,即:

$$\begin{cases} t_1 = T - a \\ t_2 = T - b \end{cases} \tag{11-6}$$

由 t_1、t_2 可测设曲线起点和终点。

曲线中点 QZ 的测设,可采用中点切线法。设 MN 为曲线中点的茄线,由于 $\angle PMN = \angle PNM = \alpha/2$,则 M、N 至 ZY、YZ 的切线长 T' 为:

$$T' = R\tan\frac{\alpha}{4} \tag{11-7}$$

按上式计算或按 R、$\alpha/2$ 查曲线表求得 T',然后由 ZY、YZ 点分别沿切线方向量 T' 值,得 M、N 点,由 M 点沿 MN 方向量 T',即得曲线中点 QZ。

10.4.2.2　偏角法测设视线受阻

用偏角法测设圆曲线,遇有障碍视线受阻时,可将仪器搬到能与待定点相通视的已定桩点上,运用同一圆弧段两端的弦切角(偏角)相等的原理,找出新测站点的切线方向,就可以继续施测。

如图 11-9 所示,仪器在 ZY 点与 P_4 不通视。可将经纬仪移至以测定的 P_3 点上,后视 ZY 点,使水平度盘读数为 $0°00'00''$,倒镜后再拨 P_4 点的偏角 Δ_4,则视线方向便是 P_3P_4 方向。从 P_3 点沿此方向量出分段弦长,即可定出 P_4 点位置。以后仍用测站在 ZY 时计算的偏角测设其余各点,偏角不另行计算。

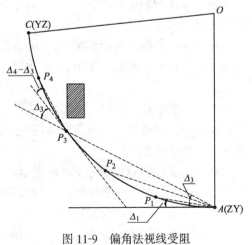

图 11-9　偏角法视线受阻

11.4.2.3 曲线起点或终点遇障碍时

当曲线起点受地形、地物的限制,里程不能直接测得,或不能在起点进行曲线详细测设时,可用以下办法进行。

桩号测设,如图 11-10 所示,A 为 ZY 点,C 为 JD 点,B 为 YZ 点。A 点落在水中,测设时,先在 CA 方向线上选一点 D,再在 C 点向前沿切线方向用钢尺量出 T,定 B(YZ)点,将经纬仪置于 B 点。测出 β_2,则在 $\triangle BCD$ 中,有:

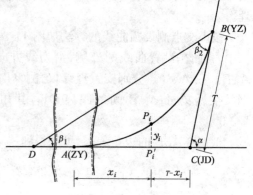

$$\beta_1 = \alpha - \beta_2$$

$$D_{CD} = T \cdot \frac{\sin\beta_2}{\sin\beta_1}$$

$$D_{AD} = D_{CD} - T$$

图 11-10　曲线起(终)点遇阻碍

在 D 点桩号测定后,加上距离 D_{AD},即得 A 点里程。如图 11-10 所示,曲线上任一点 P_i,其直角坐标为(x_i,y_i)。用切线支距法测设 P_i 时,不能从 A 点量取 x_i,但可从 C 点沿切线方向量取 $T - x_i$,从而定出曲线点在切线上的垂足 P_i',再从垂足 P_i' 定出垂线方向,沿此方向量取 y_i,即可定出曲线 P_i 点的位置。

11.5　路线纵、横断面测量

路线纵断面测量,即路线水准测量,其任务是测定中线上各里程桩(中桩)的地面高程,绘制路线纵断面图,以便于进行路线的纵坡设计。横断面测量是测定各中桩两侧垂直于中线的地面高程,绘制横断面图,供路基设计、计算土石方量及施工时放样边桩。

11.5.1　路线纵断面测量

为了提高测量精度和成果检查,依据"从整体到局部,先控制后碎部"的原则,路线水准测量分两步进行:①基平测量,即沿线路方向设置若干水准点,建立线路的高程控制;②中平测量,即根据各水准点的高程,分段进行中桩水准测量。基平测量的精度要求比中平测量高,一般按四等水准的精度要求,中平测量只作单程观测,可按普通水准精度要求。

11.5.1.1　基平测量

作为路线高程测量的控制点,水准点按其时效性可分为永久和临时水准点。由于在勘测及施工阶段甚至长期都要使用,因此水准点应选在地基稳固、易与引测以及施工时不易遭破坏的地方。

永久性水准点的布设,在园路的建设过程中,一般至少应布设一至两点,在路线起点和终点、大桥两岸、隧道两端以及需要长期观测的地点也应布设。永久性水准点要埋设标石,也可设于永久性建筑物上。

临时水准点的布设密度,应根据地形状况和工程需要布设。在丘陵和山地,一般每隔 0.5～1km 设置一个,在平原地区一般每隔 1～2km 埋设一个。此外在桥梁、涵洞等工程集中的地段均应设置,在较短的路线上,一般每隔 300～500m 布设一点。

进行基平测量时,应将起始水准点与附近国家水准点进行联测,以便将高程系统纳入到国家系统。在沿线水准测量中,也应尽量与附近国家水准点进行联测,以便进行检核。若路线附近没有国家水准点,可根据气压计或从地形图上量得的高程作为参考,假定起始水准点的高程。

11.5.1.2　中平测量

中平测量是以相邻水准点为一测段,从一个水准点出发,逐个测定中桩的地面高程,附合到下一个水准点。

测量时,在每一测站上首先读取后、前两转点(TP)上尺子读数,再读取两转点间所有中桩地面点的尺上读数,这些中桩点称为中间点,中间点的立尺由后视点立尺人员来完成。

由于转点起高程传递作用,因此转点尺应立在尺垫上、稳固的桩顶或坚石上,尺读数至mm,视线长一般不应超过150m。中间点尺上读数至cm。

当路线跨越河流时,还需测出河床断面图、洪水位和常水位高程,并注明年、月,以便为桥梁设计提供资料。

如图11-11所示,水准仪置于1站,后视水准点BM.1,前视转点TP.1,将观测结果分别记入如表11-2"后视"和"前视"栏内,然后观测BM.1与TP.1间的各个中桩,将后视点BM.1上的水准尺依次立于0+000、0+050、…、0+120等各中桩地面上,将读数分别记入"中视"栏。

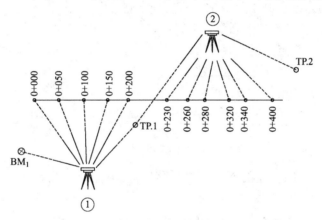

图11-11　中平测量

表11-2　路线纵断面(中平)测量记录　　　　　　　　　　　　　　　　　　m

测站	点号	水准尺读数			仪器视线高程	高程	备注
		后视	中视	前视			
1	BM.1	2.191			14.505	12.314	
	0+000		1.62			12.89	
	+050		1.90			12.61	
	+100		0.62			13.89	
	+108		1.03			13.48	ZY.1
	+120		0.91			13.60	
	TP.1			1.006		13.499	
2	TP.1	2.162			15.661	13.499	
	+140		0.50			15.16	
	+160		0.52			15.14	
	+180		0.82			14.84	
	+200		1.20			14.46	
	+221		1.01			14.65	QZ.1
	+240		1.06			14.60	
	TP.2			1.521		14.140	

271

测 站	点 号	水 准 尺 读 数			仪器视线高程	高 程	备 注
		后 视	中 视	前 视			
3	TP.2	1.421			15.561	14.140	
	+260		1.48			14.08	
	+280		1.55			14.01	
	+300		1.56			14.00	
	+320		1.57			13.99	
	+335		1.77			13.79	YZ.1
	+350		1.97			13.59	
	TP.3			1.388		14.173	
4	TP.3	1.724			15.897	14.173	
	+384		1.58			14.32	
	+391		1.53			14.37	JD.2
	+400		1.57			14.33	
	BM.2			1.281		14.61	(14.618)

仪器搬至 2 站,后视转点 TP.1,前视转点 TP.2,然后观测各中桩地面点。用同法继续向前观测,直至附合到水准点 BM.2,完成一测段的观测工作。

每一站的各项计算依次按下列公式进行:

(1)视线高程 = 后视点高程 + 后视读数;

(2)转点高程 = 视线高程 - 前视读数;

(3)中桩高程 = 视线高程 - 中视读数。

各站记录后应立即计算各点高程,直至下一个水准点为止,并立即计算高差闭合差 f_h,若:

$$f_h \leqslant f_{h容} = \pm 50 \sqrt{L} \ (\text{mm})$$

则符合要求,但不进行闭合差的调整,而以原计算的各中桩点高程作为绘制纵断面图的数据。

11.5.1.3 纵断面图的绘制及施工量计算

纵断面图是线路设计和施工中的重要资料。它是以中桩的里程为横坐标,中桩的高程为纵坐标绘制而成的。由于纵断面图表示了中线方向地面的起伏,因此可在其上进行纵坡设计。

在纵断面图中,常用的里程比例尺有 1:5 000、1:2 000、1:1 000 几种。为了明显地表示地面的起伏,一般将高程比例尺放大 10 倍或 20 倍,即如果里程比例尺用 1:1 000,则高程比例尺取 1:100 或 1:50。手工绘图时,纵断面图一般自左至右绘制在透明毫米方格纸的背面,以防修改时将方格擦掉。

图 11-12 为道路纵断面图,图的上半部,自左至右绘有贯穿全图的两条线。细折线表示地面线,是根据中平测量的中桩地面高程绘制的;粗折线表示纵坡的设计线。此外,上部还注有水准点的标号、高程和位置;竖曲线示意图及其曲线元素;桥梁的类型、孔径、跨数、长度、里程桩号和设计水位;涵洞的类型、孔径和里程桩号;其他道路、铁路交叉点的位置、里程桩号和有关说明等。图的下部几栏表格,则注记了有关测量及纵坡设计的资料:

(1)在图纸左面自下而上依次填写直线与曲线、桩号、填挖土、地面高程、设计高程、坡度与距离等栏。上部纵断面图上的高程按规定的比例尺注记,但首先要确定起始高程(如图中 0 + 000 桩号的地面高程)在图上的位置,并参考其他中桩的地面高程,使绘出的地面线处在图上的适当位置。

(2)在桩号一栏中,自左至右按规定的里程比例尺注上各中桩的桩号。

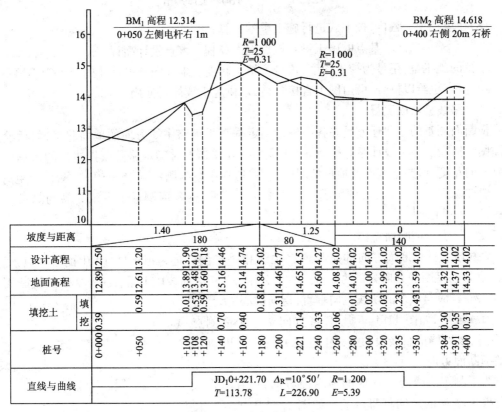

图 11-12　路线纵断面图

(3)在地面高程一栏中,注上对应于各中桩桩号的地面高程,并在纵断面图上按各中桩的地面高程依次点出其相应的位置,用细直线连接各相邻点位,即得中线方向的地面线。

(4)在直线与曲线一栏中,应按里程桩号标明路线的直线部分和曲线部分。曲线部分用直角折线表示,上凸表示路线右偏,下凹表示路线左偏,并注明交点编号及其桩号,注明 α、R、T、L、E 等曲线元素。

(5)在上部地面线部分进行纵坡设计。设计时应考虑使施工时土石方工程量最小、填挖方尽量平衡及小于限制坡度等道路有关技术规定。为此,必须等路线横断面图绘制完成后进行路线的纵坡设计。

(6)在坡度及距离一栏内,分别用斜线或水平线表示设计坡度的方向,线上方注记坡度数值(以百分比表示),下方注记坡长,水平线表示平坡。不同的坡段以竖线分开。某段的设计坡度值按下式计算:

$$设计坡度 = (终点设计高程 - 起点设计高程) \div 平距$$

(7)在设计高程一栏内,分别填写相应中桩的设计路基高程。某点的设计高程按下式计算:

$$设计高程 = 起点高程 + 设计坡度 \times 起点至该点的平距$$

例如:0 + 000 桩号的设计高程为 12.50m,设计坡度为 +1.4%(上坡),则桩号 0 + 100 的

273

设计高程应为：

$$12.50 + \frac{1.4}{100} \times 100 = 13.90\text{m}$$

(8)在填挖土一栏内,按下式进行施工量的计算：

$$某点的施工量 = 该点地面高程 - 该点设计高程$$

式中求得的施工量,正号为挖土深度,负号为填土高度。地面线与设计线的交点为不填不挖的"零点",零点也给以桩号,可由图上直接量得,以供施工放样时使用。

11.5.2 路线横断面测量

横断面测量的主要任务是在各中桩处测定垂直于道路中线方向的地面起伏,然后绘成横断面图。横断面图是设计路基横断面、计算土石方和施工时确定路基填挖边界的依据。横断面测量的宽度,由路基宽度及地形情况确定,一般在中线两侧各测 15～50m。测量中距离和高差一般准确到 0.05～0.1m 即可满足工程要求。因此,横断面测量多采用简易的测量工具和方法,以提高工效。

11.5.2.1 测定横断面

直线段上的横断面方向即是与道路中线相垂直的方向,如图 11-13 中的 A、Z(ZY)、Y(YZ)点处的横断面方向分别为 $a-a'$、$Z-Z'$ 和 $y-y'$。曲线段上里程桩 1、2 等的横断面方向 $1-1'$、$2-2'$ 应与该点的切线方向垂直,指向圆心 O。

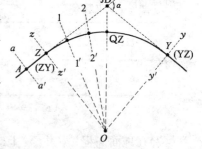

图 11-13　路线的横断面方向

直线段上,如图 11-14a 所示,将方向架立于欲测点 A上,用 Ⅰ-Ⅰ′瞄准直线段的某一中桩 ZD,则 Ⅱ-Ⅱ′即为 A桩的横断面方向。

为了测定曲线上里程桩的横断面方向,可在方向架上加一根可转动的定向杆 Ⅲ-Ⅲ′,如图 11-14b 所示。使用时,如图 11-14c 所示,先将方向架立在 ZY 点上,用 Ⅰ-Ⅰ′对准 JD,Ⅱ-Ⅱ′即为 ZY 点处的横断面方向,这时转动定向杆 Ⅲ-Ⅲ′对准曲线上里程桩 1,固紧定向杆。移方向架至 1点,用 Ⅱ-Ⅱ′对准 ZY 点,按同弧段两端弦切角相等的原理,则定向杆 Ⅲ-Ⅲ′的方向即为 1 点处的横断面方向,在此方向上立一标杆。

为了测定 2 点处的横断面方向,则方向架仍在 1 点,如在 ZY 点一样,松开定向杆,转动定向杆 Ⅲ-Ⅲ′对准 2 点,固紧定向杆,然后将方向架移至 2 点,用 Ⅱ-Ⅱ′对准 1 点,则定向杆 Ⅲ-Ⅲ′方向即为 2 点处的横断面方向。

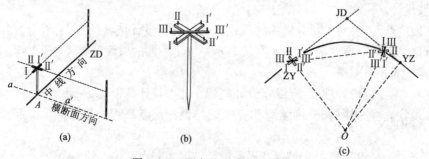

图 11-14　测定路线横断面方向

(a)用方向架定横断面;(b)有活动定向杆的方向架;(c)在曲线上定横断面方向

274

11.5.2.2　测定横断面上点位

横断面上中桩的地面高程已在纵断面测量时测出,横断面上各地形特征点相对于中桩的平距和高差可用下述方法测定:

1. 水准仪皮尺法

此法适用于施测横断面较宽的平坦地区,如图11-15a所示。水准仪安置后,则以中桩地面高程点为后视,以中桩两侧横断面方向地形特征点为前视,水准尺上读数至cm。用皮尺分别量出各特征点到中桩的平距,量至dm。记录格式见表11-3,表中按路线前进方向分左、右侧记录,以分式表示各测段的前视读数和平距。

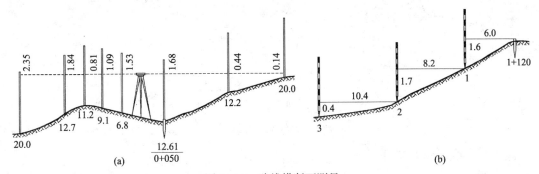

图 11-15　路线横断面测量

(a)水准仪皮尺法测横断面;(b)标杆皮尺法测横断面

表 11-3　横断面测量记录

$\dfrac{前视读数}{距离}$(左侧)					$\dfrac{后视读数}{桩号}$	(右侧)$\dfrac{前视读数}{距离}$	
$\dfrac{2.35}{20.0}$	$\dfrac{1.84}{12.7}$	$\dfrac{0.81}{11.2}$	$\dfrac{1.09}{9.1}$	$\dfrac{1.53}{6.8}$	$\dfrac{1.68}{0+050}$	$\dfrac{0.44}{12.2}$	$\dfrac{0.14}{20.0}$

2. 标杆皮尺法

如图11-15b所示。将标杆立于断面方向的某特征点1上,皮尺靠中桩地面拉平,量出至该点的平距,而皮尺截于标杆的红白格数(每格0.2m)即为两点间的高差。同法连续测出相邻两点间的平距和高差,直至规定的横断面宽度为止。

3. 经纬仪视距法

置经纬仪于中桩上,可直接用经纬仪定出横断面的方向,而后量出至中桩地面的仪器高,用视距法测出各特征点与中桩间的平距和高差。此法适用于地形复杂、山坡陡峻的路线横断面测量。

11.5.2.3　横断面的绘制

一般采用1:100或1:200的比例尺绘制横断面图。

由横断面测量中得到的各点间的平距和高差,在毫米方格纸上绘出各中桩的横断面图。如图11-16a所示,绘制时,先标定中桩位置,由中桩开始,逐一将特征点画在图上,再将相邻点用线段进行连接,即可得到横断面的地面线。

横断面图画好后,经路基设计,先在透明纸上按与横断面图相同的比例尺分别绘出路堑、路堤和半填半挖的路基设计线,称为标准断面图,然后按纵断面图上该中桩的设计高程把标准

275

断面图套到该实测的横断面图上。也可将路基断面设计线直接画在横断面图上,绘制成路基断面图,这一工作俗称"戴帽子"。如图 11-16b 所示,为半填半挖的路基断面图。若设两个相邻中桩的横断面的填、挖面积分别为 A_1、A_2,其间的距离为 L(桩号相减),则根据公式 $V = (A_1 + A_2)L/2$ 可以算出两中桩间的填、挖方量。最后对所有相邻中桩间的填方量和挖方量分别进行统计,就得到了总的填、挖方量。详细计算参见第 8 章 8.4 节。

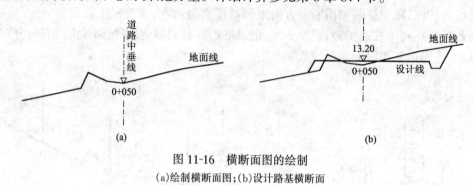

图 11-16 横断面图的绘制

(a)绘制横断面图;(b)设计路基横断面

11.6 道路施工测量

道路施工测量的主要工作有:恢复中线,测设施工控制桩、路基边桩、路基边坡及竖曲线等。

道路中线在道路勘测设计的定测阶段已经以中线桩(里程桩)的形式标定在线路上,此阶段的中线测量配合道路的纵、横断面测量,用来为设计提供详细的地形资料,并可以根据设计好的道路,来计算施工过程中需要填挖土方的数量。设计阶段完成后,在进行施工放线时,由于勘测与施工有一定的间隔时间,定测时所设中线桩点可能丢失、损坏或移位,所以这时的中线测量主要是对原有中线进行复测、检查和恢复,以保证道路按原设计施工。由于道路中线复测的内容与中线测量的内容基本一致,所以,下面的叙述中,不再对中线复测进行专门的说明。

11.6.1 施工控制桩的测设

由于中桩在施工中要被挖掉,为了在施工中控制中线位置,就需要在不易受施工破坏、便于引用、易于保存桩位的地方,测设施工控制桩。测设方法有以下两种:

1. 平行线法

如图 11-17 所示,平行线法是在路基以外测设两排平行于中线的施工控制桩。该方法多用于地势平坦、直线段较长的线路。为了施工方便,控制桩的间距一般取 10~20m。

2. 延长线法

如图 11-18 所示。延长线法是在道路转折处的中线延长线上以及曲线中点(QZ)至交点(JD)的延长线上打下施工控制桩。延长线法多用于地势起伏较大、直线段较短的山地公路。主要控制 JD 的位置,控制桩到 JD 的距离应量出。

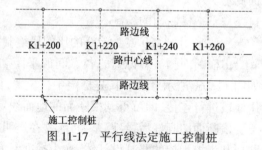

图 11-17 平行线法定施工控制桩

276

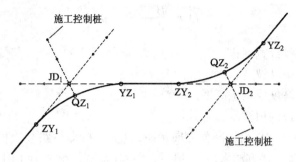

图 11-18　延长线法定施工控制桩

11.6.2　路基放样

路基施工前必须在每个里程桩和加桩上进行线路横断面的放样工作,即把设计的边坡线和原地面的交点在地面上用木桩标定出来,称为路基放样。

11.6.2.1　路基边桩的测设

路基施工前,应把路基边坡与原地面相交的坡脚点(或坡顶点)找出来,以便施工。路基边桩的位置按填土高度或挖土深度、边坡坡度及断面的地形情况而定。常用的路基边桩测设方法如下:

1. 图解法

在勘测设计时,地面横断面图及路基设计断面都已绘在毫米方格纸上,所以当填挖方不很大时,路基边桩的位置可采用简便的方法求得,即直接在横断面图上量取中桩至边桩的距离,然后到实地用皮尺测设其位置。

2. 解析法

通过计算求出路基中桩至边桩的距离。

(1)平坦地段路基边桩的测设

如图 11-19a 所示,填方路基称为路堤;如图 11-19b 所示,挖方路基称为路堑。路堤边桩至中桩的距离 D 为:

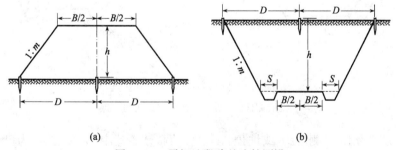

(a) (b)

图 11-19　平坦地段路基边桩测设
(a)路堤;(b)路堑

$$D = \frac{B}{2} + mH \tag{11-8}$$

路堑边桩至中桩的距离 D 为:

$$D = \frac{B}{2} + S + mH \qquad (11\text{-}9)$$

式中　　B——路基设计宽度；

　　$1:m$——路基边坡坡度；

　　　H——填土高度或挖土高度；

　　　S——路堑边沟顶宽度。

根据算得的距离从中桩沿横断面方向量距，打上木桩即得路基边桩。若断面位于弯道上有加宽或有超高时，按上述方法求出 D 值后，还应在加宽一侧的 D 值上加上加宽值。

（2）倾斜地段边桩测设

如图 11-20 所示，路基坡脚桩至中桩的距离
D_1、D_2 分别为：

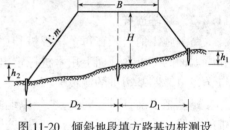

$$\begin{cases} D_1 = \dfrac{B}{2} + m(H - h_1) \\[2mm] D_2 = \dfrac{B}{2} + m(H + h_2) \end{cases} \qquad (11\text{-}10)$$

图 11-20　倾斜地段填方路基边桩测设

如图 11-21a 所示，路堑坡顶至中桩的距离 D_1、D_2 分别为：

$$\begin{cases} D_1 = \dfrac{B}{2} + S + m(H + h_1) \\[2mm] D_2 = \dfrac{B}{2} + S + m(H - h_2) \end{cases} \qquad (11\text{-}11)$$

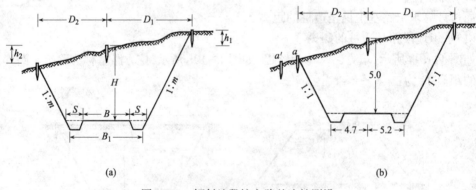

（a）　　　　　　　　　　　　　　　　（b）

图 11-21　倾斜地段挖方路基边桩测设

(a)倾斜地段挖方路基边桩测设；(b)实例图

式中 h_1、h_2 分别为上、下侧坡脚（或坡顶）至中桩的高差。其中 B、S 和 m 为已知，故 D_1、D_2 随着 h_1、h_2 的变化而变化。由于边桩未定，所以 h_1、h_2 均为未知数，实际工作中可采用"逐次趋近法"，下面介绍测设原理。

如图 11-21b 所示，设路基左侧加沟顶宽度为 4.7m，右侧为 5.2m，中心桩挖深为 5.0m，边坡坡度为 1:1。现以左侧为例说明边桩测设的逐点趋近方法：

①大致估计边桩位置：若地面水平，则左侧边桩与中桩之距离应为 $4.7 + 5.0 \times 1 = 9.7\text{m}$，实际情况是左侧地面较中桩处低，估计边桩处比中桩处地面低 1m，即 $h_2 = 1\text{m}$，代入式(11-11)，求得

278

左边桩与中桩的近似距离为：

$$D_2' = 4.7 + (5 - 1) \times 1 = 8.7 \, \text{m}$$

在实地量 8.7m,得 a' 点。

②实测高差:用水准仪测定 a' 点与中桩间的高差为 1.3m,则 a' 点距中桩的平距应为:

$$D_2'' = 4.7 + (5 - 1.3) \times 1 = 8.4 \, \text{m}$$

该值比初次估算值 8.7m 小,故边桩的正确位置应在 a' 点的内侧。

③重新估算边桩的位置:边桩的正确位置应在离中桩 8.4~8.7m 之间,在距中桩 8.6m 处地面确定出 a 点,并估计其高程。

④重测高差:测出 a 点与中桩的高差为 1.2m,则 a 点与中桩的平距应为:

$$D_2 = 4.7 + (5 - 1.2) \times 1 = 8.5 \, \text{m}$$

该值与估计值相符,故 a 点即为左侧边桩位置。

由上面的例子可知,逐点趋近测设边桩位置的步骤是:先根据地面实际情况,估计边桩位置(可参考路基横断面图);然后测出估计位置与中桩地面间的高差,按此高差可以算出与其对应的边桩位置。若计算值与估计值相符,即得边桩位置,否则,再按实测资料进行估计,重复上述工作,逐点趋近,直到计算值与估计值相符或十分接近为止。

11.6.2.2　路基边坡的测设

有了边桩,还要按照设计的路基的横断面,进行边坡的测设。

1. 竹竿、绳索测设边坡

(1)一次挂线:当填土不高时,可按图 11-22a 的方法一次把线挂好。

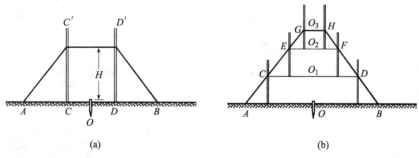

图 11-22　路基边坡测设
(a)一次挂线放边坡;(b)多次挂线放边坡

(2)分层挂线:当路堤填土较高时,采用此法较好。在每层挂线前应当标定中线,并抄平。如图 11-22b 所示,O 为中桩,A、B 为边桩。先在 C、D 处定杆、带线。C、D 线为水平,$D_{O_1 C} = D_{O_1 D}$,根据 CD 线的高程,O 点位置,计算 $O_1 C$ 与 $O_1 D$ 距离,使满足填土宽度和坡度要求。

2. 用边坡尺测设边坡

(1)用活动边坡尺测设边坡

如图 11-23a 所示,三角板为直角架,一角与设计坡度相同,当水准气泡居中时,边坡尺的斜边所示的坡度正好等于设计边坡的坡度,可依此来指示与检核路堤的填筑,或检查路堑的开挖。

(2)用固定边坡样板测设边坡

如图 11-23b 所示,在开挖路堑时,于顶外侧按设计坡度设定固定样板,施工时可随时指示并检核开挖和修整情况。

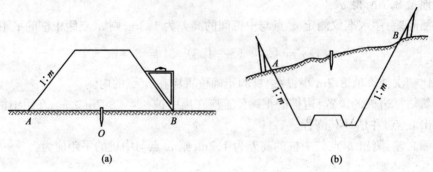

图 11-23　边坡尺测设边坡

(a)活动边坡尺;(b)固定边坡样板

11.6.3　竖曲线的测设

在线路纵坡变更处,考虑视距要求和行车的平稳,在竖直面内用圆曲线连接起来,这种曲线称为竖曲线。如图 11-24 所示,竖曲线有凹形和凸形两种。

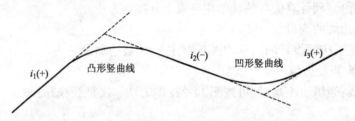

图 11-24　竖曲线

竖曲线设计时,根据路线纵断面设计中所设计的竖曲线半径 R 和相邻坡道的坡度 i_1、i_2,计算测设数据。如图 11-25 所示,竖曲线元素的计算可以用平曲线的计算公式:

$$T = R\tan\frac{\alpha}{2}$$

$$L = R\frac{\alpha}{\rho''}$$

$$E = R\left[\frac{1}{\cos(\alpha/2)} - 1\right]$$

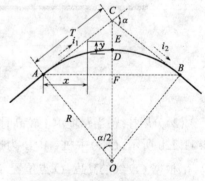

图 11-25　竖曲线测设元素

但是竖曲线的坡度转角 α 很小,计算公式可以作一些简化。由于:

$$\alpha \approx (i_1 - i_2)\rho'', \tan\frac{\alpha}{2} \approx \frac{\alpha}{2\rho''}$$

因此

$$T = \frac{1}{2}R(i_1 - i_2) \tag{11-12}$$

$$L = R(i_1 - i_2) \tag{11-13}$$

对于 E 值也可以按下面推导的近似公式计算。因为 $DF \approx CD = E$，$\triangle AOF \backsim \triangle CAF$，则 $R:AF = AC:CF = AC:2E$，因此：

$$E = \frac{AC \cdot AF}{2R}$$

又因为 $AF \approx AC = T$，得到：

$$E = \frac{T^2}{2R} \tag{11-14}$$

同理可导出竖曲线中间各点按直角坐标法测设的纵距（即标高改正值）计算式：

$$y_i = \frac{x_i^2}{2R} \tag{11-15}$$

上式中 y_i 值在凹形竖曲线中为正号，在凸形竖曲线中为负号。式(11-12)～式(11-15)为竖曲线测设元素的计算公式。

【例 11-1】设 $i_1 = -1.114\%$，$i_2 = +0.154\%$，为凹形竖曲线，变坡点的桩号为 $1+670$，高程为 48.60m，欲设置 $R = 5\ 000$m 的竖曲线，求各测设元素、起、终点的桩号和高程，曲线上每 10m 间距里程桩的标高改正数和设计高程。

【解】按式(11-12)～式(11-14)求得：$T = 31.70$m，$L = 63.40$m，$E = 0.10$m，竖曲线起、终点的桩号和高程为：

$$起点桩号 = 1 + (670 - 31.70) = 1 + 638.30$$
$$终点桩号 = 1 + (638.30 + 63.40) = 1 + 701.70$$
$$起点坡道高程 = 48.60 + 31.7 \times 1.114\% = 48.95\text{m}$$
$$终点坡道高程 = 48.60 + 31.7 \times 0.154\% = 48.65\text{m}$$

然后按 $R = 5\ 000$m 和相应的桩距 x_i，即可求得竖曲线上各桩的标高改正数 y_i，计算结果列于表 11-4。

表 11-4 竖曲线各桩高程计算

桩　号	至起点、终点距离 x_P/m	标高改正数 y_P/m	坡道高程 /m	竖曲线高程 /m	备　注
K1 + 638.3			48.95	48.95	竖曲线起点
K1 + 650	$x_1 = 11.7$	$y_1 = 0.01$	48.82	48.83	$i_1 = -1.114\%$
K1 + 660	$x_2 = 21.7$	$y_2 = 0.05$	48.71	48.76	
K1 + 670	$x_3 = 31.7$	$E = 0.10$	48.60	48.70	变坡点
K1 + 680	$x_4 = 21.7$	$y_4 = 0.05$	48.62	48.67	$i_2 = +0.154\%$
K1 + 690	$x_5 = 11.7$	$y_5 = 0.01$	48.63	48.64	
K1 + 701.7			48.65	48.65	竖曲线终点

竖曲线起点、终点的测设方法与圆曲线相同，而竖曲线上辅点的测设，实际上是在曲线范围内的里程桩上测出竖曲线的高程。因此，在实际工作中，测设竖曲线一般与测设路面高程桩一起进行。测设时，只需将已经算得的各点坡道高程再加上（凹型竖曲线）或减去（凸型竖曲

线)相应点上的标高改正值即可。

习　题

1. 园路按功能分为哪几类？各有什么作用？

2. 园路设计的准备工作中，涉及哪些测量工作？

3. 简述园路中线测量的过程。

4. 简述遇障碍时的圆曲线测设方法。

5. 纵、横断面测量的作用是什么？如何开展纵、横断面的测量工作？

6. 进行路基测设时需要注意什么？

7. 如图 11-25 所示，设 $i_1 = -1.525\%$，$i_2 = +0.305\%$，为凹形竖曲线，变坡点的桩号为 $1+860$，高程为 52.26m，欲设置 $R=2\,000$m 的竖曲线，求各测设元素、起、终点的桩号和高程，曲线上每 10m 间距里程桩的标高改正数和设计高程。

第12章　园林种植与造园土方工程测量

按照园林工程的建设施工程序,先理山水、改造地形、埋设管道;然后辟筑道路、铺装场地、营造建筑、构筑工程设施;最后实施绿化。这其中,除建(构)筑工程设施、园路工程需要应用测量技术外,在园林绿化、筑山理水和管道工程(包括给排水、电力管道等)中也需要进行相应的定位测设工作。

12.1　园林树木种植定点放线

绿化是园林建设的主要组成部分,没有绿的环境,就不可能称其为园林。绿化工程分为种植和养护管理两部分,这其中,种植是指人为地栽种植物。在实施种植前,需要对园林树木种植进行定点放线。

一般说来,种植放线不必像园林建筑或园路施工那样准确。但是,当种植设计要满足一些活动空间尺寸、控制或引导视线的需求;或者所种植的树木作为独立景观时,以及树木为规则式种植时,树木的间距、平面位置以及树木间的相互位置关系都应尽可能准确地标定。放线时首先应选定一些点或线作为依据,例如现状图上的建筑、构筑物、道路或地面上的导线点等,然后将种植平面上的网格或偏距放样到地面上,并依次确定乔灌木的种植穴中心位置、坑径以及草木、地被物的种植范围线。

就树木的种植方式而言,有两种:①单株(如孤植树、大灌木与乔木配植的树丛),它们每株树的中心位置在图纸上都有明确的表示。这其中,一定范围的单株树木可以组成有规律的分布方式(如行道数,有固定的行距和株距),也可以是错落的自然式分布。②只在图上标明范围而无固定单株位置的树木(如灌木丛、成片树林、树群)。由于树木种植方式各不相同,因此定点放线的方法也有多种。

当完成种植的定点工作后,应对现场标定位置的木桩或白灰线进行目视检查(必要时用皮尺进行距离丈量较核),以确保实地定位与设计图一致。

12.1.1　自然式配置乔、灌木放线

12.1.1.1　网格法(坐标定点法)

适用于范围大,地势平坦的绿地。其做法是根据植物配置的疏密程度先按一定比例相应地在设计图及现场画出方格,定点时先在设计图上量好树木对方格边的坐标距离,在现场按相应的方格找出定植点或树木范围线的位置,钉上木桩或撒上白灰线标明。如图 10-25a 中的花台定点所示。

12.1.1.2　仪器测设

1. 经纬仪、全站仪或平板仪极坐标定点

范围较大,控制点明确的种植定点可用此法。如图 12-1 所示,A、B、K 等点为已知平面位置点,现欲对 A 点附近的树木进行定点。

(1)采用经纬仪或全站仪定点。①将仪器安置于点 A，对中整平，然后在仪器盘左位置以 K 点为后视点进行定向并归零；②从图上量出某树木中心位置（如 P 点）到 A 点的距离及与后视方向的夹角（如平面角 $\angle KAP$）；③将仪器正拨某角度（如 $\angle KAP$），使仪器的水平度盘读数为上步量得的角度，同时在该方向上量取相应的水平距离（如 P 到 A 点的水平距离），确定出 P 点的平面位置，并钉木桩，写明树种。这样即可完成该株树木的定点工作。

(2)采用平板仪定点。首先将图纸（图 12-1）粘在小平板边上，在地面上 A 点安置小平板，对中整平，用 AK 直线定向，使图纸与实地具有相同的方位。将照准仪直尺边紧贴 A_1、A_2、A_3、A_4、…直线，按图上尺寸换算成实地距离，分别在视线方向上用皮尺量距定出 1、2、3、4、…点位置，并钉木桩，写明树种。图上第 13 点代表树丛，可在树丛范围的边界上找出一些拐弯点，分别按上法测设在地面上，然后用长绳将范围界线按设计形状在地面上标出并撒上白灰线，并将树种名称、株数写在木桩上，钉在范围线内。测设花坛应先放中心线，然后根据设计尺寸和形状在地面上用皮尺作几何图画出边界线。

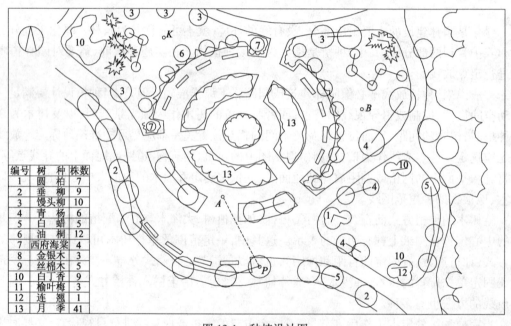

编号	树　种	株数
1	圆　柏	7
2	垂　柳	9
3	馒头柳	10
4	青　杨	6
5	白　蜡	5
6	油　桐	12
7	西府海棠	4
8	金银木	3
9	丝棉木	3
10	白丁香	9
11	榆叶梅	3
12	连　翘	1
13	月　季	41

图 12-1　种植设计图

2．交会法

适用于范围小、现有建筑物或其他地物与设计图相符的绿地。其做法是，根据两个建筑物或固定地物与测点的距离用距离交会法定出树木边界线或单株位置。

3．支距法

这种方法在园林施工中经常用到，是一种简便易行的方法。它是根据树木中心点至道路中线或路牙线的垂直距离，用皮尺进行放线。如图 12-2 所示，将树木中心点 1、2、3、4、5、…至路牙线的垂足 A、B、C、D、E、…点在图上找出，并根据 ED、DC、CB、BA、…距离

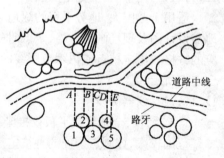

图 12-2　支距法

的大小在地面相应园路路牙线上用皮尺分段量出并用白灰撒上标记定出 A、B、C、D、E、…点,再分别作垂线按 $1A$、$2B$、$3C$、$4D$、$5E$、…尺寸在地面上定出 1、2、3、4、5、…点;用白灰撒上标记或钉木桩,在木桩上写上树名、冠径、高度等。这样就可依此进行树木种植施工。

支距法由于简便易行,在要求精度不高的施工中,如挖湖、堆山轮廓线及其他比较粗放的园林施工中经常用到。

12.1.1.3 目测法

对于设计图上无固定点的绿化种植,如灌木丛、树群等,可用上述两种方法画出树群树丛的栽植范围,其中每株树木的位置和排列可根据设计要求在所定范围内用目测法进行定点,定点时应满足植株的生态要求并注意自然美观。

定好点后,多采用白灰打点或打桩,标明树种、栽植数量(灌木丛、树群)、坑径。

12.1.2 规则的防护林、风景林、纪念林、公园、苗圃等的种植放线

对于此类规则的种植,常用两种定植法:矩形和菱形。

12.1.2.1 矩形法

如图 12-3 所示,$ABCD$ 为一个作业区的边界,其放样步骤为:

1. 以 $A'B'$ 为基准线按半个株行距先量出 A 点(地边第一个定植点)的位置,量 AB 使其平行于基线 $A'B'$,并且使 AB 的长为行距的整倍数,在 A 点上安置仪器或用皮卷尺作 $AD \perp AB$,且 AD 边长为株距的整倍数。

2. 在 B 点作 $BC \perp AB$,并使 $BC = AD$,定出 C 点。为了防止错误,可在实地量 CD 长度,看其是否等于 AB 的长度。

3. 在 AD、BC 线上量出等于若干倍于株距的尺段(一般以接近百米测绳长度为宜)得 E、F、G、H 诸点。

4. 在 AB、EF、GH 等线上按设计的行距量出 1、2、3、4、…和 1'、2'、3'、4'、…点。

5. 在 1 - 1'、2 - 2'、3 - 3'、…连线上按株距定出各种植点,撒上白灰作为记号。为了提高工效,在测绳上可按株距扎上红布条,就能较快地定出种植点的位置。

12.1.2.2 菱形法

如图 12-4 所示,放线步骤:1~3 步同矩形法。第 4 步是按半个行距定出 1、2、3、…和 1'、2'、3'、…点。第 5 步是连 1 - 1'、2 - 2'、3 - 3'、…点。奇数行的第一点应从半个株距起,按株距定各种植点,偶数则从起始边 AB 起按株距定出各种植点。

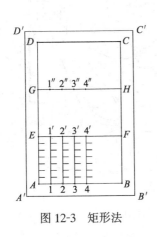

图 12-3 矩形法

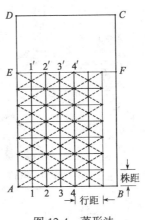

图 12-4 菱形法

285

12.1.3 行道树定植放线

道路两侧的行道树,要求栽植的位置准确、株距相等。一般是按道路设计断面定点。在有路牙的道路上,以路牙为依据进行定植点放线。无路牙的则应找出道路中线,并以此为定点的依据用皮尺定出行距,大约每10株钉一木桩,做为控制标记,每10株与路另一边的10株一一对应(应校核),最后用白灰标定出每个单株的位置。

若树木栽植为一弧线,如街道曲线转弯处的行道树,放线时可从弧的开始到末尾以路牙或中心线为准,每隔一定距离分别画出与路牙垂直的直线,在此直线上,按设计要求的树与路牙的距离定点,把这些点连接起来就成为近似道路弧度的弧线,于此线上再按株距要求定出各点来。

12.2 造园土方工程测量

园林工程的实施,往往是从土方工程开始的,或凿水筑山,或场地平整,或挖沟埋管,或开槽铺路。土方工程的设计包括平面设计和竖向设计两个方面,平面设计是指在一块场地上进行水平方向的布置和处理,竖向设计是指在场地上进行垂直于水平面方向的布置和处理,它创造出园林中各个景点、各种设施及地貌等,且使其在高程上高低起伏和协调统一。如图12-5所示,为某公园南部地形设计图。

竖向设计主要包含以下的几个方面:①地形设计。地形的设计和整理是竖向设计的一项主要内容。地形骨架的"塑造",山水布局,峰、峦、坡、谷、河、湖、泉、瀑等地貌小品的设置,它们

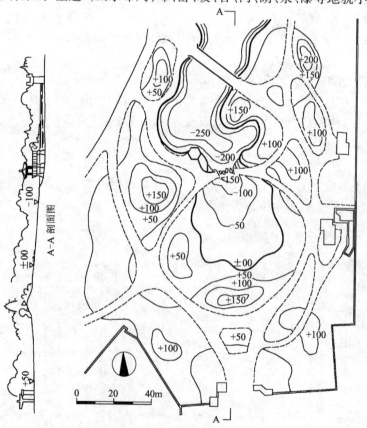

图12-5 某公园南部地形设计图

286

之间的相对位置、高低、大小、比例、尺度、外观形态、坡度的控制和高程关系等都是通过地形设计来解决。②园路、广场、桥涵和其他铺装场地的设计。图纸上以设计等高线表示出道路及广场的纵横坡和坡向,道桥连接处及桥面标高。在大比例尺图纸中用变坡点标高来表示园路的坡度和坡向。③灌溉及排水设计。在地形设计的同时要考虑地表水的流向,特别是植物灌溉和地面积水的排除。④管道综合。园内各种管道(如供水、排水、供暖及煤气管道等)的布置,难免有些地方会出现交叉,在规划上按一定原则,统筹安排各种管道交会时合理的高程关系,以及它们和地面上的构筑物或园内乔灌木的关系。

在造园施工中,由于土方工程是一项比较艰巨的工作,所以准备工作和组织工作不仅应该先行,而且要做到周全仔细,否则因为场地大或施工点分散,容易造成窝工甚至返工。在定点放线前,应做好以下的两项工作:①清理场地。在施工范围内,凡有碍工程的开展或影响工程稳定的地面物或地下物都应该清理,例如不需要保留的树木、废旧建筑物或地下构筑物等。②排水。场地积水不仅不便于施工,而且也影响工程质量,在施工之前,应该设法将施工场地范围内的积水或过高的地下水排除。

在清场之后,为了确定施工范围及挖土或填土的标高,应按设计图纸的要求,用测量仪器在施工现场进行定点放线工作。为了充分表达设计意图,测设时应尽量保证点位及其高程的精确性。

下面,就土方工程中有代表性的三个方面:挖湖、堆山及场地平整进行叙述。

12.2.1 公园水体测设

挖湖、修渠的测设一般有下述两种方法:

12.2.1.1 用仪器(经纬仪、罗盘仪、大平板仪或小平板仪)测设

如图12-6所示,根据湖泊、水渠的外形轮廓曲线上的拐点(如1、2、3、4等)与控制点 A 或 B 的相对关系,用仪器采用极坐标的方法将它们测设到地面上,并钉上木桩(图12-7),然后用较长的绳索把这些点用圆滑的曲线连接起来,即得湖池的轮廓线,用白灰撒上标记。

湖中等高线的位置也可用上述方法测设,每隔3～5m钉一木桩,并用水准仪按测设设计高程的方法,将要挖深度标在木桩上,作为掌握深度的依据。也可以在湖中适当位置打上几个木桩,标明挖深,便可施工。施工时木桩处暂时留一土墩,以便掌握挖深,待施工完毕,最后把土墩去掉。

岸线和岸坡的定点放线应该准确,这不仅因为它是水上部分,有关园林造景,而且和水体岸坡的稳定有很大关系。为了精确施工,可以用边坡样板来控制边坡坡度,如图12-8所示。

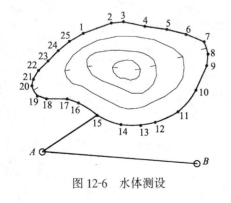

图12-6 水体测设

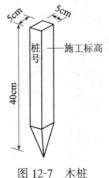

图12-7 木桩

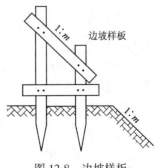

图12-8 边坡样板

287

如果用推土机施工,定出湖边线和边坡样板就可动工,开挖快到设计深度时,用水准仪检查挖深,然后继续开挖,直至达到设计深度。

在修渠工程中,首先在地面上确定渠道的中线位置,该工作与确定道路中线的方法类似。然后用皮尺丈量开挖线与中线的距离,以确定开挖线,并沿开挖线撒上白灰。开挖沟槽时,用打桩放线的方法,在施工中木桩容易被移动甚至被破坏,因而影响了校核工作。所以最好使用龙门板。龙门板是由坡度板、高程板、中线钉和坡度钉组成的,其详细的应用说明及图形式样,参见第 10 章,10.6.3.1 节。

12.2.1.2 格网法测设

如图 12-9 所示,在图纸中欲放样的湖面上打方格网,将图上方格网按比例尺放大到实地上,根据图上湖泊(或水渠)外轮廓线各点在格网中的位置(或外轮廓线、等高线与格网的交点),在地面方格网中找出相应的点位,如 1、2、3、4、…曲线转折点,再用长麻绳依图上形状将各相邻点连成圆滑的曲线,顺着曲线撒上白灰,做好标记,若湖面较大,可分成几段或十几段,用长 30~50m 的麻绳来分段连接曲线。等深线测设方法与上述相同。

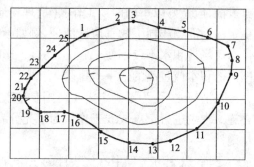

图 12-9 用格网法作水体测设

12.2.2 堆山测设

堆山或微地形等高线平面位置的测定方法与湖泊、水渠的测设方法相同。等高线标高可用竹竿表示。具体做法如图 12-10 所示,从最低的等高线开始,在等高线的轮廓线上,每隔 3~6m 插一长竹竿(根据堆山高度而灵活选用不同长度的竹竿)。利用已知水准点的高程测出设计等高线的高度,标在竹竿上,作为堆山时掌握堆高的依据,然后进行填土堆山。在第一层的高度上继续又以同法测设第二层的高度,堆放第二层、第三层以至山顶。坡度可用坡度样板来控制。

当土山高度小于 5m 时,可把各层标高一次标在一根长竹竿上,不同层用不同颜色的小旗表示,然后便可施工,如图 12-11 所示。

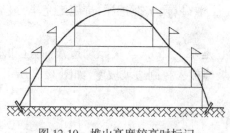

图 12-10 堆山高度较高时标记

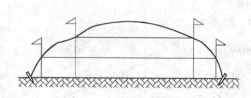

图 12-11 堆山高度较低时标记

如果用机械(推土机)堆土,只要标出堆山的边界线,司机参考堆山设计模型,就可堆土,等堆到一定高度以后,用水准仪检查标高,不符合设计的地方,用人工加以修整,使之达到设计要求。

12.2.3 平整场地施工放样

在建园过程中,地形改造除挖湖堆山,还有许多大大小小的各种用途的地坪、缓坡地需要平整。平整场地的工作是将原来高低不平的、比较破碎的地形按设计要求整理成为平坦的或具有一定坡度的场地,如:停车场、草坪、休闲广场、露天表演场等。

平整场地常用格网法。用经纬仪将图纸上的方格测设到地面上,并在每个交点处打下木桩,边界上的木桩依图纸要求设置。

木桩的规格及标记方法如图 12-7 所示。侧面平滑,下端削尖,以便打入土中,桩上应表示出桩号(施工图上方格网的编号)和施工标高(挖土用"＋"号,填土用"－"号)。

12.3 竣工测量

园林工程由于施工过程中的设计变更、施工误差和建筑物的变形等原因,使得建(构)筑物的竣工位置往往与原设计位置不完全相符。为了确切地反映工程竣工后的现状,为工程验收和以后的管理、维修、扩建、改建、事故处理提供依据,需要进行竣工测量和编绘竣工总平面图。

竣工总平面图的内容和设计总平面图的内容一样,包括坐标系统、园林建(构)筑物、园路、植物、水体、堆山的平面位置和周围地形,主要地物点的解析数据,此外还应附必要的验收数据、说明、变更设计书及有关附图等资料。竣工总平面图的编绘包括竣工测量和资料编绘两方面内容。

12.3.1 竣工测量

在每一个单项工程完成后,必须由施工单位进行竣工测量,提出工程的竣工测量成果,作为编绘竣工总平面图的依据。竣工测量的内容包括:

1. 园林建筑物

各房角坐标、几何尺寸,地坪及房角标高,附注房屋结构层数、面积和竣工时间等。

2. 地下管线

测定检修井、转折点、起终点的坐标、井盖、井底、沟槽和管顶等的高程,附注管道及检修井的标号、名称、管径、管材、间距、坡度和流向。

3. 特种构筑物

测定沉淀池、烟囱、煤气罐等及其附属构筑物的外形和四角坐标,圆形构筑物的中心坐标,基础面标高,烟囱高度和沉淀池深度等。

4. 交通线路

测定线路起终点、交叉点和转折点坐标、曲线元素、路面、人行道、绿化带界限等。

5. 室外场地

测定围墙拐角点坐标,绿化地边界等。

竣工测量与地形图测量的方法相似,不同之处主要是竣工测量要测定许多细部点的坐标和高程,因此图根点的布设密度要大一些,细部点的测量精度要精确至 cm。

12.3.2 竣工总平面图的编绘

编绘竣工总平面图时,需掌握的资料有设计总平面图、系统工程平面图、纵横断面图及变更设计的资料,施工放样资料,施工检查测量及竣工测量资料。

编绘时,先在图纸上绘制坐标格网,再将设计总平面图上的图面内容,按其设计坐标用铅笔展绘在图纸上,以此作为底图,并用红色数字在图上表示出设计数据。每项工程竣工后,根据竣工测量成果用黑色绘出该工程的实际形状,并将其坐标和高程注在图上。黑色与红色数据之差,即为施工与设计之差,随着施工的进展,逐步在底图上将铅笔线都绘成黑色线。经过整饰和清绘,即成为完整的竣工总平面图。此外,地形设计(竖向设计)和种植设计如果在施工过程中有较大的变动也要作修测和改正,使之符合现状。

289

园区地上和地下所有建筑物、构筑物如果都绘在一张竣工总平面图上，线条过于密集而不便于使用时，可以采用分类编图，如综合竣工总平面图、交通运输竣工总平面图、管线竣工总平面图等。比例尺一般采用1:1 000。如不能清楚地表示某些特别密集的地区，也可局部采用1:500的比例尺。

如果施工单位较多，多次转手，造成竣工测量资料不全，图面不完整或与现场情况不符时，只能进行实地施测，重新编绘竣工总平面图。

竣工总平面图的符号应与原设计图的符号一致。原设计图没有的图例符号，可使用新的图例符号，但应符合现行总平面设计的有关规定。在竣工总平面图上一般要用不同的颜色表示不同的工程对象。

竣工总平面图编绘完成后，应经原设计及施工单位技术负责人审核、会签。

12.4 园林工程施工图设计程序与放样实例

12.4.1 施工图设计程序

1．工程概述

主要阐述园林工程设计的位置、主要内容、环境背景、占地面积等。

2．设计依据

(1)甲方提供的1:100～1:1 000地形图(根据场地大小而定)。

(2)园林工程设计方案。

(3)扩大初步设计图(此项可有可无，一般较大项目应有扩大初步阶段图纸)。

(4)相关的国家及地方法律、法规、标准等。

3．设计方法

园林工程施工图的设计依据是现状地形图和园林工程设计方案，用图纸将园林工程设计方案的内容详尽地表现出来。施工图设计一般由总图和详图设计两部分组成。总图设计主要包括总平面图、放线图和竖向图设计，另有水、电、种植等，本实例以总平面图、放线图和竖向图设计为例。总图比例尺一般采用1:100～1:500；详图比例尺一般采用1:5～1:100。

首先是总平面图。总平面图纸表现的是设计范围、用地性质(区分铺装、绿地、建筑、广场等)、构筑物及小品名称和位置(座椅、山门、花架、亭子等)、地块的方位、制图的比例、标注单位等。

其次是施工放线图。施工放线所采用的坐标系统通常有两种：①地方坐标系，包括高斯投影平面直角坐标和国家高程系。②相对坐标系，包括以建筑红线、用地范围内的特征轴线为基础建立的相对直角坐标系和以用地范围内某特征点为基础建立的相对高程系。当然，也有两者混用的情况，如平面采用相对坐标而高程采用国家高程系的情况。不同的坐标系有不同的特点，可根据不同的工程设计，采用不同的坐标系统，或在同一工程设计中使用不同的坐标系放线。大型公共绿地设计常采用大地坐标，小型工程设计常使用的是相对坐标系放线。在放线设计中，规则式地块放线一般从一个基准点连续标注它的长、宽及角度，以利查找；不规则曲线采用网格放线，网格间距根据图纸比例而定，分别定为20m、10m、5m、2m、1m、0.5m等不等；不论是用绝对坐标还是相对坐标系放线，放线坐标单位均为米，尺寸标注可根据图纸大小采用米、厘米或毫米。

再次是竖向设计图。竖向设计的原则一是保证雨水顺利排放，满足相应的标准要求；二是根据工程设计的需要，尽量做到工程内土方平衡，节省投资。竖向设计内容包括标识出控制点的标高，即道路交叉点、转折点、重要构筑物、广场、小品等的标高；给出主要道路长度、坡度等；

290

绘制等高线;给出地势排水方向。设计方法是以已知的周边环境的标高为基准,并满足防洪和雨污水排放要求。标高的表示方式一般有两种,一种采用绝对标高,一种采用相对标高。绝对标高是与本地高程系相同的标高;相对标高是相对于就近某一点的标高,即以此点的标高为正负零。不论是用绝对标高还是相对标高,标高的单位均为米。

4. 施工方法

施工首先要仔细阅读图纸,其次是做好施工前的准备,然后是控制点测设及施工放线,最后是专项工程的施工。

(1)阅读图纸主要是明确专项构成,每个专项在工程中的位置、具体做法以及相互关系等。

(2)施工前准备工作的主要内容为:

①与设计人员进行技术交流,即通常所说的"技术交底"。

②施工组织方案及施工进度。

③现场踏勘,核实施工范围、测设水准基点,放线基准原点等。施工范围内有影响和需要拆迁的各种建筑物和构筑物的确切位置、结构和数量,需拆迁的各种公用设施的杆、线、管道和附属设备情况、类别、数量。对各种地下管线等隐蔽设施,必须按设计要求或指定范围在施工前与有关单位联系,弄清具体种类、尺寸、位置、高度,重要管缆应插牌标记,落实到具体单位和人员,并留原始记录。

④复测原地面标高,与设计图进行比较,核实土方量。

⑤查明附近排水管道的管径、流向或可供排水的沟渠情况和以往暴雨后的积水情况,以便考虑施工期间的排水措施。

⑥了解施工现场的给水、供电、电讯设备及场内外运输线路等情况。

(3)控制点测设。施工中标高的控制点一般是指水准点,水准点是场地标高控制的依据。水准点的标高都是本地的绝对标高,设计中采用绝对标高时是与水准点标高相同的,施工中对主要构筑物、道路控制点等重要点的标高测设,一般要起止于同一已知水准点或从一已知水准点出发,止于另一已知水准点,并相符合,如不符需核查。设计中采用相对标高时,一般确定某一个点的标高为正负零,以此点为基准点,用水准仪测或水准标尺设相对高差。

(4)施工放线:是将设计图纸上的设计内容按要求测设到实地,作为施工的依据。施工放线有两种常用的方法。一是使用经纬仪和皮尺(或钢尺),或直接使用全站仪;二是采用卫星定位系统(GPS)直接根据放线图的本地坐标定位。工程设计一般有坐标网格系统,施工中用坐标网格作为施工控制网。在工程施工中重要构筑物及交点可采用全站仪或 GPS 放线定位;一般构筑物可用经纬仪放线定位;先用经纬仪将 20m(或 10m)坐标网格线确定并用白灰标识出,控制住大地块的用地性质;局部或较小的构筑物可用皮尺(或钢尺)将 5(2、1)m 网格确定并用白灰标识出,标出专项的位置。如工程设计中需要构筑地形,首先按放线网格将地形的外轮廓用白灰标识出,然后根据设计要求堆砌地形。

12.4.2 施工图设计实例一:法源寺外环境景观施工图设计

1. 工程概述

法源寺位于北京市宣武区,北临两广大街,西临牛街,南临白纸坊东大街,东临菜市口大街。法源寺史建于唐朝,原名"悯忠寺",是北京城内最重要的寺庙之一。寺外环境破坏严重,宣武区园林局投资修整寺外环境。环境占地面积 1.3 公顷,设计内容包括竖向、种植、小品、铺装、环境照明等。

2. 设计依据

①甲方提供的 1:500 地形图;

②环境设计方案;

③公园设计规范;

④城市居住区规划设计规范;

⑤城市用地竖向规划规范;

⑥总图制图标准。

3. 设计方法

首先是总平面图,图纸详尽地表示出设计范围、用地性质(即哪里是铺装、绿地、建筑、广场等)、构筑物及小品名称(座椅、山门、水池等)和位置,地块为正南正北,制图的比例为 1:400 (A2 图),见书后图 12-12。给出设计范围内的用地指标,见表 12-1。

表 12-1 用地指标表

序 号		用 地	面积/m²	所占比例/%	备 注
1		绿地	6 554	50.54	
2	铺装	道路	1 499		
		广场	1 764		
		停车场	1 572		
		小计	4 835	37.28	
3		建筑	1 274	9.82	
4		水池	306	2.36	
5		总面积	12 969	100.00	

本实例放线采用的是相对坐标系,坐标原点定在法源寺山门与设计红线交点处,作垂直正南正北的网格线,网格间距为 5m。因此地块是规则式的,放线是以放线原点为起点,连续标注;水池中的曲线部分使用网格放线。标注尺寸单位是毫米。制图的比例为 1:400,见图 12-13。

环境的竖向设计,考虑地块较小,周边市政路上的市政排水系统完善,因此采用雨水自然排放到周边市政路上。竖向标高设计采用绝对标高,设计基准点为南横西街道路桩号 1+600 和 1+640.44 的道路设计标高及法源寺外道路现状标高。设计中将主要道路、广场等控制点标识出,绘制等高线,等高距为 0.1m。环境设计中有两个下沉广场,雨水不能自然排出,在两个下沉广场分别设计雨水口并用 D200 的雨水管接入附近市政雨水井内,见图 12-14。

4. 施工方法

按照施工程序,做好施工组织方案及进度表,充分理解图纸并与技术人员交流,测设出水准点的标高、坐标。

(1)标高测设

水准点是场地标高控制的依据,以水准点为基点,使用水准仪测设出图纸中设计的道路交点、广场等控制点的标高。实地(现状地形)标高如比设计标高高,应挖出多余高差的土;实地标高如比设计标高低,应填土达到设计标高。

(2)施工放线

由于此地块较小,施工中放线使用经纬仪先将 5m 的网格线按放线原点放出并用白灰标识出,即做好放线控制网。然后根据图中尺寸使用皮尺将主要道路和广场用白灰标识出,并按详图施工。

12.4.3 施工图设计实例二：苏州白塘植物公园施工图设计

1. 工程概述

白塘植物园位于苏州市东侧,在苏州工业区最具现代气息的景观大道——现代大道中段的北侧,公园环境占地面积 60.49 公顷,是苏州最大的植物公园。设计内容为总图、建筑、小品、铺装、驳岸、种植、桥梁、水、电等。

2. 设计依据

①荷兰 NITA 景观设计院的苏州白塘植物公园扩大初步设计图;

②公园设计规范;

③城市用地竖向规划规范;

④总图制图标准;

⑤相关的国家及地方法律、法规、标准等;

⑥江苏省及苏州市相关的设计标准。

3. 施工图设计方法

首先是总平面图,图纸表现的是设计范围、用地性质、构筑物及小品名称(座椅、花池、花架、亭子等)和位置,地块为正南正北,制图的比例 1:1 000(A0 图纸)。由于此设计面积较大,将 A0 图纸全部展现不方便阅读,因此采用局部实例,见图 12-15。整个园区的用地指标,见表 12-2。

表 12-2 用地指标表

序　号	用　地		面积/m²	所占比例/%	备　注
1	绿地		370 084.7	61.18	
2	铺装	道路、广场	90 658.0		
		停车场	8 574.0		
		小计	99 232.0	16.40	
3	建筑		6 469.0	1.07	
4	水体		129 146.3	21.35	
5	总面积		604 932.0	100.00	

本实例放线采用的是本地坐标系与相对坐标系两种方式。由于园区曲线较多,此设计较多地采用坐标加网格放线。园区总体放线设计采用本地坐标加网格的形式,园区主要建筑、园区主路、重要小品、桥梁等采用本地坐标系,用坐标加网格的方式放线,网格间距 5m,见图 12-16。小广场、儿童活动场等采用相对坐标加网格放线,即以一个已知的本地坐标为放线原点,做独立的放线坐标系统和坐标网格,网格间距为 2m,方向同本地坐标系,见图 12-17。

园区的竖向设计,由于环境设计中存在许多水系,竖向设计应保证雨水顺利排放到园区的水系中,满足国家制定的规范标准;园区地下水位较高且根据环境设计的需要,设计许多地形。标高设计的依据是周边市政道路与园区道路衔接点的标高及苏州城市防洪标准中规定的园区主路、主要建筑的标高标准。竖向标高设计采绝对标高、相对标高两种方式,总体竖向采用绝对标高,见图 12-18。工程做法详图采用相对标高。

4. 施工方法

按照施工程序,做好施工组织方案及进度表,充分理解图纸并与技术人员交流,测设出水准点的标高、坐标。

(1)标高测设

水准点是场地标高控制的依据,以水准点为基点,使用水准仪测设出图纸中设计的建筑、道路交点、广场、桥梁等控制点的标高。实地(现状地形)标高如比设计标高高,应挖出多余高差的土;实地标高如比设计标高低,应填土达到设计标高。

(2)施工放线

园区建筑、桥梁、道路主要控制点放线使用 GPS 卫星定位系统直接根据放线图的本地坐标定位;根据已知的坐标点,使用经纬仪将 20m 的放线网格用白灰标识出,将园区大的地块用地性质控制住;一般的小路、小广场等放线,根据已有的本地坐标,用经纬仪或皮尺将 5(2)m 的相对坐标网格标识出(白灰),并用皮尺放出具体尺寸。

习　题

1. 自然式配置乔、灌木的定点放线方法有哪几种?
2. 规则的防护林有哪几种放线方法?
3. 在挖湖工程中,如何确定挖掘深度? 又如何确定湖岸的开挖坡度?
4. 修渠工程中,如何控制开挖的位置和深度?
5. 简述堆山测设的一般方法。
6. 简述场地平整的一般过程。

附录　测量实验与实习指导书

第一部分　测量实验与实习须知

一、测量实验与实习的目的及规定

1. 测量实验与实习的目的是通过对测量仪器的认识和使用,培养同学进行测量工作的基本操作技能,验证、巩固在课堂上所学的知识,使之与实践紧密结合。

2. 通过本课程系列的实验和实习,培养同学独立自主的工作能力、艰苦朴素的工作作风、严谨求实的科学态度以及团结协作的精神。

3. 在实验或实习之前,应复习教材中的有关内容,认真预习实习指导书,明确目的与要求、熟悉方法步骤及注意事项,并准备好所需的文具用品,以保证按时完成实验和实习任务。教师对学生是否预习指导书,可进行抽查。

4. 实验或实习分小组进行,组长负责组织协调工作,办理所用仪器工具的借领和归还手续。

5. 实验或实习应在规定的时间和地点进行,不得无故缺席或迟到早退,不得擅自改变地点或离开现场。

6. 在实验或实习过程中,服从教师的指导。同时必须严格遵守本书列出的"测量仪器工具的借领与使用规则"和"测量记录与计算规则"。

7. 每项实验都应取得合格的成果并提交书写工整规范的实验报告,经指导教师审阅认可后,方可交还测量仪器和工具,结束实验。

8. 在实验或实习过程中,同学应格外注意人身安全和仪器安全,尤其是在交通繁忙或人流密集的区域进行工作时。对安全的关注应从实验或实习的每个细节着手,如测站点位的选取、连接螺旋的及时旋紧等。

9. 同学应遵守纪律,爱护环境,不可嬉戏打闹,不可随意涂鸦或践踏花草、树木和农作物,破坏公共设施。在此类情况将要发生之前,同学应充分考虑其可能产生的不可预见的结果及自身的赔偿能力。

二、测量仪器工具的借领与使用注意事项

1. 仪器工具的借领

(1)在测量实验室以小组为单位领取仪器工具。由组长代表小组办理借领手续。

(2)借领时应当场清点检查:实物与清单是否相符、仪器工具及其附件是否齐全、背带及提手是否牢固、脚架是否完好、仪器电池电量是否充足、能否正常开机等。如有缺损,则应及时提出,进行补领或更换。

(3)离开实验室前,必须锁好仪器箱并捆扎好工具。搬运仪器工具时,要轻拿轻放,避免剧

烈振动。对于脚架、标杆等带有尖角的工具，尽量不要担在肩头，以防止扎伤。

(4)各组领取的仪器和工具，不得与其他小组擅自调换或转借。

(5)实验结束后，在现场应及时收装仪器工具并清点，然后还到实验室，经检查验收后，消除借领手续。若有遗失或损坏，应写出书面报告说明情况，并按有关规定给予赔偿。

2．仪器使用注意事项

(1)携带仪器时，应注意检查仪器箱是否扣紧、锁好，拉手和背带是否牢固。

(2)开箱时，应将仪器箱放置平稳。开箱后，要看清并记住仪器在箱中的安放位置，避免以后装箱困难。

(3)提取仪器之前，应注意先松开制动螺旋，再用双手握住支架、提手或基座轻轻取出仪器，放在三脚架上，保持一手握住仪器，一手拧连接螺旋，最终使仪器与三脚架牢固连接。拿仪器时切不可拿仪器的镜筒，否则会影响内部固定部件从而降低仪器的精度。

(4)仪器上架后，应关闭仪器箱盖，以防止灰尘和湿气进入箱内。严禁在仪器箱上坐人。

(5)人不可离开仪器，必须有人看护，切勿将仪器靠在墙边或树上，以防止滑落或跌落。

(6)在恶劣的天气条件下(如烈日、雨雪等)进行实验或实习，应给仪器撑伞。如果仪器打湿了，必须先让其风干后才能放进箱中。

(7)若发现望远镜透镜表面有灰尘或其他污物，应先用软毛刷轻轻拂去，再用镜头纸擦拭，严禁用手帕、粗布或其他纸张擦拭，以免损伤镜面。

(8)未装滤光片时不要将仪器直接对准阳光，以免损伤眼睛和仪器内部元件。

(9)在仪器操作过程中，各制动螺旋勿拧过紧，微动螺旋和脚螺旋勿旋到尽头，以免损伤螺纹。

(10)转动仪器时，应先松开制动螺旋，然后再平衡转动。使用微动螺旋时，应先旋紧制动螺旋。操作仪器时，动作要准确、轻捷，用力要均匀。

(11)仪器装箱时，应松开制动螺旋，装入仪器箱后先试关一次，在确认放妥后，再拧紧各制动螺旋，以免仪器在箱内晃动而受损，最后关箱上锁。

(12)电子仪器更换电池时，应先关闭仪器的电源；装箱之前，也必须先关闭电源。电源电缆或数据电缆应保持插头清洁、干燥，如要将插头从仪器上拔下来，则需先关机再拔插头。

(13)仪器搬站时，对于长距离或难行地段，应将仪器装箱，然后再行搬站。在短距离和平坦地段，在确保连接螺旋拧紧的条件下，可直接将三脚架分开架在肩上，尽量保持仪器处于垂直竖立位置，进行搬运；也可松开制动螺旋，收拢三脚架，一手握住三脚架放在肋下，一手托住仪器(或将仪器枕于胳膊弯处)，稳步前行。严禁将仪器斜扛肩上。

(14)实验或实习过程中如出现仪器故障，应及时向教师报告，不可随便自行处理。

3．测量工具使用注意事项

(1)水准尺、标杆禁止横向受力，以防止弯曲变形。作业时，水准尺、标杆应由专人认真扶直，不准贴靠树上、墙上或电线杆上，不能磨损尺面分划和漆皮。塔尺的使用，应注意正确的抽放和收尺方法，用后应及时收尺。

(2)测图板的使用，应注意保护板面，不得乱写乱扎，不得重压。

(3)皮尺要严防潮湿，万一潮湿，应晾干后再收入尺盒内。用皮尺丈量距离时，严禁手握尺头金属环或尺盒拉尺，必须用手持尺带拉尺，以防将尺头或尺盒拉脱。丈量结束后应理顺尺带收尺，防止尺带在尺盒内卷曲缠绕。

(4)钢尺的使用,应防止扭曲、打结和折断,防止行人踩踏或车辆碾压,尽量避免尺身着水。携尺前进时,应将尺身提起,不得沿地面拖行,以防损坏尺面分划。用完钢尺,应擦净、涂油,以防生锈。

(5)小件工具如垂球、测钎、尺垫等的使用,应用完即收,防止遗失。

(6)若反射棱镜表面有灰尘或其他污物,应先用软毛刷轻轻拂去,再用镜头纸擦拭,严禁用手帕、粗布或其他纸张擦拭,以免损坏镜面。

三、测量记录与计算规则

1. 所有观测记录和成果均要使用硬性(2H 或 3H)铅笔书写。字迹应清楚,边观测边记录。不准先记在草稿纸上,然后誊写入记录表中,严禁伪造数据。

2. 记录观测数据之前,应将表头的仪器型号、日期、天气、测站、观测者及记录者姓名等填写齐全。

3. 观测者读数后,记录者应随时在测量手簿上的相应栏内填写,并复诵回报,以防听错、记错。

4. 记录数据要全,不能省略有效零位。如水准尺读数 1.300,度盘读数 0°00′00″中的"0"均应填写。

5. 水平角观测,秒值读记错误应重新观测,度、分读记错误可在现场更正,但同一方向盘左、盘右不得同时更改相关数字。垂直角观测中分的读数,在各测回中不得连环更改。

6. 距离测量和水准测量中,厘米及以下数值不得更改,米和分米的读记错误,在同一距离、同一高差的往、返测或两次测量的相关数字不得连环更改。

7. 记录错误时,不准用橡皮擦去,不准在原数字上涂改,应将错误的数字划去并把正确的数字记在原数字上方。记录数字修改后或观测成果废除后,都应在备注栏内注明原因(如测错、记错或超限等)。

8. 一些简单的计算与必要的检核应在测量现场及时完成,确认无误后,方可迁站。

9. 按四舍五入,五前单进双舍(或称奇进偶退)的取数规则进行计算。如数据 1.123 5 和 1.124 5 进位均为 1.124。

第二部分　测量实验

实验 1　闭合水准线路测量

一、目的和要求

1. 熟悉 DS$_3$ 级水准仪的构造。

2. 掌握水准仪的安置、瞄准与读数方法。

3. 学会闭合水准测量的观测步骤与记录计算。

4. 每组进行一个闭合水准线路的测量,线路高差闭合差限值取为 $f_{h容} = \pm 12\sqrt{n}$ mm,n 为测站数,本实验取为 4。

二、重点与难点

理解水准测量的原理,掌握水准测量的观测、计算方法,明了在测量过程中的注意事项。

三、准备工作

1. 场地布置

在地面上选取 2 个坚固点 A、B,同时在 A、B 间及 B、A 间选取两个临时点 TP1 和 TP2,使其呈环状分布,两两之间相距 40~80m 间。在这四个点上做好标记。假设 A 的高程为 50.000m,而 B 为待求高程点 TP1、TP2 为转点。

2. 仪器和工具

DS$_3$ 级水准仪 1 台,脚架 1 个,水准尺 2 个,尺垫 1 个,记录夹 1 个。

3. 人员组织

每四人一组,观测、记录计算、立尺轮换操作。

四、实验步骤

1. 安置仪器于点 A 和转点 TP1(放置尺垫)之间,目估前、后视距离大致相等,进行观测,测站编号为 1。

(1)安置仪器

安置仪器于 A、TP1 间距两点大致等距处,先将三脚架张开,使其高度适当,架头大致水平,并将架腿踩实;再开箱取出仪器,将其和脚架连接螺旋牢固连接。

(2)认识仪器

辨认仪器各部件的名称,了解其作用并熟悉其使用方法。弄清水准尺的分划与注记,以便能在望远镜视场中准确读出读数。

(3)粗略整平

先用双手同时向内(或向外)转动一对脚螺旋,使圆水准器气泡移动到中间,再转动另一只脚螺旋使圆气泡居中,若一次不能居中,可反复进行。注意气泡移动的方向与左手大拇指或右手食指运动的方向一致。

(4)瞄准

转动目镜调焦螺旋,使十字丝分划清晰;松开制动螺旋,转动仪器,用准星和照门粗略瞄准水准尺,拧紧制动螺旋;转动微动螺旋,使水准尺位于视场中央;转动物镜调焦螺旋,使水准尺清晰,注意消除视差。

(5)精平与读数

眼睛通过位于目镜旁的符合气泡观察窗观看管水准气泡,右手转动微倾螺旋,使气泡两端的半影像吻合(成圆弧状),即符合气泡严格居中(对于自动安平水准仪来说,由于没有气泡观察窗,所以不需要此步操作);用十字丝横丝在水准尺上读取四位数字,读数时应从小往大读。

(6)测定两点间的高差

竖立水准尺于 A、TP1 点上,用望远镜瞄准 A 点上的水准尺,精平后读取后视读数,并记入表格手簿;再瞄准 TP1 点上的水准尺,精平后读取前视读数,并记入表格手簿。计算 A、TP1 两点间的高差 h_A,TP1 = 后视读数 − 前视读数。

改变仪器高,由第二个同学再测一遍,并检查与第一个同学所测结果是否相同。若较差不大于6mm,则取其平均值作为观测高差。

2. 将仪器搬站至 TP1 与 B 点间,目估前、后视距离大致相等,进行观测,测站编号为2。其观测方法与上述的相同。

3. 将仪器搬站至 B 与 TP2(放置尺垫)点间,目估前、后视距离大致相等,进行观测,测站编号为3。其观测方法与上述的相同。

4. 将仪器搬站至 TP2 与 A 点间,目估前、后视距离大致相等,进行观测,测站编号为4。其观测方法与上述的相同。

5. 计算检核

将各站观测高差相加,即得到高差闭合差 f_h。若闭合差不超过高差闭合差容许值,则说明观测合格;否则说明观测不合格,应进行返工(返工时,应首先检查是否是观测计算错误,然后再进行重测)。

五、记录表格

仪器_____ 编号_____ 天气_____ 成像_____ 日期_____
班级_____ 组号_____ 小组成员_____

测站	后、前视点号	水准尺读数/mm		高差 /mm	平均高差 /m	高程 /m	备注
		后视	前视				

六、注意事项

1. 在已知高程点和待定高程点上不能放置尺垫。转点用尺垫时,应将水准尺置于尺垫半圆球的顶点上。

2. 尺垫应踏入土中或置于坚固地面上,在观测过程中不得碰动仪器或尺垫,搬站时应保护前视尺垫不得移动。

3. 水准尺必须直立,不得前、后倾斜。

4. 收放塔尺时应注意正确的方法。

实验2 经纬仪的认识及水平角测量

一、目的和要求

1. 认识 J_6 级经纬仪、电子经纬仪的基本构造及各部件的名称与功能。

2. 练习经纬仪对中、整平、瞄准与读数的方法,掌握其操作要领,要求使用垂球对中法对中时,其误差小于 3mm,使用光学对中时,其误差小于 1mm,整平误差为管水准气泡偏离分划中心不超过 1 格。

3. 每组每人进行一测回观测,上下半测回角值互差不超过 ±40″;各人之间测回角值互差不超过 ±24″。

二、重点与难点

根据水平角的测角原理,弄懂其概念,从而在观测角度中掌握应该注意的问题。

三、准备工作

1. 场地布置

在地面上选取 3 个坚固点 A、B、C,并作标记。使 A、B 及 A、C 间相距 40~80m,在 B、C 两点上安放标杆(小铁花杆或大花杆)。

2. 仪器和工具

经纬仪 1 台,脚架 1 个,标尺 2 个,记录夹 1 个。

3. 人员组织

每四人一组,观测、记录计算轮换操作。

四、实验步骤

1. 安置仪器于 A 点,进行一测回水平角的观测。

(1)安置三脚架于测站点 A 上,注意脚架高度适中,架头大致水平。从仪器箱中取出仪器,用中心螺旋连接在脚架上。

(2)对中、整平。可采用垂球对中方式和光学对中方式。

垂球对中方式:可参见书中 3.5.2.1 所述,要求对点误差不超过 3mm。

光学对中方式:可参见书中 3.5.2.2 所述,要求对点误差不超过 1mm。

此步工作做完后,可进行经纬仪的认识,操作各螺旋扳手,观察各水准气泡及望远镜瞄准方向和读数的变化,体会经纬仪各部件的作用。

(3)配置度盘。设共观测水平角 n 个测回(本例中,n 为小组中同学的人数),则第 i 测回的盘左度盘位置为略大于 $180° \times (i-1)/n$ 处。

复测经纬仪的度盘配置方法:盘左位置,转动照准部使水平度盘读数略大于 $180° \times (i-1)/n$,将复测扳手扳下,瞄准目标点 B 后,再将扳手扳上。

方向经纬仪的度盘配置方法:盘左位置,先瞄准目标点 B,打开度盘变换器盖(或按下保护卡)旋转水平度盘变换螺旋,使读数略大于 $180° \times (i-1)/n$。关闭度盘变换器盖(或按下保护卡)。

电子经纬仪或全站仪的度盘配置方法:盘左位置,先瞄准目标点 B,进入相应的水平方向设置菜单,直接输入略大于 $180° \times (i-1)/n$ 的值即可。若仪器没有提供任意方向值的输入功能,则可将仪器先瞄准目标点 B,然后调节水平微动螺旋,瞄准 B 点左测的某点,按仪器面板上的相应键设置归零(如对于南方公司生产的 ET-02 电子经纬仪来说,连续按 $\boxed{\text{0SET}}$ 键两次,则可将当前视线方向的水平度盘读数设置为零)。

(4)瞄准。用望远镜上的照门和准星瞄准目标,使目标位于视场内,旋紧望远镜和照准部的制动螺旋;转动望远镜的目镜调焦螺旋,使十字丝清晰;转动物镜调焦螺旋,使目标影像清晰,并消除视差;再转动水平和竖直微动螺旋,使目标被十字丝纵丝平分(或被双丝夹在中央),达到准确瞄准目标。

(5)读数。调节反光镜使读数窗亮度适中;旋转读数显微镜目镜,使度盘及分微尺的分划清晰;注意区分水平度盘与竖直度盘;读取度盘分划位于分微尺所注记的度数,从分微尺上该分划线所在位置的分数估读 0.1′(即 6″的整倍数)。对于电子经纬仪或全站仪来说,只要将角度的显示单位设置为"度分秒",则水平度盘与竖直度盘的读数将直接显示在仪器的显示屏上。

(6)测回法测量水平角。测回法测量水平角∠BAC 步骤如下:

①安置仪器于 A 点,对中,整平。

②以正镜(盘左)位置,配置度盘。瞄准目标 B,检查并读记水平度盘读数 b_1。

③顺时针转动照准部,瞄准目标 C,读记水平度盘读数 c_1,求出上半测回(盘左)水平角角值 $\beta_左$:

$$\beta_左 = c_1 - b_1$$

④纵转望远镜,逆时针旋转照准部以倒镜(盘右)位置瞄准目标 C,读记水平度盘读数 c_2。

⑤逆时针转动照准部瞄准目标 B,读记水平盘读数 b_2。求出下半测回(盘右)水平角角值 $\beta_右$:

$$\beta_右 = c_2 - b_2$$

⑥检核。上半测回角值与下半测回角值之差不应超过 40″,在限差范围内,取其平均值作为一测回角值。若超限,则需重新配置度盘,进行观测。

2. 其余的同学于 A 点重新安置仪器,分别进行一测回水平角的观测。当观测完成后,检核最大一测回角值与最小一测回角值的较差是否超过给定的 ±24″限差,若没有超限,则说明观测合格,计算出各测回的平均角值;否则,说明有同学观测不合格,需要返工。

五、记录表格

见书中表 3-1。

六、注意事项

1. 同一个测回中,配置度盘只能在盘左瞄准第一个方向时配置,不可在其他任何时候配置(如盘右等)。

2. 转动照准部之前,切记应先松开水平制动螺旋,否则会带动度盘,并会对仪器造成机械磨损。同样,转动望远镜时,亦应切记先松开竖直制动螺旋。

3. 正、倒镜所瞄准目标的位置应尽可能瞄准根部,以减少花杆倾斜产生的测角误差。

4. 仪器整平后,在观测过程中若发现气泡偏离中心超限,不得乱调脚螺旋,应重新整平后,重新观测。

5. 用电子经纬仪测角时,盘左测完后不得关机,盘右再开机,应在一个测站测完后移站之前再关机。

实验 3　竖直角与磁方位角测量

一、目的和要求

1. 掌握竖直角观测步骤、记录与计算。
2. 掌握用罗盘仪观测磁方位角的方法。
3. 每人独立完成一个目标竖直角的一测回观测,要求各人所求得的指标差的互差不超过 $40''$。
4. 每人完成一个方向的磁方位角观测。

二、准备工作

1. 场地布置

每组选择 A、B 两点,其间距约 $40\sim80\mathrm{m}$,做点位标记。

2. 仪器和工具

经纬仪 1 台及配套脚架 1 个,罗盘仪 1 台及配套脚架 1 个,标杆 1 个,记录板 1 块。

3. 人员组织

一个小组分为两个小分组,分别同时开展竖直角及磁方位角观测。

三、实验步骤

1. 竖直角测量

(1)仪器安置于测站点 A。在盘左位置,将望远镜的物镜端上抬,观察竖盘读数是增大还是减小,从而归纳出由竖盘读数计算竖直角的公式。

(2)对中,整平。任选高处一清晰目标,盘左用望远镜中横丝瞄准目标顶端(或某一部位)。对于没有竖盘指标补偿的经纬仪,读数前,应调整竖盘指标水准管微动螺旋,使竖盘指标水准管气泡居中,然后读取竖盘读数 L,并记录。对于带有竖盘指标补偿的经纬仪,读数前应将补偿功能打开,然后读取竖盘读数 L,并记录。

(3)盘右瞄准同一目标的同一位置。对于没有竖盘指标补偿的经纬仪,调节竖盘指标水准管气泡居中后,读取读数 R,并记录。对于带有竖盘指标补偿的经纬仪,直接读数即可。

(4)计算竖直角角值 α 和指标差 x,计算公式如下:

$$\alpha = \frac{1}{2}(\alpha_\mathrm{L} + \alpha_\mathrm{R});x = \frac{1}{2}(\alpha_\mathrm{L} - \alpha_\mathrm{R})$$

(5)当第一个同学完成竖直角观测后,其余的同学于 A 点重新安置仪器,分别进行一测回竖直角的观测。当观测完成后,检核最大一测回指标差与最小一测回指标差的较差是否超过给定的 $40''$ 限差,若没有超限,则说明观测合格;否则,说明有同学观测不合格,需要返工。

2. 磁方位角观测

(1)将罗盘仪安置于测站点 B,对中,整平。瞄准 A 点标杆(或 A 点所安置经纬仪的垂球线)。

302

(2)旋松磁针固定螺旋,放松磁针,使其能自由转动。

(3)待磁针静止后,读出磁针北端和南端所指的度数。度盘上每一个小格为1°,并可估读至15′。

(4)计算平均方位角。平均方位角 $= \dfrac{北端读数+(南端读数\pm180°)}{2}$,此时所得到的平均方位角即为该直线的磁方位角。

(5)当第一个同学完成磁方位角观测后,其余的同学于 B 点重新安置仪器,分别进行磁方位角的观测。

四、记录表格

见书中表3-4。

五、注意事项

1. 观测过程中,对同一目标应使十字丝中横丝切准目标顶端(或同一部位)。
2. 若仪器没有竖盘指标补偿装置,在读数前,务必调整竖盘指标水准管气泡居中。
3. 计算竖直角和指标差时,应注意正、负号。
4. 测磁方位角时,应避开铁器干扰。罗盘仪在搬站及使用完毕后要固定磁针。

实验4 距离丈量

一、目的和要求

1. 掌握钢尺、皮尺丈量距离的方法和步骤。
2. 掌握视距法测量距离及高差的方法步骤。
3. 在平坦的地面上选择 A、B 两点。每组用钢尺和皮尺分别进行一次往、返丈量,然后每人分别进行一次视距测量。
4. 用钢尺、皮尺及视距法测出 A、B 两点间水平距离并计算距离测量结果的相对误差,同时,视距测量还需要计算出两点间的高差。各测量的限差允许值为:
①钢尺丈量距离的往、返相对误差不大于1/3 000;
②皮尺丈量距离的往、返相对误差不大于1/800;
③视距法测量距离的相对误差不大于0.3m,高差之差不大于5cm。

二、重点与难点

掌握丈量距离的各种方法及计算相对误差的过程。

三、准备工作

1. 场地布置

在平坦无障碍的地面上选取 A、B 两点,使两点间距离大于钢尺及皮尺一整尺的长度而小于两整尺的长度。在 A、B 点上打下木桩,桩顶钉一小钉或画十字作为点位。

2．仪器和工具

钢尺 1 把，皮尺 1 把，经纬仪 1 台，脚架 1 个，水准尺 1 个，标杆 2 个，测钎 1 根，记录夹 1 个。

3．人员组织

用尺子丈量距离时，两人拉尺、一人记录、一人定向；进行视距丈量时，一人观测、一人记录、一人计算、一人立尺，轮换操作。

四、实验步骤

1．钢尺量距

由于 A、B 两点间距离超过一个尺段，所以需要进行直线定线。在钢尺量距中，采用经纬仪定线法。

(1)将经纬仪在 A 点设站，对中、整平。盘左位置，瞄准 B 点，水平制动。抬升望远镜的目镜端，使望远镜瞄准 A、B 点的中点附近，在望远镜的视线方向标定点 C，使 C 与 A、B 共线。

(2)后尺手将尺零点对准点 A，前尺手沿 AC 直线拉紧钢尺，在 C 点读出尺子上的读数（读至毫米位），从而得到 AC 间的水平距离。量完 AC 间的距离后，后尺手与前尺手共同举尺前进。同法丈量出 CB 间的水平距离。将两段距离相加即得到 A、B 间的往测水平距离。

(3)后尺手将尺零点对准点 B，前尺手沿 BC 直线拉紧钢尺，在 C 点读出尺子上的读数，从而得到 BC 间的水平距离。量完 BC 间的距离后，后尺手与前尺手共同举尺前进。同法丈量出 CA 间的水平距离。将两段距离相加即得到 A、B 间的返测水平距离。

(4)根据 A、B 间往、返测的距离，计算出往、返丈量结果的平均值及相对误差，检核是否超限。相对误差 $= \dfrac{往、返丈量结果之差}{往、返丈量结果平均值} = \dfrac{1}{N}$。

2．皮尺量距

在皮尺量距中，采用目估定线法。

(1)在 A、B 两点木桩的外侧竖立标杆。后尺手执尺零端，前尺手持尺盒（或尺把）并携带 1 根测钎沿 AB 方向前进，行至一尺段处停下。

(2)后尺手将尺零点对准点 A，前尺手将测钎和皮尺的整尺段长处对齐，一同学立于 A 点后 $1\sim2\text{m}$ 处定线，指挥前尺手将测钎左、右移动，使其插于 AB 方向上。

(3)后尺手与前尺手共同举尺前进。同法丈量出插测纤处到 B 点间的水平距离。将两段距离相加即得到 A 到 B 间的往测水平距离。

(4)变换前、后尺手的位置，同法量出 A 到 B 间的返测距离。

(5)根据 A、B 间往、返测的距离，计算出往、返丈量结果的平均值及相对误差，检核是否超限。

3．视距测量

(1)在 A 点安置仪器，对中整平，量仪器高 i（从横轴到地面标志点）。在 B 点处竖立水准尺。

(2)用正镜（盘左）瞄准水准尺，使十字丝纵丝与尺的一边重合或平分尺面，消除视差。转望远镜使中丝对在尺上和仪器高同高处，固定望远镜制动螺旋，调望远镜微动螺旋，使其准确

304

对准仪器高处,读上丝和下丝读数,求出尺间隔 l。读竖盘读数,并求出竖直角 α,将上述数据予以记录。

(3)上述是中丝对仪器高正镜观测 1 次。练习中丝不对仪器高,而对任意整数 v,例如 2m,再观测一次,以便比较。

(4)计算水平距离和高差。计算公式如下:

$$D = Kl\cos^2\alpha; h = D\tan\alpha + i - v$$

(5)当第一个同学完成观测后,第二个同学重新在 A 点安置仪器,并进行测量。当所有的同学都完成观测后,计算出各同学间观测距离的相对误差及高差的较差,检核其是否超限。

五、记录表格

记录表格见书中表 4-2。

六、注意事项

1. 钢尺(或皮尺)拉出或卷入时不应过快,不得握住尺盒来拉紧钢尺。

2. 用钢尺(或皮尺)在非平坦地面上量距时,注意尺要端平,用一定的拉力把尺拉直,不要太松或太紧。

3. 当要求钢尺量距相对精度高于1/10 000 时,钢尺必须经过检定,且应使用弹簧秤,在量距时对钢尺施以标准拉力。

实验 5   全站仪认识

一、目的和要求

1. 通过对全站仪的操作,了解全站仪的工作模式、参数设置方式及程序作业方式。

2. 通过全站仪的数据传输,了解全站仪的数据编码方式。

二、重点与难点

1. 通过对某种品牌型号全站仪的使用,了解全站仪的操作特点。

2. 通过对全站仪数据格式的了解,为自动化处理观测数据打下基础。

三、准备工作

1. 场地布置

在地面上选取 A、B 两点并做标记,使两点间的距离约为 20～40m。

2. 仪器和工具

全站仪 1 台,脚架 1 个,棱镜(组)及配套对中杆 1 副(或支架、基座及配套脚架 1 副),全站仪数据传输线 1 根,笔记本电脑 1 台。

3. 人员组织

小组中,一人操作仪器,一人在棱镜处值守,一人负责察看电脑屏幕,轮换操作。

四、实验步骤

1．将全站仪在 A 点设站(与经纬仪同)；在 B 点设置对中杆并将棱镜(组)安放到对中杆上,锁定或旋紧棱镜(组),以防棱镜在在观测过程中受外力的影响而脱落。

2．在 A 点,将全站仪对中、整平。在 B 点,同样将棱镜对中整平。当使用对中杆整平时,应轻巧地操作支撑滑杆,切勿太过用力。

3．在开机前,先熟悉全站仪的各操作螺旋,然后再察看其面板上的按健及显示屏,最后察看瞄准器、数据接口、电源接口,并试着进行一下电池的安装及卸除及可能存在的数据存储卡(或模块)的插拔。

由于不同厂家不同型号的全站仪其操作不尽相同,所以,为叙述方便,下面以拓普康(TOPCON)GTS-600 系列的全站仪为例,简要地说明其操作特点。

4．仪器的操作面板及操作键的定义如附图-1 所示:

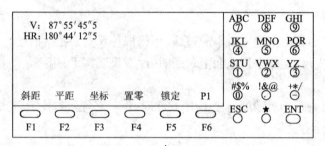

附图-1　全站仪面板

按　　键	名　　称	功　　　　能
F1~F6	功能键	对应于其上所显示的信息。如附图-1 所示,按 F1 则显示斜距
0~9	数字键	输入数字,用于预置数值
A~/	字母键	输入字母
ESC	退出键	退回到前一个显示屏或前一个模式
★	星键	用于若干仪器常用功能的操作
ENT	回车键	数据输入结束并认可时按此键
POWER	电源键	控制电源的开/关(位于仪器支架侧面上)

按 POWER 键,打开仪器电源。

5．当仪器电源打开后,屏幕显示主菜单图标和文字以及电池电量图标如附图-2 所示。当电池图标闪烁时,表明电量已不足,需要更换电池。

在选择主菜单功能前,先按一下★键,进入星键模式。同学体会一下如下功能:显示器对比度调节、显示器背景光的开关、十字丝照明(关/低/中/高)、电子圆水准器图形的显示及调

附图-2　主菜单

节、设置温度、气压、大气改正值(PPM)和棱镜常数值(PSM)。

主菜单各菜单项分别表示如下的工作模式:

(1)程序模式

进入该模式可以选择多种应用测量程序。按 F1 键可进入该工作模式。

程序模式包含以下应用测量程序:标准测量程序(STDSVY)、设置水平方向角(BS)、导线测量(STORE-NEZ)、悬高测量(REM)、对边测量(MLM)、角度复测(REP)、放样(LAYOUT)、线高测量(LINE)、应用软件装载(LOADER)。具体的程序操作,可参阅仪器操作手册。

(2)测量模式

按 F2 键可进入该工作模式。

标准测量模式包含角度测量、距离测量和坐标测量三个常规测量子模式。同学应了解该工作模式。试着根据屏幕菜单的显示选择相应的功能键,进行角度测量、距离测量和坐标测量。

在角度测量子模式中,同学体会一下如下的几个功能:斜距(进入倾斜距离测量模式)、平距(进入水平距离测量模式)、坐标(进入坐标测量模式)、置零(设置当前方向的水平度盘读数为0°00′00″)、锁定(将水平度盘锁定,此时不论望远镜瞄准何方向,水平度盘读数都不变化)、记录(记录角度测量数据)、置盘(设置当前方向的水平度盘读数为某一指定的值)、R/L(水平度盘刻划增大方向"顺时针/逆时针"变换)、V/%(竖直角角度单位,角度/坡度)、倾斜(设置倾斜改正功能开关(ON/OFF),若选择 ON,则显示倾斜改正值)。

在距离测量子模式中,包括了斜距测量和平距测量两个模式。在平距测量子模式下同学体会一下如下的几个功能:角度(进入角度测量模式)、斜距(进入倾斜距离测量模式)、坐标(进入坐标测量模式)、测量(启动平距测量。选择连续测量/n 次(单次)测量模式)、模式(设置精测/粗测/跟踪等距离测量模式)、记录(记录距离测量数据)、放样(进入放样测量模式)、均值(设置 n 次测量的次数 n 的值)、m/ft(设置距离单位,米/英尺)。

在坐标测量子模式中,同学体会一下如下的几个功能:角度(进入角度测量模式)、平距(进入水平距离测量模式)、斜距(进入倾斜距离测量模式)、测量(启动坐标测量,选择连续测量/n 次(单次)测量模式)、模式(设置精测/粗测/跟踪等距离测量模式)、记录(记录坐标测量数据)、高程(输入仪器高/棱镜高)、均值(设置 n 次测量的次数 n 的值)、m/ft(设置坐标单位,米/英尺)、设置(输入测站坐标)。

(3)管理模式

即存储管理模式。按 F3 键可进入该工作模式。该工作模式包含如下功能:显示存储器状态、文件保护/删除/更名、格式化内存。具体的操作,可参阅仪器操作手册。

(4)通信模式

即数据通讯模式。按 F4 键可进入该工作模式。该工作模式包含如下功能:设置与外部仪器进行数据通信的参数、数据文件的输入/输出。具体的设置,可参阅仪器操作手册。

(5)校正模式

按 F5 键可进入该工作模式。该模式用于仪器检验与校正。该工作模式包含如下功能:仪器系统误差补偿值的校正、显示仪器系统误差补偿值、设置日期和时间、设置仪器常数。具体的校正操作,可参阅仪器操作手册。

(6)设置模式

即参数设置模式。按 F6 键可进入该工作模式。该工作模式所进行的参数设置即使关机也会被存入存储器。具体的操作设置,可参阅仪器操作手册。

6. 进行全站仪的数据传输。

(1)用 TOPCON 专用的数据传输线缆将全站仪的串口与笔记本的串口相连接。

(2)设置通讯参数。

在全站仪主菜单下,依次选择:"设置"、"通信",进入通讯参数设置子菜单。在该子菜单下,选择参数如下:"波特率"2 400、"数据位"8、"奇偶校验位"无、"停止位"1、"终止位"CRLF、"记录类型"A、"回答方式"无。在笔记本电脑中,依次单击"开始"、"程序"、"附件",可打开"附件"菜单,在"附件"菜单中,选择"超级终端"项(或单击"通讯"子菜单,选择"超级终端"项),启动系统程序"超级终端"。在"超级终端"的设置对话框中,分别输入所建立连接的名称(如 Total Station to PC)并选择相应的图标、选择串口号(具体是 COM1、COM2 还是 COM3、COM4 由数据传输线缆所连接的那个计算机串口确定),并设置"波特率"2 400、"数据位"8、"奇偶校验"无、"停止位"1、"流量控制"无。

当上述设置完成后,电脑处于等待状态,随时从指定的串口截取数据并在"超级终端"的数据显示窗口显示。

(3)在全站仪主菜单下,选择"参数设置"模式,设置"角度单位"为度、"V 角读数"为天顶距、"距离单位"为米。

在全站仪主菜单下,选择"测量"模式。在"平距测量"子模式下,设置"n 次测量的次数"中 $n=1$。选择"精测"或"粗测"模式。

(4)用望远镜瞄准棱镜中心。选择"测量",进行距离测量。当距离测量完成后,再选择"记录"将测量的数据记录到全站仪的串口。

(5)此时,笔记本电脑的"超级终端"数据窗口将显示出一个字符串,如"R + 00021511m 0861225 + 0613540d"。对照全站仪的显示屏,你将看到,显示屏上显示的天顶距为 86°12′25″、水平方向值为 61°35′40″、水平距离为 21.511m。

五、注意事项

操作时,应注意全站仪显示屏的显示。

实验 6   经纬仪导线测量

一、目的和要求

1. 掌握导线点的布设及外业测量方法。

2. 外业测量过程中,每段往返距离的相对误差不大于 1/2 000;导线的闭合差不大于 $\pm 60″\sqrt{n}$(n 为测角数)。

3. 小组合作完成一条闭合导线的测量工作。水平角度测量为 1 测回,距离丈量采用往返丈量。

二、重点与难点

根据现场条件选择相应的导线点点位。

三、准备工作

1. 场地布置

选择一块 50m×50m 的场地或校园内的呈环状的道路(边长约 30~80m),选定 4 个导线点,组成闭合导线。

2. 仪器和工具

经纬仪 1 台,脚架 1 个,钢尺 1 把,标杆 2 个,罗盘仪 1 台,罗盘仪用脚架 1 个,记录夹 1 块。

3. 人员组织

每组 4 人,观测一人、记录一人、量距两人,轮换作业。

四、实验步骤

1. 选点

在场地上选定 4 个导线点,并做标记。按顺时针(或逆时针)方向编号(如点号为 $A1$、$A2$、$A3$、$A4$)。

2. 测量内角(水平角)

安置经纬仪于导线点上。对中、整平。用测回法测量内角,在每个导线点上观测一测回。

3. 丈量边长

用尺子往返丈量导线边长,边长超过整尺长时,应进行直线定线。

4. 确定起始坐标方位角

由于没有与已知导线方向联测,故可假设某导线边方向(如点 $A1$ 至点 $A2$ 方向)的坐标方位角为某值,作为导线的起始方位角。在本例中,用磁方位角来代替坐标方位角。将罗盘仪安置在导线点 $A1$ 上,对中、整平后,松开磁针,望远镜瞄准点 $A2$,读出磁方位角值。

5. 检核

检测每条导线边的往返距离丈量相对误差是否不超过规定的限值;四个内角之和与 360°相比(即角度闭合差),是否不超过规定的限值。若不超限,说明数据合格;否则,需要返工。

五、记录表格

经纬仪导线测量外业记录手簿

班级:　　　　　　小组:　　　　　　起始边磁方位角:

测站	竖盘位置	目标	水平读数/°′″	半测回角值/°′″	一测回角值/°′″	往返水平距离/m	距离平均值/m

六、注意事项

1. 测角、量距、测磁方位角的注意事项见前述。
2. 导线点间应相互通视,并与周围环境通视良好。
3. 当导线点选在校内道路上时,应尽可能在道路的边上,少影响交通,同时注意安全。
4. 保留此次观测数据,以便下次导线计算使用。

实验 7　经纬仪导线内业计算及展绘导线点

一、目的和要求

1. 掌握闭合导线点坐标计算的方法和步骤。
2. 掌握对角线法绘制坐标方格及展绘导线点的方法。
3. 小组内独立完成导线计算表格 2 份和 1 份展点图。

二、重点与难点

学会使用函数型计算器,掌握计算器角度状态设置,三角函数计算以及直角坐标与极坐标的换算。

三、准备工作

1. 场地布置
在实验室中进行。
2. 仪器和工具
丁字尺 1 把,图板 1 块,图纸 1 张(20cm×20cm),比例尺 1 个,计算器 1 个,铅笔(3H)2支,橡皮 1 块,削笔刀 1 把。
3. 人员组织
数据整理、计算 2 人(独立进行),画格网、展点 2 人。

四、实验步骤

1. 外业数据整理。将前次观测的数据进行整理,并画出导线略图,将整理后的数据注于导线略图,略图见书中图 6-12。标注数据后,应与原数据进行核对。
2. 将观测数据抄录于导线计算表格,并假设起始点(如 A1 点)的坐标,亦写于表格中。表格见书中表 6-9。
3. 用计算器按表格依次计算角度闭合差并分配、计算坐标增量、计算坐标闭合差及导线全长相对闭合差、分配坐标闭合差、求出各未知导线点的坐标。
4. 绘制坐标方格网。用丁字尺和比例尺按教材上介绍的对角线方法绘制坐标方格网,每个方格大小为 10cm×10cm。绘毕应检查各方格的边长误差不得超过 0.2mm。本次作业应绘制坐标方格数为 4 个,南北方向 2 格,东西方向 2 格,可保证 4 个导线点全部展绘于图中。
5. 展点。比例尺采用 1:500。根据计算出的各控制点坐标,使导线图画在图纸的中央部位的原则下选坐标格网西南角的坐标,然后根据坐标展绘各导线点。最后用比例尺量取图上各导线边长与相应实测长作比较,其差值不得超过图上 $0.3\text{mm} \times M$(M 为测图的比例尺分母,本次绘图 M 为 500)。

五、计算器计算坐标增量示例

用计算器计算坐标增量,不同厂家不同类型的计算器操作不尽相同。现举下列三种常用计算器的操作法:

1. 使用卡西欧 fx-180p 操作法。

开机后,首先要把角度状态设置为 DEG,即 1 圆周为 360°制(RAD 为弧度状态,GRA 表示1 圆周为 400g 制)。按 $\boxed{\text{Mode}}$ $\boxed{4}$,即为 DEG 状态。然后设置小数点后位数,如果要求小数点后三位,按 $\boxed{\text{Mode}}$ $\boxed{7}$ $\boxed{3}$。计算 Δx、Δy 按键如下:

$$\text{边长} \boxed{\text{INV}} \boxed{\text{P→R}} \text{方位角} \boxed{=} (\text{显示 } \Delta x \text{ 值})$$

$$\boxed{\text{INV}} \boxed{\text{X→Y}} (\text{显示 } \Delta y \text{ 值})$$

注意角度输入方法,例如 215°41′07″操作:

$$215 \boxed{°\,'\,''} 41 \boxed{°\,'\,''} 7 \boxed{°\,'\,''}$$

2. 使用夏普 EL-514 操作法。

角度状态设置按 DRG 键使显示窗口出现 DEG。

$$\text{边长} \boxed{\updownarrow} \text{方位角} \boxed{\text{2ndF}} \boxed{\text{→XY}} (\text{显示 } \Delta x \text{ 值})$$

$$\boxed{\updownarrow} (\text{显示 } \Delta y \text{ 值})$$

注意夏普类型输入角度方法与卡西欧型不同,输入 215°41′07″,操作为:215.4107 $\boxed{\text{→DEG}}$,此时显示以度为单位的角值。注意分、秒输入时均用两位数字。

3. 使用夏普 506 操作法。

角度状态设置为 DEG 后,按键如下:

$$\text{边长} \boxed{\text{a}} \text{方位角} \boxed{\text{b}} \boxed{\text{2ndF}} \boxed{\text{→XY}} (\text{显示 } \Delta x \text{ 值})$$

$$\boxed{\text{b}} (\text{显示 } \Delta y \text{ 值})$$

六、注意事项

1. 计算时应仔细。弄清楚表格中各项数据的意义。

2. 展点时应做到 100% 的检查,以免展错点而造成对后续测图的影响。

实验 8　地形测量

一、目的和要求

1. 练习经纬仪测绘法一个测站的工作。通过测一个房屋了解观测、计算及绘图各步骤,了解观测者、记录者及绘图者之间是如何配合的。

2. 要求做到边观测边展点绘图,以便发现误差过大或错误出现后,及时纠正。

3. 小组合作完成一测站地形图一份。

二、重点与难点

碎部地形点的取舍。选择地物(或地貌)点,选点的多少与工作量大小有关,选择适当数量的碎部点,既能完整地表现实际情况,又能减少工作量。

三、准备工作

1. 场地准备
同导线测量所使用的场地。

2. 仪器和工具
经纬仪 1 台,脚架 1 个,塔尺 1 个,卷尺 1 把,绘图板 1 块,标杆 1 个,量角器 1 个,比例尺 1 个,大头针 3 个,已打好方格并展绘控制点(课外完成)的图纸 1 张,记录夹 1 个,铅笔(3H)2 支,橡皮 1 块,计算器 1 个。

把图纸放在图板上,用透明胶带贴好。

3. 人员安排
一人观测仪器、一人记录计算、一人绘图、一人跑尺。

四、实验步骤

1. 测站准备工作
观测员工作:在测站点(如导线点 $A1$)上安置经纬仪,对中、整平后,量取仪器高 i,填入手簿。瞄准后视定向点(如导线点 $A2$),归零。

在图纸上画定向参考线(连接 $A1$ 点、$A2$ 点),用大头针对测站点刺点。拔出大头针,将大头针穿过量角器的中心小孔,再将大头针插入所刺点位,用尺条敲击大头针顶部,将大头针钉入图板,同时保持量角器可以自由转动。

2. 观测绘图
立尺员工作:将塔尺立在地物轮廓的特征点上,本次实习要求测一个房屋或方形地块等,塔尺紧靠屋角,立直。

观测员工作:观测者转动经纬仪照准部,瞄准碎部点塔尺中线,首先读水平度盘读数 β,只要准确至分。然后读上丝读数,下丝读数,中丝读数 v,竖盘读数 L。测量碎部点仅用盘左位置观测,不必倒镜观测。

记录计算员工作:将观测员所观测的数据依次填入手簿。计算出尺间隔 l、竖直角 α,按视距测量公式用计算器计算出测站点与碎部点间的水平距离和高差,并进而根据测站点的高程(本实验设为 50.00m)计算出碎部目标点的高程。

绘图员工作:将量角器上角度为 β 的刻度对准定向参考线,根据所得到的实地水平距离计算出图上距离(实地距离/M,M 为比例尺分母),并在量角器的底边尺子上标上相应的点位。

同法,依次测出其余各碎部点在图上的平面位置。当一站上的碎部点测完后,拔去大头针,对所绘的碎部点进行相应的连接。

为了检查质量,仪器搬到下一测站时,应先观测前站所测的某些明显碎部点,以检查由两个测站测得该点平面位置和高程是否相符。

把同一地物轮廓线上相邻各特征点连接起来(对照实际地物)。对于不能按比例测绘的地物(如独立树,电线杆,井口)在地物中心点位置标上地物符号。

3.图面整饰

地形图测完后,各种地物都要严格按规定的图式符号表示。描绘清晰,把不必要的线条擦去,四周用铅笔画上图廓线,标注图名,测量小组,比例尺,测绘年月等图廓信息。

五、记录表格

碎部测量记录表

仪器编号:　　　　　　竖盘指标差:　　　　　　测站高程:

观测者:　　　　　　　记录者:　　　　　　　日期:　　年　月　日　　　　　　　天气:晴

测站 (仪器高)	碎部 点号	碎部 名称	标　尺　读　数			竖盘读数 /°′	水平角 /°′	水平距离 D/m	高差 h /m	高程 H /m
			中丝	下丝 上丝	尺间格					

六、注意事项

1.测量角度时,因半测回观测,衡量不出误差大小,在各个操作环节(如对中、整平、视差、尺读数等)中都要认真、仔细、不得马虎。

2.边测边绘,不能全部测完,记录后回室内绘图,但容许在现场先把轮廓绘好,回室内加以整饰。

3.地物符号及注字,应按照图式的规定绘制。图式的样例可参见书中表7-2。

实验9　地形图应用

一、目的和要求

1.学会在地形图上绘制某一方向的断面图。

2.能够在地形图上求点的高程。

3.学会在地形图上进行平整土地的土方计算。

4.小组合作完成一份断面图和土方计算。

二、准备工作

1.场地准备

在实验室内进行实验。

2.仪器和工具

局部地形图 2 张,铅笔 2 支,橡皮 1 块,直尺 1 把,计算器 1 个。

3. 人员组织

小组内同学合作完成工作。

三、实验步骤

1. 在地形图上求某点高程与绘制 AB 方向的断面图。

附图-3 为某一局部地形图,比例尺为 1:2 000,等高距为 2m。

(1)求图中 AB 线与山谷线交点 9 的高程。

(2)试绘制 AB 方向的断面图,断面图的距离比例尺 1:2 000,高程比例尺 1:200。

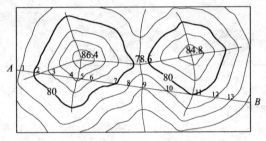

附图-3　局部地形图之一

2. 平整场地

本实习仅要求练习在地形图上平整场地。附图-4 表示某一缓坡地,按填挖基本平衡的原则平整为水平场地。首先在该图上用铅笔打方格,方格边长为 10m。其次,由等高线内插求出各方格顶点的高程。为节省实习时间和统一成果,以上面两项工作已由教师完成,学生应完成以下工作:

(1)求出平整场地的设计高程(计算至 0.01m)。

(2)计算各方格顶点的填高或挖深量(计算至 0.01m)。

(3)计算填挖分界线的位置,并在图上画出填挖分界线并注明零点距方格顶点的距离。

(4)分别计算各方格的填挖方以及总挖方和总填方量(计算取位至 0.01m³)。

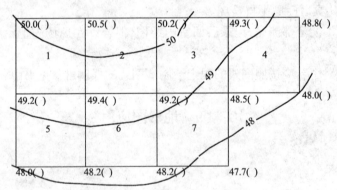

附图-4　局部地形图之二

具体作业步骤如下:

①求平整场地的设计高程 $H_{设}$

$$H_{设} = \frac{1}{4n}\left(\sum H_{角} + 2\sum H_{边} + 3\sum H_{拐} + 4\sum H_{中}\right)$$

式中　n——场地的方格数;

　　　$H_{角}$——角点的高程;

314

$H_边$——边点的高程；

$H_拐$——拐点的高程；

$H_中$——中点的高程。

②计算各方格顶点的施工量

施工量＝地面高程－设计高程

施工量为正表示挖深,负数表示填高数;它们应注明在方格顶点旁的圆括号内。

③计算填挖分界线的位置

按下列公式计算(附图-5)：

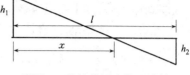

附图-5　填挖分界点位置计算

$$x = \frac{|h_1|}{|h_1| + |h_2|} l$$

式中　　l——方格的边长；

$|h_1|$、$|h_2|$——方格边两端点挖深、填高的绝对值；

x——填挖分界点距 h_1 方格顶点的距离。

④计算各方格的填方、挖方量,最后再计算总填方量与总挖方量(计算至 0.01m^3)。

实验 10　求积仪测定面积

一、目的和要求

1. 掌握求积仪单位分划值 C 的测定方法。

2. 掌握机械求积仪测定面积的方法。

3. 会用电子求积仪求面积。

4. 每个同学用机械式和电子式求积仪各完成一次面积量测。

二、准备工作

1. 场地准备

在实验室内进行实验。

2. 仪器和工具

机械求积仪 1 台,电子求积仪 1 台,10cm×10cm 坐标方格纸 1 张,计算器 1 个,铅笔 2 支。

3. 人员组织

小组内同学分别进行光学及电子求积仪的量测。

三、实验步骤

1. 机械求积仪测定面积

(1)单位分划值 C 的测定

测定 C 值方法有两种:①用仪器盒内的检验尺;②利用已知图形面积(坐标方格纸的方格)。利用已知图形面积方法测定 C 步骤如下：

①选方格面积 $S = 5\text{cm} \times 5\text{cm} = 25\text{cm}^2$。(如果测图比例尺为 1:500,$25\text{cm}^2 \times 500^2 = 625\text{m}^2$)

②坐标方格纸贴在光滑桌面上。

③安置航臂长:将航臂长安置在某一位置,可参考盒内比例尺 1:500 的航臂长,也可将航臂安置在任意位置。

④求积仪的极点放在图形之外,选定合适的极点位置。将描针放在图形中间,当航臂与极臂大约垂直时,此时固定好极点位置。

⑤以轮左的位置,选图形轮廓的一点,读起始数 n_1,由圆盘上读千位数,测轮上读百位数及十位数,游标上读个位数。手持航臂上的手柄,将航针沿图形周界,顺时针匀速缓慢绕图形一周回到原点后,读出终点读数 n_2,从而得到读数差 $n_2 - n_1$,用上述方法另选一个起点再测一次,得第二次读数差,两次读数差在 200 个分划以下,允许差 2;200~2 000 分划,允许差 3;大于 2 000,允许差 4(或 200 以上允许差按 $\frac{1}{300}$ 计算)。

⑥再以轮右的位置,同样的方法测定两次。将轮左轮右共 4 次测定的读数差取平均得 $(n_2 - n_1)_{平均}$ 进行计算。计算时已知面积 S 按待测图的比例尺化为实地面积(m^2)进行计算。

$$C_{相对} = \frac{S}{(n_2 - n_1)_{平均}}$$

根据求积仪构造原理可知 C 值实际上等于测轮周长的千分之一乘航臂长,因此 C 值与航臂长成正比,航臂长,C 值大,反之,C 值小。

(2)测定图形的面积

本实验待测图形是将 $10\text{cm} \times 10\text{cm}$ 正方形任意分为两个图形 I 与 II,假设其比例尺为 l:500,则测定面积步骤如下:

①在图形上任标注一点,作为操作的起始点。

②将极点置图形之外,轮左测定一次,轮右测定一次,量测方法同上。

③用下式计算图形面积:

$$S = C \times (n_2 - n_1)$$

精度计算: 误差 $\Delta S = S_I + S_{II} - S_{已知}$

$$相对误差 = \frac{\Delta S}{S_{已知}} \left(相对误差的限值为 \frac{1}{100} \right)$$

2. 动极式电子求极仪求面积

应用 KP-90N 型动极式电子求积仪。关于该型求积仪的按键说明见书中第 8 章。

(1)打开电源,按下"ON"键。

(2)设定比例尺。与上述相同,假设比例尺为 1:500。按 SCALE 键,输入比例尺分母,输入 500,再按此键,再输入 500。

(3)确定面积单位。按 UNIT-1,确定公制面积单位;再按 UNIT-2,确定实际的面积单位为 m^2。

(4)安置求积仪。图纸固定在平整的图板上,尽量使垂直于动极轴的中线通过图形中心。然后,用描迹点沿图形的轮廓线转一周,以检查动极轮和测轮是否能平滑移动,必要时重新安放动极轴位置。

(5)量测开始。按 START 键后,顺时针匀速沿测图边界线行走一周,读数并记录于表中如下列范例表),即得所测图的面积值。

(6)要求轮左、轮右各测两次,每测完一次按一下 MEMO 键,最后按 AVER 键,取平均并填入记录表中。

四、记录表格

机械式求积仪地块面积测定记录 $C = 2.00m^2$

地段编号	测轮位置	起始读数 n_1	终了读数 n_2	读数差 $n_2 - n_1$	读数差平均值	地块面积 $S = C(n_2 - n_1)/m^2$

电子求积仪测定面积记录手簿

地块编号: 仪器型号:KP-90N   仪器编号: 量测者:

图形比例尺	测轮位置及量测次数		面积 S/m^2	面积总平值 $/m^2$
	轮左	第一次		
		第二次		
	轮右	第一次		
		第二次		

五、注意事项

1. 图纸应放在平滑的桌面上,图纸本身也要光滑平整。

2. 选定航针的起始位置,最好使两臂接近于垂直,此时航针移动,测轮读数的变化极小。因此当绕行一周后,若与起始位置不相重合,影响面积误差极微。

3. 当航针顺时针方向绕行图形时,如果计数圆盘的零点经过指标一次,则最后读数 n_2 应加 10 000。经过两次,则最后读数应加 20 000。当航针反时针方向沿图形绕行时,求读数差应为 $(n_1 - n_2)$。

4. 量测图形面积时,要匀速绕图形轮廓运行,中途不要停顿。如果量测几次读数差都相差较大,应重新安置新的极点位置量测。

实验 11　园林工程施工测设

一、目的和要求

1. 园林工程测设应用于园林规划设计之后,施工之前。将图纸上规划设计好的各种地物、地貌的形状及大小位置,通过测量仪器,采用一定的测量方法测设到施工场地上,作为施工的依据。

2. 掌握点的平面位置及高程测设的基本方法。

3. 每组合作完成一个花瓣状花坛的测设。

二、重点与难点

用水准仪进行构筑物设计高程的测设和用极坐标法及皮尺丈量测设点的平面位置。

三、准备工作

1. 场地准备

同经纬仪导线测量。

2. 仪器和工具

经纬仪 1 台,经纬仪脚架 1 个,水准仪 1 台,水准仪脚架 1 个,水准尺 1 个,皮尺(钢尺)1 把,标杆 1 个,测钎 1 个,木桩 1 个,设计图 1 张,铅笔 2 支、计算器 1 个。

3. 人员组织

一人操作仪器、一人立尺、两人量距。

四、实验步骤

1. 如附图-6 所示,在已有建筑物前要放样一六瓣花形的花坛。由设计图知道,六瓣形状为半径相等的圆弧,其圆心组成一个正六边形,且该正六边形有一条边平行于已有建筑物的长边 AB。此外正六边形的中心 O 与建筑物长边 AB 中点 m 的连线 Om 垂直于 AB 边。已知数据注于图上。

2. 采用顺小线法沿已有建筑物的 CB、DA 边往外延长 2m,分别标定点。通过皮尺丈量,标定 AB 线段的中点 m,同时亦标定出线段 B′A′的中点 n。

3. 检核定点精度。分别丈量 A、m、n 三点之间的距离,计算出∠Amn,看其与直角相差多少,若差值不大于 5′,则说明定位准确。

4. 将经纬仪置于 n 点,以 A′点为后视定向点,正拨 90°,沿该方向丈量距离 13m,从而确定出中心点 O。同时用白灰从 O 点沿该方向线往 n 点方向撒白灰 6m 左右。

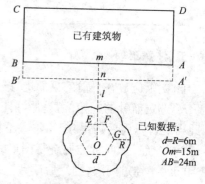

附图-6 花坛放线图

5. 一个同学将皮尺的刻划 0 与 18m 重合在一起,置于 O 点,另有两个同学分别抓住 6m 和 12m 处,绷直皮尺,从而构成边长为 6m 的正三角形。将皮尺上 9m 的刻划对齐已撒的白灰线,则此时皮尺 6m 和 12m 所确定的点分别为 E、F 点。将绷直的正三角形中的一点置于 O 点不动,另两点绕 O 点顺时针转动,当把其中的一点对准 F 点时,另一点就确定出 G 点。用这样的方法,依次标定出正六边形的角点,即各弧线的圆心位置。此外,也可以将经纬仪置于 O 点,依次正拨角度:30°、90°、150°、210°、270°、330°,并在这些方向上丈量水平距离 6m,亦可标定各弧线的圆心位置。

6. 分别以正六边形的角点为圆心,以半径 6m 画弧(将皮尺的 0 刻划对准角点,另一同学拿一测钎对准 6m 处,在地上画弧),从而得到各圆弧的交点。在各交点间的圆弧上撒上白灰,从而完成梅花形花坛的放样。

7. 测设花坛中心 O 点的高程。先在 O 点打一木桩。

(1)假设房屋角 A 点高程 $H_A = 50m$(或选取另外水准点)。测设花坛中心点 O 的设计高程 $H_O = 50.2m$(或称为 ±0)。

(2)在距 A 点和 O 点相等的位置安置水准仪,后视 A 点尺读取读数 a。

(3)计算前视 O 点的设计读数 b,$b = a - (H_O - H_A)$。

(4)将水准尺立于 O 点木桩边上,并上下移动,当读数为 b 时,根据水准尺底端在木桩侧面前画一条线,此线即表示 O 点的设计高程 50.2m。

第三部分　测量教学实习

一、实习目的

测量教学实习是测量学教学的重要组成部分,是巩固和加深课堂所学知识,培养学生动手能力及严谨的科学态度和工作作风的重要手段,可以为未来的工作打下良好基础。

二、任务和要求

1. 测绘地形图

(1)每组布设经纬仪闭合或附合导线作为测图的控制,各组导线必须与已知控制点连接,以便统一测量成果。每个学生必须独立完成导线点的坐标计算。

(2)每组测绘图幅为 30cm×25cm,比例尺为 1:500 的地形图一张。

2. 了解数字化测图过程,观看演示。

3. 实习期间内所有仪器与工具由每个小组保管。

三、实习组织

实习按小组进行,每组 4~5 人,设组长一人。组长负责组内实习分工、仪器管理等工作。

四、每组配备的仪器和工具

经纬仪 1 台,经纬仪脚架 1 个,水准仪 1 台,水准仪脚架 1 个,罗盘仪 1 台,皮尺 1 把,塔尺 2 根,标杆 2 个,记录夹 1 个,比例尺 1 个,量角器 1 个,各种记录表,小组用绘图纸 1 张,规格为 50cm×40cm,遮阳伞 1 把,大头针 6 根。

小组自备:计算器 1 个,铅笔(3H)2 支,橡皮 1 块。

全班油漆 1 罐,毛笔两支。

五、实习内容与时间安排

时间顺序	实 习 内 容	时间安排/天	备　　　注
第一天	1. 实习动员 2. 借领仪器与工具,仪器检查、检验 3. 踏勘测区,选点,确定点标志 4. 控制测量外业工作	1.0	做好实习前的准备工作,重点是仪器的检查清点与检验和导线点选定

时间顺序	实 习 内 容	时间安排	备 注
第二天	控制测量外业工作	0.5	导线测量与水准测量
	1. 控制测量内业计算 2. 打方格,展绘控制点	0.5	每个学生独立进行导线点坐标及高程的计算,并打方格及展绘控制点
第三天	碎部测量,测绘地物点	1.0	选择地形特征点
第四天	碎部测量,测绘地物点	1.0	选择地形特征点
第五天	1. 图面整饰 2. 写实习报告,整理个人作业 3. 演示数字测图	0.5	
	1. 清点仪器与工具,交作业,交仪器 2. 实习结束	0.5	

六、实习注意事项

1. 实习中要特别注意安全问题,包括人身安全与仪器安全。实习期间天热,要注意防暑,避免生病。各组所领的仪器要有专人保管,避免丢失与损坏。

2. 组长要切实负责,合理安排,使每人都有练习机会,组员之间应密切配合,团结协作,确保实习任务顺利完成。

3. 实习过程中应严格遵守测量实习的有关规定。不迟到、不早退、不旷课,有事必须向指导老师请假。实习场地不得大声喧哗、吵闹,不得随意折断树枝,爱护公物。

4. 实习前要做好准备,按照实习进度阅读本指导书及教材的有关章节。

5. 每项测量工作完成后,要及时整理成果与计算。原始数据、资料、成果应妥善保存,不得丢失。

七、实习内容及方法步骤

1. 水准仪与经纬仪的检验

(1)水准仪的检验

先作一般性的检查,主要内容是:

①各螺旋是否都起作用,旋转是否顺滑。

②望远镜十字丝是否清晰。

③水准仪脚螺旋是否晃动。

④三脚架是否稳定,等等。

然后再作轴系关系检查:

①圆水准轴平行于仪器竖轴的检验。

②十字丝横丝垂直于仪器竖轴的检验。

③水准管轴平行于视准轴的检验。

(2)经纬仪的检验

先作一般性的检查:

①制动螺旋与微动螺旋是否起作用。

②旋转是否顺滑。

③竖轴、横轴旋转是否灵活。

④望远镜十字丝和读数窗是否清晰。

⑤拨盘螺旋是否起作用,弹出后是否还会出现带动度盘现象。

⑥经纬仪脚螺旋是否晃动。

⑦三脚架是否稳定,蝶形螺旋能否固紧架腿,等等。

对于电子经纬仪还要检查电池容量是否充足。

然后进行如下的检查:

①照准部水准管轴应垂直于仪器竖轴的检验。

②圆水准器的检验。

③十字丝的竖丝垂直于横轴的检验。

④望远镜视准轴与横轴应成正交的检验。

⑤横轴与竖轴成正交的检验。

⑥竖盘指标差的检验。

⑦光学对中器的检验。

2．大比例尺平面图的测绘

(1)导线测量外业

①测区踏查选点。

②水平角观测。

③丈量边长。

(2)导线测量内业及测图准备

内业计算开始时,应首先检查外业观测成果,观测限差超限必须返工。

①导线点坐标的计算。

②打方格展绘导线点。

(3)碎部测量

碎部测量采用经纬仪测绘法。比例尺为 1∶500。

①碎部点的测绘。

②平面图的整饰清绘。

用软橡皮擦掉一切不必要的线条。对地物按规定符号描绘,文字注记应注在合适的位置,既能说明注记的地物,又不要遮盖地物。字头一般朝上,字体要端正清楚。地形图注记常用字体有宋体、仿宋体、等线体、耸肩体和倾斜体几种。最后画图幅边框,注出图名、图号、比例尺、测图单位、日期。

3．全站仪导线测量,以 TOPCON GTS-600 为例。

方法步骤:

(1)设置起点坐标、高程、仪器高、棱镜高

①仪器安置于起点对中、整平后,按 F_2 测量键,再按坐标键,翻页进入下一页,按设置键,设置起点坐标(如 500.00,500.00,50)按角度键,后按置盘键,输入后视方向的方位角后,按锁定键。

②望远镜瞄准后视目标(如铁花杆),解除锁定,顺时针(或逆时针)瞄准前进方向的棱镜。

③固定水平制动螺旋,按 F_3(坐标)再按 F_6 翻页进入下一页。

④按(高程)键,输入仪器高,按 ENT 键,再输入棱镜高,按 ENT 键。显示返回到坐标模式(按 F_1 退出键可取消设置)。

(2)测定前视点坐标、高程、距离

①显示屏上恢复初始状态,按 F_1 键(程序测量),再按 F_3 键,进入导线测量程序后,按 F_1 测量键,此时屏幕上显示至前视点的距离,再按 F_6 设置键,显示前视点的坐标,问"设置否",回答"是",此时前视点的坐标已经存储完毕,关机,移站至第 2 点。

②在 2 点安置、整平仪器,打开电源,瞄准后视起点目标,按 F_1 程序键,按 F_3 导线测量,按调用坐标键,把存储的 2 点坐标调出来。恢复初始状态。

③瞄准前视点棱镜,按程序键,按 F_3 进入导线测量,按存储坐标键,按 F_1 测量键,此时屏幕显示距离,按设置键,显示 3 点的坐标,按"是"键,存储完毕,关机,移至 3 点。重复 6、7 继续观测,直至闭合到起点。

重复②、③步骤一直测量到起点与其闭合。误差不大于 $\frac{1}{2\,000}$。

八、应交作业

1. 小组应交
①水准仪与经纬仪检验记录;
②水平角观测记录表;
③导线边长测量记录表;
④碎部测量记录表;
⑤1:500 比例尺平面图一张。

2. 个人应交
①导线测量坐标记录表;
②碎部测量记录表;
③编写实习报告:简述本次实习的主要内容、完成情况、达到的精度以及收获体会,存在问题等。要求实习报告要有封皮并和所有个人应交的作业装订在一起,以便存档。

九、考查办法

1. 考查依据:学生在实习中对测量知识的掌握程度,实际操作技能,分析问题和解决问题的能力,完成任务的质量,小组团结、协作的情况,对仪器工具爱护的情况以及出勤情况进行评定。

2. 成绩分为优、良、中、及格、不及格。凡严重违反实习纪律,缺勤天数超过 1 天或未交成果资料或实习中伪造成果者,均作不及格处理。

参 考 文 献

1 顾孝烈,鲍峰,程效军编著. 测量学(第三版). 上海:同济大学出版社,2006

2 覃辉主编. 土木工程测量. 上海:同济大学出版社,2004

3 王侬,过静君主编. 现代普通测量学. 北京:清华大学出版社,2001

4 彭福坤,彭庆主编. 土木工程施工测量手册. 北京:中国建材工业出版社,2002

5 孟兆祯,毛培琳,黄庆喜等编著. 园林工程. 北京:中国林业出版社,1996

6 陈学平主编. 测量学. 北京:中国建材工业出版社,2004

7 罗聚胜,杨晓明编著. 地形测量学. 北京:测绘出版社,2001

8 李秀江主编. 测量学. 北京:中国林业出版社,2003

9 郑金兴主编. 园林测量. 北京:高等教育出版社,2002

10 杨德麟等编著. 大比例尺数字测图的原理方法与应用. 北京:清华大学出版社,2001

11 武汉测绘科技大学《测量学》编写组编著. 测量学(第三版). 北京:测绘出版社,1991

12 文孔越,高德慈主编. 土木工程测量. 北京:北京工业大学出版社,2002

13 杜汝俭,李恩山,刘管平主编. 园林建筑设计. 北京:中国建筑工业出版社,1986

14 张培冀主编. 园林测量学. 北京:中国建筑工业出版社,1999

15 合肥工业大学等合编. 测量学(第四版). 北京:中国建筑工业出版社,1995

16 西安市园林技工学校主编. 园林测量. 北京:北京科学技术出版社,1987

17 杨俊,赵西安主编. 土木工程测量. 北京:科学出版社,2003

18 陈学平编. 测量学试题与解答. 北京:中国林业出版社,2002

19 《工程测量》编写组. 工程测量. 北京:测绘出版社,1994

20 汤浚淇主编. 测量学. 北京:中央广播电视大学出版社,1994

21 吴来瑞,邓学才编著. 建筑施工测量手册. 北京:中国建筑工业出版社,1997 年

22 徕卡测量系统有限公司编.《TPS 1100 智能型全站仪系列》使用手册.

23 徕卡测量系统有限公司编.《TPS 1100 智能型全站仪系列》程序使用手册.

24 田德森编著. 现代地图学理论. 北京:测绘出版社,1991

25 梁伊任,王沛永,张维妮编著. 园林工程(修订版). 北京:气象出版社,2001

26 中华人民共和国建设部编. 中华人民共和国行业标准(CJJ8—99),城市测量规范. 北京:
   中国建筑工业出版社,1999

27 中华人民共和国国家标准(GB/T12898—91),国家三、四等水准测量规范. 北京:中国标
   准出版社,1992

28 国家技术监督局与中华人民共和国建设部编. 中华人民共和国国家标准(GB50026—93),工
   程测量规范. 北京:中国计划出版社,1993

29 国家测绘总局制定. 国家技术监督局发布. 中华人民共和国国家标准(GB/T 7929—

1995),1:500 1:1 000 1:2 000 地形图图式. 北京:中国标准出版社,1996

30　中华人民共和国建设部编. 中华人民共和国行业标准(CJJ73—97),全球定位系统城市测量技术规程. 北京:中国建筑工业出版社,1997

31　中华人民共和国建设部编. 中华人民共和国行业标准(CJJ/T82—99),城市绿化工程施工及验收规范. 北京:中国建筑工业出版社,1999